本书由北方工业大学教材出版资金资助

城市设计与案例分析

王小斌　编著

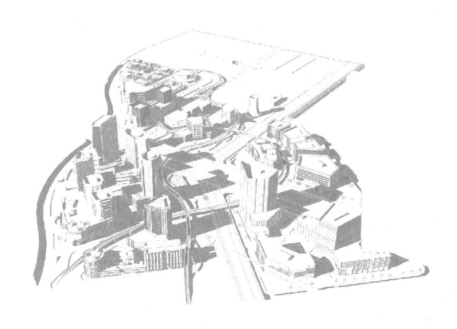

中国建材工业出版社

图书在版编目（CIP）数据

城市设计与案例分析 / 王小斌编著 . -- 北京：中
国建材工业出版社，2020.8
　　ISBN 978-7-5160-2965-7

　Ⅰ．①城… Ⅱ．①王… Ⅲ．①城市规划　建筑设计－
案例－高等学校－教材　Ⅳ．① TU984

　　中国版本图书馆 CIP 数据核字（2020）第 112634 号

内容简介

　　本书分为上下两篇共 11 章内容，主要包括城市设计的概念、定义、研究内容，城市设计与城市规划发展的密切联系，城市设计与城市景观设计，绿色策略下的城市设计，城市设计的空间分析方法和调研技艺，城市设计的实施操作，城市中心街区设计，城市设计课程教学任务书制定，城市设计课程训练与学习方法，高校建筑学专业城市设计教学及作业评析，案例作业分析。

　　本书可作为高等院校建筑学、城乡规划、风景园林专业教材，也可供建筑设计、城市规划等领域从业者参考阅读。

城市设计与案例分析

Chengshi Sheji yu Anli Fenxi

王小斌　编著

出版发行：**中国建材工业出版社**
地　　址：北京市海淀区三里河路 1 号
邮政编码：100044
经　　销：全国各地新华书店
印　　刷：北京中科印刷有限公司
开　　本：889mm×1194mm　1/16
印　　张：24.25
字　　数：500 千字
版　　次：2020 年 8 月第 1 版
印　　次：2020 年 8 月第 1 次
定　　价：**156.00 元**

前　言

　　本书作者结合自己多年在北方工业大学建筑与艺术学院建筑系的教学经历，以及指导学生完成作业进行思考和评述，编写了这本教材。同时，结合主持的多项城市设计项目中提出各地域各个地段历史文化的分析，就每个项目通过实地调查分析，总结城市设计的理念，从而很好地完善城市设计方案教学，在实践中不断总结与思索。当然，本书上篇很多文字结合了国内外著名的城市设计教学方面的专家的著作，如中国本土学者东南大学的王建国院士、美国的埃德蒙·培根教授、德国的李·普利茨教授以及徐小东博士等，试图较全面地编写好这本教材。

　　当今世界正处于经济全球化、信息科学技术发展剧烈转变的时期，为了建设规划设计好城市和乡镇整体空间，体现我们的城市设计与空间结构的优秀文化，需要研究如何有机更新和建构空间城市设计的方法，并将这些好的方法传承给我们的学生与从业者，这也是当代城市设计教学研究的重要课题。

　　伴随着中国改革开放、发展社会经济的脚步日益加快，城市设计传入本土后也在不断发展完善，同时在西方的城市总体规划、城市详细规划（控规与详规）基础上不断进步，很多城市都通过城市设计营建新的美好形态的群体建筑和单体建筑，这是值得参照学习和总结的案例和经验。早期东南大学的王建国等专业人士做了很好的城市设计，通过论文研究和教材出版，给中国各城市的发展提供了很多参考。城市设计和城市发展战略有着很多的联系，城市设计和控制性详细规划的关系密切，城市重要街区的高层建筑群和标志性的建筑设计，前期特别需要从城市设计视角进行研究。当代城市设计涉及城市社会经济发展中的新型用地空间和整体建筑形态，以及历史文化建筑等综合类型建筑的有机更新。所以说，学好城市设计也需要掌握城市规划原理、城市控制性规划以及详细规划的综合基础知识。

　　本书从基本的城市设计知识要点出发，为学生能够学好城市设计技能服务。在掌握城市空间形态整体设计知识的基础上，了解和掌握重要建筑单体设计的基本要领，多个角度综合比较、优化设计方法，为专业知识学习所用。城市设计的终极目标是为人与自然生态环境、城市空间人居环境和谐发展，以及可持续利用提供服务。

编　者

2020 年 6 月

目　录

|上　篇|

第1章　城市设计的概念、定义、研究内容 ……………………………………………………3

　　1.1　城市设计的概念 …………………………………………………………………3

　　1.2　城市设计的目标 …………………………………………………………………5

　　1.3　城市设计的评价标准 ……………………………………………………………6

　　1.4　城市设计与城市规划、建筑设计及其他要素的相关性 ………………………7

　　1.5　现代城市设计的发展趋势 ………………………………………………………21

　　1.6　中国城市设计的发展 ……………………………………………………………23

　　1.7　城市设计的实践与理念说明 ……………………………………………………25

第2章　城市设计与城市规划发展的密切联系 ……………………………………………55

　　2.1　国外城市规划与城市设计理论的发展 …………………………………………55

　　2.2　城市规划方法论 …………………………………………………………………80

　　2.3　现代城市规划思想的发展 ………………………………………………………83

　　2.4　北京是充满色彩的世界历史名城 ………………………………………………87

　　2.5　巴西利亚是巴西梦想飞翔的新首都城市 ………………………………………88

第3章　城市设计与城市景观设计 …………………………………………………………91

　　3.1　城市的形成与环境 ………………………………………………………………91

　　3.2　不同地形上住宅区的建设 ………………………………………………………94

　　3.3　根据城市规划的构思来确定建筑物的立面 ……………………………………96

　　3.4　景观中的道路与城市家具 ………………………………………………………97

　　3.5　亚洲的城市与城市景观 …………………………………………………………98

第4章　绿色策略下的城市设计 ……………………………………………………………106

　　4.1　可持续发展思想的由来 …………………………………………………………106

　　4.2　绿色城市设计与绿色生态策略 …………………………………………………108

　　4.3　适应不同气候条件的城市设计生态策略 ………………………………………126

第5章　城市设计的空间分析方法和调研技艺 ……………………………………………143

　　5.1　城市设计的空间分析方法 ………………………………………………………143

　　5.2　城市空间分析的技艺 ……………………………………………………………151

5.3 城市设计的社会调查方法 ································· 156

5.4 城市设计数字化辅助技术 ································· 164

第 6 章 城市设计的实施操作 ································· 171

6.1 城市设计的过程属性 ································· 171

6.2 城市设计的公众参与 ································· 173

6.3 城市设计的机构组织 ································· 176

6.4 城市设计与现有规划体系的衔接 ····················· 179

6.5 城市设计在各层次城市规划中的具体运行 ··············· 181

6.6 城市设计与城市规划管理的接轨 ····················· 183

第 7 章 城市中心街区设计 ································· 189

7.1 城市中心街区空间形态的基本特征 ··················· 190

7.2 城市中心街区空间形态演变与趋势 ··················· 191

7.3 中心街区空间城市设计立足点 ······················· 194

7.4 中心街区的空间文化与形态的关系 ··················· 195

7.5 中心街区的空间文化面临的问题和应对策略 ············· 198

第 8 章 城市设计课程教学任务书制定 ····················· 203

8.1 任务书之一 ··· 203

8.2 任务书之二 ··· 210

8.3 任务书之三 ··· 214

第 9 章 城市设计课程训练与学习方法 ····················· 217

9.1 城市设计课程教学方法 ······························· 217

9.2 前期城市设计实体模型与计算机模型重要性 ············· 223

9.3 深化城市设计重要过程 ······························· 230

9.4 定稿阶段的城市设计重要方法 ························· 233

第 10 章 高校建筑学专业城市设计教学及作业评析 ··········· 236

10.1 城市设计研究与教学作品解析 ······················· 236

10.2 指导学生参加北京市 2018 城市公共空间竞赛获奖作品 ··· 239

| 下 篇 |

第 11 章 案例作业分析 ··································· 247

参考文献 ··· 378

后记 ··· 380

上 篇

第1章 城市设计的概念、定义、研究内容

与城市规划和建筑学类似，城市设计兼具工程科学和人文社会学科的特征，其研究描述的对象复杂而宏大，所以城市设计的概念迄今没有统一的定义与看法，仍然处在发展和完善之中。一般而言，大家心目中的城市设计还是有一些共同关注的属性和要点的，如城市设计要和社会与人的活动相关，多以三维物质空间形态为研究对象，其技术特征是整合城市空间环境建设和优化各种相关的要素系统，好的城市设计应有助于城市场所性和空间特色的塑造等。就已经发表和讨论的观点来看，可以分为理论性概念和工程实践性概念两种。

1.1 城市设计的概念

1.1.1 理论性概念

《不列颠百科全书》中指出："城市设计是指为达到人类的社会、经济、审美或者技术等目标而在形体方面所做的构思，……它涉及城市环境可能采取的形体。就其对象而言，城市设计包括三个层次的内容：一是工程项目的设计，是指在某一特定地段上的形体创造，有确定的业主委托，有具体的设计任务及预定的完成日期，城市设计对这种形体相关的主要方面完全可以做到有效的控制。例如公建住房、商业服务中心和公园等。二是系统设计，即考虑一系列在功能上有联系的项目形体，……但它们并不构成一个完整的环境如公路网、照明系统、标准化的路标系统等。三是城市或区域设计，这包括了多重业主，设计任务有时并不明确，如区域土地利用政策、新城建设、旧区更新改造保护等设计。"这一定义几乎包括了所有可能的形体环境设计，是一种典型的百科全书式的集大成式的理解，与其说是定义，不如说其更重要的意义在于界定了城市设计的可能工作范围。

小组10（Team10）则认为，城市设计涉及空间的环境个性、场所感和可识别性，城市社会中存在人类结合的不同层次。他们提出的"门阶哲学"强调了城市设计中以人为主体的微观层次。他们鲜明地指出，"城市规划的艺术和授型者的作用必须重新定义——与功能主义的艺术分析方法相联系，建筑与城市规划曾被认为是两个彼此分离的学科"。但我们今天不再说建筑师或城市规划者，"而是说建筑师——城市设计者"，这里的定义强调了"文脉"的概念，大大拓宽了城市设计发展的理论视野。

美国学者凯文·林奇（K.Lynch）于1981年推出一部城市设计理论巨著——《一种好的城市形态理论》。林奇教授从城市的社会文化结构、人的活动和空间形体环境结合的角度提出："城市设计的关键在于如何从空间安排上保证城市各种活动的交织，进而应从城市空间结构上实现人类形形色色的价值观之共存。"他尤其崇尚城市规范理论（Normative Theory），这同样是一种从理论形态上概括城市设

计概念的尝试。

美国学者拉波波特（A.Rapoport）则从文化人类学和信息论的视角，认为城市设计作为空间、时间、含义和交往的组织城市形态塑造应该依据心理的、行为的、社会文化及其他类似的准则，强调有形的、经验的城市设计，而不是二度的理性规划。

英国学者吉伯德认为："城市是由街道、交通和公共工程等设施以及劳动、居住、游憩和集会等活动系统所组成。把这些内容按功能和美学原则组织在一起，就是城市设计的本质。"

斯滕伯格（E.Sternberg）在《一种城市设计的整合性理论》一文中认为，"城市设计是在建成环境中关于人们对于私人或是公共领域中环境体验的一门学科"。

《中国大百科全书》则认为，"城市设计的任务是为人们各种活动创造出具有一定空间形式的物质环境，内容包括各种建筑、市政设施、园林绿化等方面，必须综合体现社会、经济、城市功能、审美等各方面的要求，因此也称为综合环境设计"。

一般来说，专家学者比较重视城市设计的学术性和综合性，有时还变换视角和研究方法，建立理论模型，力求从本质上揭示城市设计概念的内涵和外延。同时，较多地反映研究者个人的价值理想，不依附于来自社会流行的某种看法和观念。由于各家之说涉及认识论和方法论意义，所以对城市设计学科和专业领域发展常常具有重要的学术影响。

1.1.2　工程实践性概念

城市设计实务领域的专业人员则更多地从自己的实际工作和案例研究来理解和认识城市设计的概念。他们往往更加关注内容的现实性、目标的针对性和实施的可操作性。一般来说，工程实践性概念的城市设计解释更易于为广大公众和城市建设决策部门所理解和认同。

例如，前纽约总城市设计师、现任宾夕法尼亚大学教授的巴奈特（J.Barnett）曾指出"城市设计是一种现实生活的问题"，他认为我们不可能像柯布西耶设想的那样将城市全部推翻而后重建，城市形体必须通过一个"连续决策过程"来塑造，所以应该将城市设计作为"公共政策"（Public Policy）。

巴奈特认为，这才是现代城市设计的真正含义，它逾越了广场、道路的围合感，轴线、景观和序列这些"18世纪的城市老问题"。确实，现代主义忽略了这些问题，但是"今天的城市设计问题起用传统观念已经无济于事"。他有一句名言，"设计城市，而不是设计建筑"（Designing Cities Without Designing Buildings）。

前美国科罗拉多大学建筑城规学院院长希尔瓦尼（H.Shirvani）教授指出，城市设计不仅与所谓的城市美容设计相联系，而且是城市规划的主要任务之一。"现行的城市设计领域发展可以视为一种用新途径在广泛的城市政策文脉中，灌输传统的形体或土地使用规划的尝试。"

曾主持费城和旧金山城市设计工作的埃德蒙·培根，在研究考察历史上著名城市的案例后认为，美好的城市应是市民共有的城市，城市的形象是经由市民无数的决定所形成，而不是偶然的。城市设计的目的就是满足市民感官可以感知的"城市体验"。为此，他强调很多美学上的观察，特别是建筑物与天空的关系、建筑物与地面的关系和建筑物之间的关系，并提出评价（Appreciation）、表达（Presentation）和实现（Realization）三个城市设计的基本环节。

中国学者齐康院士认为，"城市设计是一种思维方式，是一种意义通过图形付诸实施的手段。城市设计包含着这样几个意义：一是离不开'城市'（Urban），凡是城市建造过程中的各项形体关系都有一个环境，不过层次不同，但均属于城市，在组成城市不同层次的环境之中，不同层次的系统都由各自的要素组成，都有自己的特定关系形成的结构关系。二是城市设计离不开设计（Design）。设计不是单项的设计而是综合的设计，亦即将各个元素加在一起综合分析比较取其优势，是有主从、有重点、整体地进行设计。作为城市设计，它的范围比单项设计（绿化、某一项工程设施）广泛而综合，要整体得多。城市设计不是某一元素设计的优劣，而是经过分析比较之后优化的设计"。

中国学者邹德慈院士则认为中国城市设计应该明确以下要点："第一，以城市空间为对象，通过城市设计创造高质量的、三维的物质形体环境；第二，城市设计要重视研究使用者（人民大众）的需要和愿望，研究人们的行为规律和爱好，为人民提供舒适、方便、安全、清洁、悦目的城市空间；第三，城市设计要促进城市的经济发展，为各种经济活动提供空间和场所，有利于增强城市的活动和竞争力；第四，要创造与自然环境完美结合的人工环境，设计要不破坏自然环境，充分利用自然条件，保护好自然生态；第五，要保护城市的历史遗存，使城市的历史文脉得以继承、延续和发展；第六，要与城市的总体规划框架和各种专项规划相衔接。"同时，邹先生还提出了"发展型""保护型"和"研究型"三类城市设计工作类型。

国内也有学者从中国的实际情况出发，提出城市设计是城市规划建设中的一项重要工作。在实践中，可把城市设计原理与城市规划结合，在城市规划各个阶段都加入城市设计的内容，以使城市规划工作更具完整性和综合性，同时还能满足基本的以人为价值取向的城市社会生活和审美需求。在涉及内容上，工程实践性城市设计，更注重城市建设中的具体问题及其解决途径。因而对于他们来说，是否把概念和内涵搞得清清楚楚，并使之具有明晰的逻辑结构无关紧要，他们注重的是理论联系实际。换句话说，他们视城市设计为一种解题的工具或技术，不过它与理论形态的城市设计观点也有一致之处，其中最根本的是，两者都认为城市设计与人的认知体验和城镇建筑环境有关，可以说，他们是从不同的层次和角度来看城市设计的。

综合以上研究成果，王建国在其所撰写的第二版《中国大百科全书》的城市设计词条中，将城市设计的概念总结为，"城市设计以城镇发展和建设中空间组织的优化为目的，运用跨学科的途径，对包括人、自然和社会因素在内的城市形体环境对象所进行的研究和设计"。

1.2 城市设计的目标

一般意义上的目标，乃指人类活动的动机意志、目的或对象，也指人们活动计划所争取的将来状况。

既然城市设计要考虑"包括人、自然和社会因素在内的城市形体环境对象"，那么它必然要考虑并综合社会的价值理想和利益要求。

绝大多数的优秀城市设计，是由科学合理而富有创意的设计目标和准则的设立及其对实现过程的有效推进而促成的。这样的目标包括：功能性、灵活性和适应性、社区性，遗产保护、环境保护、美学和交通可达性等。

朱自萱先生曾经将城市设计的目标任务总结为以下几点：

（1）城市设计是要为人们创造一个舒适宜人、方便高效、卫生优美的物质空间环境和社会环境。

（2）城市设计是要为城市社区建设一种有机的秩序，包括空间秩序和社会秩序。

（3）城市设计是一项综合规划设计工作，要求综合各个专业的需要，做到合理安排、协调发展。

（4）城市设计是对城市空间环境的合理设计，主要立足于现实，又要有理想和丰富的想象力。

（5）城市设计目标是城市空间环境上的统一、完美，综合效益上的最佳、最优，社会生活上的有机、协调。

在很多情况下，城市设计实际的有效参与者和决策人并不是设计者。对于大多数非专业人员，如城市设计的委托人、投资业主、行政领导、利益用户等，他们的关注目标和价值取向一般并不等同于城市设计者的认识，而是更多地从自身的政治背景、知识结构、集团利益等来考虑城市建设和设计中的各种问题。例如，从委托人、城市领导者和用户的观点看，城市设计所关注的三度空间形态只是一种手段，而不是终极目标。经济利益相关者会要求从中获得包含一定利润空间的投入产出、建设不误工期和与预算控制相结合。领导者则常要求人们看到他的工作实绩和获得有利的政治反映。而一般老百姓则要求作为普通市民个体使用的便利、方便可达、环境舒适等。于是，专业与非专业人员之间、非专业人员相互之间的城市设计要求和目标有时就会产生争执和冲突。

城市设计与城市空间的环境品质密切相关。环境品质的好坏反映了一个城市的社会和经济状况，也反映了一个城市的建设管理水平是否科学合理。因此，城市设计策略和技术层面的编制涉及多方面因素。城市设计师对环境建设虽然有一定的影响，但是对具体的建设决策往往只能提出技术层面的建议，如提供尽可能好的方案并倾力推介。城市设计者必须面对多样和复杂的环境、工程竞标中的种种问题、政府的行政任期、决策方面的政治因素和城市建设经济预算的影响。他们必须具有良好的协调和驾驭全局的能力，能够关注其他人的观点并进行取舍。城市设计师还必须准备面对公众的质疑和审查，在推荐自己的理念的时候要有政治家的策略，为一个好的设计做精美的包装。

城市设计师固然应该尽量满足上述高度综合，有时甚至存在某种矛盾的设计目标，但实际上却很难。从世界城市设计实践经验看，重要的是应在社会各种建设要求之间建立一个有层次的、具有广泛代表性的目标框架，并在这个基础上进行创造性的城市设计活动。

但是，一个优秀的城市设计仍然必须建立在独立的专业原则的基础上，客观公平地说，一个好的、合理的方案应该有助于培育优秀城市文化，具有广泛的公众支持基础，逐步推进人类理想的实现。纵观世界城市建设发展历史，成功的街道、空间、村落、市镇和城市往往具有某些共同的特征，如宜人的空间尺度、视觉愉悦、使用方便、富有历史文化内涵就属于人们所公认的环境优点。为了编制和提出优秀城市设计，就必须分析和提炼这些要素并明确设计目标。这些要素有助于提醒我们为了创造一个成功的场所，应当努力寻求什么东西。在各个目标之间存在相当程度的交叠，而且目标之间是互为补充和强化的。

1.3 城市设计的评价标准

塑造好的城市空间和形体环境，有时并不仅仅依靠人们提出一个物质性的解决方案或提出一种严格而经验性的设计评价标准。但是设计评价标准的建立仍然是城市发展和建设必要的目标基准，以及不同国家、不同地区、不同城市之间的城市设计案例比较和衡量的尺度。

城市设计优劣的评价主要有定性和定量两方面。

1.3.1 定性标准

特色（可识别性）、格局清晰、尺度宜人、美学原则、生态原则、社区原则、活动方便、丰富多样、可达性，环境特色、场所内涵、结合自然要素等则显然可归属为对一个好的城市设计的定性评价标准。《不列颠百科全书》提的"减缓环境压力、谋求身心舒畅；创造合理活动条件；特性鲜明；环境要多样化；规划和布局明确易懂；含义清晰；具有启发和教育意义；保持感官乐趣；妥善处理各种制约因素"，无疑也属于定性评价标准。

1.3.2 定量标准

城市设计满足特定项目范围内的建筑容积率、覆盖率和日照、通风及微气候的要求，以及考虑一些由空间度量关系而引起的视觉艺术和功能组织单元的要求，属于城市设计评价的定量标准。前者包括一般城市规划管理部门在下达设计任务时的用地规划设计要点，如容积率、覆盖率、建筑后退、人防、日照、通风、减噪、六线控制要求等。后者如纪念性建筑和空间观赏的视角设计控制、建筑高度和街道、广场空间宽度的高宽比；相对于特殊的地标和背景建筑（或者是重要的视景）高度以及空间单元原型尺度等。

1.4 城市设计与城市规划、建筑设计及其他要素的相关性

1.4.1 城市设计与城市规划

1. 城市规划的含义

《不列颠百科全书》指出，现代城市规划的目的"在于满足城市的社会和经济发展的要求，其意义远超过城市外观的形式和环境中的建筑物、街道、公园、公共设施等布局问题，它是政府部门的职责之一，也是一项专门科学"。

1985 年版的《简明不列颠百科全书》为城市规划作出了类似的定义：为了实现社会和经济方面的合理目标，对城市的建筑物、街道、公园、公用设施以及城市物质环境的其他部分所作出的安排。城市规划是为塑造或者改善城市环境而进行的一项政府职能、一种社会运动、一门专门技术，或者是三者的结合。

《城市规划概论》中指出："城市规划既是一门学科，从实践角度看又主要是政府行为和社会实践活动，这种政府行为和社会实践活动体现为依法编制、审批和实施城市规划。"

按照这样的定义，城市规划就与城市设计有显见的重合之处，即将城市物质空间及其内容的安排作为主要的工作对象。目前，在世界一些发达国家，城市大规模的扩张和新区规划建设项目基本停止。城市形态演化处在一个缓慢渐进的状态，曾任巴黎市长的希拉克曾经说："现在（1970 年），城市规划和建筑师的主要任务在于维持现有的人口和工作岗位，维持首都的巨大吸引力和历史特点。"在这种背

景下，城市规划与城市设计基本上内容差不多，都是社会、经济和空间（物质形态）发展并重，并赋予城市设计在形态设计、环境品质和景观艺术等方面属性的预期。如近几年德国柏林波茨坦广场、斯图加特和法兰克福等城市车站地区的城市设计案例，这些方案基本上都是建筑师完成的。但是在中国、亚洲其他一些国家如日本等，中央政府通过规划来控制城市发展的色彩比较重，城市规划与城市设计两者侧重还是很不一样。城市规划在中国实际上是政府掌控城市发展的一种工具，科学运用这种工具，并按照政府意志和公众利益来分配和管理资源，实现其心目中的城市预期发展是编制城市规划的主要驱动力。

2. 城市规划的现代发展

工业革命以前的城市规划和城市设计多以物质空间规划和布置为主，在传统学科分类上附属于建筑学。中外许多城市建设的实存案例都印证了这一点。

城市化进程伴随着工业革命发展而加剧，社会结构和体制产生巨变，近代市政管理体制建立和逐渐完善。但这时的城市出现了空前的人口集聚和数量增长，产生了严重的环境污染和居住、工作以及生活条件和环境品质急剧恶化等一系列城市问题。如在19世纪的欧洲，恶劣的人居环境和卫生健康状况曾经一度成为首要的城市问题，1830年霍乱在欧洲流行并造成各大城市瘟疫的蔓延，城市居民的生存环境濒临崩溃。为此，随着医学领域的发展和人类对健康条件认识的深入，英国率先于1848年制定了《健康法》，之后法国、意大利等国也相继制定了《健康法》，这些法律成为19世纪后期各国城市管理的法律依据。这样，城市规划的基础就发生了改变，这一改变又促进了城市规划思想和方法及程序的变革。20世纪20年代，城市居住的阳光日照标准的制定，以及后来其成为居住区规划强制性规定就是典型一例。

20世纪早期的城市设计规划理论与城市建设关注外显的物质空间形态密切相关。1933年发表的《雅典宪章》在对现代工业城市存在的问题与弊病进行分析与反思的基础上，提出塑造健康优美的城市环境的思想。宪章运用理性分析的方法，倡导以交通干道为城市格局网络，高效组织工作、居住和娱乐等方面的功能联系。并从健康和生理的角度提出一系列评价建筑的准则，例如住宅对于照明、空气、阳光和通风的满足等。现代主义在发展过程中过分强调理性分析，认为城市发展的经济、社会以及文化问题可以通过良好的物质环境设计得以解决。总之，"以总体的可见形体的环境来影响社会、经济和文化活动，构成了这一时期城市设计的主导观念。"（王建国. 城市设计（第2版）[M]. 南京：东南大学出版社，2004：27.）

20世纪代表性的规划理论包括"田园城市""工业城市"及"带形城市""现代城市""邻里单位""中心地理论"等。经过这些探索，人们不仅对城市建设和生存发展的内在机制的认识前进了一大步，而且越来越清楚地认识到，城市规划必须通过跨学科的分工合作，包括经济学、社会学、历史学、地理学、政治学、人口学等方面的研究，以科学地论证并取得良好的实际效果。在研究客体上，则必须把城市看成"不仅是市区本身，而且还是城市近郊和远郊在进化过程中人口的集聚"（Peter Hall）。这种关注城市社会问题和区域规划的思想对现代城市规划的发展产生了重大影响。同时，城市规划的研究领域有了进一步扩大，其所要解决的问题日益趋向人口、交通、环境污染、社会动乱、经济发展等复合性社会问题。社会学、生态学、地理学、交通工程等均逐渐形成自身独立的城市规划课题。

在实际的操作中，第二次世界大战后的城市规划开始更多地与国家和各级政府决策机构结合，并取决于它们的意志和社会发展目标，成为国家对城市发展"引导式的控制管理"（McLoughlin，1968）的一个手段和工具。规划的重点已经从物质环境建设转向了公共政策和社会经济等根本性问题。学科也因此逐渐趋向社会科学，成为一项名副其实的社会工程。规划过程和程序也有了很大改变，因日益受控制论（Cybernetics）的影响趋向系统规划。

20世纪70年代以后的城市规划学科的重点渐渐从偏重工程技术（20世纪40—50年代）到偏重经济发展规划（20世纪60年代），演化到经济发展、工程技术与社会发展同时并举。即城市规划综合了经济、技术、社会、环境四者的规划，追求的是经济效益、社会效益、环境效益三者的平衡发展。亦即，今天的城市规划应由经济规划、社会规划、政策确定、物质规划四方面组成，效率、公平和环境是其基本准则，其内容所及远远超出城市设计的目标、对象和范围。亦即城市规划不仅是一种工程技术、一种社会运动，同时也是一种政府行为。

3. 城市设计与城市规划的概念分野

20世纪70年代以来，西方城市发展进入了一个相对稳定的时期，大多数城市已经不再像中国今天这样需要大规模尺度的开发建设，同时又有了长期规划作为发展管理的依据，因此规划工作总体是朝内涵深化方向发展。"城市规划工作的重点向两个方向转移：一是以区划（Zoning）为代表的法规文本体系的制定和执行，以使城市规划更具操作性和进入社会运行体系之中；二是城市设计，以使城市规划内容更为具体和形象化。在此背景下，城市设计才有可能得到全面发展。"（孙施文. 城市规划哲学 [D]. 上海：同济大学，1994.）

城市设计的发展与从事历史悠久的城市建设的建筑师视角紧密相连。最先较多地关注物质形体环境对城市的影响，后期更多地关注人和社会的问题，20世纪70年代以来则又加入了对生态问题的关注。

相比城市规划，城市设计的工作内容和关注对象有一定的重合。如20世纪早期，世界各地的建筑师纷纷开始寻求"工业社会里的适宜生活方式"，探寻建筑形态的优化，以使每位居民都能够获得最大限度的阳光、空气和健康的生活空间，并形成了一系列从健康和生理角度出发的建筑评价准则。格罗皮乌斯在布鲁塞尔国际现代建筑协会（CIAM）会议上探讨了建筑物的高度、间距、朝向与日照之间的关系，首次用科学的方法比较了在满足相同日照、相同规模地块下高层塔式建筑、行列式建筑和周边式建筑的布局方式，打破了居住组群传统的甬道式沿街布置方式，提出了满足健康要求前提下可以大量建设的一种新的居住区布局形式。这样的探索兼有城市规划和城市设计的内容。

但城市设计也存在自身的独特性。城市设计所关注的是人与城市形体环境的关系和城市生活空间的营造，内容比较具体而细致，具有较多的文化和审美的含义，以及使用舒适和心理满足的要求。环境效益是城市设计追求的主要目标。

1956年，小组10（Team10）依据现象学的分类，建议以住宅、街道、地区、城市四大层次来取代《雅典宪章》的功能分区，提出应该重新认识城市的形体环境。主张城市整体环境的统一，并提出人际结合、城市的流动性和空中街道等观点，这就更多地归属于城市设计的内容范畴。

1977年，在秘鲁首都利马通过的《马丘比丘宪章》是一份广泛涉及城市设计问题的纲领性文件。宪章直率地批评了现代主义那种机械式的城市分区的做法，认为这是"牺牲了城市的有机构成"，否认了"人类的活动要求流动的、连续的空间这一事实"，指出"不应当把城市当作一系列的组成部分拼在一起考虑，而必须努力去创造一个综合的、多功能的环境"。

城市设计与案例分析

由于在对象界定中城市设计和城市规划所处理的内容接近或者衔接得非常紧密而无法明确划分开来，所以，中国学者普遍认为从总体规划、分区规划、详细规划直到专项规划中都包含城市设计的内容，城市设计始终是城市规划的组成部分，它起到了连接城市规划和建筑学的桥梁作用，是城市规划与建筑设计之间的中间环节。

也有学者认为城市规划与城市设计最好协同编制并同时完成，这样就能互相检验、校正和互补。如果分别开展其间的交叉部分内容就难以统一，出现设计对规划或规划对设计改动较大的现象。从近年实施情况看，一些城市已经关注到这一问题，但也有城市设计先行编制，然后在设计成果基础上编制控制性详细规划，将城市设计三维空间形态的成果落实到城市用地指标的规划控制中去。如果仍然是原先城市设计人员来编制后续规划，他们则应具有较高的规划专业素质。

通常情况下，城市规划和城市设计在实施运作中的互动衔接是通过与中国法定规划程序的不同阶段贯彻落实的。但是现行的规划法规，如《城市规划编制办法》虽然指出了在编制城市规划的各个阶段，都应运用城市设计的方法，综合考虑自然环境、人文因素和居民生产、生活的需要，对城市空间环境做出统一规划，提高城市的环境质量、生活质量和城市景观的艺术水平，但对城市设计的具体编制方法、程序、内容、深度、时效等仍然没有论及。这样，城市设计成果就缺少必要的指导建设的引导作用。此外，有些城市虽然已经编制了一些城市设计，由于国家没有明确的审批制度，缺乏城市设计编制办法和有关规定，规划部门也无法审批，从而成为一种"图上画画，墙上挂挂"的摆设，实际可操作性较差。这就是当下的现实情况。

4. 城市设计与详细规划

中国城市规划工作大致分为总体规划和详细规划两个阶段。现在又增加了近期建设规划和战略规划等编制程序相对灵活但更具针对性的内容。总体规划解决全局性的城市性质、规划、布局问题；详细规划解决物质建设问题，分区规划则介于其间。总体规划、分区规划阶段虽然也有城市设计的内容，但彼此的区别还是比较明显。相对而言，详细规划和城市设计的关系更加密切，在实际城市建设和发展管理中探讨两者的关系具有普遍性意义，需要稍加分析展开。

详细规划和城市设计是在总体规划指导下对局部地段的物质要素进行设计，但城市设计比较偏重空间形态，而详细规划则比较偏重操作，关注定位和定线。从评价标准方面看，详细规划较多地涉及各类技术经济指标，适用而又经济，与上一层次分区规划或总体规划的匹配是其评价的基本标准；它是作为城市建设管理的依据而制定的，较少考虑与人活动相关的环境和场所意义问题。城市设计却更多地与具体的城市生活环境和人对实际空间体验的评价，如艺术性、可识别性、舒适性、心理满意程度等难以用定量形式表达的标准相关。

从重点上讲，详细规划更偏重于用地性质、建筑道路等两边的平面安排，而城市设计更侧重于建筑群体的空间格局，开放空间和环境的设计、建筑小品的空间布置和设计等。

从内容上讲，详细规划更多地涉及工程技术问题（如六线控制、道路、市政工程、公建配套等），体现的是规划实施的步骤和建设项目的安排，考虑的是局部与整体的关系、建筑与市政设施工程的配套、投资与建设量的配合，而城市设计更多地涉及感性（尤其是视觉）认识及其在人们行为、心理上的影响，表现为在法规控制下的具体空间环境设计。

从工作深度上讲，详细规划常以表现二维内容为主，成果偏重于法律性的条款、政策，方案和图纸则居于次要地位。而城市设计多图文并茂，图纸、文本、导则均在其中起重要作用，且具有一定的实施操作弹性和前瞻性，并附有充分的具有三维直观效果的表现图纸，成果较详细规划更细致。

总之，城市设计对于一个健康、文明、舒适、优美，同时又富有个性特色的城市环境塑造，具有城市规划不可替代的重要作用。城市设计应是城市规划的有效深化、延伸和补充，近年中国城市设计的案例研究和实施项目因之越来越多，城市设计也成为政府和社会各界广泛关注和重视的专业领域。

1.4.2 城市设计与建筑设计

通常，城市设计具有显见的引导和部分驾驭建筑设计的作用，这已经成为当今建筑师熟知的事实。亦即，城市设计与建筑设计有着多重的内容和方法交叉与融合。

1. 城市设计与建筑设计在空间形态上的连续性

从物质层面看，城市设计和建筑设计都关注城市环境中的物质实体、空间以及两者的关系。因此，城市设计与建筑设计的工作内容和范围在城市建设活动中呈整体连续性的关系。事实上，建筑立面是建筑的外壳和表皮，但又是城市空间的内壁。建筑空间与城市空间互相交融，隔而不断，内、外只是相对的。因此，城市空间环境是一个连续的整体，城市设计与建筑设计在其中均有恰当的工作内容和对象。

传统的建筑功能概念常常局限于建筑的自身功能和环境要求，并将其视为一种服务自我的封闭系统。但其忽视了其所支持的人类活动及其社会和文化意义，忽视了建筑单元在城市整体的空间结构和形象塑造中的联系。不同功能类型建筑的生硬填充并不能够促成良好城市环境的获得，而建筑与城市生活的分离也会导致城市公共空间的诸多问题。

城市设计以多重委托人和公众作为服务对象，更多地反映社会公正和环境共享的准则，超出了一般建筑功能、造价、美观等内容。其主要工作对象和领域是公共开放空间，它研究建筑物的相互关系及其对城市空间环境所产生的影响。同时，城市设计的工作还应立足于对环境整体的综合分析和评价。

建筑设计基本上取决于设计者本人和项目业主的目标价值取向。他们的审美素养、价值取向、设计技巧及对建筑的认识在设计中起着至关重要的作用。这样，建筑师就会与许多其他专业人员和决策人一起对环境的形成起作用，但实际上他们往往对城市整体环境缺乏足够的考虑。如同《不列颠百科全书》所指出的那样，"工程师设计道路、桥梁及其他大工程；地产商修建起大批住宅区；经济计划师规划了资源分配；律师和行政官员规定税收制度和市级章程规范，或者批准拨款标准；建筑师和营造商修建个别建筑物；工艺设计师设计店铺门面、商标、灯具和街道小品……；也会对环境起普遍的影响。即使在社会主义国家里，建设和管理城市环境的责任也是很分散的"。

在全球城市建设发展步入市场经济主导模式的今天，房地产开发的投入产出效益、业主的最高盈利原则，往往会使建筑单体建设一定程度上脱离城市。如图 1-1 所示为纽约曼哈顿。外部环境如果脱离城市设计和规范控制与约束而自行其是、各行其道，如不恰当地增加容积率和建筑覆盖率，缩小建筑日照间距及减少必要的配套设施等，都会产生很恶劣的空间环境。同样，孤立于空间的建筑物很难对环境作出贡献。甚至引发严重的日照、通风、交通、景观等问题，成为公众指责诟病的对象。巴奈特在总结纽约城市建设教训时曾经指出："由于 1916—1961 年分区法（Zoning）的实施，使纽约变成了

图 1-1 纽约曼哈顿

只有塔楼和开放空间存在的城市而形体要素的相互关系'非常紊乱'，无论单体建筑如何精心设计，但城市本身没有得到任何设计。"

无疑某些重要建筑物，特别是重要的公共建筑会对城市环境产生重大影响，但是这种影响也可以是消极的，只有当其与城市形体环境达到良好的匹配契合时，该建筑物才能充分发挥其自身积极的社会效益、环境效益，有效地传播文化和美学价值。因此，城市设计与建筑设计在城市建设活动中是一种"整体设计"（Holistic Design 或者 Integrated Design）关系，它们共同对城市良好的空间环境创造做出贡献。这就意味着城市空间与建筑空间的设计过程是不可分的。建筑设计、城市设计和城市规划应该成为城市发展的一项完整的工作，并在建设过程中予以把握反映和呈现。即是说，环境的形态应是整体统一和局部变化的有机结合，房屋是局部，环境才是整体。

2. 城市设计与建筑设计在社会、文化、心理上的联系

从主体方面看，使用品评建筑和城市空间环境在人的知觉体验上也具有一种整体连续性关系。城市设计与建筑设计的相关不仅在形体层面上有意义，而且在心理学和社会学层面上同样有意义。

按照格式塔（Gestalt）心理学观点，人对城市形体环境的体验认知，具有一种整体的完形效应，是一种经由对若干个别空间场所的、各种知觉元素体验的叠加结果，这已被当代许多建筑研究者证实，如林奇的城市意象理论、卡伦的序列视景理论等。同时，人们的空间使用方式仍然视城市设计与建筑设计为一体，它要求设计者在满足相对单一的室内使用要求的同时，整体地考虑多样、随机的户外空间活动的需求，乃至社区文化的内涵。我们虽然可以用适当的手段去围合、分割建筑空间，但却无法割断人的知觉心理流。知觉心理流不仅部分取决于作为生物体的人，而且取决于作为文化载体的人。

城市设计和建筑设计的基本目标就是为人们生活和生产活动提供良好的场所和物质环境，并帮助定义这些活动的性质和内涵。因此，设计城市或建筑也就是在设计生活，也就必然要反映作为整体的社区特点及社区生活性。在进入 21 世纪的今天，社区性和场所意义已经随着世界性的对城市特色的关注而成为城市设计领域发展中的一个关键科学问题。

3. 城市设计导则与建筑设计的自主性

在实施过程中，城市设计并非是要取代（事实上也不可能）建筑设计在城市环境建设中的创造性作用，由于两者在规模、尺度和层次上的不同，所以它们是一种"松弛的限定，限定的松弛"的相互关系（王建国，1991）。

城市设计通过导则为建筑提供了空间形体的三维轮廓、大致的政策框架和一种由外向内的约束和引导的条件。导则的作用不在于保证一定产生最好的建筑设计，而在于避免一般水准以下的建筑的产

生，亦即是保证城市环境有一个基本的形体空间质量。

这种约束和被约束的关系在古代城市建设中并不十分重要，因为古代建筑受当时的材料和技术限制，一般不会对整体城市的形态、交通、基础设施和区域结构产生很大影响，也很难宏观失控。并且古代单体建筑的体型、面积都较小，较好地适应地形山水环境。但今天的建筑设计问题往往是多维复合的，只有从城市的层面去认识才有可能厘清关系，也就是城市设计的问题。

但是，这种外部限定约束只是设计的导引，并非僵死的，不是用定量表述的规范和教条，而是具有相当的灵活性和弹性，也就是一种"松弛的限定"和有限理性。因此，建筑师并不会因接受城市设计导则而不能发挥自己的想象力和创造力。建筑师仍然可以担负起应有的社会责任和城市文化引导的角色。

例如，加拿大首都委员会为开发设计议会山建筑群，制定了一系列城市设计的政策框架和技术性准则，以及建筑师应承担的责任等内容，但具有相当的弹性，在此前提下，建筑师仍可做出多种形体设计的建筑方案。

此类案例在欧洲更多，如法国巴黎、荷兰阿姆斯特丹和鹿特丹虽然都是公认的历史名城，但在城市中却能处处感受体会到现代城市和艺术浸染的气息（图 1-2）。

总之，城市社会与物质环境规划设计的关系是从大区域到城市，再到片区，然后才到建筑物和开放空间，直到局部的环境设施和街道小品。从环境尺度方面看，城市规划师所受教育的重点是分析处理宏观层面的空间和资源分配，成果偏重于政策制定、数据分析和用地分配以及相应的图纸表达；建筑师则更多地关注建筑物的功能满足、美学形态和最终尺度，偏重设计和施工；城市设计恰可视为一种贯穿于各专业领域的"环境观"和共享的"价值观"，进而发挥承上启下的桥梁纽带作用。

图 1-2 法国巴黎凡尔赛宫殿入口

1.4.3 城市设计与其他要素的相关性

城市建设是一项综合性极强的社会系统工程，因而城市设计必然受到与城市社会背景相关的各种要素，如社会、经济、政治、法律和文化等要素的影响。同时作为一种对物质空间形态的设计，城市设计与自然生态景观要素显然也密切相关。

1. 政治要素与城市设计

绝大多数城市规划设计及其相关的建设活动都曾受到过不同程度的政治因素的影响。城市建设决策及其实施是一项综合复杂的，同时牵动许多社会集团利益和要求的工作，城市设计也不例外。在有

图 1-3 北京奥运工程主体育场

公众参与和各相关决策集团共同作用的设计决策过程中，设计者为了处理好人际关系和利益分配问题，往往不得不借助于更高层次的仲裁机构——通常是当地的政府，并以此来对参与决策的各方委托人加以控制。于是，城市规划建设难免带上政治色彩，设计者本人也被推上了政治舞台，无论他愿意与否。城市建设许多决策终究要在政治舞台上作出，乃至被接纳成为公共政策。因此，某种程度上说，城市建设决策过程本身就是一个政治过程。在当今中国城市建设中，发生了许多重大城市发展及其相关的建设活动。

如北京奥运工程建设（图 1-3）、上海世博会建设、广州新城市空间轴线相关地段的建设、南京河西新城区建设等。这类活动当然需要编制城市设计作为建设的引导和管理控制条件，但城市设计本身经常是作为实现当时政府意志的技术载体而出现的。在这样的过程中，虽然设计者能起到一定的作用，但事实上政治要素的作用常常具有决定性。

英国学者莫里斯（Morris）在其名著《城市形态史》中认为，所谓规划的政治（Politics of Planning）对城镇形态曾有过决定性的影响。已故著名意大利建筑师罗西（A.Rossi）则认为城市依其形象而存在，而这一形象的构筑与其某种政治制度的理想相关。中国古代帝王将相的政治经济思想左右城市与建筑布局结构等级和整体形态。

中国古代最初城市的形成与发展就和政治统治与便于设防的建设目的紧密联系。傅筑夫认为，中国城市兴起的具体地点虽然不同，但是它的作用却是相同的，即都是为了防御和保护的目的而兴建起来的。已故著名学者张光直教授的研究则发现，中国夏、商、周三代确定城市建设用地时运用了"占卜作邑"的方法，而这种"作邑"不仅是建筑行为，而且是政治行为。这说明，中国古代城市（邑）的建造并非完全出自聚落自然成长或是经济上的考虑，而是受到了华夏文明最初的政治形态、宗教信仰和统治制度的直接制约和影响。其后的"择中立宫"及"体国经野，都鄙有方"的规划思想，亦反映了中国古代城市布局理念。

在世界城市发展的各个历史时代中，政治因素曾经留下深深的印记。历史上城市建设在处理内部空间布局和功能分区时，政治要素的干预和影响十分明显。贫与富，卑与尊，庶民与君臣之间的人伦秩序在城市布局上一目了然。正如城市史家拉瓦蒂所察见：政治控制一般由一个政教合一的上层社会来行使，这些人通常居住在城市中心庙宇、神殿和市政厅附近，由中心向外，居住越远者，社会地位也越低下。到近代，虽然逐渐实行民主政治，但政治要素仍然不时地影响城市规划设计，如美国一大批新兴城市即以当时官方规定的"格网体系"为建设蓝本。

分析古今中外的一些"理想城市"设想和模式，也常常与一定的政治抱负有关。权力常常制约着智力。可以说，历史上世界各大文明体系中的主导规划设计思想，均与其特定的政治文化、统治方式及其所规范的城市建设秩序有着密切的关系。

就今天而言，全世界仍然存在极少数严格按照政治要求而整体建设起来的城市，这些城市在漫长的历史岁月中所始终维持并体现出来的建设意图的高度连续性和统一性，每每使人叹为观止。如美国首都华盛顿 1791 年确定的规划设计主题就是"纯粹政治目的的产物"。从最初的规划到其后几个世纪的规划设计和建设开发，并没有违背朗方的设计初衷。中国明清北京城建设所体现的布局结构、人际等级秩序，同样体现了政治因素与工程技术的完美结合，是在强有力的政治动因和皇权直接干预下渐次完成的。

随着当代社会民主化进程和开放性的加强，政治要素对城市建设的决定性作用有所衰微。除少数城市出自突发的政治动因和社会要求而整体建设的范例（如巴西利亚、堪培拉、昌迪加尔等），一般均采取更为灵活松弛而又具备协商程序的政治干预方式。于是，城市建设的"权智结合"有了新的形式和内涵。

但是，纯粹政治化的建设决策过程也有很大缺点。政治因素注重的是人与人的隶属关系，而不注重人际的情感交流，其干预方式基本上是强制性的。

同时，政治因素不注意不同经济利益的要求，是无偿性的。而事实上，当今市场经济条件下的城市建设行为和目标价值取向却在很大程度上与经济利益有关。如果过分夸大城市设计建设中的政治决策权会削弱城市环境的动态适应性，无形之中也就容易轻视公众参与和多元决策的有效作用，从而与当代日趋开放的社会结构相矛盾。

从实际效果看，政治干预比较看重外表的城市面貌及各种可见设施和生活条件的改善，但对城市社区潜在的文化价值、约定俗成的行为惯例和社区成员的自主意识则常考虑不足。由于政治介入常由少数人制定标准而要求多数人执行，故它更多地体现了理性组织和秩序的观念。因而，政治化的建设决策过程是一种决定论过程。政治干预如不恰当地掌握分寸，也会给城市的可持续发展带来危害，而且这常常具有不可逆性。

政治因素与城市规划建设具有如下几方面的关联。

第一，政治作为一种有效的建设参与因素，通常贯穿于城市建设的全过程。

第二，政治理想常常是城市建设的主导动力，也常常是城市设计需优先保证的要求。对于设计者而言，只能理解、磋商，协同作用，而无法摆脱。

第三，政治干预方式的合适与否，对城市规划建设的成败至关重要。历史和现实都表明，"权智结合"是双向的，政治干预的效果和结局并不一定是积极的，这就需要所有建设决策参与者具有较高的素质，也对城市建设体制和法规制定提出了新的要求。

2. 文化要素与城市设计

相比城市规划注重二维土地资源分配以及浓重的政府职能属性，城市设计和建筑设计更多地反映着一个国家、一个民族和一个地区的历史文化的积淀和演进发展。城市设计涉及较大尺度的人居建筑空间与环境，所以与其相关的文化要素要广于和复杂于建筑设计。"城乡聚落是时代的一面镜子，比起个体建筑来，镜面更大，也更系统地反映着一个国家、民族、地区的历史文化。"（吴良镛.广义建筑

学 [M]. 北京：清华大学出版社，1989.）广义的文化也包括政治的内容。

　　文化要素在城市发展历史曾经产生过深刻的影响，各个时代的城市建设活动实质上也是建筑文化的创造过程。所谓"城市是文化的橱窗"，"城市是石头写成的大书"，都蕴含着文化要素与城市设计的关系。在有些时候，文化要素还会成为城市设计和建设的决定性因素。根据凯文·林奇的研究，作为整体的迄今仍具有重要影响的人类城市原型理想，大致上有三大分支：宇宙城市原型、机器城市原型和有机城市原型。其中机器城市原型与城市功能维度有关，有机城市原型与城市空间结构和生态维度相关，而宇宙城市原型主要与城市设计的文化维度密切相关。

　　历史学和考古学的研究表明，古代的埃及、波斯、玛雅、中国和印度文明，都曾将自己看作是世界的中心。林奇认为，"最初的城市是作为礼仪中心——神圣的宗教仪式的场所而兴起的，它可以解释自然的危害力量并为人类利益而控制它们"。于是，人类欲使宇宙秩序稳固时，城市的宗教礼仪和物质形态就成为主要工具——心理的而非物质的武器，西班牙南部塞尔维亚就是南部欧洲历史文化名城，其悠久的历史文化至今在其城市的西班牙公园和大广场历史建筑（图1-4）就能发现。

图1-4　西班牙南部塞尔维亚西班牙公园和大广场历史建筑

　　历史上的中国建城模式曾经影响了东南亚、日本及朝鲜许多历史城市的街区、重要建筑的设计，而这主要是一种文化的传播和影响。这种神奇而又令人叹为观止的城市形态，在北京得到了最充分和完善的表现。日本的京都、奈良和朝鲜的汉城（今首尔），则是中国模式最完整的复制品。

　　印度古代的城市设计理论也十分关注人、礼仪和城市形态之间的联系。它通过一套完整而又规范的曼陀罗式的建城指南来实施，该指南对土地分配、邪恶力量的控制等提出了空间组织和围合原则。这种形态由一闭合的环线组织成方形，中央的正方形最重要，重重围合加强了城市作为圣地的功能；其运动路线从外向内，或以一种顺时针方向围绕这一神秘的围合，一旦这一形态结构实现，该城市就是神圣的、宜于永久居住的，这种思想一直影响印度今天的城市设计。此外，伊斯兰城市也存在类似情况。

文艺复兴的"理想城市"（Ideal City）模式则是一种有序的西方理性文化思维方式的产物。巴洛克城市模式中的关联轴线系统，亦为权力和秩序的表述，并在巴黎改建和华盛顿中心区规划设计中全面实现。

历史上的城市设计所体现的文化模式和概念一般具有一定的时空稳定性。其深层价值取向是秩序、稳定及社会成员的行为与城市物质形态之间一种密切而又持久的适应。世界文化丰富多彩、多元和多姿，文化属性是城市特色的重要体现。城市特色除自然和生物气候条件的影响外，世界不同文化圈和地域性的文化差异也是城市特色形成的决定性因素。即使在城市感知的层面上，人们也很容易辨别出伊斯兰城市、欧洲城市和中世纪城市形态和城市生活组织方式的不同特色。如到过古城南京的人，一定会对南京明代城墙、十里秦淮、夫子庙、林荫路、浩瀚长江、钟山风景区以及日新月异的中心区现代都市景观等城市空间环境留下深刻印象，同时也会对南京城市的街道活动和市井生活产生自己的看法。而这种印象和人们认识国内其他古都如开封、西安、杭州、北京乃至国外一些历史名城显然是同中有异。这种独特的城市格局和环境特色正是千百年来历史文化积淀和城市设计的直接结果。

3. 法规要素与城市设计

任何一个有组织的社会城市规划和城市设计活动都是在某种形式的建设法规和条令下进行的，也都伴随有相应的改善、调整原有立法的活动。从历史上看，政策和法律要素是人类聚居地规模逐渐扩张后进行集中建设必不可少的一个方面。相比政治要素，政策和法规与具体城市建设的关系要更密切一些，而其作用同样也非常重要。正如吴良镛先生所指出的，"在国家、城市、农村各个范围内，对重大的基本建设，必须要有完整的、明确的、形成体系的政策作指导，否则，分散和盲目的建设就会造成浪费，甚至互相矛盾的发展，在全局上造成不良后果。当建设数量不大时，这些问题尚不明显，而在当前百业俱兴、建设齐头并进的情况下，其危害就十分突出"。

许多历史名城的建设成就都与该城设立的法规有密切关联，《城市形态史》一书曾经写道："理论上的规划专业知识，如果缺乏社会决定，则作用甚微，如果没有合适的立法形式在政治上作引导，则城市规划只能停留在图纸上。"荷兰的阿姆斯特丹、意大利的锡耶纳等著名古城的魅力均与历史上有关建设法规有关。其中，阿姆斯特丹在 15 世纪时已发展为区域贸易中心，并在 1367 年、1380 年和 1450 年分别进行了三次扩建，在原先的 100 英亩基础上增加了 350 英亩城市用地。1451—1452 年，阿姆斯特丹蒙受火焚之灾，1521 年开始立法规定新建建筑必须采用相对耐火的砖瓦结构，1533 年就城市公共卫生制定相关法规，到 1565 年又进一步完善城市建设立法。总之，历史上的阿姆斯特丹一直有城市立法的传统，并以契约形式严格控制了土地用途和设计审批、容积率、市政费用分摊，甚至对建筑材料和外墙用砖都有规定，因此在当时没有总规划设计师的情况下，城市建设依靠法规仍实施得十分协调有序，也保证了 1607 年拥有三条运河的城市总图的顺利贯彻实施。直到今天，阿姆斯特丹仍然享有"水城"的赞誉，吸引着全世界的观光客前往游览（图 1-5）。

19 世纪到 20 世纪，城市建设立法的重要性已被更多人关注。如英国就先后制定了《住房与城市规划法案》《新城法》和《城乡规划法案》等。美国亦随后制定了《分区法》《开发权转移法》《反拆毁法》等一系列城市规划设计和建设的法规。日本则早在 1920 年就制定了《城市规划法》及后来的《国

图 1-5　阿姆斯特丹仍然享有 "水城" 的赞誉

土利用规范法》《城市再开发法》《土地区划整治法》等。

美国纽约市曼哈顿的城市设计和建设也是法规作用下的直接产物。1916 年，纽约实行了美国第一个《区划法》，拟订了沿街建筑高度控制法规，以保证街道有必需的阳光、采光和通风标准。《区划法》规定，建筑当达到规定的高度后，上部就必须从红线后退（Setback）。但这些高层建筑只能是阶梯式后退，造成城市面貌呆板，特别是从中央公园看城市，所见到的只是一片巨大而密实的建筑 "高墙"。同时，《区划法》对某些地段的规定，使中心区成为使用强度最高的地区。这种制度实施虽取得一些成果，但仍不令人满意。基于城市设计的要求，1961 年对原有的《区划法》进行了重大修改和改进，并引进了控制建筑开发强度的容积率（FAR），以及可以同时控制建筑体量与密度的分区奖励法（Zoning Incentives）概念。其中后者规定，开发者如果在某些特定的高密度商业区和住宅区用地范围内，将所建房屋后退，提供一个合于法规要求的公共广场，则可获得增加 20% 的建筑面积的奖励和补偿，如果沿街道建骑楼，则面积奖励稍少。这一具有替换可能的法规受到设计者和项目业主的欢迎。虽然 1961 年的立法仍然存在问题，后来又继续改进完善，但城市设计导则对建筑设计可以起到有效的控制和引导的作用。

历史表明，城市设计的理论、实践与立法是相互促进、共同提升的，现实的生活环境问题促进了设计理论的探索和实践，而在引起社会公众注意时，设计立法又成为必需。反之，立法进展又影响实践，促进了理论的进一步完善。

目前在中国，城市设计者一般可在以下几个方面与法律维度结合。

城市设计成果经专家审议、政府审批和公示等程序，为城市行政决策机构（如人大、市政府）制定城市建设政策和规范条例、编制法定规划提供理论和实践上的技术支持。

按照城市发展的要求，提出基于空间形态优化、功能整合和文化内涵的独立城市设计编制任务，在其设计过程及导则编制中应充分理解上位规划并满足相关国家法规条例要求。

在向下管理层面上，城市设计有时又具有司法的职能。它为单体建筑设计提供各项详细的技术性导则，并通过政府管理部门（规划局、建设局等）或指定的专门执行机构（如中国常见的某某项目建设指挥部等）作为代理人，对报批建筑方案进行审核。

近年来，中国城市建设政策研究和制定已经取得了令人瞩目的进展，如《城乡规划法》的颁布实施、《城市规划编制办法》蓝皮书的制定等，都是前所未有的成果。应当看到，中国目前城市建设法规还没有形成完整的体系，特别是城市设计在中国现行城市规划体制内的地位，虽然有所提及，但其与各个阶段城市规划的关系目前仍然没有达成一致的共识。根据国外城市建设的历史经验，虽然拟订一个城市的发展总图需要进行大量艰苦的工作，但真正建立系统的法规并付诸实施就更为困难。随着中国城市设计工作的深入发展，这将是不可回避的重要问题。

4. 城市设计与自然生态要素

城市地域自然生态学条件及其要素（如气候、地形地貌、水体、植被等），从来就对城镇规划和人类聚居环境建设具有重要影响。只不过在人类社会发展的不同阶段，自然生态要素和环境条件的影响强度、作用方式和作用结果有所不同。

从城镇选址方面看，在史前人类聚居地形成的最初过程中，几乎无一例外地依循了自然生态规律和特定的自然环境条件，之所以人类最早的聚居点出现在黄河、尼罗河、幼发拉底河、底格里斯河和印度河等亚热带和温带河谷地区，是因为这些地区具有优良的自然生态条件，如气候和土壤适合动植物生长繁殖、雨水充沛、建筑取材方便、交通便利等。作为例证，古埃及城镇就是沿着河道发展起来的，而且按照人们喜欢的风向、所在位置、地形条件和海湾走向修建他们的城镇。今天世界很多著名城市也坐落于水陆边缘，如英国伦敦位于泰晤士河河口；荷兰鹿特丹地处莱茵河河口；意大利罗马位于台伯河河口；美国纽约位于哈德逊河河口；俄罗斯圣彼德堡地处涅瓦河河口。再如中国上海位于长江入海口，杭州位于钱塘江入海口，至于位于大江大河以及小溪河边的城市和乡镇聚落更是数不胜数。这说明无论是远古的人类聚居点，还是后来发展起来的城市、乡镇，其选址都一直与所在地特定的自然生态条件有着唇齿相依的密切关系。

自然生态学条件对于城市整体空间形态和布局的特色塑造具有极其重要的影响和作用，分析和研究历史上城镇规划设计对自然的策略态度和处理方式，对于今天仍然有着重要而宝贵的启示。古代的城市设计对于自然环境和基地可资利用的条件及制约的理解往往比今天更为敏锐而深刻，对其建设与基地生态学条件尤其是地理、地形、地貌等条件的匹配和适合亦更为重视。因为那时人们是不可能随心所欲地利用和改造自然的，自然环境条件在建设过程中常常被认为是神圣不可违反的。

特定地域的生物气候要素（如降雨量、日照、温湿度、盛行风向等）是一种相对不变的因素，常常对城市建设产生决定性的作用，而它与城市整体空间结构、布局、人的生活方式乃至建筑材料的供给均有着极其密切的关系。城市设计应当认真分析研究这种相互关系。遵循建设所在地的气候特点和变化规律，因势利导，趋利避害，并由此去塑造城市整体空间特色。可以说，特定地域的气候要素是该地域范围内城镇规划和建筑环境设计的最主要决定因素。

例如，处理热带和亚热带的城市布局和结构形态，根据人居环境舒适性要求，就应该尽量开敞通透一些，注意夏季主导风向和绿化布置；创造尽可能多的庇荫室外空间（如林荫路、公园路、骑楼、凉廊等），以便人们可以长时间在户外活动与休憩；保护和合理利用滨海、滨河和滨湖的自然开敞空间等。在北方寒带地区及中国边远高原地区，冬季的防寒保暖和防风沙问题就成为城市建设要考虑的主要矛盾。实践中城市规划设计一般采用相对集中紧凑的城市布局形态和结构，以利于加强冬季的热岛效应，减少城市居民的工作和生活出行距离；尽量避免冬季不利风道的形成，降低基础设施的运行费用。

如果我们在城市规划设计中恰当地处理了自然生物气候的影响和作用，就能赋予我们的城市空间结构和布局形态一种独特的表现形式，进而塑造出一种富有艺术魅力的城镇环境特色。

地形地貌环境也同样是城市规划设计师和建筑师在城市建设中所尊重和倾心利用的自然生态要素。从高山、丘陵、冈埠、盆地到平原、江河湖泊，世界各地自然特征丰富多样，争奇斗艳。在古往今来的国内外许多案例中，人们都十分重视这些自然要素并在建设中紧密融合具体的山形水势，使自然形态和人工建设的城镇空间和谐地组合在一起。

例如，江苏南京城"襟江抱湖，虎踞龙蟠"，东有紫金山，北依长江、玄武湖，西有莫愁湖，南达雨花台；宁镇丘陵山脉绵延起伏，环抱市区；以秦淮河为主干的内河河网纵横交错，加之由紫金山、小九华山、北极阁、鼓楼高地、五台山、清凉山构成的城市自然绿楔和多年来人工精心营建的林荫大道，使南京成为一座形胜极佳、特色鲜明的著名历史文化名城。1929年12月《首都计划》曾对南京的山川地理形势做了如下描述："南京地势高下不齐，有高山，有平原，亦有低洼之地。此其大略也。"《首都计划》颁布后，南京兴起了持续10余年的营造高潮。现代南京的城市格局、功能分区、道路系统、一批公共建筑都是由这一规划格局奠定的。哈佛大学教授柯伟林在《中国工程科技发展：建国主义政府（1928—1937）》中指出，"南京是中国第一个按照国际标准、采用综合分区规划的城市……"，而结合山水格局和地形地貌是南京近代城市建设的重要特色（图1-6）。

图1-6　南京紫金山天文台

江苏省常熟市则又是一个建设中巧妙结合和利用自然地形地貌的典型案例。常熟古城环绕虞山东麓。城市依山而建，城内河网纵横，河街相邻，包含七条支流在内的唐代琴川运河贯穿古城南北。故有"七溪流水皆通海，十里青山半入城"的美称。根据研究，这种城市空间形态和结构的特色的存在包含着很深的科学道理。常熟古城原是位于滨江的南沙（今福山），唐武德七年"始迁虞山脚下"。迁址后的常熟城位于虞山东麓缓坡层。海拔高程平均比四周高 2m，地势高峻，易于防洪排涝，且具有踞高扼守的军事防卫作用，同时现址又是县境内河网交汇的枢纽地带。这正好印证了我国古代"凡立国都，非大山之下，必广川之上，高勿近旱而水用足，下勿近水而沟防省"的城市建设原则。其后又经过多年的精心营造和建设，特别是南宋城东崇教兴福寺塔的建设和明代"腾山而城"的城墙扩建，使常熟城逐渐形成一种独特的、不对称均衡的城市整体空间艺术特色。

不只是在中国，世界各地许多著名城市的发展建设也大都与所在的自然环境密切结合，使得这些城市既满足了功能使用要求，又拥有自然和人工系统交相辉映的城市景观，各具特色。这些特色如前所述，或来自城市位置的自然特征，或来自人工营造，而更多地来自这两者的结合。如巴西里约热内卢，美国旧金山，意大利那不勒斯、威尼斯和锡耶纳的城市特色都与其所在位置有关，是多年精心规划设计和建设的结果。诚如麦克哈格（I.Mcharg）所指出的，"城市的基本特点来自场地的性质，只有当它的内在性质一旦被认识到，才能成为一个杰出的城市。建筑物、空间和场所与其场地相一致时，就能增加当地的特色。"（[美]I.M. 麦克哈格著 . 芮经纬译 . 设计结合自然 [M]. 北京：中国建筑工业出版社，1992：249–264.）

然而，工业革命以来的社会演化和科学技术的进步，在大大增强人们改造世界。创造新的生活方式的同时，城市建设中开始在人与自然关系的认识方面产生偏差，特别是过于注重城市在经济运营方面的商业性，而对人与自然环境互动共生的城市建设准则掉以轻心。应该承认，人类科学技术迅猛发展的今天，全球已经没有不受人类活动影响的纯自然环境，我们看到的都是社会化了的自然界、人化了的自然界。然而，城市作为全球人居环境中的一部分，人工系统的影响更大，属于最敏感的生态环境之一；城市化地域范围兴建的大量建筑物和构筑物、交通设施、水利工程设施……尽管大都具有积极的建设动机，但也无意之中破坏了自然界的自我调节机制和动态平衡，对城市所处的生态环境产生了一系列不利影响。

虽然人类今天改造自然的能力已经说是无所不能，但是却难以改造包括人类自身在内的万物生灵对环境的生物适应能力。如人对环境污染的忍耐程度就是有极限的。因此，城市设计者要自觉做到对城市自然生态条件和要素的关注和科学把握。

1.5　现代城市设计的发展趋势

中外城镇的古代城市设计，无论其形成途径异同，都隐含着以某种设计理想作为价值取向的视觉特征和物质痕迹，而在城市环境的塑造和形成中，城市设计起到了关键而具体的指导作用。

19 世纪法国巴黎的改建和美国芝加哥的"城市美化运动"，反映了第一代城市设计中注重物质环境和形态美学的理念。20 世纪初现代主义城市设计开始结合社会经济和科技发展的内容，考虑城市的综合问题，尊重人的精神要求，注重生活环境品质及城市资源的共享性。20 世纪 50 年代，城市设计更多考虑并致力于场所性、地域性和人性化的问题。20 世纪 60 年代后，生态准则开始对城市设计发展产生持续性的影响。自 1992 年联合国环境和发展大会签署《里约宣言》后，可持续发展思想和生态环境伦理准则逐渐成为人类的共识，现代城市设计的指导思想也有了进一步的拓展，其中最重要的是对城市环境问题和生态学条件的认识反思和觉醒。这样，现代城市设计在对象范围、工作内容、设计方法乃至指导思想上就有了新的发展。它不再局限于传统的空间美学和视觉艺术，设计者考虑的不再仅仅是城市空间的艺术处理和美学效果，而是以"人—社会—环境"为核心的城市设计的复合评价标准为准绳，强调包括生态、历史和文化等在内的多维复合空间环境的塑造，提高城市的适居性和人的生活环境质量，从而最终达到改善城市整体空间环境与景观的目的，促进城市环境建设的发展。

现代城市设计近 20 年的学科发展主要体现在经典理论与方法的完善深化、基于可持续发展思想的学科拓展、结合城市公共空间环境建设的实践创新和数字技术应用等方面。

在设计理论和方法研究方面，道萨迪亚斯（Doxiadis）提出的人类聚居学、沙里宁的"有机疏散"主张、拉波波特对城市形态人文属性的研究、英国伦敦大学希列尔（Hillier）教授的空间句法、意大利建筑师罗西和卢森堡建筑师克莱尔兄弟（R.&L.Krier）的空间形态类型学研究、莫里斯教授的城市发展史研究、美国加利福尼亚大学伯克利分校的科斯塔夫（Kostof）教授的城市形态研究处于国际领先地位；丹麦的扬·盖尔（Jan Gehl）在城市公共空间研究方面见长；已故林奇教授的城市意象理论和空间调查方法、雅各布斯女士的城市活力分析、亚历山大教授关于城市空间成长性的研究及中国近年正在发展完善的城镇建筑学和人居环境理论等均在不同方面拓展了城市设计理论和方法。在实践方面，培根发展并实践的"设计结构"理念，麦克哈格的"设计结合自然"思想，美国以纽约、费城和旧金山为代表的城市设计审议程序和实施体制研究较为领先，并影响了日本和中国的香港、台湾地区。

在具体的发展方向和科学问题方面，主要包括以下几点。

（1）研究城市设计与建筑设计和城市规划的关系，讨论城市设计作为一门独立学科的概念、理论和方法体系。

（2）基于全球环境变迁而考虑的绿色城市设计（Green Urban Design）研究。绿色城市设计贯彻整体优先和生态优先的准则，通过把握和运用以往城市建设忽视的自然生态规律，探求城镇建筑环境建设应遵循的城市设计生态策略，并提出新的城镇建筑环境评价标准和城镇建筑美学概念。

（3）城镇公共空间环境设计的方法，关注对城市特色、城市建筑一体化、城市活力等的研究，城市历史文化的继承和拓展，城市设计运作管理机制以及结合具体工程项目的设计优化。

（4）数字信息技术的应用和城市设计技术操作过程科学性的改善。研究重点是城市环境信息的集取和分析技术、历史和未来城市设计场景的虚拟再现和城市设计管理数据库等。

（5）基于新型人—环境—资源关系的"理想城市"模式的追求和探索。

历史地看，世界各国均不同程度地开展了城市设计实践，很多国家通过多样性的城市设计和建筑实践，成功地塑造出自身的形象艺术特色，有效地改善了城市环境，城市环境的社区性、公众性和多样性得到进一步加强，城市公共空间的品质和内涵有了明显提升。特别是第二次世界大战后，许多城市的旧城更新改造，居住社区、新城建设和城市公共空间的成功建设，都与城市设计直接相关。

城市设计是一门正在不断完善和发展的学科。20 世纪世界物质文明持续发展，城市化进程加速，但城市环境建设却毁誉参半。在具有全球普遍性的经济至上、人文失范、环境恶化的背景下，城市设计及相关领域学者提出的理论学说丰富了人们对城市发展理想的认识，并直接支持了城市设计实践活动的开展。

近年来，可持续发展所提倡的整体优先和生态优先理念，以及地理信息系统、遥感、虚拟现实等数字技术的应用等也显著拓展了城市设计的学科视野和专业范围，并将对实践产生重大影响。

城市设计实践研究一方面可以借鉴和学习历史上的优秀案例及其成功经验，但更重要的是应深刻理解和认识现代城市生活、社会发展和环境变迁中所产生的各种问题，针对特定的地域条件和历史文化背景，运用城市设计的理论知识，通过一定的技术和手段来创造良好的城市空间环境并解决实际的环境质量问题。事实上，一个城市如果能够创造出美学效果良好、令公众满意的生活环境，提升城市设计的品质，就能获得更好的经济效率和发展前景。

1.6 中国城市设计的发展

中国建筑专业领域自 20 世纪 80 年代以来就开始逐步从单一建筑概念走向了对包括建筑在内的城市环境的考虑，而建筑与城市设计的结合正是其中的重要内涵。

大约在 20 世纪 80 年代初，中国学术界开始引入现代城市设计的概念和思想。就在这一时期，西特（C.Sitte）、吉伯德、雅各布斯（J.Jacobs）、舒尔茨（N.Schulz）、培根、林奇、巴奈特、希尔瓦尼等的城市设计主张逐渐介绍到中国，原建设部开始对城市设计有了官方的认同和重视，国内学者也陆续发表了自己的城市设计研究成果。

20 世纪 80 年代末，"广义建筑学"及"城镇建筑学"概念的提出和其后的认识与实践发展，从一个侧面昭示着城市设计在中国的发展走向。"广义建筑学，就其学科内涵来说，是通过城市设计的核心作用，从观念上和理论基础上把建筑、地景、城市规划学科的精髓合为一体。"（吴良镛 . 人居环境科学导论 [M]. 北京：中国建筑工业出版社，2001：9-10.）这就是说，传统建筑学科领域的拓展首先应在城市设计层面上得到突破和体现，进而"以城市设计为基点，发挥建筑艺术创造"，事实上，今天的建筑创作早已离不开城市的背景和前提，建筑师眼里的设计对象并非是单体的建筑，而是"空间环境的连续统一体（Continuum），是建筑物与天空的关系、建筑物与地面的关系和建筑物之间的关系"（培根，1978）。城市设计方面知识的欠缺，会使建筑师缩小行业的范围，限制他们充分发挥特长。

城市规划也不能简单代替和驾驭城市设计的内容。中国几十年的城市建设实践一再表明，城市的发展和建设规划层面的地块划分和用地性质确定是远远不够的，它并不能给我们的城市直接带来一个高品质和适宜的城市人居环境。正如齐康先生在《城市建筑》一书中所指出的，"通常的城市总体规划与详细规划对具体实施的设计是不够完整的"。

如果我们关注一下近年的一些重大国际建筑设计竞赛活动，不难看出许多建筑师都会自觉地运用城市设计的知识，并将其作为竞赛投标制胜的法宝，相当多的建筑总平面关系推敲都是在城市总图层次上确定的。实际上，建筑学专业的毕业生即使不专门从事城市设计的工作，也应掌握一定的城市设计的知识和技能，如场地的分析和规划设计能力、建筑中对特定历史文化背景的表现、城市空间的理解能力及建筑群体组合艺术等。

周干峙先生在《人居环境科学导论》一书的序言中，在总结中国人居环境科学思想的形成与发展

城市设计与案例分析

时认为，拓展深化建筑和城市规划学科的设想在三方面已经成为现实，其中之一就是"和建筑、市政等专业合体的城市设计已不只是一种学术观点，而且还渗透到各个规划阶段，为各大城市深化了规划工作，也提高了许多工程项目的设计水平"。

随着中国改革开放后城市发展进程的加速，广大建筑师开始认识到传统建筑学专业视野的局限，进而逐步突破以往以狭隘的单幢建筑物为主的建筑而扩大为环境的思考。许多建筑师在自己的实践中开始了以建筑设计为基点，"自下而上"的城市设计工作。城市规划领域则从中国规划编制和管理的实际需要，探讨了城市设计与分阶段的城市规划的关系，并认为城市规划各个阶段和层次都应包含城市设计的内容。

国内较大规模和较为普遍的城市设计实践研究则出现在 20 世纪 90 年代中期以后。这个时期的广场热、步行街热、公园绿地热等反映了中国这一城市发展阶段对城市公共空间和场所设计的重视。通过这一过程，人们普遍认识到，城市设计在人居环境建设、彰显城市建设业绩、增加城市综合竞争力方面具有独特的价值。近年来，中国城市建设和发展更使世界瞩目。同时，城市设计理论、概念和实践研究出现了国际参与的背景。

中国建筑教育中的城市设计课程讲授始于 20 世纪 80 年代，当时一些高校相继开展了对城市设计的研究并取得成果；原建设部派遣专门人员赴美进修学习城市设计，城市设计方向的课程内容和设置亦以此为起点有所发展。今天许多学校的本科建筑教育增加了城市设计的课程以及研究生的选修课。建筑学专业本科教育应培养学生具备一定的城市设计的知识和素养已经没有争议。相应的学会学术组织机构亦已经成立，城市设计目前也受到了中国城市建设管理和实践的广泛关注。

但是，目前中国城市设计的发展各地还很不平衡，认识程度和专业理解也有差距，同时还与现行规划和建设管理体制存在深刻的矛盾。近年许多城市相继开展了不同规模层次的城市设计工作，但工作中出现的一些不良倾向应值得关注和反思。如远远超出正常尺度和实施可能的城市设计、纯粹追求单一景观效果而不顾实际生态效益的城市设计、为房地产商经济利益包装炒作而编制的城市设计等。客观上这些城市设计既未能真正表达社会的需求、公众的意志和审美理想，也没有很好地与城市规划相协调一致。在社会经济持续发展的背景下，目前中国许多城市的建设和发展速度仍然与这种"规划的指引"不相协调，其中城市设计未能行使承上启下的作用无疑也是其中重要原因之一。特别是当前城市环境品质要求愈来愈高，一些重要地段的建设，现行的城市规划已不能满足要求，必须通过城市设计来保证和提高它的设计质量。

总体来看，中国现代城市设计的研究和实践起步较晚。随着中国社会经济的持续高速增长和人民生活水平的提高，人们开始对城市空间环境提出了规模乃至质量上的更高要求。城市设计在中国城市建设实践和管理中日益得到重视并逐渐成为一项重要内容。建筑师逐渐认识到传统建筑学专业视野的局限，进而将设计工作扩大为环境的思考；城市规划领域则从中国现行规划编制和管理的实际需要探讨了城市设计的作用。城市设计在实践中显著深化了城市规划工作，并提高了许多建筑工程项目的设计水平。各大城市相继开展的包括市民广场、步行街和公园绿地建设等在内的城市环境整治和优化工作，反映了中国这一历史发展阶段对城市公共空间和环境品质的空前重视。中国学者所开展的现代城市设计理论和实践研究，特别是 1999 年国际建协大会通过的《北京宪章》，以及具有中国特色的旧城"有机更新"论、"山水城市"论、绿色城市设计概念以及一批成功实施案例等已经引起了国际学术界的关注。同时应该看到，相对世界发达国家的城市设计发展和主流趋势，中国城市设计整体水平仍存在较大差距，中国城市设计任重道远。

1.7 城市设计的实践与理念说明

1.7.1 深圳"超级城市"云城市总部基地城市设计竞赛方案说明

深圳是中国南方最具活力与朝气的城市，中国社会经济改革开放 40 余年来，以深圳（珠海）为代表的城市从"一个小渔村"，发展变革到今天的新型大城市，是中国城市快速发展建设的标志性典范。

本次国际城市设计竞赛在 2014 年发布，竞赛城市用地地址的地块均由填海造地而来，位置非常显著，通过上位的规划论证分析，预设计了高密度以及超高层的城市形态的构想，本次城市设计的基调已经形成。

笔者所在团队本次规划与城市设计的理念，概括起来就是八个字："龙飞凤舞、海纳百川"。

"龙"——预示着本次地块所在城市的龙头地位，同时，位于深圳湾的三栋超高层建筑，如巨龙屹立在海岸，展现出蓬勃向上的精神气质与形态面貌。在超高层塔楼巨龙般的身姿上，外表骨构架呈现螺旋上升之势，也体现着建筑自身体内散发出的腾飞、律动、积极向上的气质（图 1-7、图 1-8）。

图 1-7　城市设计总体鸟瞰图之一

图 1-8　城市设计总体人视效果图之一

"凤"——凤凰的形象整体表现在中央绿地公园城市设计的"图底形态"关系上面，并通过高架步行系统，将经过抽象变形的简化的"凤"鸟飞翔的舒展优美的姿态展现出来，象征了中国传统文化当中的"阴阳平衡"及"阴柔与阳刚互动"的理念。

"龙飞凤舞"的空间带来了社会繁荣的秩序感，同时也展现了深圳这座转型的特大城市具有的年轻、充满活力的气质与形态。

"海纳"——揭示了本次竞赛用地紧邻深圳湾的海滨区位，展现出一个全面的广阔的海滨景观生态，集中而具有标志性的城市形态轮廓，表达了深圳整体城市形态对海洋蓝色文明的包容与吸纳。在社会意义上，也展现了深圳这座从小渔村经历几十年发展，如今变成拥有千万人口的大型城市的发展轨迹中所折射出的内在精神理念。位于中央绿色公园进深达到900米，增加吸纳海洋之风进入北部华侨城的地块空间系统，形成良好的景观生态体系。

"百川"——既反映了本次用地的100多万平方米空间的巨大数字，也镌刻了深圳能够辐射珠三角和全中国经济发展的能力。"百川"到海，凝聚了深圳超级总部基地的硬件与软件实力的综合构建，在这样一个集"百川"实力与"龙头"企业的超高层建筑的实体空间与开放的绿色公园上，必将为深圳未来的城市建设和人居社会公共空间的发展提供一个鲜明的形象。

空间意向的解析——腾飞直上，耀眼祥云

（1）"超级城市"中心街区汇集了世界级以及中国国内的龙头企业，入驻在此美好的环境中工作、休憩与生活也会充满幸福感。因而，这里将汇聚成国家的经济能量中心，形成总部基地的经济核心层。这些有实力的企业集聚，能发挥它们各自对华南及中国内地经济的辐射能力。同时，它们之间通过优势互补，可以推动更精明和集约化的经济发展。

（2）本方案集聚的"超级城市"的中心街区，具有超高密度的城市与建筑空间特点。同时，也构筑了立体城市的超高层空间（图1-9、图1-10）。通过有效率的精明城市设计，发达的城区交通网以及便捷的区位交通优势，将吸引有朝气和专业技能的人才来到这里工作，创造他们的职业价值。这也激发了城市的空间价值，带动周边街区可持续发展。

图1-9 城市设计总体人视效果图之二

（3）"超级城市"由 A、B、C 三栋标志性的超高层建筑构成（高度分别为 680 米、580 米、480 米），通过现代的智能城市建筑的集成技术的应用与实施，将这些超高层建筑与高层建筑及裙房的楼宇智慧地与每个单体的办公空间及深圳市各街区建筑空间连接起来，并通过互联网技术以及新型互联网的集成技术全面的运用，展现深圳智慧城市典范街区，通过云计算高效技术的应用，将现代办公、宜居和休闲、购物环境等高效地展示出来，供居民和旅游者体验。

（4）在这样一个复合的集约化的中心高层建筑环境，许多的商业业态与空间功能有效叠合，发挥更多企业的多维"极化"效益（图 1-11）。同时，在人文文化和创意产业方面，一些文化触媒产业在这里集聚。这些多媒体的文化创意产业将会极大地推动物质形态的空间拓展，丰富这里的中心街区可感知的文化形态与社区活动。

（5）这些街区高层的、高密度的空间也会带动新的生活方式介入，高效率的办公空间、丰富的购物空间、便捷的交通以及各种配套的服务空间，汇集并丰富了传统的 CBD 街区与综合体的功能，同时城市设计通过模型研究推论设计效果（图 1-12）。

（6）在新的互联网及智慧城市与建筑里，通过便捷的物联网技术的运用，以及与其他的先进技术设施紧密配套，保证在此办公、生活、商旅的人士都能找到自己的归宿和理想的场所。细节特点如下：

①滨海路形成开放空间，对密集人流进行吸纳和缓冲。

②车辆两侧流线型会展中心，大气磅礴，与附近的超高层有相互映衬、相互衬托之势。

③中心绿地依托凤凰形态表现锦绣的绿色空间，加上绿地植被不同，穿插优美的流线生动舒展。

④超高层建筑呈龙腾虎跃之势，功能丰富，构成合理，尽览高级深圳湾蓝色海面的景色，并且在各个设备层之上设有 5～6 层高的空中花园，加上屋顶花园的空间环境，构成生态的立体的垂直绿化空

图 1-10 城市设计总体人视效果图之三

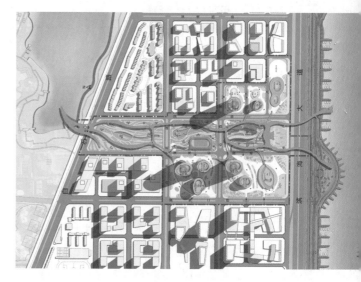

图 1-11 城市设计总平面图

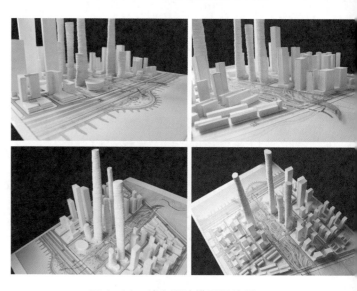

图 1-12 城市设计模型照片展示

27

间体系。

未来的空间环境发展目标为:

①城市街区高层建筑、公园园林景观如幻如梦,梦想成真!

②室内环境宜人,生态智慧亲切高效,迅捷多能!

③塔楼如歌,梅花三弄尽入绿色花园,弄潮健儿时代!

④市民大众,壮志凌云拼搏努力,建伟业众志成城!

1.7.2 浙江海宁火车站地区城市设计(2010 年)

海宁市位于中国长江三角洲南翼,气候四季分明,是典型的江南水乡。海宁市素有"鱼米之乡、丝绸之府、才子之乡、文化之邦、皮革之都"的美誉。海宁市也是全国的皮革、竹编、家纺、太阳能、集成灶产业的基地之一。

海宁是浙江省辖县级市,由嘉兴市代管,位于中国长江三角洲南翼与浙江省北部,东邻海盐县,东距上海 100 千米,南濒钱塘江,与绍兴上虞区、杭州萧山区隔江相望,西接杭州余杭区、江干区下沙,北连桐乡市嘉兴秀洲区。1986 年撤县设市。海宁之名,始见于南朝陈武帝永定二年(558 年),寓"海洪宁静"之意。其境内名胜"钱江涌潮",自唐宋便已盛行,闻名国内外,"八月十八潮,壮观天下无",至今仍吸引八方宾客,一睹涌潮奇景。海宁市历史绵长,各界名人辈出,是李善兰、王国维、蒋百里、徐志摩、金庸等众多文化名人的故乡。

海宁是中国首批沿海对外开放县市之一,并跻身"全国综合实力百强县市"前列。海宁是长三角地区最具发展潜力的县市之一,同时也是钱塘江北岸实力最强的县市。2017 年 11 月,获全国文明城市称号。2018 年入选全国投资潜力百强县市及全国绿色发展百强县市、全国科技创新百强县市、全国新型城镇化质量百强县市,2018 中国最佳县级城市(第 6 名)。2018 年被重新确认为国家卫生城市,入选 2019 年度全国投资潜力百强县市。

笔者在 2010 年参与并主持了海宁火车站地区城市设计概念方案,供当地政府相关部门参考(图 1-13、图 1-14、图 1-15)。为此,通过详细的调研分析,提出如下城市设计理念:

(1)实现海宁市新一轮城市社会、经济与空间发展的新目标,抓住机遇,整合现有资源,融入长三角核心经济文化圈,实现健康可持续发展。

(2)结合海宁市火车站门厅的综合改造,增强街区空间活力,实现城市街区与社区的精明增长。

(3)依托海宁市的山水环境、河海风貌等景观生态环境,为沪杭高薪白领提供适宜的人居空间。

(4)空间布局要顺应城市功能的有机生长,"南商北居"适地适情的组团分区和互补联系,营建空间特点鲜明的核心街区与建筑空间。

通过规划设计的理念建构,提出了城市设计的地块内,南区的总平面意向:"海宁之玉如意"。南区之主体建筑意向:"海宁之宫殿,海宁之玉灯"。

总体城市设计做了两个方案,进行建筑群体形态和外部空间环境关系组合比较研究(图 1-16、图 1-17)。布局的基本特点如下:

(1)南区火车站组团:自西向东依次布局了火车站站房和酒店综合体,作为该城市设计方案的主体建筑。本方案设计做了多角度的效果图研究(图 1-18~图 1-25)。中部和东部为商务中心区,包括

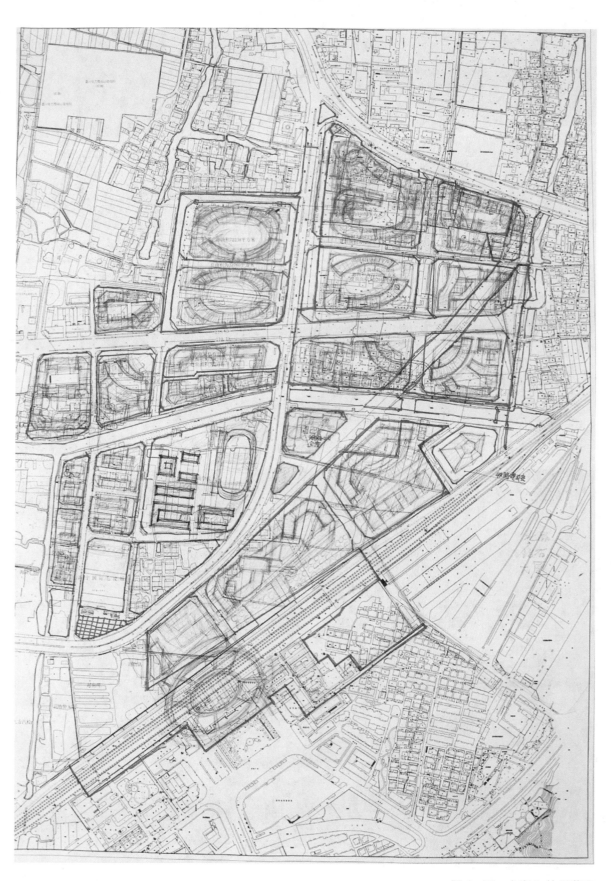

图 1-13 方案 1 构思草案

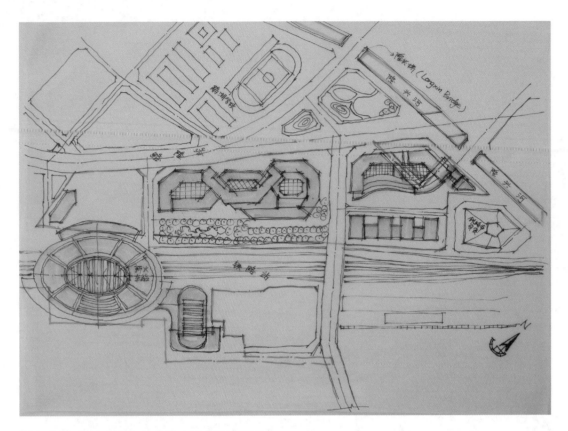

图 1-14　设计方案 1 的地块 A 城市设计草图

图 1-15　设计方案 1 的地块 B+C 城市设计草图

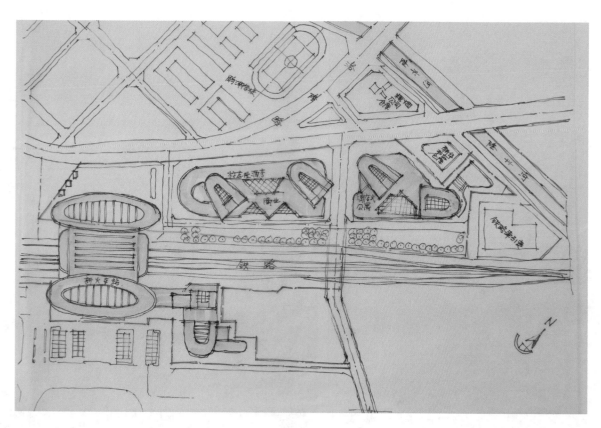

图 1-16 设计方案 2 的地块 A 城市设计草图

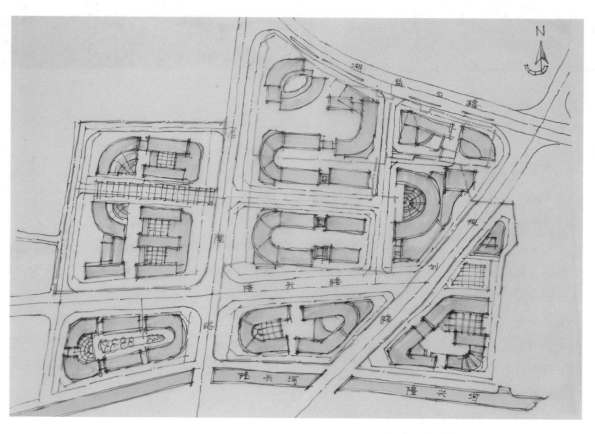

图 1-17 设计方案 2 的地块 B+C 城市设计草图

图 1-18 方案 1 定稿——总平面图   图 1-19 定稿城市设计方案效果图之一

商业、商务酒店、酒店式公寓，面向国内及国际的品牌企业的办公楼，并嵌镶布置绿色大堂与四季阳光中庭，供人们购物、休闲娱乐使用。

（2）北部金三角地段结合用地红线，构建四个高尚住区组团，其中中部梯形组团最大，各组团沿街有一层至三层配套商业楼，住宅组团区域实现封闭管理，停车场集中设在地下一层至二层，内部环境宁静雅致。

（3）整个高尚住区组团设计有一条高架环形步道，方便从上海与杭州方向来的中青年白领，从火车站综合体出来后，可以徒步从高架步行道路系统回到自家小屋，较有特色地解决了人车分流问题。体现了以人为本的思想。

（4）在景观绿化设计方面，结合本地段有景观河道，将其引入到北部金三角地段高尚住区组团的绿化步行系统内，串联起各个组团，既改善与美化了小区景观，又为社区住户提供美好的有特色的滨河、亲水的池塘、喷水的景观人居环境。

技术经济指标：

●地上总建筑面积约 942780 平方米。其中：

图 1-20　定稿城市设计方案效果图之二

图 1-21　定稿城市设计方案效果图之三

图 1-22　定稿城市设计方案效果图之四

图 1-23　定稿城市设计方案效果图之五

- 南区火车站综合体包括：
- 火车站站房楼：83418 平方米。
- 火车站综合体楼：169530 平方米。
- 酒店及酒店公寓综合体：236823 平方米。
- 北区高尚居住区包括：
- 高尚居住区配套商业：48311 平方米。
- 高尚居住区综合楼：96622 平方米。
- 居住区住宅总面积：284610 平方米。
- 居住区住宅总占地面积：33881 平方米。
- 总建筑占地面积约 116110 平方米。
- 总用地面积约 500 亩，合 333333 平方米（火车站用地面积有不定性）。
- 地下停车库与设备用房：约 25 万平方米。
- 建筑密度小于 33.3%；绿地率大于 32.5%；容积率为 2.8；公共建筑高度控制在 150.0 米，并且用地红线周边退让均满足规划要求。

在城市设计初期，通过到现场仔细的调研分析，提出规划设计的结构和基本空间形态构想，包括道路系统的完善、街道连续界面的变化、街区建筑体型组合关系，用草图标示在平面分析图上，并通过实体模型的排布来深入分析。初步方案可采取至少两个方案设计进行比较分析与空间形态推敲论证。

图 1-24 定稿城市设计方案主体建筑效果图之六

1.7.3 河北省张家口市某能源产业集团华北结算中心概念性城市设计方案（2009 年）

张家口市是一座塞外古城，历为北方各民族杂居之地。春秋时北为匈奴与东胡居住地，南部分属燕国、代国。秦时南部改属代郡、上谷郡。汉时分属乌桓、匈奴、鲜卑。隋时东为涿郡，西属雁门郡。唐时多属河北道妫州、新州，少属河东道蔚州。北宋时为武州、蔚州、奉圣州、归化州、儒州、妫州地。南宋时皆属辽。元属中书省上都路宣德府，西北部置兴和路（治今张北）。明为延庆州、保安州、云州、蔚州及万全都指挥使司十二卫、所地。清时北属口北三厅（多伦诺尔厅、独石口厅、张家口厅），南属宣化府（治今宣化）。民国二年（1913 年）属直隶省察哈尔特

图 1-25 定稿城市设计方案主体建筑效果图之七

别区口北道。民国十七年（1928年）设察哈尔省，张家口为省会。民国二十八年（1939年）初设立张家口特别市。张家口文化的特点，主要有以下几个：

（1）慷慨悲歌与粗犷豪放相交融。张家口地域文化属于以燕赵文化和三晋文化为主，兼容蒙古等少数民族文化的多元文化复合。历史地理的条件决定了张家口地域文化具有兼容性的特色。张家口自古以来就是兵家必争之地，是汉民族与北方游牧民族交往频繁的地方。生活在这里的汉族人，有相当一部分是与游牧民族相互融合的后代，因而许多民俗都保留着游牧民族的痕迹。政权的更迭、战争的频繁又带来了大量流离失所的流民和从各地迁徙来的移民，自然也带来了各地的文化习俗，从而丰富了张家口传统文化的内涵。

（2）具有浓厚的时代气息和政治色彩。张家口在历史上有过声名显赫的繁盛时代，作为北方重镇、塞外商埠和京师锁钥的张家口曾目睹了无数次的朝代更替和社会变迁。

（3）教化淳厚，质朴不矫饰。张家口一带山干水瘦，雨少高寒，与华北平原和中原以及江南比，是个贫穷的地方。司马迁说过："传曰：'蓬生麻中，不扶自直；白沙在泥中，与之皆黑'者，土地教化使之然也。"（《史记·三王世家》）

张家口地域文化也可以说是山的文化、仁者文化。孔子曰：智者乐水，仁者乐山（图1-26、图1-27）。朱熹的解释是："知（智）者达于事理，而周流无滞，有似于水，故乐水。仁者安于义理，而厚重不迁，有似于山，故乐山。"（朱熹《论语集注》卷三）可见，仁者、智者的品德情操与山川自然特征和规律性具有某种类似性，因而产生了乐山乐水之情。张家口地域文化所表现的人文精神就是那种仁者不忧、勇者不惧，重德操、讲信义，正直大度、古道热肠的阳刚之气。

1. 项目位置概况

本项目位于张家口高新技术开发区纬三路与清水河路交叉口的西南侧，北临张家口市第一中学。该项目属于一个完整地块的城市设计内容，在充分考虑地块用地环境在整个城市的区位影响力后，要较快地确定公共建筑与居住建筑在地块所处的位置和面积分配，并设计好公共建筑的外部形态和沿街连续的界面关系。项目总建筑面积约7万平方米，总投资额约3亿元人民币。规划设计要点为：①总用地面积50亩（合3.33公顷）；②用地性质：商业与住宅用地。③用地四至：北至纬三路，东至清水河路，南侧与西侧至空置用地。④当地规划部门提供的规划要点基本是：高度控制在90米以内；容积率控制在4.5左右；建筑密度小于或等于30%；绿化率控制大于30%。⑤用地内退北侧朝阳西大街道路绿线多层不小于10米，高层不小于13米，且地块内建筑日照阴影范围不得超过道路北侧红线；退东侧清水河中路道路绿线多层不小于10米，高层不小于13米；退相邻用地界线多层不小于6米，高层不小于10米。⑥设置与新建建筑相适应的停车设施及配套设施。停车位：0.6车位/100平方米建筑面积。交通出入口方位：临相邻地界一侧禁止开口（图1-28、图1-29）。

2. 规划设计内容

本项目主要为集团公司近期在张家口市的产业发展规划布局服务。包括以下四个方面的内容，地上总建筑面积约7万平方米。

（1）结算中心办公楼。

（2）培训中心。

（3）研发公寓与职工宿舍。

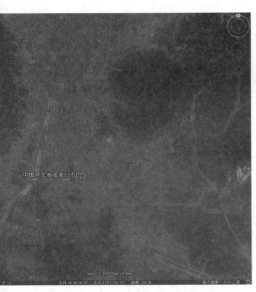

图 1-26 用地定位及景观效果

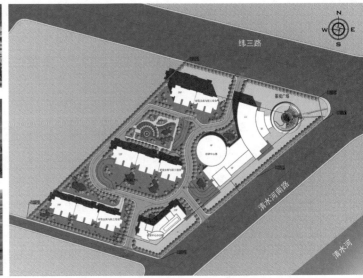

图 1-27 城市设计总平面图

图 1-28 城市设计人视效果图

图 1-29 城市设计定稿主题培训中心立面图

（4）地下停车库与设备用房。

3. 规划设计理念

（1）为张家口市新一轮城市建设添光加彩，带动社会经济发展。

（2）提升规划用地周边的环境质量，完善基础设施建设。

（3）美化清水河及周边道路的建筑空间环境，形成城南新地标空间环境。

4. 规划技术路线

（1）城市设计与规划功能分区。一个完整地块的城市设计需要充分考虑总体环境与空间形态。由于该区位的用地呈现不规则的四边形，且锐角对着纬三路与清水河路交叉口，经过初步的综合研究，将培训中心布局在用地的东北角，并退让用地作一扇形景观广场，在其南侧沿清水河路布局结算中心办公楼，也方便职工上下班的交通组织。利用西侧用地布置研发公寓与职工宿舍，用地紧凑合理。

（2）城市设计与技术路线。规划与建筑设计要体现城市发展的现代理念，平面功能布局合理高效，培训中心与结算中心既要为公司自身功能发展服务，又要为整个城市发展作贡献。在单体建筑设计中，要引入生态、环保建筑材料和技术措施，外部广场与庭院空间将精心设计，体现人文关怀的技术设计细节，为城市和谐发展增添景观设施。

5.城市设计引导下具体建筑布局设计

（1）结算中心办公楼为集团华北地区的办公空间的需求而设计，总体设计上追求简洁、现代与积极向上的意向。整个大楼的各层空间宽敞明亮，利于各公司的高效办公。办公楼的首层和二层层高较高些，三层及以上各层为标准层高。整个大楼有两个垂直交通核，方便员工上下班的交通疏散，也是办公空间提高效益的需要，在楼房的地下设计地下停车库与设备用房。各层办公空间均可按照集团公司和未来业务发展的需要来进行空间和面积划分。

（2）作为集团公司华北地区的培训中心，其功能按相当于星级接待宾馆的内容设置。宾馆规模按房间数约100间设计，同时，将整个宾馆楼的空间作为路口标志性建筑来布局考虑。宾馆内设计有接待大堂、商务中心、中西餐厅、风味餐厅、咖啡、酒吧、健身房、书店、美容及大、中、小会议室等规定用房，为公司员工和与公司业务有往来的客户提供舒适便捷的接待服务。整个宾馆结合体型设计，将分成裙房部分和主楼部分。即主要公共活动与辅助配套部分安排在裙房部分，而客房楼安排在高层主楼部分，主楼最高层数为16层。大堂主入口根据道路走向布置在东北角，东南侧设计另一出口，西南侧为厨房及职工的出入口。整个宾馆楼体型设计高低错落，整个建筑生动有致。宾馆总建筑面积约为16800平方米，床位数约为100床。在楼房的地下设计停车库与设备用房。当然，在设计培训中心宾馆详细方案与施工图时，还可根据实际需要进行调整。

（3）研发公寓与职工宿舍的方案是按照集团公司的要求来进行初步设计的，具体户型和面积此次只提供初步方案，深化方案有待下次再讨论研究，在楼房的地下设计地下停车库与设备用房。作为该城市重点地段的城市设计方案，本方案设计做了多角度的效果图研究（图1-30～图1-33）提供给甲方

图1-30　城市设计鸟瞰效果图

图1-31 城市设计人视效果图之一

图1-32 城市设计人视效果图之二

图1-33 城市设计人视效果图之三

来决策投资分析研究。

6. 经济技术指标

（1）地上总建筑面积约7.25万平方米。

（2）结算中心办公楼：1.05万平方米。

（3）培训中心：1.68万平方米。

（4）研发公寓与职工宿舍：4.25万平方米。

（5）地下停车库与设备用房：约8000平方米。

建筑密度小于28.5%，绿地率大于36.5%，容积率为2.2，建筑高度为75.8米，并且用地红线周边退让均满足规划要求。

1.7.4　江西中医药高等专科学校新校区城市设计方案及单体建筑设计（2006年）

科教兴国作为我们国家的基本国策，推动了教育事业的大发展，在改革开放、发展国家经济中起到了很大的作用。中国高等院校已由1978年的598所发展到2001年的1225所，在校生人数由1998年的341万人发展到2001年的近720万人，2006年全国普通高校在校生人数在1738万人左右，2010年全国普通高校在校生总人数有2921.67万人，2010年全国高校毕业生人数有660万人。校园建筑也从1978年的3300万平方米发展到2001年的近2.6亿平方米，总计高校校园占地约68400公顷。因此，当前许多高校都不同程度地面临着扩大、调整、改建、新建等各项任务。

在此社会经济与文化教育事业发展背景之下，校园规划与城市设计在校园建设中的作用可以归纳为以下几点：清华大学教授高冀生先生提出：①校园规划与城市设计是高校事业规划与城市设计的具体落实，是学校达到相应规模的物质保证。②校园规划与城市设计是建设任务立项的依据。具体的各建设工程项目的就位，确定规模、体量、形态以及投资估算，必须以校园规划与城市设计为依据，以此正式纳入基本建设程序。③校园规划与城市设计是建设工作的指导原则。当然，通过对校园规划与城市设计相关资料的收集和分析，笔者认为在当前校园规划中存在一些问题，表现在以下几个方面：①传统书院文化气息的丧失，遭受商业化、功利化发展的冲击。②盲目追求广场与开放空间的宏大、虚华与繁荣，假借拓展学校之名，投资建设浪费。③对自身发展的特色、理念深入研究阐释得不够，规划设计方案挖掘深度不够。④未来的校园是社会新学术思潮的孵化器，其空间的规划设计和塑造围绕教学空间激发创新思维的探索不够。

以下，我们结合江西中医药高等专科学校新校区规划与城市设计及建筑设计思考，根据其地域的历史文化与自然环境特点，提炼出满足该方案时空条件的规划与城市设计理念，从传统的书院空间里寻找书楼与教学楼及庭院空间设计的关联性，并且从校园空间有机性同中医药哲理文化的关联中，分析规划与城市设计特定价值目标的相似性，从传统中医理论关于人与自然和人工环境的关系总结中，寻找规划与城市设计的理念与途径，达到"天地气合、物我交融"的理想状态，从而探索一种较好的结合地域环境和历史文化以及学校性质的规划设计方法。

1. 学校发展历史和基本背景概况

（1）学校发展历史和基本背景。江西中医药高等专科学校位于江西省抚州市，古称临川，是中国著名的历史文化悠久的城市之一，这里物华天宝、人杰地灵，曾是晏殊、王安石、汤显祖、曾巩等历史文化名人成长或生活的地方。江西中医药高等专科学校1986年建校，建校之始属中专，2003年升为大专，学校现状用地150亩，在校住宿4000人（有一届学生在实习），共有76个班，目前共有5幢宿舍，8层教学楼一幢。学校学生采取初中起点，3+2学制模式培养，为市属省管体制。现专业设置有：中医学、中西医结合、中医骨伤、针灸推拿、中药学、中药制剂技术、药物制剂技术、护理学、医疗美容技术9个专科专业，现共有3个系，将来计划扩大至5～6个系。市政府、学校领导及师生为了推动学校快速健康的发展，已在2008年接受教育部验收，并以此加快学校的硬件、软件设施的配套升级与建设。为此，在抚州科技园区征地577.95亩（38.53公顷），从而满足教育部规定的校园用地空间的要求，计划达到5000人的学生招生规模，在此基础之上逐步调整、完善现有学科建设需求，向全日制本科学校稳步发展。

（2）新建学校的项目概况。新校址位于抚州市南部的科技园区，西临文昌大道，远期总体规划占地577.95亩（38.53公顷），其中近期已征土地323.00亩（21.53公顷），远期征地254.95亩（17.00公顷）。近期按323.00亩用地、约3500名学生考虑，远期按5000名学生的学习生活（不含1000名实习生）进行安排。主要分四个大的功能区：教学与科研区，学生生活区，体育活动区以及药用植物景观园区。

（3）确立明晰的规划与城市设计指导思想。抚州市位于江西省东部，抚河上中游。自古就有"才子之乡、文化之邦"的美誉，历史上出现了王安石、曾巩、汤显祖、陆象山等名儒，经过千年岁月孕育生成了"临川文化"。在抚州这样一个历史文化悠久、文化名人辈出并且学风良好的城市里，规划与城市设计一个新校园，一定要制定一个较高的设计指导思想，以提高设计的品格和质量。

①坚持"以人为本"的思想，注重整体建筑空间环境和文化氛围的营造，结合中医药学校的传统核心文化特点来规划与设计建筑与硬件设施。②依托大学园区的总体布局，合理进行结构安排，保证功能设施完善，最大限度地优化教育资源配置，注重和社会资源的交流、协作与互动。清华大学老校长梅贻琦曾说过："所谓大学者，非谓有大楼之谓也，有大师之谓也。"③校园的建筑空间环境应有利于学科交叉和渗透，有利于提高教学、科研、管理水平，力求创造有利于培养高素质、开拓性、外向型、复合型人才的良好校园环境。④以生态化、园林化、绿色化、智能化的现代化大学规划设计为目标，积极保护自然的生态环境。结合药用植物园林的建设，强化中医药大学特色和园林绿化景观，使校园的建筑融合在植物园林和山水绿野之中。

2. 在规划中强调过程研究与场所精神的强化

本次规划与城市设计是我们作为一项研究性的课题来作多角度、多方案的比较和优化设计而定案的。在遵照抚州市建设管理部门提出的规划要点的前提下，我们与甲方的领导、专家多次商讨、充分沟通，既结合学校的经济条件和教学要求，也充分挖掘地域的历史文化，尊重基地的自然生态山水环境和微地形，才形成了我们最后提交的成果。

经过第一轮规划与城市设计，我们总共提供了三个方案总图，就每个方案的特点和优缺点我们都作了较详尽的分析介绍。通过第一轮汇报和讨论形成了一定的共识，其规划与城市设计方法在总体指导思想的引领下，体现在以下三个方面：

（1）尊重自然的地理环境，结合现有的水库坝址、洼地和树林、坡地，总体划分各大功能区。

（2）建筑空间和自然环境充分结合、相互穿插。建筑不以体量大与雄伟来取胜，而是要以其"亲切自然，具有人文关怀"的目标为指针，以中医药学校的药用植物景观和人文文化有机融合来取胜。强化小而亲切的广场、庭院空间的适宜尺度，避免"大而空"的广场的负面作用。

（3）根据地形和学校建筑的主次关系安排各功能区。结合用地的南北朝向关系，将主要建筑作近45度的旋转，最大程度地争取南北朝向，以满足日照、通风及节能方面的需求。

在此基础之上，确定沿文昌大道一侧规划教学与科研区、在中心水库的东北侧布局学生生活区，中心水库的南侧、东南侧布局体育活动区。结合中心水库坝址和用地内西北角洼地规划一环形带状的药用植物景观园区。通过以上的功能分区组合，形成山水环抱，建筑和园林景观形成"虚实有度、阴阳调适"的空间关系，实体建筑与开放园林景观空间呈相互拥抱的空间形态。

这种功能分区依托基地的自然生态环境，尊重山地的高差变化和微地形关系，既有利于近期开发，又有利于远期用地向东部拓展的便捷联系与自然延伸。中期修改方案是在上一轮提出的三个方案的研究基础上，提供了两个深化方案（图1-34）。这两个深化方案是通过各自发挥优点、克服不足之处，进行一定程度的提炼，努力完善而形成的。尤其在教学与科研区的空间规划与城市设计中，进行更多的研究，当然在具体的单体方案的设计中，还有待进一步的修正与完善。本轮方案参考学校领导与专家的意见，保留基地内的水系，但在东南侧山坡地段不贯通。沿文昌大道一侧退让了约25米的距离，为学校未来发展提供自主发展的可能性。近期规划集中在323亩用地内考虑为主，既能自成体系，又同未来发展相互联通。通过第二轮的方案讨论，甲方提出了切合自身实际发展的建议，基于投资的实力所限，如取消主入口北侧连廊，钟楼结合行政办公楼设计；开阔的水塘内增加一人工岛，丰富景观；一期和二期建筑之间规划一条校内道路；等等。

最终定稿方案结合第一轮和第二轮方案的优点进行深化设计。主要特点表现在：由前导、主体和多个附属的院落空间相互连接组合，根据道路、朝向和坡地地形形成主次不同、大小有别、景观各异的院落空间，由此也构成了本校园规划与城市设计变化丰富的书院空间。强调书院空间的引领作用，注意"小而尺度适宜的"书院、庭院空间的穿插，鼓励师生在室内外与过渡空间的交流。这样就解决了第一轮的方案二入口在东南路口转角处的局促，同时保留了内部相对规整的主题广场空间的丰富变化。既体现了校园的理性与秩序，又为学生、教师提供开放的、平等交流相处的空间平台，共同勾画描绘校园文化空间优雅、活泼的景色。

3. 校园规划设计理念的形成与引导

（1）追求生态脉络的安全、完整，设计适宜尺度广场与开放空间。本次规划与城市设计从用地空间的原生态出发，分析和尊重原有的地形和地貌，包括基地内洼地、湿地、水体、较有价值的树木等。整个新校园就是一个完善的生态系统，尽可能最大限度地保护中部山地地形和林木，集约化利用土地，将某些建筑功能优化组合，提高建设用地的使用效率，突出自然生态群落的完整性，改善校园微小气候的自然性。校园生态化的模式有很多途径，而结合用地环境寻求森林化的模式应该是新的探索。在经过了广场、草坪等景观设计之后，种植大片树木，更能体现"百年树人"的教学理念的追求。

（2）追求空间经络的开放、高效，使群体与单体教学空间更加满足使用要求。校园的外部空间就是一个有机的经络系统。规整的硬地空间、广场空间，结合标高、花池的台地空间，建筑围合的庭院空间，自然开放的湖面和草坡、山岗、密林空间相互连接、穿插渗透，交织成一个充满活力的外部空间体系。而单体与群体建筑对江南传统建筑的通透、灵气和怡人尺度的把握，将融合在变化丰富的书院空间的建构之中。在明清时代，随着徽商的崛起以及财富的积累，他们奉行"耕读传家"的信条，为了将自己的子女培养好，并走向仕途，就大办书院，如歙县的紫阳书院、黟县宏村的南湖书院及歙县竹山书院。由此营造了各级交往空间，促进师生从封闭、内向、单调的环境中解放出来，实现快捷的信息交流，如教师之间、师生之间的学术交流，同时增加学生之间及人与环境间的情感交流。大学校园的书卷气息借助广大师生员工的精神面貌和言谈举止，以及各种尺度的书院型室内外空间经络的有机结合（图1-35），形成和谐而不失个性，团结而不失创造力的空间场所。

江西中医药高等专科学校新校区规划设计 方案一

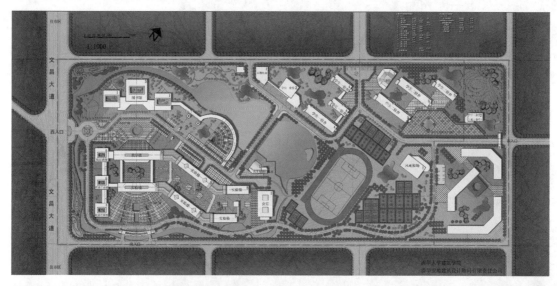

江西中医药高等专科学校新校区规划设计 方案二

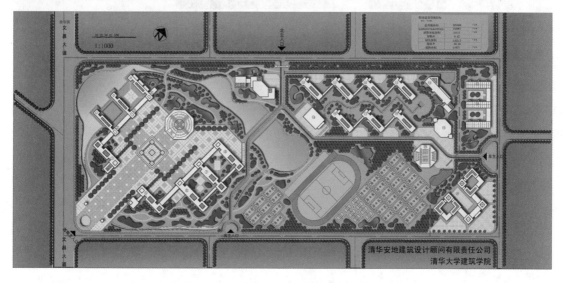

图 1-34 中期两个深化方案总平面图

（3）追求景观脉络的亲切、怡人，使自然的山水绿野和师生们贴近。突出校园的景观园林化特色，无论总体规划还是单体设计都是围绕园林、广场等布局，改变了传统校园规划与城市设计片面追求建筑规模、突出建筑体量、以绿化为陪衬的设计思路。我们所营造的大学园林景观，使人们走进的仿佛是一个自然不加过多修饰的园林，建筑掩映在周围的山水、绿野、环境小品之中，相互借景、相得益彰。著名建筑师阿尔多·罗西说过："野地、树木、耕地和荒地相互联系成一个不可分割的整体，留在人们的记忆之中。这个不可分割的整体是自然与人工相结合的人类家园，它所包含的有关自然物的定义也适应建筑。"在本规划与城市设计里，我们力求将自然的土地、生态景观和人工建筑环境有机结合，让师生们不用去找寻梦想中园林建筑景观，其实，我们理想的园林建筑景观就融合在校园的日常生活空间之中。

（4）追求信息网络的发达、迅捷，满足学术研究的多维要求。新建的高校力求信息交流的方便快

图1-35 第二阶段总平面布局研究模型

捷，逐渐突破传统的教学模式，加强学科之间、校际之间、国内外医科院校之间的横向联系，国际化、网络化、开放化、普及化将成为未来高校发展的必然趋势。办公自动化、通信自动化、物管自动化、教学设备智能化、服务社会化等将被引入校园管理当中，这也将是高校以学术研究开拓为主，创新发展所必需的综合途径。

（5）追求人文精神的情理交融，探索哲理和医德的形神兼备。大学校园建筑空间等硬件设施的建造只是一个必要的手段。而国内外著名的大学其闻名遐迩之内在根本，还在于其独特的人文精神的培养和树立。本次中医药高等专科学校的规划立足于传统医学的哲理和济世救人的人文关怀的思想，使当代的科学理性和传统医德相互结合，形神兼备。为了更好地进行本次校园规划与城市设计（图1-36、图1-37），笔者对传统中医理论作了初步阅读，发现中医学理论与建筑空间理论，在人与自然和人工环境关系方面的理念有很多相通之处。诸如，中医学的思维方法里关于精气、阴阳、五行学说，中医学对人体生理的认识，包括藏象、精气血津、液神、经络、体质认识，中医学对疾病及其防治的认识以及中医思维方法中关于天地之阴阳、四季之阴阳、脏腑之阴阳、气血之阴阳、药物性味之阴阳、经络之阴阳都属于整体层次的系统思维。而建筑空间理论也是一个复杂系统，也需要运用整体的系统思维才能做好规划与城市设计。如建筑空间理论里关于实体与虚空的相辅相成，建筑空间的整体观，空间序列、内外部空间关系、景观环境，建筑空间的骨架结构体系、维护的表皮，生态绿色建筑动态调节系统、仿生建筑系统等。如果将校园里的每栋建筑当成一个生命有机体来认真设计，就像一个健康的人一样，能全面适应当地的气候与生态条件，在空间形态与结构上再加以个性化发挥，就是一个好的有机生长的校园建筑生命体。在这样的系统思维指导下，本方案在室内外空间的设计上，如通过一些壁画、碑刻、铭文、雕塑等，来彰显学校的办学思想、校训校风的弘扬，培养自己校园的人文精神。当然，这需要几代人的不懈努力和顽强进取才能获得，而一个合理的校园规划设计就是这种精神体现的开始。

4. 总体布局与校园重点建筑设计

整个校园规划与城市设计总体布局定稿方案具体来说有以下特点：将主入口放到文昌大道的南侧，由梯形围合的前导广场空间和文昌大道呈正向垂直的实轴线关系。广场空间有一个隐含着不同距离尺度的空间实轴线，引导师生进入不同的空间环境。在西向主入口前导广场空间，北侧为教学和试验楼，

图 1-36　定稿总体鸟瞰图

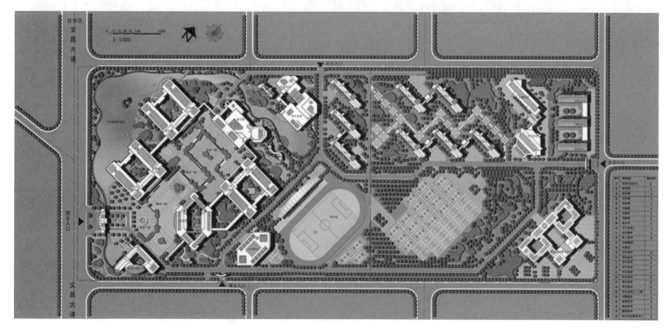

图 1-37　定稿总平面图

南侧为校办公楼。进入前导广场空间后为呈六边形围合的第二层次的广场空间，正面面对教学试验楼。到此空间后，空间轴线将转向北侧，形成较长向的第三、第四层次的主题广场序列空间。轴线北端为图书馆空间，两侧的教学和试验楼空间呈院落空间布局，依据现状地形地貌形成高低不同的、错落有致的建筑关系。从图书馆往东侧穿过柱廊，能看到主题药用植物景观园的各种生动的自然景象，如叠泉、太极拳广场等。从图书馆往东侧经过缓坡，拾级而下，也能看到主题药用植物景观园的各种生动的自然景象等。本方案园林景观空间占地较大，是为了形成较大规模的药用植物景观园区空间（图1-38、图1-39、图1-40）。

图 1-38　校园城市设计节点效果图之一

尽可能最大限度地保护中部山地地形和林木，集约化利用规划土地，将风雨操场和会堂相结合，提高使用率，不需要单独设计会堂，在图书馆增加 500 人的报告厅，在校办公楼增加了 200 人的会议厅。风雨操场紧邻体育运动场，在教学楼的东侧坡地上布局设计。宿舍区充分考虑一期建设用地和规模限制，总体按 3500 人、近期按 2000 人的入学规模考虑，可分成三栋宿舍楼，其中两栋之间用连廊、门厅连接，既提高使用效率又方便管理。如此，在用地东北侧近期可空出一单元楼做单身教师宿舍。在学生宿舍区、教学与科研区，体育活动区之间安排后勤服务用房如学生餐厅、超市、浴室、邮局等各种配套的服务用房，学生活动距离合适，使用效率高。本方案设计中，根据风向关系，学生餐厅、厨房的气味也不会影响宿舍学生的学习生活。体育活动区根据地形特点和面积需要，安排在宿舍区的南侧，有利于为学生提供南向开阔的视野和良好朝向、景观，同时也形成实体建筑与开放体育空间的负阴抱阳的格局。

图 1-39 校园城市设计节点效果图之二

图 1-40 校园城市设计节点效果图之三

主要建筑结合南方地域的书院、庭院与园林空间营建方法，同时利用柱廊空间将各主要建筑空间联系在一起。柱廊空间一方面是中国传统建筑文化的精华之一，另一方面是西方民主开放的教育与文化政治空间的主题形态。在本方案中的充分、巧妙使用，还可以大大增加学生活动、学术交流、感悟自然和体验医道文化的空间场所，提高学生对"天地气合、物我交融"哲学理念的多角度、深层次理解。从而将建筑单体、庭院空间、植物景观设计有机结合，整体构筑一个具有强烈地域文化特点的校园规划与城市设计和建筑设计方案。

5. 结论

一个好的校园规划与城市设计、建筑设计需要一轮一轮的深化研究，在正确的设计方法的指导下，注重过程研究，是做好一个优秀的校园规划与城市设计与建筑设计的基本条件。对于特定地域环境里的校园规划与建筑设计，需要根据其地域的历史文化与自然山水环境特点，提炼出一个满足该方案时空条件的规划与设计理念，选择合理的并且适合学校教学性质与经济实力有效的途径与方法，保证我们的校园规划与城市设计和建筑设计方案经得起推敲，设计出具有地域建筑精神和特色的校园方案，同时，将校园的物质空间与景观环境的规划设计同培养专业人才的目标相结合，从而努力实现专业规划与城市设计的目标。

6. 主要经济技术指标

（1）建设用地组成。

在可建设用地中：

行政办公用地：0.71公顷

教学科研试验用地：8.13公顷

学生生活用地：5.50公顷

体育活动用地：5.06公顷

（含一期、二期）

后勤服务用地：2.15公顷

教工宿舍发展用地（远期）：1.29公顷

培训中心发展用地（远期）：2.99公顷

（2）建筑面积。

一期用地内建筑：

教学、试验楼群：50029.25平方米

校办公楼：6055.45平方米

图书馆：12300.00平方米

一期后勤综合楼：（一期的学生食堂、商业服务楼）8740平方米

学生宿舍楼：（一期三栋）19764.00平方米

风雨操场：2152.00平方米

二期用地内建筑：

学生宿舍楼：（二期五栋）12735.00平方米

二期后勤服务中心：14800.00平方米

综合科研服务中心楼：25700.00 平方米

1.7.5 安徽省祁门县红茶博览园的城市设计方案及单体建筑设计（2006 年）

本方案选址在祁门县金字牌镇，黄祁高速出入口西侧，距县城祁山镇 9.1 千米。祁门红茶简称祁红，产自安徽省祁门县、东至县、贵池（今池州市）、石台县、黟县以及江西婺源及浮梁一带。祁门，属黄山市的辖县。地处黄山西麓，与江西省毗邻，也是安徽的南大门，属于古代徽州"一府六县"之一，建县于唐永泰二年（766 年），因城东北有祁山，西南有间门而得名，是一个"九山半水半分田"的山区县。省道 S326 是目前基地连接城区的主要通道，位于其西部，有一条铁路从省道 S326 下穿而过，伴随着省道的扩建抢修，将会极大地改善基地出入交通的基础条件。

1. 项目基本功能与总体布局

本方案属于街区级别的城市设计与详细规划方案设计。要综合考虑特殊的山水环境和用地空间布局，确定园区的道路系统、开放空间及每栋功能性楼宇的占地及相互之间围合的外部空间结构。总平面布局充分结合基地的优良条件，结合该基地的山水环境以及祁红博览园的功能，将主体博物馆（图 1-41、图 1-42）、科研楼以及办公楼临 S326 国道而建，而将前期策划布局的手工作坊、宿舍楼、专家楼靠南部地块内布局，在南侧临河道的位置布置高科技茶棚，并且结合河道，做成类似帆船的形态，

图 1-41 博览园的城市设计整体鸟瞰图

图 1-42 博览园的城市设计主体博物馆效果图

寓意该投资企业"天之红"集团而将乘风破浪,携带祁门红茶途经新安江、长江,以及东海、太平洋,而走向全世界,将徽州人民的聪明智慧与健身饮品,贡献给全世界饮茶的人们。就基地的秩序而言,北面临的 S326 国道是未来进入博览园主要的交通要道,存在一个主要的南北主轴线,在此轴线之上安排布局祁门红茶博物馆,顺其自然,在其南侧布局高科技茶棚,并将茶叶以帆船流线型优美形态提取出来,布置设计到博物馆与茶棚中,既有徽派建筑的深厚底蕴,又有当代高科技建筑的风采。在基地的西北角,布局科研楼彰显红茶研究的主要空间特色,而紧连其南侧布局了手工作坊与厂房,工艺结构合理,体型关系密切联系,也便于到博览园参观的游客,深入到园内观赏与体验制茶过程,享受其中乐趣,增加制茶的专业技术知识。在基地西北侧布局办公楼(带食堂),很好地解决公司员工办公与餐饮问题,在其南侧公司未成家(或没有住房的员工)建造集体宿舍,解决他们的后顾之忧。在宿舍楼南侧临河道一侧,布置专家楼,既能提供优雅安静的环境,也能为来此园的中外专家提供优美的接待环境。

结合曲线的道路系统,引入一条景观水系,从东南侧河道抽上来的河水,向北、向东流经北侧广场,再流经西南宿舍及专家楼东侧,然后流回南部河道(图 1-43、图 1-44)。

博物馆的主楼朝向 S326 国道,需要有一个大气庄重并且有活力的立面,结合场地地形,利用抬高的广场与大台阶增加博物馆立面的主体地位。博物馆有四层到五层的高度,在北侧沿街立面,将类似茶叶椭圆的形态抽象成带柱廊、曲线型的屋顶构架与结构形态,大气而庄重,又不失人文关怀。高大流动的柱廊空间(图 1-45、图 1-46),也能够为来此旅游参观的游客提供遮风避雨及遮阳的环境。在博物馆高大流动的展示空间里,还增设一个大型的中庭空间,有利于博物馆展示空间的采光与通风,也增加了博物馆空间的艺术造型能力。

科研楼是为技术人员科研实验空间环境的设计,除了基本的管理办公室等功能房间外,结合红茶等植物科学的深入研究,可以划分不同面积的实验室,安装不同规格的实验设备,提供给科研人员完善的科研环境(图 1-47)。

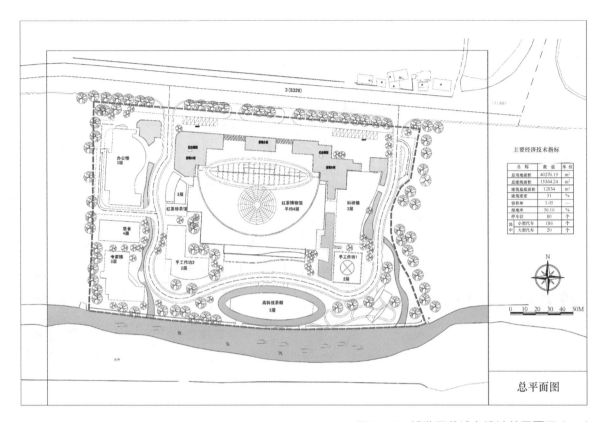

图 1-43　博览园的城市设计总平面图（一）

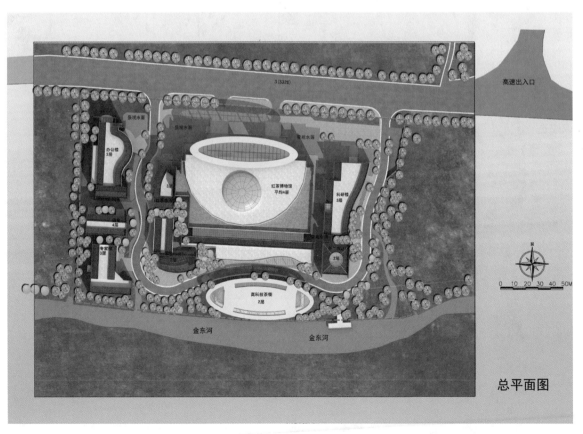

图 1-44　博览园的城市设计总平面图（二）

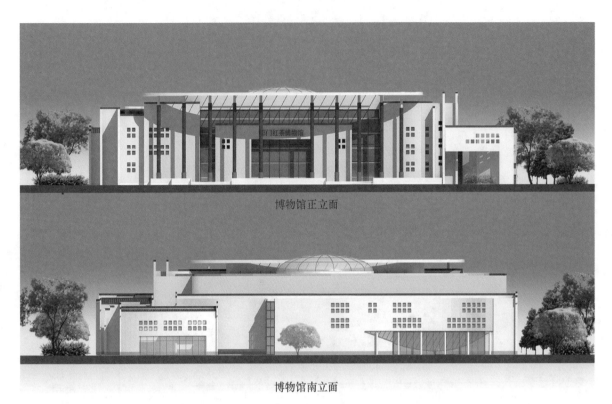

博物馆正立面

博物馆南立面

图 1-45　博览园的城市设计主体博物馆立面图

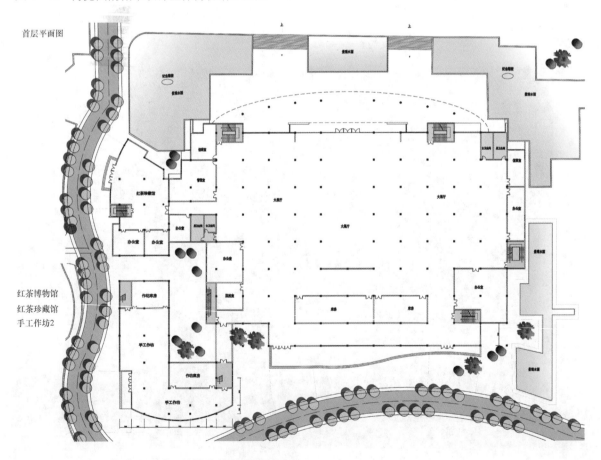

图 1-46　博览园的城市设计主体博物馆首层平面图

　　手工作坊结合前期生产与加工的功能，布局有多层与框架结构相适应的空间。作坊内部一侧加工制茶，另一侧作为机械加工的空间使用。机械加工的厂房 70 平方米左右，手工作坊有长 35 米以上、宽 25 米左右的结构空间可以使用。

　　在办公楼里采用 8 米 ×8 米和 7.5 米 ×7.5 米的框架结构，便于灵活应用，分隔空间。办公楼考虑三层的面积。在办公楼南侧布局宿舍楼，也可以设计三层的建筑空间，每间宿舍也按照标准客房设计，为公司员工提供良好的居住条件。专家楼里也可以设计比较好的客房空间。在高科技茶棚里，如船型的空间大气而流畅，同时，能结合现代生态农业茶叶科技，增加种植与展示的空间（图 1-48）。

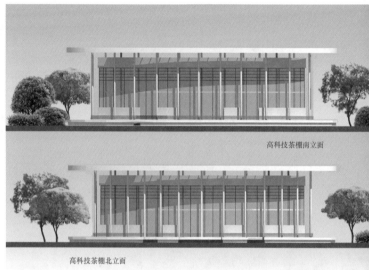

图 1-47　博览园的城市设计科研楼立面图　　　　图 1-48　博览园的城市设计高科技茶棚立面图

2. 交通布局

　　整个园区的交通道路安排一流线型消防与运输主路，平时可作为游客参观的电瓶车道路，整个道路做成自由弯曲的线型，是考虑到祁门红茶博览园内部有序而又有趣味的生态旅游场所环境，为进入园区的运输车减速而设计。同时，未来每天会有大量游客来此参观旅游，他们的旅游大巴会停在路边或园区的半地下停车场，而换成电瓶车或步行来园区参观旅游与体验和购物，他们走在与自然山水环境协调的曲线型道路上，会更有返回大自然的感受。这就是不同于城市道路的设计手法。沿北侧国道路边基地高差空间设计的半地下停车系统，节省用地与造价，因地制宜。通过环形主干道以路边入口广场与通道连接园区各主要建筑。主体博物馆建筑前面预留单独的车行通道，主要便于节庆和大型活动时的交通需求，在各栋建筑的绿地里设置步行园林道路，供园区游客慢行观赏。

3. 绿化与景观系统

　　在博览园区结合曲线的道路系统，沿道路两侧，种植有祁门乡土特色的绿色树种，四季色相不同，乔木、灌木、草地相互搭配，点、线、面形态有机组合，借助远山和南侧河道，以及北侧国道的绿化系统，构成皖南茶城地域优美宁静的画卷。依托博览园区的格局，引入一条景观水系。

　　北侧广场区域大面积的水体衬托主题博物馆的优雅形态，在水体之间，可以布局与红茶制作有关的工艺大师的雕塑，或者与红茶文化有关的美丽传说及故事的雕塑与小品建筑，景观系统开放自如。在南侧高科技茶棚，内外空间交融，画船造型的外部水体与南侧河道形成有动感的叠泉效果。

4. 旅游参观系统

黄山市旅游经济发展方兴未艾，正在蓬勃发展。未来博览园的基础设施与建筑空间建设完成以后，来博览园旅游的游客会不断涌现。园区设计了曲线型的道路系统。园区博物馆是游客集中游玩、参观与了解红茶文化的主要空间。在各个手工作坊区以及高科技茶棚的建筑区，来此观光体验的外地游客会享受到不同的红茶制作、加工与品茶的乐趣。到此博览园一游，他们会性情怡然、流连忘返。

第2章 城市设计与城市规划发展的密切联系

讨论研究城市设计离不开城市规划的发展过程，城市设计学科发展与专业建构在早期就是城市规划的历史演进。在近现代的城市设计学科发展过程中，伴随着各个城市各片区和新区的开发建设，以及对空间形态、外部公共空间、体型环境整体秩序和美学价值的综合设计要求的提高，城市设计学科不断地显示其重要的作用而逐渐独立出来。

2.1 国外城市规划与城市设计理论的发展

2.1.1 欧洲古代社会和政治体制下城市的典型格局

从公元前5世纪到公元17世纪，欧洲经历了从以古希腊和古罗马为代表的奴隶制社会到封建社会的中世纪、文艺复兴和巴洛克几个历史发展时期。随着社会和政治背景的变迁，不同的政治势力占据主导地位，不仅带来不同城市的兴盛衰亡，而且城市格局表现出相应的不同特征。古希腊城邦的城市公共场所、古罗马城市的炫耀和享乐特征、中世纪的城堡以及教堂的空间主导地位、文艺复兴时期的古典广场和君主专制时期的城市放射轴线都是不同社会和政治背景下的产物。

1. 古典时期的社会与城市规划设计

古希腊是欧洲文明的发祥地。公元前5世纪，古希腊经历了奴隶制的民主政体，形成了一系列城邦国家。该时期的城市布局上出现了以方格网的道路系统为骨架，以城市广场为中心的希波丹姆（Hippodamus）模式。该模式充分体现了民主和平等的城邦精神和市民民主文化的要求，在米利都城（Milet）得到了最为完整的体现（图2-1），而其他一些城市中，局部性地出现了这样的格局，如雅典广场在这些城市中是市民集聚的空间，围绕着广场建设有一系列的公共建筑，成为城市生活的核心。同时，在城市空间组织中，神庙、市政厅、露天剧院和市场是市民生活的重要场所，也是城市空间组织的关键性节点。

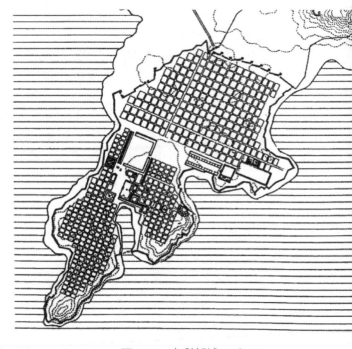

图 2-1 米利都城（Milet）

图 2-2　古罗马城斗兽场

古罗马时期是西方奴隶制发展的繁荣阶段。在罗马共和国的最后 100 年中，随着国势强盛、领土扩张和财富敛集，城市得到了大规模发展。除了道路、桥梁、城墙和输水道等城市设施以外，还大量地建造公共浴池、斗兽场和宫殿等供奴隶主享乐的设施。到了罗马帝国时期，城市建设更是进入了鼎盛时期。除了继续建造公共浴池、斗兽场和宫殿以外，城市还成了帝王宣扬功绩的工具，广场、铜像、凯旋门和纪功柱成为城市空间的核心和焦点。古罗马城是这一时期城市建设特征最为集中的体现，城市中心是共和时期和帝国时期形成的广场群，广场上耸立着帝王铜像、凯旋门和纪功柱，城市各处分散布局有公共浴池和斗兽场（图 2-2）。

公元前的 300 年间，罗马几乎征服了全部地中海地区，在被征服的地方建造了大量的营寨城。营寨城有一定的规划模式，平面基本上都呈正方形或长方形，中间为十字形街道，通向东、南、西、北四个城门。中心交点附近为露天剧场或斗兽场与官邸建筑群形成的中心广场（Forum）。欧洲许多大城市就是从古罗马营寨城发展而来，如巴黎、伦敦等。

2. 中世纪的社会与城市

罗马帝国的灭亡标志着欧洲进入封建社会的中世纪。在此时期，欧洲分裂成为许多的封建领主王国，封建割据和战争不断，使经济和社会生活中心转向农村，城市的手工业和商业十分萧条，城市社会经济处于衰落状态。

中世纪，由于神权和世俗封建权力的分离，教堂周边形成了一些市场，它们从属于教会的管理，进而逐步形成为城市。教堂占据了城市的中心位置，教堂的庞大体量和高耸尖塔成为城市空间和天际轮廓的主导因素。在教会控制的城市之外的大量农村地区，为了应对战争的冲击，一些封建领主建设了许多具有防御作用的城堡，围绕着这些城堡也形成了一些城市。

就整体而言，城市基本上多为自发生长，很少有按规划建造的。同时，由于城市因公共事务与交往活动的需要而形成，城市发展的速度较为缓慢，从而形成了城市中围绕着公共广场组织各类城市设施以及狭小、不规则的道路网结构，构成了中世纪欧洲城市的独特魅力。

由于中世纪战争的频繁，城市的设防要求提到较高的地位，也出现了一些以城市中心为出发点的规划模式。10 世纪以后，随着手工业和商业逐渐兴起、繁荣，行会等市民自治组织的力量得到较大的发展，许多城市开始摆脱封建领主和教会的统治，逐步发展成为自治城市。在这些城市中，公共建筑如市政厅、关税厅和行业会所等成为城市活动的重要场所，并在空间中占据主导地位。

与此同时，城市的社会经济地位也得到了提升，城市的自治更促进了城市的快速发展，城市不断地向外扩张。如意大利的佛罗伦萨，在 1172 年和 1284 年两度突破原有城墙向外扩展，并修建了新的城墙，以后又被新一轮的城市扩展突破（图 2-3）。

3. 文艺复兴时期的社会与城市

14 世纪以后，封建社会内部产生了资本主义萌芽，新生的城市资产阶级实力不断增强，在有的城市中占据了统治性的地位。以复兴古典文化来反对封建的中世纪文化的文艺复兴运动蓬勃兴起，在此时期，艺术、技术和科学都得到飞速发展。

许多中世纪城市已经不能适应新的生产及生活发展变化的要求，进行了局部街区的改建。这些改建主要是在人文主义思想的影响下，建设了一系列具有古典风格和构图严谨的广场和街道以及一些世俗的公共建筑。其中具有代表性的如威尼斯的圣马可广场（图 2-4）、梵蒂冈的圣彼得大教堂等。在此期间，也出现了一系列有关理想城市格局的讨论。

4. 绝对君权时期的社会与城市

从 17 世纪开始，新生的资本主义迫切需要强大的国家机器提供庇护，资产阶级与王权结成联盟，反对封建割据和教会实力，建立了一批中央集权的绝对君权国家，形成了现代国家的基础。这些国家

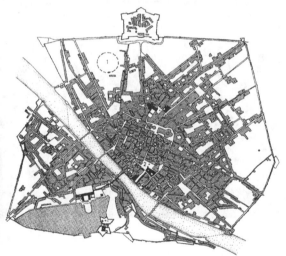

图 2-3　佛罗伦萨的城市

图 2-4　圣马可广场

的首都，如巴黎、伦敦、柏林、维也纳等，均发展成为国家的政治、经济、文化中心型的大城市。随着资本主义经济的发展，这些城市的改建、扩建的规模超过以往任何时期。在这些城市改建中，巴黎的城市改建影响最大。在古典主义思潮的影响下，轴线放射的街道（如香榭丽舍大道）、宏伟壮观的宫殿花园，如凡尔赛宫和人口公共广场成为那个时期城市建设的典范（图2-5）。

图2-5　法国巴黎凡尔赛花园

2.1.2　现代城市规划产生的历史背景及基础

1. 现代城市规划产生的历史背景

18世纪在英国起步的工业革命极大地改变了人类居住地的模式，城市化进程迅速发展推进城市规模和数量扩大。工业生产方式的改进和交通技术的发展，吸引农村人口向城市不断集中，同时，农业生产劳动率的提高和圈地法的实施，又迫使大量破产农民涌入城市。中心城市快速增长，伦敦的人口在19世纪增长了5.5倍，从1801年的100万人左右增长到1901年的650万人。而一些工业城市的人口增长更为明显，曼彻斯特在同期增长了7倍，从7.5万人发展到60万人。城市人口的急剧增长，使得原有城市中的各项设施严重不足，住宅短缺，旧的居住区沦为贫民窟，并出现了许多粗制滥造的工人住宅。同时，由于交通工具和交通设施的匮乏，就需要提供廉价的距生产地点在步行距离以内的住房，居住区与工厂混杂。在房地产投机和城市政府对工人住宅缺乏重视的状况下，这些住房不仅设施严重缺乏，基本的通风、采光条件得不到满足，而且人口密度极高，有的地区一间住房中住了十几个人或更多的人，公共厕所、垃圾站等设施严重短缺，排水系统年久失修且容量严重不足，造成粪便和垃圾堆积，在这样的状况下导致了传染疾病流行。19 世纪三四十年代蔓延于英国和欧洲大陆的霍乱就是由这些贫民区和工人住宅区所引发的，使社会和有关当局在惊恐之下，才引起对上述问题的关注。从 19 世纪中叶开始，出现了一系列有关城市未来发展方向的讨论。这些讨论在很多方面是对过去城市发展讨论的延续，同时又开拓了新的领域和方向，为现代城市规划的形成和发展在理论上、思想上进行了充分的准备。

2. 现代城市规划形成的基础

现代城市规划是在解决工业城市所面临问题的基础上，综合了各类思想和实践后逐步形成的。在其形成的过程中，一些思想体系和具体实践发挥了重要作用，并直接规定了现代城市规划的基本内容。回溯现代城市规划史可以看到，现代城市规划发展基本上都是对过去这些不同方面的延续和基于此的进一步深化和扩展。

（1）现代城市规划形成的思想基础——空想社会主义。空想社会主义主要是通过对理想的社会组织结构等方面的架构，提出了理想的社区和城市模式，尽管这些设想被认为只是"乌托邦"的理想，但它们从解决最广大的劳动者的工作、生活等现实问题出发，从城市整体的重新组织入手，将城市发展问题放在更为广阔的社会背景中进行考察，并且将城市物质环境的建设和对社会问题的最终解决结合在一起，从而能够解决更为实在和较为全面的城市问题，由此引发了社会改革家和工程师们的热情和想象。在这样的基础上，出现了许多城市发展的新设想和新方案，近代历史上的空想社会主义源自莫尔（T.More）的"乌托邦"（Utopia）概念。

他期望通过对理想社会组织结构等方面的改革来改变当时他认为是不合理的社会，并描述了他理想中的建筑、社区和城市。近代空想社会主义的代表人物欧文（Robert Owen）和傅里叶（Charleo Fourier）等人不仅通过著书立说来宣传、阐述他们对理想社会的信念，同时还通过一些实践来推广和实践这些理想。如欧文于 1817 年提出了"新协和村"（Village of New Harmony）的方案，并用自己 4/5 的财产，在美国的印第安那州购买了 12000 公顷土地建设他的新协和村。傅里叶在 1829 年提出了以"法朗吉"（Phalanges）为单位建设由 1500～2000 人组成的社区，废除家庭小生产，以社会大生产替代。1859—1870 年，戈定（J.P.Godin）在法国 Guise 的工厂相邻处对傅里叶的设想进行了实践，这组建筑群包括了三个居住组团，有托儿所、幼儿园、剧场、学校、公共浴室和洗衣房。

（2）现代城市规划形成的法律实践与英国关于城市卫生和工人住房的立法。19 世纪中叶，英国城市尤其是伦敦和一些工业城市所出现的种种问题迫使英国政府采取一系列的法规来管理和改善城市的卫生状况。针对当时出现的肺结核及霍乱等疾病的大面积流行，1833 年英国成立了以查德威克（Edwin Chadwick）为领导的委员会专门调查疾病形成的原因，该委员会于 1842 年提出了《关于英国工人阶级卫生条件的报告》，1844 年成立了英国皇家工人阶级住房委员会，并于 1848 年通过了《公共卫生法》。这部法律规定了地方当局对污水排放、垃圾堆集、供水、道路等方面应负的责任。由此开始，英国通过了一系列的卫生法规，并建立起一整套对卫生问题的控制手段。对工人住宅的重视也促成了一系列法规的通过，如 1868 年的《贫民窟清理法》、1890 年的《工人住房法》等，这些法律要求地方政府提供公共住房，如 1890 年成立的伦敦郡委员会（The London County Council）依法兴建工人住房。这一系列的法规直接孕育了 1909 年英国《住房、城镇规划等法》（Housing, Town Planning, Etc.Act）的通过，从而标志着现代城市规划的确立。

（3）现代城市规划形成的行政实践——法国巴黎改建。豪斯曼（George E.Haussman）在1853年开始作为巴黎的行政长官，看到了巴黎存在的供水受到污染、排水系统不足、可以用作公园和墓地的空地的严重缺乏、大片破旧肮脏的住房和没有最低限度的交通设施等问题的严重性，通过政府直接参与和组织，对巴黎进行了全面的改建。这项改建以道路切割来划分整个城市的结构，并将塞纳河两岸地区紧密地连接在一起。在街道改建的同时结合整齐、美观的街景建设的需要，出现了标准的住房布局方式和街道设施。在城市的两侧建造了两座森林公园，在城市中配置了大量的大面积公共开放空间，从而为当代资本主义城市的建设确立了典范，成为19世纪末20世纪初欧洲和美洲大陆城市改建的样板。

（4）现代城市规划形成的技术基础——城市美化。城市美化源自文艺复兴后的建筑学和园艺学传统。自18世纪后，中产阶级对城市中四周由街道和连续的联列式住宅所围成的居住街坊中只有点缀式的绿化表示出极端的不满意。在此情形下兴起的"英国公园运动"，试图将农村的风景引入到城市之中。随着这一运动的进一步发展，出现了围线城市公园布置联列式住宅的布局方式，并将住宅坐落在不规则的自然景色中的现象运用到实现如画的景观（Picturesque）城镇布局中。这一思想因西特（C.Sitte）对中世纪城市内部布局的总结和对城市不规则布局的倡导而得到深化。与此同时，在美国以奥姆斯特德（F.L.Olmsted）所设计的纽约中央公园为代表的公园和公共绿地的建设也意图实现与此相同的结果。而以1893年在芝加哥举行的博览会为起点的以对市政建筑物进行全面改进为标志的城市美化运动（City Beautiful Movement），则综合了对城市空间和建筑设施进行美化的各方面思想和实践，在美国城市得到了全面的推广。而该运动的主将伯汉姆（D.Burnham）于1909年完成的芝加哥规划则被称为第一份城市范围的总体规划（Master Plan）。

（5）现代城市规划形成的实践基础——公司城建设。公司城建设是资本家为了就近解决在其工厂中工作的工人的居住问题，从而提高工人的生产能力而由资本家出资建设、管理的小型城镇。这类城镇19世纪中叶后在西方各国都有众多的实例。如凯伯里（George Cadbury）于1879年在伯明翰所建的模范城镇Bournville；莱佛（W.H.Lever）于1888年在利物浦附近所建造的城镇Port Sunlight等。其中，美国的普尔曼（George Pullman）1881年在芝加哥南部所建的城镇最为典型。这个城镇位于普尔曼的火车车厢厂一侧。其中，工人住宅区的独立住宅和供出租的公寓房相分离，有一个很大的公共使用公园，一个集中的两层楼的商业区，还包括剧场、图书馆、学校、公园和游戏场等。城镇边缘还有铁路供工人上下班使用。公司城建设对霍华德田园城市理论的提出和付诸实践具有重要的借鉴意义。而且，后来在田园城市的建设和发展中发挥了重要作用的恩温（R.Unwin）和帕克（B.Parker）在19世纪后半叶的公司城设计中积累了大量经验，为以后的田园城市的设计和建设提供基础，如1890年在约克郡所建的Earswick城镇就是由他们设计的。

2.1.3 现代城市规划的早期思想

1. 霍华德的田园城市理论

在19世纪中期以后的种种改革思想和实践的影响下，霍华德于1898年出版了论著《明天：通往真正改革的平和之路》（*Tomorrow: A Peaceful Path to Real Reform*），提出了田园城市（Garden City）的理论。霍华德针对当时的城市尤其是像伦敦这样的大城市所面临的拥挤、卫生等方面的问题，提出了一个兼有城市和乡村优点的理想城市——田园城市，作为他对这些问题的解答。他后来明确了田园城市的概念是：田园城市是为健康、生活以及产业而设计的城市，它的规模能足以提供丰富的社会生活，但不应超过这一程度；四周要有永久性农业地带围绕，城市的土地归公众所有，由一个委员会来管理。

根据霍华德的设想，田园城市包括城市和乡村两个部分。田园城市的居民生活于此、工作于此，在田园城市的边缘地区设有工厂企业。城市的规模必须加以限制，每个田园城市的人口限制在3.2万人，超过了这一规模，就需要建设另一个新的城市，目的是保证城市不过度集中和拥挤而产生各类大城市所产生的弊病，同时也可使每户居民都能极为方便地接近乡村自然空间。田园城市实质上就是城市和乡村的结合体，每一个田园城市的城区用地占总用地的1/6，若干个田园城市围绕着中心城市（中心城市人口规模为58000人）呈圈状布置，借助于快速的交通工具（铁路）只需要几分钟就可以往来于田园城市与中心城市或田园城市之间。城市之间是农业用地，包括耕地、牧场、果园、森林以及农业学院、疗养院等，作为永久性保留的绿地，农业用地永远不得改作他用，从而"把积极的城市生活的一切优点同乡村的美丽和一切福利结合在一起"，并形成一个"无贫民窟无烟尘的城市群"。

田园城市的城区平面呈圆形，中央是一个公园，有6条主干道路从中心向外辐射，把城市分成6个扇形地区。在其核心部位布置一些独立的公共建筑（市政厅、音乐厅、图书馆、剧场、医院和博物馆），在公园周围布置一圈玻璃廊道用作室内散步场所，与这条廊道连接的是一个个商店。在城市直径线的外1/3处设一条环形的林荫大道（Grand Avenue），并以此形成补充性的城市公园，在此两侧均为居住用地。在居住建筑地区中，布置了学校和教堂。在城区的最外围地区建设各类工厂、仓库和市场，一面对着最外层的环形道路，一面对着环形的铁路支线，交通非常方便。

霍华德不仅提出了田园城市的设想，以图解的形式描述了理想城市的原型（图2-6），而且他为实现这一设想进行了细致的考虑，他对资金的来源、

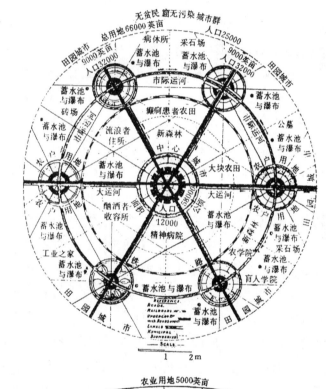

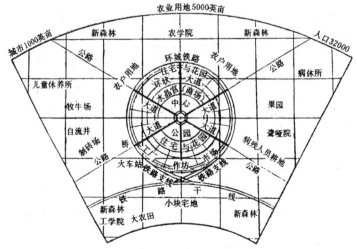

图2-6 田园城市的设想

土地的分配、城市财政的收支、田园城市的经营管理等都提出了具体的建议。他认为，工业和商业不能由公营垄断，要给私营以发展的条件。但是，城市中的所有土地必须归全体居民集体所有，使用土地必须交付租金。城市的收入全部来自租金，在土地上进行建设、聚居而获得的增值仍归国家集体所有。

2. 勒·柯布西埃的现代城市设想

与霍华德希望通过新建城市来解决过去城市尤其是大城市中所出现问题的设想完全不同，柯布西埃则希望通过对过去城市尤其是大城市本身的内部改造，使这些城市能够适应社会发展的需要。柯布西埃是现代建筑运动的重要人物。1922 年他发表了"明天城市"（The City of Tomorrow）规划方案，阐述了他从功能和理性角度对现代城市的基本认识，从现代建筑运动的思潮中所引发的关于现代城市规划的基本构思。方案中提供了一个 300 万人口的城市规划图，中央为中心区，除了必要的各种机关、商业和公共设施、文化和生活服务设施外，有将近 40 万人居住的 24 栋 60 层高的摩天大楼，高楼周围有大片的绿地，建筑仅占地 5%。在其外围是环形居住带，有 60 万居民住在多层的板式住宅内。最外围的是可容纳 200 万居民的花园住宅。整个城市的平面是严格的几何形构图，矩形的和对角线的道路交织在一起。规划的中心思想是提高市中心的密度，改善交通，全面改造城市地区，形成新的城市概念，提供充足的绿地、空间和阳光。在该项规划中，柯布西埃还特别强调了大城市交通运输的重要性。在中心区，规划了一个地下铁路车站，车站上面布置直升飞机起降场。中心区的交通干道由三层组成：地下走重型车辆，地面用于市内交通，高架道路用于快速交通。市区与郊区由地铁和郊区铁路线来联系。

1930 年柯布西埃发表了他的"光辉城市"（The Radiant City）规划方案。这一方案是他对以前城市规划方案的进一步深化，同时也是他的现代城市规划和建设思想的集中体现。他认为，城市必须集中，只有集中的城市才有生命力，由于拥挤而带来的城市问题是完全可以通过技术手段而得到解决的，这种技术手段就是采用大量的高层建筑来提高密度和建立一个高效率的城市交通系统。高层建筑是柯布西埃心目中象征着大规模的工业社会的图腾，在技术上也是"人口集中、避免用地日益紧张、提高城市内部效益的一种极好手段"，同时也可以保证城市有充足的阳光、空间和绿化，因此在高层建筑之间保持有较大比例的空旷地。他的理想是在机械化的时代里，所有的城市应当是"垂直的花园城市"，而不是水平向的每家每户拥有花园的田园城市。城市的道路系统应当保持行人的极大方便，这种系统由地铁和人车完全分离的高架道路组成。建筑物的地面全部架空，城市的全部地面均可由行人支配，建筑屋顶设花园，地下通地铁，距地面 5 米高处设汽车运输干道和停车场网。

柯布西埃是现代城市规划原则的倡导者和执行这些原则的中坚力量，上述设想充分体现了他对现代城市规划的一些基本问题的探讨，通过这些探讨，逐步形成了理性功能主义的城市规划思想，这些思想集中体现在由他主持撰写的《雅典宪章》（1933 年）之中。他的这些城市规划思想，深刻地影响了第二次世界大战后全球范围的城市规划和城市建设。

而他本人的实践活动一直到 20 世纪 50 年代初应印度总理之邀主持昌迪加尔（Chandigarh）的规划与法院设计时才得以充分施展。该项规划在 20 世纪 50 年代初由于严格遵守《雅典宪章》而且布局规整有序而得到普遍的赞誉。

3. 现代城市规划早期的其他理论

（1）索里亚·玛塔的线形城市理论。线形城市（Linear City）是由西班牙工程师索里亚·玛塔于

1882年首先提出的。当时是铁路交通大规模发展的时期，铁路线把很远的城市连接了起来，并使这些城市得到了很快的发展，在各个大城市内部及其周围，地铁线和有轨电车线的建设改善了城市地区的交通状况，加强了城市内部及与其腹背之间的联系，从整体上促进了城市的发展。按照索里亚·玛塔的想法，那种传统的从核心向外扩展的城市形态已经过时，它们只会导致城市拥挤和卫生恶化，在新的集约运输方式的影响下，城市将依赖交通运输线组成城市的网络。而线形城市就是沿交通运输线布置的长条形的建筑地带，"只有一条宽500米的街区，要多长就有多长——这就是未来的城市"，城市不再是一个一个分散的不同地区的点，而是由一条铁路和道路干道相串联的、连绵不断的城市带。位于这个城市中的居民，既可以享受城市型的设施又不脱离自然，并可以使原有城市中的居民回到自然中去。

索里亚·玛塔提出了线形城市的基本原则，他认为这些原则是符合当时欧洲正在讨论的"合理的城市规划"的要求的。在这些原则中第一条是最主要的："城市建设的一切问题，均以城市交通问题为前提。"最符合这条原则的城市结构就是使城市中的人从一个地点到其他任何地点在路程上耗费的时间最少，这些对于我们今天从事城市设计都是非常重要的抓手。

城市的形状理所当然就应该是线形的。这一点也就是线形城市理论的出发点。在余下的其他原则中，索里亚·玛塔还提出城市平面应当呈规矩的几何形状，在具体布置时要保证结构对称，街坊呈矩形或梯形，建筑用地应当至多只占1/5，要留有发展的余地，要公正地分配土地等原则。1894年索里亚·玛塔创立了马德里城市化股份公司，开始建设第一个线形城市。这个线形城市位于马德里的市郊，由于经济和土地所有制的限制，这个线形城市只实现了一个片断约5千米长的建筑地段。线形城市理论对20世纪的城市规划和城市建设产生了重要影响。20世纪30年代中期，苏联开展了比较系统的全面研究，当时提出了线形工业城市等模式，并在斯大林格勒等城市的规划实践中得到运用。哥本哈根在欧洲的指状式空间形态发展（1948年规划）和巴黎的轴向延伸（1971年规划）等都可以说是线形城市模式的发展。

（2）戈涅的工业城市。工业城市的设想是法国建筑师戈涅于20世纪初提出的。1904年在巴黎展出了这一方案的详细内容。1917年出版了专著《工业城市》，阐述了他的工业城市的具体设想。该"工业城市"是一个假想城市的规划方案，位于山岭起伏地带的河岸的斜坡上，人口规模为35000人。城市的选址是考虑"靠近原料产地或附近有提供能源的某种自然力量，或便于交通运输"。在城市内部的布局中强调按功能划分为工业、居住、城市中心等，各项功能之间是相互外离的，以便于今后各自的扩展需要。同时，工业区靠近交通运输方便的地区，居住区布置在环境良好的位置，中心区应联系工业区和居住区，在工业区、居住区和市中心区之间有方便快捷的交通服务。

戈涅的工业城市规划方案已经继承了传统城市规划，尤其是学院派城市规划方案追求气魄、大量运用对称和轴线放射的现象，在城市空间的组织中，他更注重各类设施本身的要求和与外界的相互关系，在工业区的布置中将不同的工业企业组织成若干个群体，对环境影响大的工业如炼钢厂、高炉、机械制造厂等布置得远离居住区，而对职工数较多、对环境影响小的工业如纺织厂等则接近居住区布置，并在工厂区中布置了大片的绿地。而在居住街坊的规划中，将一些生活服务设施与住宅建筑结合在一起，形成一定地域范围内相对自足的服务设施。居住建筑的布置从适当的日照和通风条件的要求出发，放弃了当时欧洲尤其是巴黎盛行的周边式的形式而采用独立式，并留出一半的用地作为公共绿地使用，在这些绿地中布置可以贯穿全域的步行小道。城市街道按照交通的性质分成几类，宽度各不相同，在主要街道上铺设可以把各街区联系起来并一直通到城外的有轨电车路线。

戈涅在工业城市中提出的功能分区思想，直接孕育了《雅典宪章》所提出的功能分区原则，这一原则对于解决当时城市中工业居住混杂面积带来的种种弊病具有重要的积极意义。同时，与霍华德的田园城市相比较就可以看到，工业城市以重工业为基础，具有内在的扩张力量和自主发展的能力，因此更具有独立性；田园城市在经济上仍然具有依赖性，以轻工业和农业为基础。在一定的意识形态和社会制度条件下，对于强调工业发展的国家和城市而言，工业城市的设想会产生重要影响。这也就是苏联城市规划界在新中国成立初期对戈涅的工业城市理论重视的原因，并提出了不少关于工业城市的理论模型。

（3）卡米洛·西特的城市形态研究。19世纪末，城市空间的组织基本上延续着由文艺复兴后形成的、经巴黎美术学院经典化并由豪斯曼在巴黎改建中所发扬光大和定型化了的长距离轴线、对称，追求纪念性和宏伟气派的特点，另外由于资本主义市场经济的发展，对土地经济利益的过分追逐，出现了死板僵硬的方格城市道路网、笔直漫长的街道、呆板乏味的建筑形象界面轮廓线和开放空间的严重缺乏，因此引来了人们对城市空间组织的批评。

因此，1889年西特出版的《城市建筑艺术》一书，就被当时人们形容为"好似在欧洲的城市规划领域炸开了一颗爆破弹"，成为当时对城市空间形态组织的重要著作。至今对城市设计中的艺术原则仍有很深刻的影响。

西特考察了希腊、罗马、中世纪和文艺复兴时期许多优秀建筑群的实例，针对当时城市建设中出现的忽视城市空间艺术性的状况，提出"我们必须以确定的艺术方式形成城市建设的艺术原则。我们必须研究过去时代的作品并通过寻求出古代作品中美的因素，来弥补当今艺术传统方面的损失，这些有效的因素必须成为现代城市建设的基本原则"，这也就是他这本书的任务和主要内容。西特通过对城市空间的各类构成要素，如广场、街道、建筑、小品之间相互关系的探讨，揭示了这些设施位置的选择、布置以及与交通、建筑群体布置之间建立艺术的和宜人的相互关系的一些基本原则，强调人的尺度、环境的尺度与人的活动以及他们的感受之间的协调，从而建立起城市空间的丰富多彩和人的活动空间的有机构成。西特在当时强调理性和深受启蒙思想影响而全面否定中世纪成就的社会思潮氛围中，以实例证明而肯定了中世纪城市建设在城市空间组织上的人文与艺术成就方面的积极作用，认为中世纪的建设"是自然而然、一点一点生长起来的"，而不是在图板上设计完了之后再到现实中去实施的，因此城市空间更能符合人的视觉感受。到了现代建筑师和规划师却只依靠直尺、丁字尺和罗盘，有的对建设现场的状况都不去调查分析就进行设计，这样的结果必然是"满足于僵死的规则性、无用的对称性以及令人厌烦的千篇一律"。

西特也很清楚地认识到，在社会发生结构性变革的条件下，"我们很难指望用简单的艺术规则来解决我们面临的全部问题"，而是要把社会经济的因素作为艺术考虑的给定条件，在这样的条件下来提高城市的空间艺术性。因此，即使是在网状的方块体系下，同样可以通过对艺术性原则的遵守而来改进城市空间，使城市体现出更多的美的精神与形态。西特通过具体的实例设计对此给予了说明，他提出在现代城市对土地使用经济性追求的同时也应强调城市空间的效果，"应根据既经济又能满足艺术布局要求的原则寻求两个极端的调和"，"一个良好的城市规划必须不走向任一极端"。要达到这样的目的，应当在主要广场和街道的设计中强调艺术布局，而在次要地区则可以强调土地的最经济的使用，由此而使城市空间在总体上产生良好的效果。

（4）格迪斯的学说。格迪斯作为一名生物学家最早注意到工业革命、城市化对人类社会的影响，通过对城市进行生态学的研究，强调了人与环境的相互关系，并揭示了决定现代城市成长和发展的动力。他的研究显示人类居住地与特定地点之间存在的关系是一种已经存在的、由地方经济性质所决定的精致的内在联系，因此，他认为场所、工作和人是结合为一体的。他于 1915 年出版的著作《进化中的城市》中，把对城市的研究建立在对客观现实研究的基础之上，通过周密分析地域环境的潜力和局限对于居住地布局形式与地方经济体系的影响关系，突破了当时常规的城市概念，提出把自然地区作为规划研究的基本框架。他指出工业的集聚和经济规模的不断扩大，已经造成了一些地区的城市发展显著的集中。在这些地区城市向郊外的扩展已属必然并形成了这样一种趋势：使城市结合成巨大的城市集聚区或者形成组合城市。在这样的条件之下，原来局限于城市内部空间布局的城市规划应当成为城市地区的规划，即将城市和乡村的规划纳入同一的体系之中，使规划包括若干个城市以及它们周围所影响的整个地区，这一思想经美国学者芒福德（Lewis Mumford）等人的发扬光大，形成了对区域的综合研究和区域规划。

格迪斯认为城市规划是社会改革的重要手段，因此城市规划要得到成功就必须充分运用科学的方法来认识城市。他运用哲学、社会学和生物学的观点，揭示了城市在空间和时间发展中所展示的生物学和社会学方面的复杂性，由此提出，在进行城市规划前要进行系统的调查，取得第一手的资料，通过实地勘察了解所规划城市的历史、地理、社会、经济、文化、美学等因素，把城市的现状和地方经济、环境发展潜力以及限制条件联系在一起进行研究，在这样的基础上，才有可能进行城市规划工作。他的名言是"先诊断后治疗"，由此而形成了影响至今的现代城市规划过程的公式：调查—分析—规划（Investigation–Analyis–Plan），即通过对城市现实状况的调查，分析城市未来发展的可能，预测城市中各类要素之间的相互关系，然后依据这些分析和预测，制定规划方案。

2.1.4 现代城市规划主要理论发展

1. 城市发展理论

（1）城市化理论。城市的发展始终是与城市化的过程结合在一起的。所谓城市化是指人类生产和生活方式由乡村型向城市型转化的历史过程，表现为乡村人口向城市人口转化以及城市不断发展和完善的过程。城市化是一个不断演进的过程，在不同的阶段显示出不同的特征，但也应该看到，"城市化不是一个过程，而是许多过程；不考虑社会其余部分的趋向就不可能设计规划出成功的城市系统。不发达国家如果不解决他们的乡村问题，其城市问题也就不能够得到解决"。

从城市兴起和成长的过程来看，其前提条件在于城市所在区域的农业经济的发展水平，其中，农业生产力的发展是城市兴起和成长的第一前提。W.S. 沃伊延斯基认为一个国家城市化的界限，一般由该国家的农业生产方式所决定，或是由该国通过交通、政治和军事力量从国外获得粮食的能力所决定。W.L. 罗则认为，城市兴起和成长的主要原因在于由于农业生产力扩大而产生粮食剩余。也就是说只有农业生产力的提高，城市的兴起和成长在经济上才变为可能。农村劳动力的剩余是城市兴起和成长的第二前提，也就是说农业生产力的提高并不必然导致城市的兴起和成长，只有当农村同时提供了有劳动能力的剩余人口时，城市现象才能发生。而农村剩余劳动力向城市的转移，还受制于其他的条件，如城市提供的就业岗位、生活居住的可能、城乡预期收入的差异等。

现代城市化发展的最基本动力是工业化。工业化促进了大规模机器生产的发展，以及在生产过程中对比较成本利益、生产专业化和规模经济的追求，使得大量的生产集中在城市之中。在农业生产效率不断提高的条件下，由于城乡之间存在预期收入的差异，从而导致了人口向城市集中。而随着人口的不断集中，城市的消费市场也在不断扩张。随着生产和消费的不断扩张和分化，第三产业的发展也成为城市化发展的推动力量。K. 戴维斯通过对世界人口城市化的历史进行研究，提出了各国的城市化发展进程都可以用趋缓的 S 形曲线来描述，同时他也证明了后发国家的城市化进程要更为迅猛。他说："一般而言，一个国家的工业化越晚，它的城市化就越快。从 10 万人以上的城市人口占全国人口的 10% 转变成 30%，在英格兰和威尔士共用了 79 年时间，在美国是 66 年，德国是 48 年，日本是 36 年，澳大利亚是 26 年。" R.M. 诺瑟姆（Ray M.Northam）通过对各国城市化发展过程的研究，提出城市化的发展过程可以分为三个阶段：第一阶段为初期阶段，即城市人口占总人口比重的 30% 以下，这一阶段农村人口占绝对优势，生产力水平较低，工业提供的就业机会有限，农业剩余劳动力释放缓慢。第二阶段为中期阶段，即城市人口占总人口的比重超过 30%，城市化进入快速发展时期，城市人口可在较短的时间内突破 50% 进而上升到 70% 左右。第三阶段为后期阶段，即城市人口占总人口比重的 70% 以上，这一阶段也称为城市化稳定阶段。

（2）城市发展原因的解释。城市发展的区域理论认为，城市是区域环境中的一个核心。无论将城市看作是一个地理空间、一个经济空间还是一个社会空间，城市的形成和发展始终是在与区域的相互作用过程中逐渐进行的，是整个地域环境的一个组成部分，是一定地域环境的中心。因此，有关城市发展的原因就需要从城市和区域的相互作用中去寻找。城市和区域之间的相互关系可以概括为：区域产生城市，城市反作用于区域。城市的中心作用强，带动周围区域社会经济的向上发展；区域社会经济水平高，则促使中心城市更加繁荣。F. 佩罗提出的增长极理论认为，城市对周围区域和其他城市的作用是既不平衡也不同时进行的，一般来说，城市作为增长极与其腹地的基本作用机制有极化效应和扩散效应。极化效应是指生产要素向增长极集中的过程，表现为增长极的上升运动。在城市成长的最初阶段，极化效应会占主导地位，但当增长极达到一定的规模之后，极化效应会相对或者绝对减弱，扩散效应会相对或绝对增强，最后，扩散效应就替代极化效应而成为主导作用过程。与此同时，由扩散效应所带动，城市的极化效应在更大的范围和更高的层次上得到提升。

城市发展的经济学理论认为，在影响和决定城市发展的诸多因素之中，城市的经济活动是其中最为重要和最为显著的因素之一。任何有关城市经济在质和量上的增加都必然地导致城市整体的发展，在相当程度上城市发展的指标是由经济发展来衡量的。经济基础理论提出，在组成城市经济的种种要素中，城市的基础产业是城市经济力量的主体，它的发展是城市发展的关键。只有基础产业得到了发展，城市经济的整体才能得到发展。根据该理论，基础产业是指那些产品主要销往城市之外地区的产业部门。由于基础产业把城市内生产的产品输送到其他地区，同时也把其他地区的产品及财富带到本城市之中，使其能够进行进一步的扩大再生产，在基础产业发展的过程中，通过所产生的乘数效应，促进了辅助性行业和地方服务部门的发展，并且由此而创造新的工作机会与改善就业者的生活水平，因而带动当地经济整体性的发展。

城市发展的社会学理论认为，城市不仅是一个经济系统，更是一个社会人文系统，因此城市的发展不只是经济的发展，社会生活和文化方面的发展也是城市发展的重要方面，而且更为重要的是，城市经济的发展关系到城市发展的总体水平，但并不一定就直接影响城市居民的日常生活，而社会文化的发展一方面会影响经济发展的可能与潜力。另一方面，这些发展更加关系到城市居民乃至一个国家公民的实际生活的状况。人文生态学认为，决定人类社会发展的最重要因素是人类的相互依赖和相互竞争。人类为了谋求生存空间而从事的竞争就如同生物界在自然环境中的生物竞争，相互竞争行为导致了追求生产效率进而促进了社会分工，社会分工同时又促进了相互依赖，相互依赖则既强化了社会分工又使社会紧密地团结在一起，在这样的基础上促使人类在空间上集中，形成大小不等的社区—城市。相互依赖和相互竞争是人类社区空间关系形成的决定性因素，同样也是其进一步发展的决定性因素。

城市发展的交通通信理论认为，城市在经济增长、社会因素发生变化的过程中得到发展，但与此同时，也由于城市中各类物质设施和由于科学技术水平的提升而得到发展。古滕伯格揭示了交通设施的可达性与城市发展之间的相互关系。他认为，当城市发展时，克服距离的结构性调整往往采用建立新的中心和改进交通系统这两种方法，这两者通常同时发生。城市规模的扩大，也就改变了居住地、工作和其他各项活动中心的相互关系，人口流动关系也随之发生变化。这种变化，也促使这些地区的可达性条件发生变化，如果可达性得到改善，该地区的居民就会寻求在社会经济领域的进一步发展，如果未能得到改善，该地区的社会、经济状况就有可能出现恶化。B.L.梅耶提出的城市发展的交通通信理论认为，城市是一个由人类相互作用所构成的系统，而交通及通信是人类相互作用的媒介。城市的发展主要是起源于城市为人们提供面对面交往或交易的机会，但后来，一方面由于通信技术的不断进步，渐渐地使面对面交往的需要减少，另一方面，由于城市交通系统普遍产生拥挤的现象，使通过交通系统进行相互作用的机会受到限制，因此，城市居民逐渐地以通信来替代交通以达到相互作用的目的。在这样的条件下，城市的主要聚集效益在于使居民可以接近信息交换中心以及便利居民的互相交往。很显然，城市发展时，通常显示出其通信率（Communication Rate）或信息交换率也得到提高，反之亦然。

（3）城市发展模式的理论探讨。现代城市的发展存在两种主要的趋势，即分散发展和集中发展。因此，在对城市发展模式的理论研究中，也主要针对这两种现象而展开。

相对而言，城市分散发展更得到理论研究的重视，因此出现了比较完整的理论陈述，而关于城市集中发展的理论研究则主要处于对现象的解释方面。

①城市分散发展理论。城市分散发展理论实际上是霍华德田园城市理论的不断深化和运用，即通过建立小城市来分散向大城市的集中，其中主要的理论包括了卫星城理论、新城理论、有机疏散理论和广亩城理论等。卫星城理论是针对田园城市实践过程中出现的背离霍华德基本思想的现象，由恩温（R.Unwin）于20世纪20年代提出的。霍华德的田园城市设想在20世纪初得到了初步的实践，但在实际运用中，分化为两种不同的形式：一种是指农业地区的孤立小城镇，自给自足；另一种是指城市郊区，那里有宽阔的花园。前者的吸引力较弱，也形不成如霍华德所设想的城市群，因此难以发挥其设想的作用。后者显然是与霍华德的意愿相违背的，它只能促进大城市无序地向外蔓延，而这本身就是霍华德提出田园城市所要解决的问题。在这样的状况下，到20世纪20年代，恩温提出了卫星城概念，

并以此来继续推行霍华德的思想。恩温认为，霍华德的田园城市在形式上有如小行星207周围的卫星，因此使用了卫星城的说法。1924年，在阿姆斯特丹召开的国际城市会议上，提出建设卫星城是防止大城市规模过大和不断蔓延的一个重要方法，从此，卫星城市便成为一个国际上通用的概念。在这次会议上，明确提出了卫星城的定义，认为卫星城是一个经济上、社会上、文化上具有现代城市性质的独立城市单位，但同时又是从属于某个大城市的派生产物。1944年，阿伯克隆比（P.Abercrombie）完成的大伦敦规划中，规划在伦敦周围建立8个卫星城，以达到疏解的目的，从而产生了深远的影响。在第二次世界大战以后至70年代之前的西方经济和城市快速发展时期，西方大多数国家都有不同规模的卫星城建设，其中以英国、法国、美国以及中欧地区最为典型。卫星城的概念强化了与中心城（又称母城）的依赖关系，在其功能上强调中心城的疏解，因此往往被作为中心城市某一功能疏解的接受地，由此出现了工业卫星城、科技卫星城甚至卧城等类型，成为中心城市的一部分，经过一段时间的实践，人们发现这些卫星城带来了一些问题，而这些问题的来源就在于对中心城市的依赖，因此开始强调卫星城市的独立性。在这种卫星城中，居住与就业岗位之间相互协调，具有与大城市相近似的文化福利设施配套，可以满足卫星城居民的就地工作和生活需要，从而形成了职能健全的独立城市。从20世纪40年代中叶开始，人们将这类按规划设计建设的新建城市统称为"新城"（New Town），一般已不再使用"卫星城"的名称。伦敦周围的卫星城根据其建设时期前后而称为第一代新城、第二代新城和第三代新城。新城的概念更强调了城市的相对独立性，它基本上是一定区域范围内的中心城市，为其本身周围的地区服务，并且与中心城市发生相互作用，成为城镇体系中的一个组成部分，对涌入大城市的人口起到一定的截流作用。

有机疏散理论（Theory of Organic Decentralization）是沙里宁（E.Sarinen）为缓解由于城市过分集中所产生的弊病而提出的关于城市发展及其布局结构的理论。他在1942年出版的《城市：它的发展、衰败和未来》一书中详尽地阐述了这一理论。沙里宁认为，城市与自然界的所有生物一样，都是有机的集合体，因此城市建设所遵循的基本原则也与此相一致，由此，他认为"有机秩序的原则，是大自然的基本规律，所以这条原则，也应当作为人类建筑的基本原则"。在这样的指导思想下，他全面地考察了中世纪欧洲城市和工业革命后的城市建设状况，分析了有机城市的形成条件和在中世纪的表现及其形态，对现代城市出现衰败的原因进行了揭示，从而提出了治理现代城市的衰败、促进其发展的对策就是要进行全面的改建，这种改建应当能够达到这样的目标：把衰败地区中的各种活动，按照预定方案，转移到适合于这些活动的地方去；把上述腾出来的地区，按照预定方案进行整顿，改作其他最适宜的用途；保护一切老的和新的使用价值。因此，有机疏散就是把大城市目前的那一整块拥挤的区域，分解成为若干个集中单元，并把这些单元组织成为"在活动上相互关联的有功能的集中点"。在这样的意义上，构架起了城市有机疏散的最显著特点，便是原先密集的城区，将分裂成一个一个的集镇，它们彼此之间将用保护性的绿化地带隔离开来。要达到城市有机疏散的目的，就需要有一系列的手段来推进城市建设的开展。沙里宁在书中详细地探讨了城市发展思想、社会经济状况、土地问题、立法要求、城市居民的参与和教育、城市设计等方面的内容。针对于城市规划的技术手段，他认为"对日常活动进行功能性的集中"和"对这些集中点进行有机的分散"这两种组织方式，是使原先密集城市得以从事必要的和健康的疏解，所必须采用的两种最主要的方法。因为，前一种方法能给城市的各个部分带来安静和适于生活的居住条件，而后一种方法能给整个城市带来功能秩序和工作效率。所以，任何的疏散运动都应当按照这两种方法来进行，只有这样，有机疏散才能得到实现。

把城市分散发展推到极致的是赖特（Frank Loyd Wright）。赖特认为现代城市不能适应现代生活的需要，也不能代表和象征现代人类的愿望，是一种反民主的机制，因此这类城市应该取消，尤其是大城市。他要创造一种新的、外散的文明形式，这在小汽车数量普及的条件下已成为可能，他在1932年出版的《消失中的城市》（The Disappearing City）中提出，未来城市应当是无所不在又无所在的，"这将是一种与古代城市或任何现代城市差异如此之大的城市，以致我们可能根本不会认识到它作为城市而来临"，在随后出版的《宽阔的田地》（Broadacre）一书中，他正式提出了广亩城市的设想，这是一个把集中的城市重新分布在一个地区性农业的方格网上的方案。他认为，在汽车和廉价电力分布各处的时代里，已经没有将一切活动都集中于城市中的需要，而最为需要的是如何从城市中解脱出来，发展一种完全分散的、低密度的生活居住与就业结合在一起的新形式，这就是广亩城市。在这种城市中，每一户周围都有一英亩的土地来生产供自己消费的食物和蔬菜；居住区之间以高速公路相连接，提供方便的汽车交通；沿着这些公路建设公共设施、加油站等，并将其自然地分布在为整个地区服务的商业中心之内。赖特对于广亩城市的现实性一点也不怀疑，认为这是一种必然，是社会发展不可避免的趋势。他写道："有的不需要有人帮助建造广亩城市，它将自己建造自己，并且完全是随意的。"应该看到美国城市在20世纪60年代以后普遍的郊区化在相当程度上是赖特广亩城市思想的一种体现。

②城市集中发展理论。城市集中发展理论的基础在于经济活动的聚集，这是城市经济的最根本特征之一。在聚集效应的推动下，城市不断地集中，发挥出更大的作用。

卡利诺（G.A.Carlino）于1979年和1982年通过区分"城市化经济"（Urbanization Economies）、"地方性经济"（Localization Economies）和"内部规模经济"（Internal Economies of Scale）对产业聚集的影响来研究导致城市不断发展的关键性因素。所谓城市化经济就是当城市地区的总产出增加时，不同类型的生产厂家的生产成本下降。这就意味着，城市化经济源自整个城市经济的规模，而不只是某一行业的规模。城市化经济为整个城市的生产厂家获得利润而不只是特定行业的生产厂家。而所谓地方性经济就是当整个工业的全部产出增加时，这一工业中的某一生产过程的生产成本下降。实现地方化经济就要求这个生产厂与同类厂布置在一起；由于生产厂的集中而降低生产成本。这种经济性来源于三个方面：生产所需的中间投入的规模经济性，劳动力市场的经济性，交通运输的经济性。而内部规模经济是指因生产企业本身规模增加而导致本企业生产成本下降。经研究他发现，对于产业聚集的影响而言，内部规模经济并不起作用，它只对企业本身的发展有影响，因此只有从外部规模经济上去寻找解释聚集效益的原因。在两类外部规模经济中，他发现作为引导城市集中的要素而论，地方性经济不及城市化经济来得重要，多种产业类型的集中和城市的集中发展之间有着明显的相关性，与城市的整体经济密切相关，也就是说，对于工业的整体而言，城市的规模只有达到一定的程度才具有经济性。当然，聚集就产出而言是经济的，而就成本而言也可能是不经济的，这类不经济主要表现在地价或建筑面积租金的昂贵和劳动力价格的提高，以及环境质量的下降等。根据卡利诺的研究，城市人口少于330万时，聚集经济超过不经济；当人口超过330万时，则聚集不经济超过经济性。当然，这项研究是针对于制造业而进行的，并且是一般情况下的。很显然，各类产业都可以找到不同的聚集经济和不经济之间的关系，而且可以相信，服务业需要有更为聚集的城市人口的支持，这也是大城市服务业发达的原因。

城市设计与案例分析

城市的集中发展到一定程度之后出现了大城市和超大城市的现象，这是由于聚集经济的作用而使大城市的中心优势得到了广泛实现所产生的结果。随着大城市的进一步发展，出现了规模更为庞大的城市现象。1966年，豪尔（P.Hall）针对第二次世界大战后世界经济一体化进程，看到并预见到一些世界大城市在世界经济体系中将担负越来越重要的作用，着重对这类城市进行了研究，并出版了《世界城市》一书。在书中，他认为世界城市具有以下几个主要特征：①世界城市通常是政治中心。它不仅是国家和各类政府的所在地，有时也是国际机构的所在地。世界城市通常也是各类专业性组织和工业企业总部的所在地。②世界城市是商业中心。它们通常拥有大型国际海港、大型国际航空港，并是一国最主要的金融和财政中心。③世界城市是集合各种专门人才的中心。世界城市中集中了大型医院、大学、科研机构、国家图书馆和博物馆等各项科、教、文、卫设施，它也是新闻出版传播的中心。④世界城市是巨大的人口中心。世界城市聚集区都拥有数百万乃至上千万人口。⑤世界城市是文化娱乐中心。1982年，弗里德曼（J.Friedmann）和沃尔夫（G.Wolf）发表了论文《世界城市形成：一项研究与行动的议程》（*World City Formation: An Agenda for Research and Action*）。在该论文中，作者运用并延续了以前世界经济中城市研究的成果，依据世界体系论、核心—边缘学说、新的国际劳动分工理论等，将世界城市看成世界经济全球化的产物，提出世界城市是全球经济的控制中心，并提出了世界城市的两项判别标准：第一，城市与世界经济体系联结的形式与程度，即作为跨国公司总部的区位作用、国际剩余资本投资"安全港"的地位、面向世界市场的商品生产者的重要性、作为意识形态中心的作用等。第二，由资本控制所确立的城市的空间支配能力，如金融及市场控制的范围是全球性的，还是国际区域性的，或是国家性的。弗里德曼等依据世界体系理论，认为世界城市只能产生在与世界经济联系密切的核心或半边缘地区，即资本主义先进的工业国和新兴工业化国家或地区。1986年，弗里德曼又发表了论文《世界城市假说》（*The World City Hypothesis*），强调了世界城市的国际功能决定于该城市与世界经济一体化相联系的方式与程度的观点，并提出了世界城市的七个指标：①主要的金融中心；②跨国公司总部所在地；③国际性机构的集中度；④商业部门（第三产业）的高度增长；⑤主要的制造业中心（具有国际意义的加工工业等）；⑥世界交通的重要枢纽（尤指港口和国际航空港）；⑦城市人口规模达到一定的标准。

随着大城市向外急剧扩展和城市密度的提高，在世界上许多国家中出现了空间上连绵成片的城市密集地区，即城市聚集区（Urban Agglomeration）和大都市带（Megalopolis）。

联合国人居中心对城市聚集区的定义是：被一群密集的、连续的聚居地所形成的轮廓线包围的人口居住区，它和城市的行政界线不尽相同。在高度城市化地区，一个城市聚集区往往包括一个以上的城市，这样，它的人口也就远远超出中心城市的人口规模。大都市带的概念是由法国地理学家戈特曼（J.Gottmann）于1957年提出的，指的是多核心的城市连绵区，人口的下限是2500万人，人口密度为每平方千米至少250人。因此，大都市带是人类创造的宏观尺度最大的一种城市化空间。

（4）城市体系理论。城市的分散发展和集中发展只是城市发展过程中的不同方面，任何城市的发展都是这两个方面作用的综合，或者说，是分散与集中相互博弈对抗而形成的暂时平衡状态。因此，只有综合地认识城市的分散和集中发展，并将它们视作同一过程的两个方面，考察城市与城市之间、城市与区域之间以及将它们作为一个统一体来进行认识，才能真正认识城市发展的实际状况。

就宏观整体来看，广大的区域范围内存在向城市集中的趋势，而在每个城市尤其是大城市中又存在向外扩散的趋势。在实际的发展现实中也可以看到，英国的城市扩散是以新城的建设为主要特征的，而美国的城市扩散是以郊区化的方式实现的，但它们的发展也始终是相对集中的。新城的建设本身是一种扩散中相对集中的建设方式，每一个新城都是一定地域范围内的增长极；郊区化发展始终是围绕着城市的周边而展开的，从区域角度来看则是导致了城市建成区范围的进一步扩大，从而导致了更大范围的大都市区。即使是在郊区的建设中也始终存在相对集中的倾向，20 世纪 80 年代以后在美国兴起的新都市主义（New Urbanism）更表明了对这种趋势的强化。就区域层次来看，城市体系理论较好地综合了城市分散发展和集中发展的基本取向。城市并非孤立地存在和发展的。在单独的城市之间存在多种多样的相互作用关系，城市体系就是指一定区域内城市之间存在的各种关系的总和。城市体系的研究，起始于格迪斯（Patrick Geddes）对城市区域问题的研究。他认为人与环境的相互关系，揭示了决定现代城市成长和发展的动力，对城市的规划应当以自然地区为基础，城市规划应当是城市地区的规划，即城市和乡村应纳入同一个规划的体系之中，使规划包括若干个城市以及它们周围所影响的整个地区。此后经芒福德等人的不断努力，确立了区域规划的科学概念，并从思想上确立了区域城市关系是研究城市问题的逻辑框架。贝利（B.Bery）等人结合城市功能的相互依赖性、城市区域的观点、对城市经济行为的分析和中心地理论，逐步形成了城市体系理论。贝利认为，城市应当被看作由相互作用的互相依赖部分组成的实体系统，它们可以在不同的层次上进行研究，而且它们可以被分成各种子系统，而任何城市环境的最直接和最重要的相互作用关系是由其相互作用的其他城市所决定的，而这些城市也同样构成了系统。在结合了人文生态学、中心地理论和区位经济学、城市地理学和一般系统论之后，形成了城市体系的基本概念。现在被普遍接受的观点认为，完整的城市体系分析包括三部分内容，即特定地域内所有城市的职能之间的相互关系、城市规模上的相互关系和地域空间分布上的相互关系。城市职能关系依据经济学的地域分工和生产力布局学说而得到展开，而不同城市在地域空间上的分布则被认为是遵循中心地理论的，并将这一理论看作获得空间合理性的关键。至于不同城市在规模上的相互关系，齐普（G.K.Zipt）于 1941 年提出的"等级规模分布"（Rank-size Distribution）理论较好地给予了解释。该理论认为一个城市的规模受制于与之发生相互作用的整个城市体系，它在这个体系中所处的等级，就决定了它的合理规模的大小。因此，这个城市在规模系列中处于第几级（Rank），那么它的规模就是同一系列中最大城市规模的几分之一，例如，第四级的城市就只拥有最大城市人口的 1/4。

2. 城市空间组织理论

（1）城市组成要素空间布局的基础：区位理论。区位是指为某种活动所占据的场所在城市中所处的空间位置。城市是人与各种活动的聚集地，各种活动大多有聚集的现象，占据城市中固定的空间位置，形成区位分布。这些区位（活动场所）加上连接各类活动的交通路线和设施，便形成了城市的空间结构。

各种区位理论研究的目的就是为各项城市活动寻找到最佳区位，即能够获得最大利益的区位。根据区位理论，城市规划对城市中各项活动的分布掌握了基本的衡量尺度，以此对城市土地使用进行分配和布置，使城市中的各项活动都处于最适合于它的区位，因此，区位理论研究向政府干预、规划调节相结合转变。就整体而言，这些研究的目的已经不在于求得纯粹的理论公式，而在于针对具体地区错综复杂的社会经济因素相互作用下的实际问题的解答，为各类产业空间的选址提供依据。

（2）城市整体空间的组织理论。区位理论解释了城市各项组成要素在城市中如何选择各自最佳区位，但当这些要素选择了各自的区位之后，如何将它们组织成一个整体，即形成城市的整体结构，从而发挥各自的作用，则是城市空间组织的核心。城市各项要素在位置选择时往往是从各自的活动需求、成本等要求出发的，对同一位置的不同使用可能性以及与周边用地的关系较少考虑，城市规划就需要从城市整体利益和保证城市有序运行的角度出发，协调好各要素之间的相互关系，满足城市生产和生活发展的需要。

（3）从城市功能组织出发的空间组织理论。城市按照分区进行组织的做法自古就有，但这些分区的原则基本上是按照阶级（阶层）、种姓等或者为了统治的需要而设定的，现代意义上按照城市活动类型进行分区的原则首先是由法国建筑师戈涅（Tony Ganier）在工业城市规划设想中予以明确表述的。尽管戈涅积极宣传工业城市的设想，并著书立说予以推广，但与当时强调形式化的传统规划理念不符而没有得到重视。后来在柯布西埃的介绍下，才开始对正在寻找现代建筑之路的规划师和建筑师产生影响，并得到了极大的推进。

在柯布西埃影响下的国际现代建筑协会（CIAM）于1933年通过了《雅典宪章》，确立了现代城市规划的功能分区原则。《雅典宪章》提出，"居住、工作、游憩与交通四大活动是研究及分析现代城市规划最基本的分类"，这"四个主要功能要求各自都有其最适宜发展的条件，以便给生活、工作和文化分类秩序化。每一主要功能都有其独立性，都被视为可以分配土地和建造的整体，并且所有现代技术的巨大资源都将被用于安排和配备它们"。在此基础上，《雅典宪章》提出了现代城市规划工作者的三项主要工作是：①将各种预计作为居住、工作、游憩的不同地区，在位置和面积方面，做一个平衡的布置，同时建立一个联系三者的交通网。②订立各种规划，使各区按照它们的需要并有纪律地发展。③建立居住、工作和游憩各地区间的关系，使这些地区间的日常活动可以在最经济的时间完成。

根据《雅典宪章》的内容，城市空间组织就是对城市功能进行划分，将城市划分成不同的功能区，然后运用便捷的交通网络将这些功能区联系起来。而在具体组织和在各功能区中，其组织有非常明显的等级系列，这就是"一切城市规划应该以一幢住宅所代表的细胞作为出发点，将这些同类的细胞集合起来以形成一个大小适宜的邻里单位。以这个细胞作为出发点，各种住宅、工作地点和游憩地方应该在一个最合适的关系下分布到整个的城市里"。功能分区在当时具有一定的现实意义和历史意义。在工业化发展过程中不断扩张的大中城市内，工业和居所混杂，工业污染严重，土地高密度使用，设施不配套，缺乏空旷地，交通拥挤，由此产生了严重的卫生问题、交通问题和居住生活环境问题。从这样的意义上讲，功能分区的运用确实可以解决相当一部分当时城市中所存在的实际问题，改变城市中混乱的状况，使城市能"适应其中广大居民在生理上及心理上最基本的需求"。因此，在第二次世界大战后的城市规划中，功能分区作为城市空间组织的最基本原则得到了广泛的运用和实践。由于在实践中过于强调纯粹的功能分区，从而产生了一系列的问题，也使城市规划受到了重大的损害，但这并不是这一原则本身的错误。可以说区位理论是城市规划进行土地使用配置的理论基础。杜能（J.H.Thunen）的农业区位理论是区位理论的基础。他通过抽象的方法，假设了一个与世隔绝的孤立城邦来研究如何布局农业才能从每一单位面积土地上获得最大利润的问题。他认为，利润是由农业生产成本、农产品市场价格和把农产品运至市场的运费三个因素决定的。在给定条件下，农业生产成本、农产品市场价格是不变的，因此，如果要使利润最大就必须使运费最小。这就是说，运输费用是决定利润大小的关键，因此农作物的种植区域划分是根据其运输成本以及与市场的距离所决定的。

工业区位理论是区位研究中数量相对比较集中的内容，在各项工业区位理论中所涉及的变量也有多种且各不相同，而且随着时间的推移，工业区位理论越来越具有综合性。杜能关于工业区位的主要思想与其在分析农业区位时的思想保持一致。他认为，运输费用是决定利润的决定因素，而运输费用则可视作工业产品的重量和生产地与市场地之间距离的函数。因此，工业生产区位是依照产品重量对它的价值比例来决定的，这一比例越大，其生产区位就越接近市场地。韦伯（A.Webber）则认为，影响区位的因素有区域因素和聚集因素。前者指运输成本和劳动力成本两项因素，后者指生产区位的集中，包括人口密度、工业复杂性程度等。他的方法是先找出最小运输成本的点，然后考虑劳动力成本和聚集效益这两项因素。他认为，工业区位的决定应最先考虑运输成本，而运输成本是运输物品的重量和距离的函数。他利用区位三角形来求出最小运输成本的区位，即如果某个工业有两个原料供应地（M_1、M_2）和消费地（C），如果生产一单位产品需要 M_1 原料 X 吨，M_2 原料 Y 吨，而运至市场 C 的最后产品重量为 Z 吨，设点 P 为该工业所在地，a、b、c 分别为 PM_1、PM_2、PC 的距离，则 P 的最佳区位便转化为求 $Xa+Yb+Zc$ 的最小值问题。在求出这一值后，再来考虑劳动力成本和聚集效益问题。劳动力成本一般而言在城市中差异不大，主要是地区性差异，直接影响工业的区域分布。而聚集效益是根据把生产按某种规模集中到同一地点或分布到多个点之后给生产和销售所带来的利益。韦伯通过生产成本节约指数的变化来判断聚集是否合理、是否适度，从而找出最佳聚集点，然后与最低运费点比较偏离这两点所带来的效益差异，以此确定工业生产的最后地点。廖士（A.Lsoch）在区位理论中，第一个引入了需求作为主要的空间变量。他认为，韦伯及其后继者的最小成本区位方法并不正确，最低的生产成本往往并不能带来最大利润。正确的方法应当是找出最大利润的地方，因此需要引入需求和成本两个空间变量。他认为，任何一个企业想要在竞争中求生存，就必须以最大经济利益为原则，在竞争中降低运输成本，使消费者得到最廉价的产品，占领消费市场，而竞争的平衡点正是工业区位配置的最佳点。他通过理论的逻辑证明，任何产品总有一个最大的销售范围，并且至少要占有一定范围的市场，这种市场最有利的形状是六边形。市场网络是廖士区位理论的最高表现形式。伊萨德（W.Isard）从制造业出发，组合了其他的区位理论，并结合现代经济学的思考，希望形成一种统一的、一般化的区位理论。他的基本观点是一般区位理论能以与经济理论中的其他方面同样的方法来发展，可以依据替代方法来分析企业家做决策时如何组合不同生产要素的成本，以此来确定成本最小而效益最佳的地点。

自 20 世纪 50 年代以来，在社会经济结构发生巨大变化的状况下，区位理论的研究发生了重大的变化，从而改变了过去观察问题和分析问题的角度和方法，在吸取了凯恩斯经济理论、地理学和经济学理论的新近发展以及"计量革命"所产生的思想的基础上，对国家范围和区域范围的经济条件和自然条件进行了更为具体的考虑，结合经济规划和经济政策、资本的形成条件、交通通信方式的变化和社会经济发展的各类要素的组合条件与方式，运用现代数学、计算机技术和决策理论等成果，使区位理论的研究具有更为宏观、动态和综合性的特征，同时也使区位理论的研究从过去只关注市场机制而逐步向市场运作和政府干预、规划调节相结合转变。

（4）从城市土地使用形态出发的空间组织理论。就城市土地使用而言，由于城市的独特性、城市土地和自然状况的唯一性和固定性，城市土地使用在各个城市中都具有各自的特征，但是它们之间也具有共同的特点和运行的规律。也就是说，在城市内部，各类土地使用之间的配置具有一定的模式。为此，许多学者对此进行了研究，提出了许多的理论，其中最为基础的是同心圆理论、扇形理论和多核心理论。

同心圆理论（Concentric Zone Theory）是由伯吉斯（E.W.Burgess）于1923年提出的。他以芝加哥为例，试图创立一个城市发展和土地使用空间组织方式的模型，并提供了一个图示性的描述。根据他的理论，城市可以划分成五个同心圆的区域：在中心的圆形区域是中央商务区（Central Business District，CBD），这是整个城市的中心，是城市商业社会活动、市民生活和公共交通的集中点。第二环是过渡区（Zone in Transition），是中央商务区的外围地区，是衰败了的居住区。第三环是工人居住区（Zone of Workingmen's Homes），主要产业工人（蓝领工人）和低收入的白领居住的集合式楼房、单户住宅或较便宜的公寓所组成。第四环是良好住宅区（Zone of Better Residences），这里主要是中产阶级的、有独门独院的住宅和高级公寓和旅馆等，以公寓住宅为主。第五环是通勤区（Commuters Zone），主要是一些富裕的、高质量的居住区，上层社会和中上层社会的郊外住宅坐落在这里。这里还有一些小型的卫星城，居住在这里的人大多在中央商务区工作，上下班往返于两地之间。这一理论还特别提出，这些环并不是固定的和静止的，在正常的城市增长条件下，每一个环通过向外面一个环的侵入而扩展自己的范围，从而揭示了城市扩张的内在机制和过程。

扇形理论（Sector Theory）是霍伊特（H.Hoyt）于1939年提出的。根据美国64个中小城市住房租金分布状况的统计资料，又对纽约、芝加哥、底特律、费城、华盛顿等几个大城市的居住状况进行调查，霍伊特提出，城市就整体而言是圆形的，城市的核心只有一个，交通线路由市中心向外作放射状分布，随着城市人口的增加，城市将沿交通线路向外扩大，某类使用方式的土地从市中心附近开始逐渐向周围移动，由轴状延伸而形成整体的扇形。也就是说，对于任何的土地使用均是从市中心区既有的同类土地使用的基础上，由内向外扩展，并继续留在同一扇形范围内。1964年霍伊特在针对他的理论进行长期讨论之后，对他的理论进行了再评价，他认为尽管汽车交通拓展了可供选择的居住用地而不再局限于现存的居住地，但总体上，高收入家庭仍然明显地集中在那些特定的扇形中。

多核心理论（Multiple-Nuclei Theory）由哈里斯（C.D.Harris）和乌尔曼（E.L.Ullman）于1945年提出。他们通过对美国大多数大城市的研究，提出了影响城市中活动分布的四个因素：①有些活动要求设施位于城市中为数不多的地区（如中央商务区要求非常方便的可达性，而工厂需要有大量的水源）；②有些活动受益于位置的互相接近（如工厂与工人住宅区）；③有些活动对其他活动容易产生对抗或有消极影响，这些活动应当避免同时存在（如富裕者优美的居住区被布置在与浓烟滚滚的钢铁厂毗邻）；④有些活动因负担不起理想场所的费用，而不得不布置在不很合适的地方（如仓库被布置在冷清的城市边缘地区）。在这四个因素的相互作用下，再加上历史遗留习惯的影响和局部地区的特征，通过相互协调的功能在特定地点的彼此强化，不相协调的功能在空间上的彼此分离，形成了地域的分化，使一定的地区范围内保持了相对的独特性，具有明确的性质，这些分化了的地区又形成各自的核心，从而构成了整个城市的多中心。因此，城市并非是由单一中心而是由多个中心构成的。

以上三种理论具有较为普遍的适用性，但很显然它们并不能用来全面地解释所有城市的土地使用和空间状况，最合理的说法是没有哪种单一模式能很好地适用于所有城市，但以上三种理论能够或多或少地在不同程度上适用于不同的地区。在此之后，出现了很多从城市土地使用形态角度出发探讨城市空间组织的研究成果，尽管各自的出发点不同，但从最后的成果来看，基本上都没有完全脱离这三种模式，都可以看成这三种模式在不同的空间尺度或地区的运用，有的则是在一个模式中整合了这三种模式。

（5）从经济合理性出发的空间组织理论。根据经济的原则和经济合理性来组织城市空间，是城市空间组织在市场机制下得以实现的关键所在。在城市用地和空间的配置上，各项用地都有向城市中心集聚的需求，但不同的用地对土地使用所能承担的成本是各不相同的，经济合理性的含义就在于：在完全竞争的市场经济中，城市土地必须按照最高，最好也就是最有利的用途进行分配。这一思想通过位置级差地租理论而予以体现。根据该理论，一定位置一定面积土地上的地租的大小取决于生产要素的投入量及投入方式，只有当地租达到最大值时，才能获得最大的经济效果。城市土地使用的分布在很大程度上是根据对不同地租的承受能力而进行竞争的结果。某类特定使用所能承担的地租比其他活动所能承担的租金高，则该使用便可获得它所要求的土地，尤其在多种使用共同竞争同一位置的用地时。

在城市中区位是决定土地租金的重要因素。伊萨德认为，决定城市土地租金的要素主要有：①与中央商务区（CBD）的距离；②顾客到该址的可达性；③竞争者的数目和他们的位置；④降低其他成本的外部效果。现在比较精致而且是比较重要的地租理论是阿伦索（W.Alonso）于 1964 年提出的竞租（Bid Rent）理论。这一理论就是根据各类活动对与市中心不同距离的地点所愿意或所能承担的最高限度租金的相互关系来确定这些活动的位置。所谓竞租，就是人们对不同位置上的土地愿意出的最大数量的价格，它代表了对于特定的土地使用，出价者愿意支付的最大数量的租金以获得那块土地。根据阿伦索的调查，商业由于靠近市中心就具有较高的竞争能力，也就可以支持较高的地租，所以愿意出价高于其他的用途，因此用地位于市中心。随后依次为办公楼、工业、居住、农业。根据该理论，在单中心城市的条件下，可以得到城市同心圆布局的结论。

从城市规划和城市设计的角度来讲，经济合理性并不是城市设计的唯一依据，其最根本的原则应该在于社会合理性，或者说是基于公正、公平等公共利益的。但经济的合理性也是必须予以考虑的，否则，规划的空间组织难以实施。但这并不意味着一切均要按照经济理性行事，而是要考虑经济的可能，如果要对此进行调整，规划就必须提出相应的手段与方式。

（6）从城市道路交通出发的空间组织理论。城市道路交通连接城市中各种土地使用，将城市活动结合为一体。从城市空间组织的角度讲，城市的道路交通将城市的各项用地连接了起来，保证了空间之间的联系，从而建立起了城市空间组织的基本结构。

对城市交通问题的思考和研究，推动了现代城市规划理论和实践的进步和发展。索里亚·玛塔的线形城市是铁路时代的产物，他所提出的"城市建设的一切问题，均以城市交通问题为前提"的原则，仍然是城市空间组织的基本原则。戈涅在工业城市规划中也高度重视城市的道路组织，他提出，城市的道路应当按照道路的性质进行分类，并以此来确定道路的宽度。而在 20 世纪初对城市道路交通组织做出重要贡献的则是巴黎总建筑师埃涅尔（Eugene Henard）。他认为，交通运输是城市有机体内富有生机的活动的具体表现之一。他把市中心比作人的心脏，它与滋养它的动脉——承受运输巨流的道路必须有机地联系在一起。"但是，必须减少中心区过度的运输，因为像心脏里的血液过剩一样，它能使城市有机体夭折。"由此，埃涅尔提出，过境交通不能穿越市中心，并且应该改善市中心区与城市边缘区和郊区公路的联系。从减少市中心区交通运输量的观点出发，埃涅尔为巴黎设计了若干条大道和新的环行道路，从而改善了豪斯曼巴黎改建留下的交通问题。在进行城市道路干线网改造的同时，埃涅尔对城市道路交通的节点进行了研究，认为城市通路干线的效率主要取决于街道交叉口的组织方法，因此需要全面提高道路交叉口交通数量，为此他提出了改进交叉口组织的两种方法：建设街道立体交叉枢纽与建设环留式交叉口和地下人行通道。埃涅尔提出的城市道路交通的组织原则和交叉口交通组织方法在 20 世纪的城市道路交通规划和建设中都得到了广泛的运用。

柯布西埃的现代城市规划方案是汽车时代的作品。他认为"所有现代的交通工具都是为速度而建的，街道不再是牛车的路径，而是交通的机器"，而"一个为速度而建的城市是为成功而建的城市"。因此，城市的空间组织必须建立在对效率的追求方面，而其中的一个很重要方面就是交通的便捷，即以能使车辆以最佳速度自由地行驶为目的。

在他的设想中，交通性干道分为三层：地下走重型车，地面用于市内交通，高架道路用于快速交通。在 1930 年完成的"光辉城市"（The Radiant City）方案中，建筑物底层架空，城市的全部地面由行人支配，地下布置地铁，离地面五米高的位置上安排汽车运输干线和停车网。从中还可以看到，正是对城市交通问题的重视和对交通问题的解决决定了柯布西埃设想的城市空间结构的模式。

汽车交通的快速发展给城市生活带来了严重的问题，为了使这种不利影响减至最小，这些规划理论和方法相继被提出并成为现代城市规划的基本组成部分。1929 年，佩里提出以"邻里单位"（Neighborhood Unit）来组织城市居住区，他认为形成邻里单位的观点是"被汽车逼出来的"。他提出为了减少汽车交通对居住生活的干扰，获得居住地区的邻里感，应当以城市交通干道为边界建立起有一定生活服务设施的家庭邻里，在该单位里不应有交通量大的道路穿越。之后，斯坦（C.Stein）等人完成的雷德邦（Radburn）规划（1933 年），对邻里单位理论作了修正，提出"大街坊"（Superblock）概念。对车行道路和人行道路进行了严格的划分，并进行了成系统的组织，形成人车完全分离的道路系统。1944 年，在对城市汽车交通增长的危险具有敏锐洞察的基础上，屈普（H.A.Tripp）对城市范围内的交通组织进行了研究，提出了一种新的交通组织模式，即交通分区：道路按功能进行等级划分并进行划区（Precincts），区内以步行交通为主，从而实现整体的步行交通与车行交通的分离。屈普的划区方法后来成为阿伯克隆比大伦敦规划中交通组织的重要理论基础。1963 年，布坎南（C.Buchanan）在《城市交通》（Traffic in Towns）一书中提出，为了保证城市内部交通的便捷，必须建立一个高速道路网，以提供高速、有效的交通分配。同时为取得令人满意的环境质量，则需要对这些主要道路网所环绕地段进行合理的规划与设计，以创造安全、清洁和令人愉悦的日常生活环境。这些对城市交通所进行的直接研究，都成为城市规划工作中自觉遵守的基本原则。

城市交通产生于城市中不同土地使用之间相互联系的要求，因此，城市交通的性质与数量直接与城市土地使用相关。麦克劳林（J.B.MeLoughlin），曾总结道："交通是用地的函数。"美国 20 世纪 50 年代末 60 年代初进行的运输—土地使用规划（Transpotland Use Planning）研究，从规划角度对交通与土地使用之间的关系及其组织进行了探讨。

这些研究的思想与方法和第二次世界大战后迅速发展的系统理论与系统工程相结合，形成了 20 世纪六七十年代在城市规划领域占主导思想的过程方法论（Procedural Methodology）。这一方法论全面地改变了对城市规划的认识、对规划问题的分析和处理，并在技术手段上推进了计算机和系统方法在城市规划中的运用。运输与土地使用研究现在仍然是城市规划过程中的重要阶段和分析方法。

20世纪80年代以后，针对美国郊区建设中存在的城市蔓延和对私人小汽车交通的极度依赖所带来的低效率和浪费问题，新都市主义（New Urbanism）提出应当对城市空间组织的原则进行调整，强调减少机动车的使用量，鼓励使用公共交通，居住区的公共设施和公共活动中心等围绕着公共交通的站点进行布局，使交通设施和公共设施能够相互促进、相辅相成，并据此提出了"公交引导开发"（TOD）模式。认为如果邻里能够把必须使用汽车的人聚集在公共交通车站的步行范围以内，那么就会使公共交通支持更大的人口密度，公共交通的便利也就会减少人们对私人小汽车的使用需求。在这样的基础上，采用传统邻里的组织方式以及欧洲小城市的空间模式，从创造更加有机的富有活力的城市空间结构出发对区域（或大都市地区）和城市内部的空间结构进行重组。

（7）从空间形态出发的空间组织理论。城市空间的组织在很大程度上与建筑空间形态有非常密切的关系，而且在一定的条件下，城市空间需要通过建筑空间而得以实现。因此有关建筑形态的空间组织理论对城市整体的空间组织也具有重要的影响。被誉为"现代城市设计之父"的西特于1889年出版的《城市建筑艺术》一书，提出了现代城市建设中空间组织的艺术原则。但他的观点与后来形成的在现代建筑运动主导下的现代城市空间概念有极大的不同，因此，在20世纪相当长的时期内并不为城市规划界与建筑设计界所重视，20世纪50年代以前甚至被视为现代城市空间组织的反面教材，只有少部分的设计者依据个人的才识而予以重视。但在20世纪70年代以后，西特的思想得到了广泛的重视，并由罗西、克莱尔兄弟等人发扬光大。

罗西从新理性主义的思想体系出发，提出城市空间的组织必须依循城市发展的逻辑，凭借历史的积淀，用类型学的方法进行建筑和城市空间的安排。他认为，城市空间类型是城市生活方式的集中反映，也是城市空间的深层结构，并且已经与市民的生活和集体记忆紧密结合。根据罗西的观点，组成城市空间类型的要素是城市街道、城市的平面以及重要纪念物。这些城市的人工建造物之间的关系是构成城市空间类型的关键，但这并不意味着城市的类型是由人眼所可以直接看到的或人手可以直接摸到的物质实体所构成的，人的体验具有更为重要的意义。因此，在空间组织的过程中需要充分认识这些人工建造物的意义以及在此意义基础上的相互作用关系，必须与使用这些空间的人的活动方式相互关联。而克莱尔兄弟则更为明确地提出城市空间组织必须建立在以建筑物限定的街道和广场的基础之上，而且城市空间必须是清晰的几何形状，他们提出"只有其几何特征印迹清晰、具有美学特质的并可能被我们有意识地感知的外部空间才是城市空间"。他们强调城市的公共空间如街道、广场、柱廊、拱廊（Arcade）和庭院等在城市空间组织中的作用，认为只有城市的公共空间才能真正代表城市生活，并且提出应当在组织城市公共空间的基础上再来布置和安排其他的空间。列昂·克莱尔还认为，组成城市空间的核心要素是街区，街区应当成为形塑街区和广场等公共领域的基本手段。罗西、克莱尔兄弟的观点和方法在20世纪70年代以后对欧洲的"城市重建"（the Reconstruction of the City）运动、都市村庄（Urban Village）以及美国的"新都市主义"运动都产生了很大的影响，并在城市设计和城市规划中得到广泛的实践。

柯林·罗和弗瑞德·科特（Colin Rowe&Fred Koetter）则从另外的角度阐述了城市空间组织的原则。他们在1978年出版的《拼贴城市》（Collage City）一书中提出，城市的空间结构体系是一种小规模的不断渐进式变化的结果，大大小小的于不同时期的建设在城市原有的框架中不断地被填充进去，有相互协调的也有互相矛盾和抵触的，因此城市既是完整的，又是在不断演变的，整体性的变化都是在局部演变的基础上不知不觉地、潜移默化地形成的。拼贴的方法其实就是"一种概括的方法，不和谐的凑合；不相似形象的综合，或明显不同的东西之间的默契"，因此，任何新的建设实际上就是在城市的背景和文脉中，由这种背景和文脉所诱发的，而不应该是由一个全知全能的"上帝"从整体结构的改造出发而外在地赋予的。

（8）从城市生活出发的空间组织理论。城市是人和活动集聚的场所，也必然是以此为凭借和依托的，没有城市空间的支持，城市的社会经济活动便无以展开。城市空间是城市活动发生的载体，同时又是城市活动的结果。因此，在城市空间组织的过程中，必须将空间的组织与空间中的活动相结合，并且从城市活动的安排出发来组织空间的结构与形态。正如《马丘比丘宪章》所指出的那样，"人与人相互作用与交往是城市存在的基本根据"，因此，城市规划"必须对人类的各种需求作出解释和反应"，这也应当是城市生活为基础的城市空间组织的基本原则。

邻里单位理论的提出者佩里（L.A.Perry）认为，城市住宅和居住区的建设应当从家庭生活的需要以及其周围的环境即邻里的组织开始。组织邻里单位的目的就是在汽车交通开始发达的条件下，创造一个适合于居民生活的、舒适安全的和设施完善的居住社区环境。他提出邻里单位就是"一个组织家庭生活的社区计划"，因此这个计划不仅要包括住房，而且要包括它们的环境，还要有相应的公共设施，这些设施至少要包括一所小学、零售商店和娱乐设施等。他同时认为，在当时汽车交通的时代，环境中的最重要问题是街道的安全，因此，最好的解决办法就是建设道路系统来减少行人和汽车的交织与冲突，并且将汽车交通完全地安排在居住区之外。根据佩里的论述，邻里单位由六个原则组成：①规模（Size）。一个居住单位的开发应当提供满足一所小学的服务人口所需要的住房，它的实际面积则由它的人口密度所决定。②边界（Boundaries）。邻里单位应当以城市的主要交通干道为边界，这些道路应当有足够的宽度以满足交通通行的需要，避免汽车从居住单位内穿越。③开放空间（Open Space）。应当提供小公园和娱乐空间的系统，它们被计划用来满足特定邻里的需要。④机构用地（Institution Sites）。学校和其他机构的服务范围应当对应于邻里单位的界限，它们应该适当地围绕着一个中心或公园进行成组布置。⑤地方商业（Local Shops）。与服务人口相适应的一个或更多的商业区应当布置在邻里单位的周边，最好是处于道路的交叉处或与邻里的商业设施共同组成商业区。⑥内部道路系统（Interal Street System）。邻里单位应当提供特别的街道系统，每一条道路都要与它可能承载的交通量相适应，整个街道网要设计得便于单位内的运行同时又能阻止过境交通的使用。佩里认为只有遵循了这样一些原则，才能更加完整地满足家庭生活的基本需要。邻里单位理论在此后实践中成为城市居住区组织的基本理论和方法。

CIAM 的小组 10（Team10）认为，城市的空间组织必须坚持以人为核心的人际结合思想，必须以人的行为方式为基础，城市和建筑的形态必须从生活本身的结构发展而来。在此基础上他们提出，任何新的东西都是在旧机体中生长出来的，一个社区也是如此，必须对它进行修整，使它重新发挥作用。因此，城市的空间组织不是从一张白纸上开始的，而是一种不断进行的工作。所以，任何一代人只能做有限的工作。每一代人必须选择对整个城市结构最有影响的方面进行规划和建设，而不是重新组织整个城市。

凯文·林奇对城市意象的研究改变了城市空间组织的传统框架，城市空间不再是反映在图纸上的物与物之间的关系，也不是现实当中的物质形态的关系，更不是建立在这些关系基础上的美学上的联系，而是人在其中的感受以及在对这些物质空间感知基础上的组合关系，即意象（Image）。人们在意象的引导下采取相应的空间行动，在这样的意义上，城市空间就不再仅仅是容纳人类活动的器具，而是一种与人的行为联系在一起的场所。他和他的学生通过大量调查，提出构成城市意象的五项基本要素是：路径、边缘、地区、节点和地标（图2-7）。这五项要素建构起对城市空间整体的认知，当这些要素相互交织、重叠，它们就提供了对城市空间的认知地图 [Cognitive Map，或称心理地图（Mental Map）]。认知地图是观察者在头脑中形成的城市意象的一种图面表现，并随人们对城市认识的扩展、深化而扩大。行为者就是根据这样的认知地图而对城市空间进行定位，并依据对该认知地图的判断而采取行动的。因此，在城市空间的组织中，就需要通过对构成城市意象的各项要素的运用，强化它们的可识别性，清晰化各要素之间的相互关系，赋予它们空间和文化的意义，传递有效的信息，进而引导人们的行为与交往活动。

图2-7 城市意象的五项基本要素

简·雅各布斯运用社会使用方法对美国城市空间中的社会生活进行了调查，于1961年出版了《美国大城市的死与生》（*The Death and Life of Great American Cities*）一书。她认为，街道和广场是真正的城市骨架形成的最基本要素，它们决定了城市的基本面貌。她说："如果城市的街道看上去是有趣的，那么，城市看上去也是有趣的；如果街道看上去是乏味的，那么城市看上去也是乏味的。"而街道要有趣，就要有生命力。雅各布斯认为街道要有生命力应当具备三个条件：①街道必须是安全的。而要一条街道安全，就必须在公共空间和私人空间之间有明确的界限，也就是在属于特定的住房、特定的家庭、特定的商店或其他领域和属于所有人的公共领域之间有明确的界限。②必须保持有不断的观察，被她称为"街道天然的所有者"的"眼睛"必须在所有时间里都能注视到街道。③街道本身特别是人行道上必须不停地有使用者。这样，街道就能获得并维持有趣味的、生动的和安全的名声，人们就会喜欢去那里看和被人看，街道也就因此而具有它自己的生命力。而街道的生命力还来源于街道生活的多样性，街道生活的多样性要求有一定的街道本身的空间形式来保证。她认为，要做到这一点，就必须遵循如下四个基本规则：①作为整体的地区至少要用于两个基本功能，如生活、工作、购物、进餐等，而且越多越好。

这些功能在类别上应当多种多样，以至于各种各样的人在不同的时间来来往往，按不同的时间表工作，来到同一个地点，同一个街道用于不同的目的，在不同的时间以不同的方式使用同样的设施。②沿着街道的街区不应超过一定的长度。她发现一些大街之间长900英尺左右就显得太长了，并且宁愿看到有一些短的街道与之交叉，这样在不同方向的街道之间就可以更容易进入，并且有较多的转角场所。③不同时代的建筑物共存于被她命名的"纹理紧密的混合"之中。由于老建筑物对于街道经济所显示出来的重要性，因此应当有相当高比例的老建筑物。④街道上要有高度集中的人，包括那些必需的核心，他们生活在那里，工作在那里，并且作为街道的所有者而行动。

克里斯托弗·亚历山大（C.Alexander）则通过一系列的理论著作阐述了空间组织的原则。他认为，人的活动倾向（Tendency）比需求（Need）更为重要，因为倾向作为可观察到的行为模式，反映了人与环境的相互作用关系，而这就是城市规划和设计需要满足的。对于城市规划和城市空间组织的研究，1965年他发表的《城市并非树形》（*A City is Not a Tree*）一文，则从城市生活的实际状况出发，指出城市空间组织应当重视人类活动中丰富多彩的方面及其多种多样的交错与联系，城市规划师和设计师在进行空间组织时不应偏好简单和条理清晰的思维方式，轻易接受简单的、各组成要素互不交叠的组织方法。他认为，城市空间的组织本身是一个多重复杂的结合体，城市空间的结构应该是网格状的而不是树形的，任何简单化的提取研究只会使城市丧失活力。

2.2　城市规划方法论

（1）综合规划方法论。综合规划方法论的理论基础是系统思想及其方法论，也就是认为，任何一种存在都是由彼此相关的各种要素所组成的系统，每一种要素都按照一定的联系性而组织在一起，从而形成一个有结构的有机统一体。系统中的每一个要素都执行着各自独立的功能，而这些不同的功能之间又相互联系，以此完成整个系统对外界适应的功能。在这样的思想基础上，综合规划方法论通过对城市系统的各个组成要素及其结构的研究，揭示这些要素的性质、功能以及这些要素之间的相互联系，全面分析城市存在的问题和相应对策，从而在整体上对城市问题提出解决的方案。这些方案具有明确的逻辑结构。

综合规划方法论是建立在理性基础之上的。从某种角度来看，综合规划方法论所强调的是，在思维的内容上是综合的，需要考虑各个方面的内容和相互的关系；在思维方式上强调理性，即运用理性的方式来认识和组织该过程中所涉及的种种关系，而这些关系的质量是建立在通过对对象的运作及其过程的认知的基础之上的。

麦克劳林详细地描述了系统思想引导下城市规划的过程。他认为规划必然是一种系统的过程，这种过程可以描述为如下的循环模式：①行动人或行动集团首先要观察环境，然后根据个人或集团的价值观念来确定对环境的需求和愿望。②确定抽象的广义的目标，可能同时也确定实现目标的具体明确的标准。③考虑达到标准和实现目标所应采取的行动过程。④对行动方案加以检验评价，通常包括是否具备实施条件，所需成本和耗用资金，行动所能获得的效益以及它们可能产生的后果等。⑤在上述行动完成之后，行动人或行动集团即采取相应的行动。这些行动改变了行动人或行动集团与环境之间的关系，同时也改变了环境本身，而且经过一段时间之后，改变了人们原来所持有的价值观念。然后要继续重新调查环境，又形成了新的目标和标准，一个循环过程完结了，新的循环过程又重新开始，如此周而复始，循环往复，无穷匮也。

林德布罗姆（C.E.Lindblom）则将综合规划方法论的模式描述得更为清晰：①决策者面对一个既定的问题；②理性人首先应该清楚自己的目标、价值或要求，然后予以排列顺序；③他能够列出所有达成其目标的备选方案；④调查每一备选方案所有可能的结果；⑤比较每一备选方案的可能结果；⑥选择最能达成目标的备选方案。

（2）分离渐进规划方法论。渐进规划思想方法的基础是理性主义和实用主义思想的结合。这种方法在日常的决策过程中被广泛地运用，它尤其适合于对规模较小或局部性的问题进行解答，在针对较大规模或全局性的问题时，主要是通过将问题分解成若干个小问题甚至将它们分解到不可分解为止，然后进行逐一解决，从而达到所有问题都得到解决的目的。

这一方法的最大好处是可以直接面对当时当地亟须解决的问题而采取即时的行动，而无须对战略问题的反复探讨和对各种可能方案的比较、评估。1959年，林德布罗姆发表了《"得过且过"的科学》（ *The Science of "Mudding Through"* ）一文，从政策研究角度提出了渐进规划方法的优势所在，从而促进了渐进规划方法的发展。从这些比较可以看到，渐进规划方法所强调的内容主要有：①决策者集中考虑那些对现有策略有改进的政策，而不是尝试综合的调查和对所有可能方案的全面评估；②只考虑数量相对较少的政策方案；③对于每一个政策方案，只对数量非常有限的重要的可能结果进行评估；④决策者对所面临的问题进行持续不断的再定义：渐进规划方法允许进行无数次的目标—手段和手段—目标调整以使问题更加容易管理；⑤不存在一个决策或"正确的"结果，而是有一系列没有终极的、通过社会分析和评估而对所面临问题进行不断处置的过程；⑥渐进的决策是一种补救的、更适合于缓和现状的及具体的社会问题的改善，而不是对未来社会目的的促进。

林德布罗姆强调在渐进规划方法中必须遵循这样三个原则：①按部就班原则，即规划过程只不过是基于过去的经验对现行决策稍加修改而已，必须保持规划内容发展演变的连续性。②积小变为大变原则，要充分考虑从一点一点的变化开始，由微小变化的积累形成大的变化，逐步实现根本变革的目的。③稳中求变原则，即要保证规划过程的连续性，规划内容上的结构性改变是不可取的，欲速则不达，那样势必危害到社会的稳定，因此就需要通过一系列小变实现大变的目的。

（3）混合审视（Mixed-Scanning）方法论。就整体而言，综合规划方法论和分离渐进规划方法论是规划方法中的两个极端，一个是强调整体结构的重组，另一个是强调就事论事地解决，它们也同样存在不可克服的内在弱点。综合规划方法论要求采取综合分析和全面解决问题的方法，这就需要研究城市发展过程中的所有问题、研究这些问题的所有方面，并且要寻找到解决这些问题的根本办法，从而需要得到所有可能的战略。这些在知识、资料和资源有限（这种有限性在任何的社会中都是常态）的情况下是难以做到的。同时，由于综合规划方法论要求从结构上对社会进行全面改革，强调的是根本性变革，这样就有可能受制于社会对此类问题的认识，或由于价值观的不同而产生分歧，从而不能为社会所接受，即使要强制推行也不易付诸实施。分离渐进规划方法论的最大不足则在于强调对现状的维持，过于保守。针对这样的问题，20世纪五六十年代出现了一系列的对于混合规划实践所需要的方法，其中包括混合审视方法、中距（Middle-Range Bridge）方法、行动计划（Action-Program）方法、社区发展计划（Community Development Programming）等。就方法论思想的普遍性和具体方法的完善性

城市设计与案例分析

而言，混合审视方法最具独特性。

1967 年爱采尼（Amitai Etzioni）发表论文《混合审视：第三种决策方法》（*Mixed-Scanning: A "Third" Approach to Decision-Making*），在对综合规划方法和分离渐进规划方法提出批评，同时又在吸收了这两种方法优势的基础上，提出了混合审视方法作为规划和决策的第三种方法。他认为，"混合审视方法为信息的收集提供了一种特别的程序，对资源的分配提供了一种战略，并为建立起两者之间的联系提供了引导"。混合审视方法不像综合规划方法那样对领域内的所有部分都进行全面而详细的检测，而只是对研究领域中的某些部分进行非常详细的检测，而对其他部分进行非常简略的观察以获得一个概略的、大体的认识；它不像分离渐进规划方法那样只关注当前面对的问题，单个地去予以解决，而是从整体的框架中去寻找解决当前问题的办法，使得对不同问题的解决能够相互协同，共同实现整体的目标。因此，运用混合审视方法的关键在于确定不同审视（Scanning）的层次。爱采尼认为，这种层次至少可以划分为两个（最概略的层次和最详细的层次），至于具体划分成多少层次，则要视具体的状况（要解决的问题的程度、可以支配的时间和费用等）来决定。在最概略的层次上，要保证主要的选择方案不被遗漏；在最详细的层次上，则应保证被选择的方案是能够进行全面研究的。混合审视方法由基本决策（Fundamental Decision）和项目决策（Item Decision）两部分组成。基本决策是指宏观决策，不考虑细节问题，着重于解决整体性的、战略性的问题。这种决策主要探索城市发展的战略、规划的目标和与此相应的规划，在此过程中主要是运用简化了的综合规划方法来进行。但在运用综合规划方法的时候，只关注其中行动者认为是最重要的目标，而不是对整体的所有目标都进行考察，同时，也只注意城市发展过程中最重要的一些变量之间的关系，而不是面面俱到地研究其中所有的要素，并省略了对细节和特殊内容的考虑。项目决策是指微观的决策，也称小决策。这是基本决策的具体化，受基本决策的限定，在此过程中，是依据分离渐进规划方法来进行的。这里运用的分离渐进规划方法与分离渐进规划思想的最大区别在于这里的决策是在基本决策的整体框架之下进行的，从而保证了项目决策是为实现基本决策服务的。因此，从整个规划的过程中通过这两个层次决策的结合来减少综合规划方法和分离渐进规划方法中的缺点，从而使混合审视方法比以上两种方法更为有效、更为现实。

（4）连续性城市规划（Continuous City Planning）方法论。连续性城市规划是布兰奇（Melville C.Branch）于 1973 年提出来的关于城市规划过程的理论。他的论点在于对总体规划所注重的终极状态的批判。他认为，城市规划所存在的这类问题直接制约了城市发展，从而提出了连续性城市规划的设想。他认为，成功的城市规划应当是统一地考虑总体的和具体的、战略的和战术的、长期的和短期的、操作的和设计的、现在的和终极状态的目标等等。

布兰奇所提出的连续性城市规划包含的两部分内容特别值得重视。他认为在对城市发展的预测中，应当明确区分城市中的有些因素需要进行长期规划，有些因素只要进行中期规划，有些甚至就不要去对其作出预测，而不是对所有的内容都进行统一的以 20 年为期的规划。如公路、供水干管之类的设施应当规划至将来的 50 年甚至更长的时间，因为这些因素本身的变化是非常小的，即使周围的土地使用发生了重大的变化，即使道路也进行了全面的改建，但道路的线路本身仍然不会发生改变，基本上仍然是在原来的位置上进行重新建设。而对于现在建设的地铁、轻轨等设施则更应当进行长期规划。有些要素如特定地区的土地使用，不要规划得太久远，这类因素的变化相当迅速，时间过长的规划往往会带来很多的矛盾。长期规划并不是只制定出一个终极状态的图景，而是要表达出连续的行动所形成

82

的产出，并且表达出这些产出在过去的根源以及从现在开始并向未来的不断延续过程。编制长期规划如果不是从现在通过不断地向未来发展的模型中推导出来的，那么，这样的规划在分析上是无效的，在实践上是站不住脚的。

在布兰奇的论述中另外一个值得重视的内容是，与过去的城市总体规划集中注意遥远的未来和终极状态的思想所不同的是，连续性城市规划注重从现在开始并不断向未来趋近的过程。因此，对于规划而言，最为重要的是需要考虑今后最近的几年。要实施规划，必然会受到资金方面的制约，这不仅包括下一个财政年度的详细预算，还包括了税收和其他财政收入的可能，这些都会影响可获得的资金。在最近几年中将会发生的事对以后可能发生的事具有深远的影响。因此，在规划的过程中尤其需要处理好最近几年的内容，而未来的进一步发展是在这基础上的逐渐推进。从这样的意义上讲，城市规划应当包括今后一年或两年的预算，两年到三年的操作性规划和对未来不同时期的长期预测以及政策和规划方案等。

（5）倡导性规划（Advocacy Planning）方法论。倡导性规划是达维多夫（Paul Davidoff）在批判过去的规划理论中出现的认为规划价值中立的行为的观点时而提出的规划理论，其基础体现在他和雷纳（Thomas A.Reiner）于 1962 年发表的《规划的选择理论》（*A Choise Theory of Planning*）一文中。

在该文中，他们认为规划是通过选择的序列来决定适当的未来行动的过程。规划行为是由这样一些必要的因素组成的：目标的实现；选择的运用；未来导向，行动和综合性。在这样意义上的规划过程中，选择出现在三个层次上：首先是目标和准则的选择；其次是鉴别一组与这些总体的规划相一致的备选方案，并选择一个想要的方案；最后是引导行动实现确定了的目标。所有这些选择都涉及进行判断，判断贯穿于这个规划过程。而要了解判断以及选择的含义及其运作的过程，我们就要明确人类在进行判断和选择的内在机制。达维多夫等认为，无论对于社会而言还是对于规划师而言，都意味着选择会受到种种条件的限制，而这些限制本身又是难以克服的。规划师只要面对现实，在对未来行动进行安排时就必然要在价值的构建、方法的运用和实现三个不同的基本层次上进行选择，而这一切又奠基于规划师对未来性质的预测之上。规划师意图通过这样的预测来帮助建立行动的计划从而实现这样的预言，这就限制了人们对未来的追求，因为控制和预测是相辅相成的，控制有可能改变未来。为了更好地做好城市设计，当代很多城市都需要作出城市设计导则，设计导则是为了防止建筑群无序建设，在建筑改造时作为参考的，对建筑的外饰面、局部细节、颜色等制定统一规范的引导性准则。

2.3 现代城市规划思想的发展

现代城市规划的发展在对现代城市整体认识的基础上，在对城市社会进行改造的思想导引下，通过对城市发展的认识和城市空间组织的把握，逐步地建立了现代城市规划的基本原理和方法，同时也界定了城市规划学科的领域，形成了城市规划的独特认识和思想，在城市发展和建设的过程中发挥其所担负的作用。要认识城市规划的思想，应当从城市规划理论和实践的形成、完善和发展的过程中去探讨，发掘其中起根本性作用的动力因素。这里仅从现代城市规划思想的演变角度，围绕着《雅典宪章》和《马丘比丘宪章》这两部在现代城市规划发展过程中起了重要作用的文献来予以认识。这两部文献基本上都是对当时的规划思想进行总结，然后对未来的发展指出一些重要的方向，以此而成为城市规划发展的历史性文件，从中我们可以追踪城市规划整体的发展脉络，建立起城市规划思想发展的基本框架。

（1）《雅典宪章》（1933年）。在整个20世纪上半叶，现代城市规划是追随着现代建筑运动而发展的。在现代城市规划的发展中起了重要作用的《雅典宪章》也是由现代建筑运动的主要建筑师们所制定的，反映的是现代建筑运动对现代城市规划发展的基本认识和思想观点。20世纪20年代末，现代建筑运动走向高潮，在国际现代建筑协会（CIAM）第一次会议的宣言中，提出了现代建筑和现代建筑运动的基本思想和准则。其中认为城市规划的实质是一种功能秩序，对土地使用和土地分配的政策要求有根本性的变革。1933年召开的第四次会议的主题是"功能城市"，会议发表了《雅典宪章》。《雅典宪章》依据理性主义的思想方法，对城市中普遍存在的问题进行了全面分析，提出了城市规划应当处理好居住、工作、游憩和交通的功能关系，并把该宪章称为"现代城市规划的大纲"。

《雅典宪章》认识到城市中广大人民的利益是城市规划的基础，因此它强调"对于从事城市规划的工作者，人的需要和以人为出发点的价值衡量是一切建设工作成功的关键"，在宪章的内容上也从分析城市活动入手提出了功能分区的思想和具体做法，并要求以人的尺度和需要来估量功能分区的划分和布置，为现代城市规划的发展指明了以人为本的方向，建立了现代城市规划的基本内涵。很显然，《雅典宪章》的思想方法是基于物质空间决定论的，这一思想的实质在于通过物质空间变量的控制，就可以形成良好的环境，而这样的环境就能自动地解决城市中的社会、经济、政治问题，促进城市的发展和进步。这是《雅典宪章》所提出来的功能分区及其机械联系的思想基础。

《雅典宪章》最为突出的内容就是提出了城市的功能分区，而且对之后城市规划的发展影响最为深远。它认为城市活动可以划分为居住、工作、游憩和交通四大类，提出这是城市规划研究和分析的"最基本分类"，并提出"城市规划的四个主要功能要求各自都有其最适宜发展的条件，以便给生活、工作和文化分类和秩序化"。功能分区在当时有着重要的现实意义和历史意义，它主要针对当时大多数城市无计划、无秩序发展过程中出现的问题，尤其是工业区和居住区混杂，工业污染导致的严重的卫生问题、交通问题和居住环境问题等，功能分区方法的使用确实可以起到缓解和改善这些问题的作用。从城市规划学科的发展过程来看，应该说，《雅典宪章》所提出的功能分区是一种革命。它依据城市活动对城市土地使用进行划分，对传统的城市规划思想和方法进行了重大的改革，突破了过去城市规划追求图面效果和空间气氛的局限，引导城市规划朝科学的方向发展。

功能分区的做法在城市组织中由来已久，但现代城市功能分区的思想显然是产生于近代理性主义的思想观点，这也是决定现代建筑运动发展路径的思想基础。《雅典宪章》运用了这样的思想方法，从对城市整体的分析入手，对城市活动进行了分解，然后对各项活动及其用地在现实的城市中所存在的问题予以揭示，针对这些问题提出了各自改进的具体建议，然后期望通过一个简单的模式将这些已分解的部分结合在一起，从而复原成一个完整的城市，这个模式就是功能分区和其间的机械联系。这一点在柯布西埃发表于20世纪二三十年代的一系列规划方案中发挥得最淋漓尽致，并且在他主持的印度新城市昌迪加尔的规划中得到了具体的实践。

现代城市规划从一开始就承继了传统规划对城市理想状况进行描述的思想，并受建筑学思维方式和方法的支配，认为城市规划就是要描绘城市未来的蓝图。这种空间形态是期望通过城市建设活动的不断努力而达到的，它们本身是依据建筑学原则而确立的，是不可更改的、完美的组合。因此，物质空间规划成了城市建设的蓝图，其所描述的是旨在达到的未来终极状态。柯布西埃则从建筑学的思维习惯出发，将城市看成了一种产品的创造，因此也就敢于将巴黎市中心区来一个几乎全部推倒重来的改建规划。《雅典宪章》虽然认识到影响城市发展的因素是多方面的，但仍强调"城市规划是一种基于长宽高三度空间……的科学"。该宪章所确立的城市规划工作者的主要工作是"将各种预计作为居住、工作、游憩的不同地区，在位置和面积方面，作一个平衡，同时建立一个联系三者的交通网"，此外就是"订立各种计划，使各区按照它们的需要并有纪律地发展"，"建立居住、工作、游憩各地区间的关系，务使这些地区的日常活动能以最经济的时间完成"。从《雅典宪章》中可以看到，城市规划的基本任务就是制定规划方案，而这些规划方案的内容都是关于各功能分区的"平衡状态"和建立"最合适的关系"，它鼓励的是对城市发展终极状态下各类用地关系的描述，并且"必须制定必要的法律以保证其实现"。

（2）《马丘比丘宪章》（1977 年）。20 世纪 70 年代后期，国际建协鉴于当时世界城市趋势和城市规划过程中出现的新内容，于 1977 年在秘鲁的利马召开了国际性的学术会议。与会的建筑师、规划师和有关官员以《雅典宪章》为出发点，总结了近半个世纪以来尤其是第二次世界大战后的城市发展和城市规划思想、理论和方法的演变，展望了城市规划进一步发展的方向，在古文化遗址马丘比丘山上签署了《马丘比丘宪章》。该宪章申明：《雅典宪章》仍然是这个时代的一项基本文件，它提出的一些原理今天仍然有效，但随着时代的进步，城市发展面临着新的环境，而且人类认识对城市规划提出了新的要求，《雅典宪章》的一些指导思想已不能适应当前形势的发展变化，因此需要进行修正。《马丘比丘宪章》首先强调了人与人之间的相互关系对于城市和城市规划的重要性，并将理解和贯彻这一关系视为城市规划的基本任务。"与《雅典宪章》相反，我们深信人的相互作用与交往是城市存在的基本根据。城市规划……必须反映这一现实"。在考察了当时城市化快速发展和遍布全球的状况之后，《马丘比丘宪章》要求将城市规划的专业和技术应用到各级人类居住点上，即邻里、乡镇、城市、都市地区、区域、国家和洲，并以此来指导建设。而这些规划都"必须对人类的各种需求作出解释和反应"，并"应该按照可能的经济条件和文化意义提供与人民要求相适应的城市服务设施和城市形态"。从人的需要和人之间的相互作用关系出发，《马丘比丘宪章》针对《雅典宪章》和当时城市发展的实际情况，提出了一系列具有指导意义的观点。

《马丘比丘宪章》在对 40 多年的城市规划理论探索和实践进行总结的基础上，指出《雅典宪章》所崇尚的功能分区"没有考虑城市居民人与人之间的关系，结果使城市患了贫血症，在那些城市里建筑物成了孤立的单元，否认了人类的活动要求流动的、连续的空间这一事实"。确实，《雅典宪章》以后的城市规划基本上都是依据功能分区的思想而展开的，尤其在第二次世界大战后的城市重建和快速发展阶段中按规划建设的许多新城和一系列的城市改造中，由于对纯粹功能分区的强调而导致了许多问题，人们发现经过改建的城市社区竟然不如改建前或一些未改造的地区充满活力，新建的城市则又相当的冷漠、单调，缺乏生气。对于功能分区的批评，认为功能分区并不是一种组织良好城市的方法，从 20 世纪 50 年代后期就已经开始，而最早的批评就来自 CIAM 的内部，即 Team10，他们认为柯布西埃的理想城市"是一种高尚的、文雅的、诗意的、有纪律的、机械环境的机械社会。或者说，是具有严格等级的技术社会的优美城市"。他们提出的以人为核心的人际结合（Human Association）思想以及流动、生长、变化的思想为城市规划的新发展提供了新的起点。60 年代的理论清算则以雅各布斯充满激情的现实评述和亚

城市设计与案例分析

历山大相对抽象的理论论证为代表。《马丘比丘宪章》接受了这样的观点，提出"在今天，不应当把城市当作一系列的组成部分拼在一起考虑，而必须努力去创造一个综合的、多功能的环境"，并且强调，"在1933 年，主导思想是把城市和城市的建筑分成若干组成部分，在 1977 年，目标应当是把已经失掉了它们的相互依赖性和相互关联性，并已经失去其活力和含义的组成部分重新统一起来"。

《马丘比丘宪章》认为城市是一个动态系统，要求"城市规划师和政策制定人必须把城市看作在连续发展与变化的过程中的一个结构体系"。20 世纪 60 年代以后系统思想和系统方法在城市规划中得到了广泛的运用，直接改变了过去将城市规划视作对终极状态进行描述的观点，而更强调城市规划的过程性和动态性。在第二次世界大战期间逐渐形成、发展的系统思想和系统方法在 50 年代末被引入规划领域而形成了系统方法论。在对物质空间规划进行革命的过程中，社会文化论主要从认识论的角度进行批判，而系统方法论则从实践的角度进行建设，尽管两者在根本思想上并不一致，但对城市规划的范型转换都起了积极的作用。最早运用系统思想和方法的规划研究当推开始于美国 50 年代末的运输—土地使用规划（Transport–Land Use Planning）。这些研究突破了物质空间规划对建筑空间形态的过分关注，而将重点转移至发展的过程和不同要素间的关系，以及要素的调整与整体发展的相互作用之上。自 60 年代中期后，在运输—土地使用规划研究中发展起来的思想和方法，经麦克劳林、查德威克（Chadwick）等人在理论上的努力和广大规划师在实践中的自觉运用，形成了城市规划运用系统方法论的高潮。《马丘比丘宪章》在对这一系列理论探讨进行总结的基础上作了进一步的发展，提出"区域和城市规划是个动态过程，不仅要包括规划的制定而且也要包括规划的实施。这一过程应当能适应城市这个有机体的物质和文化的不断变化"。在这样的意义上，城市规划就是一个不断模拟、实践、反馈、重新模拟的循环过程，只有通过这样不间断的连续过程才能更有效地与城市系统相协同。

自 60 年代中期开始，城市规划的公众参与成为城市规划发展的一个重要内容，同时也成为此后城市规划进一步发展的动力。达维多夫等在 60 年代初提出的"规划的选择理论"和"倡导性规划"概念，就成为城市规划公众参与的理论基础。其基本的意义在于，不同的人和不同的群体具有不同的价值观，规划不应当以一种价值观来压制其他多种价值观，而应当为多种价值观的体现提供可能，规划师就是要表达这不同的价值判断并为不同的利益团体提供技术帮助。城市规划的公众参与，就是在规划的过程中要让广大的市民尤其是受到规划的内容所影响的市民参加规划的编制和讨论，规划部门要听取各种意见并且要将这些意见尽可能地反映在规划决策之中，成为规划行动的组成部分，而真正全面和完整的公众参与则要求公众能真正参与到规划的决策过程之中。1973 年，联合国世界环境会议通过的宣言开宗明义地提出："环境是人民创造的，这就为城市规划中的公众参与提供了政治上的保证。城市规划过程的公众参与现已成为许多国家城市规划立法和制度的重要内容和步骤。"

《马丘比丘宪章》不仅承认公众参与对城市规划的极端重要性，而且更进一步地推进其发展。《马丘比丘宪章》提出，"城市规划必须建立在各专业设计人、城市居民以及公众和政治领导人之间的系统的不断的互相协作配合的基础上"，并"鼓励建筑使用者创造性地参与设计和施工"。在讨论建筑设计时更为具体地指出，"人们必须参与设计的全过程，要使用户成为建筑师工作整体中的一个部门"，并提出了一个全新的概念"人民建筑是没有建筑师的建筑"，充分强调了公众对环境的决定性作用，而且，"只有当一个建筑设计能与人民的习惯、风格自然地融合在一起的时候，这个建筑才能对文化产生最大的影响"。

2.4 北京是充满色彩的世界历史名城

北京可能是人类在地球上最伟大的单一作品。这座中国城市，设计成帝王的住处，意图标志出宇宙的中心。这座城市十分讲究礼仪程式和宗教思想，这和我们今天虽然关系不大，但很多景观意向以及空间形态效果仍然值得我们学习。在设计上它是如此光辉灿烂，以至成为一个现代城市概念的宝库。

2.4.1 在色彩和形体中行进

从瓜尔迪的绘画到这一点所探讨的全部空间设计要素都在全面起作用。如果我们作为身历其境者去感受研究这一空间运动进程，就可以领悟这个设计的真谛。这里有上升和下降的喜悦，后退的面和深入的纵深，大屋顶和柱子中凹与凸比比皆是。这是一组不寻常的建筑，它以许许多多的平台与地面相连接：当身历其境者沿轴线北进时，空间中的点在他视野中相对运动，一系列无穷无尽的起伏的轮廓线和曲线形体切入天空。

比任何别的地方更为清楚的是，这个设计是一个行进的序列。所有的建筑同属一个统一的模数体系、建筑的比例和尺度，随建筑的柱间数而增加，并符合一定的行进规则。按照这些规则，设计者要取得效果，只能运用这种方法而不是增加建筑的体量。

天坛以纯粹的形式表明利用建筑去调节在空间中行进的感受。中轴方向的运动不是通过建筑实体，而是通过简单的地面铺砌的设计去容纳和引导。朝着更强烈的圣地行进的行动的完成不是通过包围一个空间的墙，而是通过跨在铺砌的、层次分明的运动线上的一座独立牌坊，它唯一的功能就是标示出运动中的一个点或是在一串运动感受中及时标示出某一个时刻的运动。

天坛本身是中国最神圣的地方，皇帝每年在此祭天两次，可能是最纯粹的空间感受，由三层渐次上升的栏杆限定的三个圆柱体把垂直方向的多层次的空间甬道推向运动。感受的高潮就是台阶与天相接之点。紫禁城外侧的具有完整的巴洛克形式的曲线型护城河，即右侧的金水河，由围绕着它的汉白玉栏杆柱头加以强调，这表明即使在中国建筑传统体系的森严章法之下，还是有充分的余地在土地设计领域作丰富的表现，就像这里恰如其分的表现一样。

2.4.2 尺度与设计

北京古城总体规划中加以强调的中心设计结构，一条通道从北京南部跨过平原通到永定门，这座城门开在左侧的先农坛和右侧的天坛之间巧妙铺砌的道路上。这些空间的设计与中央运动系统巧妙地联系在一起，并以此为基础提供一系列垂直的、平行的调整变化。

北京城的基本特性由中央运动路线通过各有特定色彩的四个区加以表达。南面的一个长方形地区，由城墙包围，这就是外城，有着青瓦屋顶的建筑，为穿透城墙包围的广场，为内城具有蓝紫色屋顶、朱门、金饰的鲜明感受做了视觉上的准备。然后来到紫禁城的大门。空间收与放的韵律渐次加强，直到午门前的空间，预示着即将到达紫禁城——中国皇帝的宫殿（图 2-8）。

从这一点开始，进入外庭院及其曲线型护城河，最后进入三大殿中央。庭院和三大殿的感受具有难以置信的色彩强度，金黄色的屋顶顶着蓝蓝的天空，造成一种无与伦比的建筑力度感。这种连续运动感围绕紫禁城的城壕北端，登上景山再向前，行进到鼓楼和钟楼，终止于北部的城墙。

图 2-8　紫禁城太和殿

　　事实上，太和殿的体量并不比永定门向北约 4.8 千米中轴线行程中遇到的建筑更大。作为西方城市设计核心的支配性体量的原则完全消失了。的确若不进入太和门中央庭院，是根本看不见太和殿的。这种感受的力量在于期待与实现的原理的运用，在于确定时间中感受的韵律和积少成多的感受系列。空间和色彩是主要的调节因素，作为王国中心的建筑高潮的确具有足够的分量。

2.5　巴西利亚是巴西梦想飞翔的新首都城市 ①

　　巴西利亚曾受到许多批评家的中伤，尽管他们大多并没有去实地看一看。但作为一个整体设计的城市最重要的范例，在当代建筑中却是一枝独秀。建筑师们若不从中获得教益，实在是愚不可及。不幸的是，若不实地感受，巴西利亚不可能被理解。巴西利亚基本方案的设计者卢西奥·科斯塔（Lucio Costa）提出了该团队其中的一个理由。在笔者访问这个城市之前，他说过只有联系巴西利亚天空中不断飞逝的流云，投在建筑形体上瞬息万变的斑斑光影，才能理解这个城市（图 2-9）。不变的建筑与瞬息万变的因素，以及喷泉中水花飞溅、彩旗飘舞等细部之间的对比，早已成为城市设计的原则。巴西利亚的变化因素是由云彩提供的，它们经常萦绕整个城市上空，成为他动态设计的一部分。

　　没有亲眼目睹而只停留于图片，笔者也曾对巴西利亚妄下过定论。笔者曾断言同一类型的政府各部建筑之间形成的空间通道，以参议院穹窿和众议院圆盆之后两幢体量瘦削的行政办公大楼作为终端显得分量不足。但是在笔者亲自察看基地之后，才理解空间包含在环抱城市的碗状群山伸展的范围内。一切建筑实体都是雕塑形体，而这又在前所未有的广阔规模上把整个空间设计处理得层次分明。

---

① 本节内容参考埃德蒙·培根《城市设计》，第 235 页。

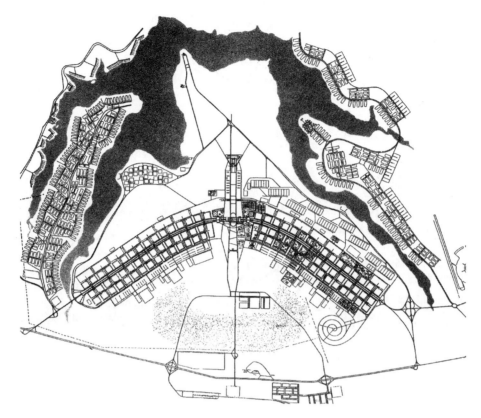

图 2-9　巴西利亚规划平面图

科斯塔清楚地表明，巴西利亚从来不想成为典型城市的一种模式，它要成为一个伟大国家的独一无二的首都。他的规划体现了他的设计的特性。从山顶的电视塔（中轴南端小三角内）到俯视湖泊的政府主要权力集中的三权广场（中轴北端三角形内），有一条中央空间通道，形成一条纪念碑式的轴线。垂直于这条轴线两翼伸展出曲线型的居住区，在它的中央有一条快速路。快速路与中央轴线的联结点是一个特别的公共汽车总站和公路大平台。与快速路平行的、相距两个街坊的，是一条步行商业带，把住宅区连在一起。

2.5.1　汽车与行人的相互关系

在巴西利亚，对立而统一的原则通过汽车与行人的互成对比的需求而得到特殊的建筑学上的认识。巴西利亚可能是使用一条快速路作为居住区中心特征的唯一的城市。这代表着一种对汽车在现代生活中重要性的毫不掩饰的表现。同时，城市又为步行者提供了许多完全免受交通干扰的地段，是其中最引人注目的一个例子。议会建筑的整个屋顶铺上了大理石，一条坡道从它下面的地面通上这个设有栏杆的大平台步行区。空间由巨大的、拔地而起的盆状众议院和隐约可见的紧靠双幢行政办公楼的参议院圆顶加以调节。不像我们观察过的由实体包围的步行空间，这个空间却是一个悬在空间中的平面；它完全没有建筑实体作为界限，却提供了一个有利的地点去感受巴西利亚的城市结构穿透由区域自然特征限定的空间容积，有韵律地向外流动。

奥斯卡·尼迈耶（Oscar Niemeye）设计了巴西利亚几乎全部大体量的建筑和许多较小的建筑。他在画中进一步强调了某些建筑并不限定空间却在连续的空间中起作用这一概念。

89

2.5.2 公路作为建筑来处理

因为建筑是传统的，而快速公路则不同，汽车运动的设施由于其停车和下客，至今一直被比作管道设施，是他人的而不是建筑师的设计课题。但是在巴西利亚，公路已恰如其分地成为一种建筑创作并且作为城市设计中的一项因素。

这些提供了公路结构与纪念碑式的政府建筑群体量空间形式联系的某种形式感。为公交终点站外景，表达欢迎人们到达中心点的某种方位感。这个建筑是快速路结构的延伸而又与它不可分割，它的每一部分都与城市整体的设计有关。参议院建筑与电视塔之间的步行道空间容积，为快速路主干道所穿过这一事实成为建筑表现的机会，这一项纪念碑式的杰作被卢西奥·科斯塔称为公路大平台。

2.5.3 空间处理

巴西利亚行政大楼与高等法院之间的距离为 1000 英尺（约 305 米），比昌迪加尔会议厅与高等法院间的距离还要短 500 英尺（约 152 米），但这一点本身并不能完整地解释为何在巴西利亚保持了张拉力，且建筑及其环境造成了具有强大影响力的完整构图。

当代两个主要作品之间形成显著对比的原因提出了一个富有成果的分析课题：通过分析能更深刻地理解当代设计。最为明显的差别：一是巴西利亚国会建筑的体量，在整个城市形象中起着重要作用，而昌迪加尔会议厅则没有相对应的部分；二是结构部件的设计在景观前景中表现为相当有分量的实体，更有许多经过精心设计的细部，如雕塑、长凳及经过精心调整的铺砌穿插空间的微妙联结。

这个伟大的广场适宜于大规模的群众集会，然而它并不仰仗人群去产生更为满足的感受。

2.5.4 建筑相互紧密联结

重温一下我们讨论雅典广场所用的题目似乎是适当的。之所以这样做，是由于在巴西利亚再次出现以往作品中显示的建筑之间相互关系的原则。左侧前方的最高法院、盆状的众议院以及行政办公大楼双塔等形体本身和相互之间的联系都是如此有力，以至它们之间跨过空间而保持的张拉力比大多数传统布局要大得多，把支承最高法院屋顶基座的凹曲线与盆状众议院的凸曲线之间的关系表现得淋漓尽致。它也显示了中柱左边的曲线与盆状建筑线型之间以及右边笔直的垂直线条与毗邻的办公楼双塔干净利落的垂直形体之间的和谐。

这种建筑之间的和谐呼应并不依赖小心摆布角度的照片，它无处不在并且随着一个人围绕建筑移动而渐次加强。我们当代城市设计问题的答案并不取决于形式或像巴西利亚那样对称或刻板的几何形体关系。丹下健三设计的东京奥运会建筑已经向我们显示两幢建筑之间新的几何关系，而这一点可以推广到更大的城市街区空间布局。

巴西利亚带给我们的主要不是它的建筑形式或规则的对称布局，而是整个城市整体形象的重新塑造。

第3章 城市设计与城市景观设计

3.1 城市的形成与环境

城市作为一个人工创造物，一半产生于对艺术品形式上的追求，另一半则如同花草树木，依周围环境条件产生于自然规律之中。在城市形成的时候，最重要的问题是把现有的自然景观再组织进来，使之具有新意；或者是在不断发展的历史进程中有"成长变化着的"环境之间相互关系的情况下，改造现有的景观以适应新的城市和环境。也就是说在城市形成的时候，首先要分析那块土地上自然条件所具有的各种特征，即从明确作为设计对象的那块土地所具有的功能上、从精神上的意义入手，对出现的具体问题给予具体的解答。与此相反，如果以那种"不受任何束缚，随意进行处理"的自由意识来设计的话，就会导致零乱而缺乏统一的城市空间。

城市形成的同时，采取某些巧妙的、协调的手段来保持那一时代的城市历史风貌，这一点也要加以认真对待。对此，作为每个城市设计的直接参与者——建筑师与规划师，都必须具有足够的耐力。优秀的城市设计就如同没有设计一样，也就是说没有任何做作和人为加工的痕迹，就好像是很久以前就自然地存在，并非常自然刻意地保留下来。

城市设计是为了实现某一设想而进行的工作过程。对于那些在景观造型上有特殊要求的地区，对那些仅仅是勉强引用总体规划方针的地区或者是有必要设置公共游乐场的地区，当务之急是要将这些地区作出明确的区域划分和景观规定。这是城市设计的前提条件。因此，当谈及城市形成的时候，其中不单纯是一个技术造型的能力问题，同时也是一个信念和耐力的问题。根据这一精神和设计理念我们介绍下面的方法，与其说是介绍都市形成的法则，倒不如说是在实际工作方面需要做好的思想准备。

城市的形成，有下列基本区别。

1. 按照准确、规则的几何图形形成的城市和没有规则自由形成的城市（图3-1）

在地形条件好的区域，按照一个确定的模式建成一整齐规则的城市。

例如，在原先没有任何建筑物及植物的平坦基地上，适于形成具有明快的几何学规则的城市。对于没有规则以自由方式形成的城市，适合于受诸条件（土地、植物、自然水域、建筑物等）强烈影响的地区。

形成的城市从属于环境或看支配环境。有没有从属的思想准备，或者有没有支配的必要性，这是规划者依据环境条件作出的决定。同时也受到时代精神的制约。总之，这是评价一位建筑师是否具有非凡能力的一个条件。

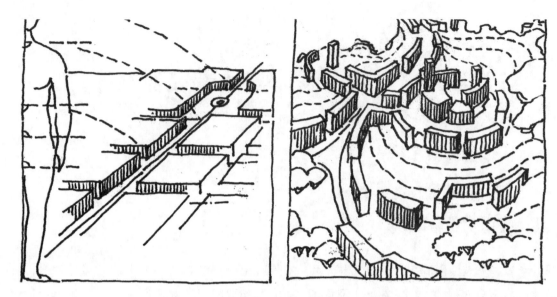

图 3-1　规则的几何图形和自由形的城市形态

2. 自然地、有机地形成城市和人工地、非有机地形成城市

建构在洼地上、隐蔽在自然环境中的石头房屋，建筑形式应根据该建筑材料的性能以及使用状况而决定。这与毫无设计意图的建筑比起来，简单朴素的小屋与自然环境更加和谐美观。脱离开大地，利用人为加工的各种建筑材料建造的方盒子建筑物，衬托着基地柔和的地形，并不是妥协其原来的地形条件。针对不同性质建筑物的布置，选取不同的建筑材料，从而避免造成建筑物与地形间的矛盾状态，这便是选择建筑形式的目的。

分散布置在广阔大自然中的一栋栋住宅以及配套的公共建筑，往往在绿树婆娑的阴影中，令人感到这是一处安全的场所。被树木覆盖的屋顶与周围的绿色融合成一体，人们所看到的全部景物，遵从于自然环境本能的意识来面对着周围广阔的视野，看起来似乎会产生一种"挖掘坚固的巢穴用以藏身立命"的感觉。

在寂静的山谷里，按照不破坏自然环境方式建造的住宅，会形成一种依存于自然的景色。高高的树木使本来平淡的屋顶轮廓显得柔和协调。在外形和谐一致的相同建筑群中，若新建筑仍保持着相似的外部形式，那么这组建筑建造于何处都将是适宜的。但为某种其他用途、其他要求或者由于某种其他的现实必然性，使新的建筑物有意识地从周围的环境中脱离开来（图3-2），如高层玻璃幕墙建筑，从而在城市景观中起到标志性的耸立、点缀的作用。

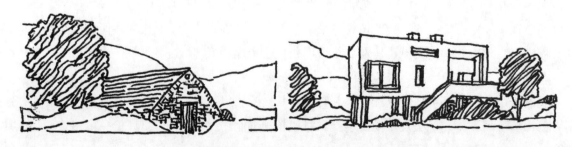

图 3-2　新的建筑物有意识地从周围的环境中脱离

这个村庄位于高台之上，气势雄伟，周围的景观可以尽收眼底。村庄内的建筑群，布置紧密、简洁、犀利的建筑外形，如高高的教堂塔楼，与周围的环境形成了鲜明的对比。

有意识地避开具有个性的外形，将其调配成近似于该连续建筑物的立面外形形式，达到"不扎眼"的目的，个别从属于全体。与图 3-3 的例子相对照，图 3-4 中建筑物之间立面的连续性降到了次要的地位，而把建筑设计成具有"飞来建筑"的效果，设计意图中将其醒目地放到了第一位。

图 3-3　建筑物之间立面的连续性降到了次要的地位

比邻的各种形态房屋，不管是在规模、功能上，还是在立面的细部设计造型上，都应清晰地显示出它们的差别，并从视觉效果上强调出这些建筑物的重要性。尽管如此，仍然需要使那些大体量建筑物与周围的建筑物在建筑造型上保持协调。在低层、水平、混合式的住宅群中，耸立着大型高层住宅楼。像这样使一栋建筑产生醒目的景观对比效果的做法，并不是由于这个建筑物与其他的建筑物具有不同的用途，而是这种对比的方法在城市设计中也是经常使用的方法。

城市中要建设新的道路时，要服从现有道路的走向，保持旧街道的特色并使其价值有所升华。在道路网未经过规划设计的城市里，宽阔的直线道路与几何形状的广场，形成了完全新式的、有强烈对比的空间。

不规则形状与规则形状之对比。或者说是在自然界中生成，具有自然形态的植物，与人工构成的具有规则的几何图案相对比：某河岸的景观；某水池的景观；道路的形状与景观。

3. 自然环境中的建筑

各类建筑的建设不能破坏自然环境。我们知道设计效果的好与坏，关键是要充分考虑到对景观的影响和对自然环境的保护。如果不做细致的规划设计就盲目建设，结果必然是粗糙杂乱的。

考虑保护自然景观条件下建设的住宅如图 3-4 所示。

图 3-4　保护自然景观条件下建设的住宅

3.1.1　规划设计的出发点之一——建设前的基地地形状况

采取大规模土方开挖与回填的方式平整土地，使自然景观受到极大影响，其效果很不好。为了使地势与自然景观全得到保护，只是在一定限度内把原来起伏的基地改造成阶梯状。将流经规划区域内的河流引入地下流走，使其与地面上的建筑物不发生关系，这种设计思想并不好。将河流引入城镇规划区内，使城市最终变得更加丰富，同时也提高了各类建筑的环境质量。美国著名建筑师理查德·迈耶设计的加利福利亚的洛杉矶盖地艺术中心，就是充分利用山地地形来做群体建筑的城市设计的优秀作品，各个单体的围合布局充分尊重山地、地形地貌和生态景观（图3-5）。

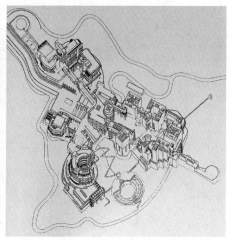

图 3-5　洛杉矶盖地艺术中心——鸟瞰实景照片与轴侧图

3.1.2　规划设计的出发点之二——植物

A 为了使设计意图不受任何妨碍，而将基地上的树木全部砍伐掉。

B 住宅设计充分考虑到基地上原有树木的利用。

3.1.3　规划设计的出发点之三——水

无计划的房屋建设使原有的树木遭到大量砍伐，破坏了绿化环境。

很多树木被砍伐，城市景观被高层建筑群支配。建筑间残留下来的树木在某种程度上起到了一定的景观效果。

3.2　不同地形上住宅区的建设

3.2.1　坡地上住宅区的建设

例1：在坡地上建低密度住宅。

A 丛地建设之前的状况。

B 逆等高线走向布置住宅建筑。

C 沿等高线走向布置住宅建筑。

例2：建设地点为坡地时，对自然景观产生的影响。

A 住宅区的平面布置零散，没有绿化区，景观效果不好。

B 在坡地的突出部分集中建造住宅，周围以绿化带环绕，住宅区与自然环境之间关系协调。

C 在洼地上建造住宅。住宅区被周围的自然环境淹没，景观效果不明显。

例3：在坡地上建多层建筑。

A 建设之前的基地状况。

B、D 完全没有考虑结合地形的具体情况来确定建筑物的体型及平面布局，其结果势必造成地形与建筑物之间的矛盾状态。

C、E、F 结合地形的具体情况确定建筑物的体型与平面布局。

随地形的变化，排列与布置建筑物，使建筑特征得以充分体现。

例4：建在斜坡上的建筑物其体形与位量。

建筑群将整个山谷堵塞。

3.2.2　自然环境中的建筑群

建筑物在山谷两侧建设，留出谷底空地作为道路交通使用。

为了使城市建设的布局紧凑，使整体景观轮廓线具有丰富的变化和韵律，就需要使建筑物的布局高低变化有致，重点突出，协调有序。

3.2.3　原有建筑物与新增建筑物之间的协调

例1：在现有建筑物之间狭窄的空地上进行扩建。

A 高度、立面线条、设计风格均有差异的建筑物之间的狭窄空地。

B 空地上增加的新建筑与城市规划的统一要求不合拍，与原有建筑物的设计风格不协调，破坏了原住宅的统一风格。

C 新增建的建筑物力图使自身与其两侧不同性质的原有建筑在立面形态、建筑风格上求得统一。

例2：面对广场的空地上建设。

A 新增加的建筑物，无论是在规模上还是在平面布局上，都没有考虑周围建筑物原有的建筑风格，这种设计方法效果很不好。

B 广场上的新建筑与周围原有的建筑之间，在一定程度上具有统一的建筑风格。在现有建成区内增加新建筑景观标准。新老建筑物之间的比例尺度及层数关系协调。新老建筑物屋顶的形状、屋顶的轮廓及房屋的排列、立面形式要统一。

新老建筑物的立面设计、规模、造型以及所使用的建筑材料和色彩要协调。

3.3 根据城市规划的构思来确定建筑物的立面

3.3.1 视觉原理及建筑空间与细部的观察

临街建筑立面

人为创造的建筑空间及道路两旁建筑的比例、构造、细部做法决定了道路空间的景观效果。一眼看上去，就可以对周围建筑产生鲜明的总体印象，从而形成一种生气勃勃的道路景观。

道路空间的比例以及给人们造成的印象，是由建筑立面前设有的各种遮挡物，即前庭的造型来决定的。由于建筑物本身沿道路向后退缩，景观效果及形象被建筑本身的体量和屋顶的轮廓决定。建筑的细部构造处于道路绿化的遮挡之下，使建筑立面成为人们的第二次视觉形态。

3.3.2 屋顶形状及对景观的影响

屋顶坡度不同对道路景观所产生的影响也就不同。也就是说，屋顶的坡度延长了建筑物的墙面，从而对构成的街道空间产生了影响，或者说，屋顶的轮廓线产生了非常好的景观效果。

道路上的行人，在其视线高度内，对于坡屋顶的房屋要比低矮的房屋更容易察觉到。因此往前看必然对道路空间产生影响。但是对于四层以上的建筑物，就完全看不到屋顶了，从而对道路空间、比例的影响也就完全不存在了。

在居高临下的场合下，屋顶形状所具有的含意。

A 平屋顶所形成的景观，大都给人以不舒服的感觉。

B 利用坡屋盖将屋顶上的一些设施掩蔽起来，其景观看上去能给人以良好的感觉。

C 当从坡屋顶的平房中庭内向天空望上去时，会产生一种视野逐步扩展的舒畅感觉。

道路的线型空间是能把各个场所之间联系起来。因此，道路的设计就要考虑到行车的快速舒适，而且要有安全保证。道路的周围有许多人生活，气氛很活跃。这样的道路除了具有交通的功能之外，还可以发挥其他作用，如道路与广场不仅可以作为人们的交际场所，而且可以作为举办各种社会的、文化的、政治的活动地点。这样一来，其意义就显得越发重要起来。村镇及城市以外的道路，其自然景观包括与地形、河流如何结合，这是非常重要的。居民对于村落中的道路及其各种附属功能、线型及走向都很关心。设计者应充分考虑它们的精神功能。不能有丝毫忽略的。

空间界限曾经比较分明的城市，市外道路与市内道路在城市内外的分界处具有明显的差别。不过，随着交通事业的发展，市内与市外之间的区别就完全消失了。无论城内道路还是城外道路都是按照交通工程学的标准一样对待。这样，曾经结合土地条件，适应地形情况而规划设计建设的道路设计，就被后来的城市设计中道路规划优化方法代替。人们曾经有过的由于线型变化的道路空间感受，也就随之慢慢不存在了。

根据本节所提到的，对于环境形态的严重损害以及导致景观贫乏的处理方法，有待于加以坚决地抵制。并且期望采取有助于协调自然环境与城市景观的道路设计做法来展现，而不是只以交通设计为最终目的。

3.4 景观中的道路与城市家具

3.4.1 考虑自然景观的特殊性

要努力促使城市的道路和建筑景观适应地形高低的变化，综合适应地域的自然环境和微地形地貌，与道路布局要把自然景观的视觉特征、地形地貌结合在一起共同考虑。每当道路出现曲折变化之时，应安排一定的视觉要素（如绿化），使汽车上空间与视点形成变化，视野内形成一个连续的道路空间：建筑物与道路的关系在景观上是比较密切的。行走方向上视野的变化间隔比较短时，一定的建筑物围合形成为汽车的行驶空间，将弯曲道路与直线道路设计成具有严格的几何形状的道路空间。

3.4.2 城市景观与城市家具——Street Furniture

人的行为往往与环境界面息息相关。在城市开放空间中，许多城市设施作为一种空间界面和小尺度的公共家具与小品设施一直在服务于人们，例如长椅、水池等，人们围绕这些装置开展活动，在将其作为一种服务的同时，也同样受到装置的约束与诱导，在这样的场景下实现了人—物界面中物对人的功能效应。

城市家具的定义不限于此，它可以涵盖：地面铺装、城市垃圾回收箱、交通标志、电话亭、座椅（图 3-6）、广告牌等，也可以是人行天桥、地下通道、城市公交站点、照明设备、加油站等，还可以是围绕建筑或城市构筑物的一种衍生体。城市家具以一种多样化的新方式定义城市生活，是城市活动的新节点与新认知，它反映出城市文化与精神，对于提升城市景观活力具有重要作用。

图 3-6 北京世界园艺博览园的交通休息亭

3.4.3 城市家具设计策略

在以建筑为主围合空间的城市空间中，城市家具在调节城市空间氛围的同时，也作为城市生态生活圈的一分子为城市人服务，其展现的姿态与发挥的作用也影响着城市的方方面面。在城市家具设计中，应围绕城市问题与城市需求来进行考量：

①城市家具功能性。城市家具具有极广的应用范围，其几乎涵盖所有的城市实体元素。在城市家具设计中，应以家具本身基础功能为前提进行延展性设计，它可以是单一类功能的改造与提升，也可以是几类功能的组合与融合，其目的都在于为城市空间中的城市活动提供相应服务。

②城市家具文化内涵。城市家具作为城市文化结构中的符号化元素，不仅是集纳城市活动的服务者，还是一个城市、一个地区、一个群体文化的见证。单个城市家具不仅通过材料、形状、色彩等间

接传递其基本功能，还展示着不同民族人们的生活方式、物质精神文化和不同的审美情趣，都体现了不同历史时期的文化风貌，融合了丰富深刻的社会文化特征。

③城市家具经济性与新前景。城市家具的经济性主要体现在材料和工艺的成本上，常用的城市家具材料中，很多材料虽然美观但并不能大量使用于户外空间中。天然大理石虽色彩自然、花纹美观，但造价较高，且耐久性差；陶瓷虽光滑、装饰性强，但其不易成型且加工难度大；铁艺虽然易加工，造型多样，但用量巨大，成本偏高。现有几类城市家具材料仍不具备大面积大批量地应用在生产与建设中，需要进行仔细考量与设计计算，控制成本，减少污染。

④其一，随着时代进步与技术发展，新材料与新加工工艺也逐渐在城市家具领域中出现，如一些可再生资源，如可熔可重塑性的玻璃纤维、有机塑料等，其在城市家具生产与更新中可以达到再利用的效果，避免使用天然石材等不可再生资源。其二，新生产工艺如3D打印等技术可以降低家具生产成本，也为城市家具设计提供了新技术手段与应用可行性，使其更好地适用于各类城市场景中，此前无法实现的城市家具新形式也可以借此发挥新功能特性，拓展了城市家具的应用范围与功能。其三，可实现城市家具与城市动态数据（人流量数据、城市微气候数据等）的交互，为城市家具植入智能化的数据接口，与城市环境产生对话与互动，使功能效用最大化，在智能城市建设与运行中扮演重要角色。

3.5　亚洲的城市与城市景观

据《联合国人居议程》报告的数据分析：到2008年时，预计世界一半以上的人将住在城市地域中，到2030年，超过3/4的人将住在城市里。因此，城市的规模将变得越来越大。

在当代城市规划探讨的核心问题中，规模是很重要的一个方面。作为亚洲太平洋沿岸地区城市状况在规模和性质上爆炸性地增长，是一个显而易见的现实状况，同意将规模作为定义"城市"和"都市规划"的一种决定性要素，经历了概念上的根本改变。对亚洲城市进行设计时已逐渐受限于巨大的城市群，这是一种新的城市形态类型的基础。这样就造成了对中心与边缘、内部与外部、城市与乡村等一些基础概念的重新思考。人们对于什么是"城市"、什么不是"城市"本质的理解产生了怀疑。这些转型的结果不但影响了城市规划机制以及城市项目的成果，而且创造出一系列条件使大规模设计得到采纳并受到欢迎的现象。与之相比，美国的城市设计似乎愈来愈多地在考虑一些不重要的小问题。对于理智的城市设计和宜居的城市形态来说，以蔓延、纯粹增长和城市开发为表现形式的大规模设计是一个复杂的系统问题。西方城市将注意力放在形成小地区和"以社区为导向的"开发上，而亚洲的城市化看样子是走了另外一条路——其中很多方面早已为西方设计所否定。亚洲许多地区的城市状况是，城市群已经远远扩张到超过政府能够提供基础设施的范围。与此同时，一连串巨型建设项目吸纳了数十万平方米的商业空间，建造了供上百万人居住的住房，这种规模让人回想起勒·柯布西埃的"光辉城市"。大规模同时体现在城市群的规模以及建筑项目的规模上，这已经显而易见成为当前亚洲城市化实验的一部分。

我们在美国所理解的规划与设计的基础，似乎与新兴的亚洲太平洋沿岸地区城市的实际状况不一致。在西方形成的习惯传统与这些新情况毫无关系，在这一点上这两片领域之间存在越来越大的鸿沟。

造成这种现象的原因数不胜数，但是，纯粹的规模以及这些城市群发生变化的速度，似乎在日益推动着规划和城市设计过程中可能遇到的情况的根本性改变。这样，在接下来 50 年的时间里世界上绝大多数的城市经历将会与那些亚洲大都市的生活状况类似，这样就有理由马上去关注造成这种趋势的简单原因。

3.5.1　新的城市形态

接下来 25 年的时间里我们将目睹亚洲太平洋沿岸地区的城市状况，这在人类历史上未曾出现类似的先例。新的城市形态正在曼谷、北京、上海、广州、深圳、孟买、加尔各答、达卡、雅加达、卡拉奇、马尼拉、大阪、首尔、天津和东京这样的城市当中浮现。这些不断变化的城市中心一度被认为是遥远的、异国的地方，现在则隐约地向我们展现人类未来城市中心街区和居住环境（图 3-7）。有趣的是，过去，这些情况绝大部分处于欧洲与美国城市研究专家的"雷达"范围外。库哈斯记述了一个不同的地方，认为这个大城市"推翻了以往的建筑史"，形成了自己的城市规划——"一个有着自己的公理、规律、方法、突破点和成就的建筑学，很大程度上游离于正统的建筑学和批判观之外"。亚洲太平洋沿岸的城市状况也能同样推翻过去的建筑史吗？危险的是城市发展这个概念——它是什么？怎么运行？能够维持的都市风格的类型有哪些？

亚洲正迅速成为一个城市大陆，未来将会是一个拥挤的大陆：至 2020 年，半数亚洲人将居住在城市里。人口的迅猛增长和对环境有限容量意识的逐渐加深，在管理和设计亚洲城市方面已经导致出现了新的思维。每当自由贸易协会、投资区位决策的全球化，以及新的信息化产业对城市开发前景产生巨大影响时，亚洲城市就会快速发展。

图 3-7　韩国首尔江南区高密度街道

正如迪安·福布斯（Dean Forbes）的研究工作中所注意到的一样，全球经济对亚洲太平洋沿岸地区城市状况造成的巨大影响导致了新城市形态加速形成。在整个亚洲太平洋沿岸地区，这些巨大变化彻底改变了传统的城乡二元结构，曼谷就是一个明显的例子。这座拥有 1200 万人口的城市是东南亚最大的首都城市之一，约有 20% 的泰国人居住于此（图 3-8）。它同时也是一个存在很多问题的城市，如令人苦恼的日益恶化的交通堵塞、城市贫困、恶劣的空气质量、有限的公共环卫设施、不充足的垃圾站、欠缺的绿色空间和一再复发的洪水。曼谷在扩张以前（而且会继续）很不均衡。虽然离市中心 40 千米的地方还有居住区和工业区，但离市中心很近的地方又存在闲置用地。这主要缘于混杂零乱的城市道路系统还无法完全到达城市景观范围内的某些地区。的确，干道系统在很大程度上决定了城市的形态。私有土地产权制度及混杂的道路导致蛙跳式的开发活动，这也是开发项目对无序道路组织的回应。城市向北部与东部不断扩展是因为这两个方向的道路系统可达性更佳。

图 3-8　泰国曼谷高密度街道

　　另外，全球经济对亚洲城市的影响还引起"世界城市"服务的产生，这导致生产功能分散化，同时还有城市中节点的集中。例如，在曼谷地毯式的不均衡发展的同时，也有数不胜数的城市开发集中化的案例。最好的例子是通城新都（Muang Thong Thani），那是一个在曼谷边缘如雨后春笋般发展起来的新城，计划在 750 公顷土地上容纳 100 万人居住。项目施工超过四年，最引人注目的是在一座人工湖畔建设一排 24 栋 30 层高的公寓楼。这些高楼矗立在一片红色、绿色和蓝色瓦屋顶的海洋中，像一些巨大的山峰蜿蜒于曼谷平坦的冲积平原上。这些混凝土筑造的高楼相互间隔一定的距离，并排在一条长 2 千米、名为邦德街（Bond Street）的道路上。高楼坐落于延伸至整个街道的裙房上，裙房 6 层高，用于购物与停车。高楼内部有 3500 套公寓，大部分公寓至今仍空置——亚洲金融危机恶果的惨痛纪念品。

　　曼谷并非是唯一能够招标承揽巨型项目的城市。在吉隆坡，大型建筑项目同样使城市在某些时候得到国际关注。诸如多媒体超级走廊（Multimedia Super Corridor）、布城（Putrajaya）、赛城（Cyberjaya）、国油双峰塔（Petronas Twin Towers，世界最高建筑物）、在环境方面备受争议的巴贡水坝（Bakun Dam）、吉打州海滨治理（Kedah Reclamation）、北部国际机场、苏门答腊大桥和新柔佛（New Johor）州到新加坡的大桥这些项目，这些都是马来西亚通过建筑形式表现自己的典型代表，而且是马来西亚政府有意识地借助大型建筑项目兴建以确保竞争优势的直接结果。尽管现在评价这些大型项目的成就还为时尚早，但在当代城市中它们对城市规划与设计的影响可能造成许多令人感兴趣和令人头疼的事情发生。

　　除规模问题以外，密度也将是决定今后亚洲新城市形态的特征之一。通城新都同样有高密度居住地区，它由 27 个街区中 15 层楼高的经济房组成，总共 27000 套。这些套型的设计有些只有 40 平方米，表现出严格的经济理性主义。D. 苏吉克（Dejan Sudjik）在他本人关于这些房屋的描述当中这样写道："通过这些双重荷载的（Double-Loaded）走廊……在夜间就像在穿越一艘横跨大西洋的移民船的拥挤不堪的底层甲板一样。"

无论在泰国的其他哪个地方，人们都不会居住得如此拥挤。尽管对居住在通城新都的人口统计数字各不相同，有人估计约有 75000 人。若此数字统计准确无误的话，那么这一城区的密度则是每公顷 700 人，即使按照亚洲居住标准来衡量，这也属于高密度居住区。这种高密度由以下原因造成：异常活跃的街道生活；大量位于公寓底层的零售与服务业商铺。街道成为喧闹繁忙的活动场所，同中国香港的情况一样，人们在公寓面积小的地方积极开展街道生活，以逃避会引起幽闭恐惧症的住房条件。

曼谷城市的通城新都的设计产生了一个尖锐问题——传统城市模式与亚洲大都市中新出现的情况之间的关系。在亚洲，没有一个地方的当代城市外形是由传统的城市形成方式决定的。纵览亚洲的城市景观，新的城市要素类型正在创造新的情境，无论是外形还是规模上均与传统的乡村结构截然不同。有趣的是这些城市环境的发展速度，以及城市居民以往被迫做出的相应调整。不到一代人的时间，村民们已经搬迁到全新的住所中，随之一大堆问题浮出水面。如今居住在亚洲大都市里的大部分城市居民，在那里的居住时间都不超过 20 年，人们很想知道这样会对居民产生什么样的心理与社会影响。

通城新都的高密度居住环境并非独一无二。在亚洲太平洋沿岸地区不少新兴的城市中，人们的居住密度超出西方人的合理想象。这种城市环境不仅造成地理上的广阔区域，在人口上的增长也极为可观。中国香港就是一个众所周知的例子。中国香港有 1000 多平方公里，其中城市化的部分是 200 平方公里。统计人口为 710 万（2000 年），相当于城市化区域中每公顷 355 人（与其他城市相比：东京，每公顷 24 人；上海，每公顷 126 人；纽约，每公顷 6 人；伦敦，每公顷 10 人）。

密度已经成为许多太平洋沿岸城市的决定因素，而且是造成这些城市文化独特性的主要原因。在西方城市史中，探索构思城市的新方法过程中密度是反复出现的主题。亨利·勒斐弗区分了居住在高密度城市状态中的城市居民与居住在低密度城市状态中的郊区住户，并写道：今天的城市居民和日常生活的关系不同于那些忍受"不情愿的"郊区居民。城市居民从所遇到的机遇中获益，并体验了各种消遣娱乐以构成其日常生活的一部分。

勒斐弗认为生活的戏剧性之所以在城市地区内部延伸，只是因为许多人能在近距离间形成相互关系。想到香港、上海或东京，一个人会想知道些地方，他能够拥有什么。因为在这些地方，人们"住得很近"（回想一下阿伦特，Arendt），我们开始理解在城市内部形成特殊文化时密度所暗含的含义。这种密度的文化得益于沟通活动、偶然机会、发挥积极主动性并将期望付诸行动，得益于安全性的外在表现与偶发的暴力威胁之间的矛盾。在这种环境中，我们见证了一种极为包容与接近的城市模型。尽管现在我们还无法对城市环境的未来得出结论，不过显然城市正在发生巨大的变化，这将对城市规划方式、对城市项目的设计与结果产生巨大的影响。显而易见，城市甚至比过去还要大。

3.5.2 城市膨胀

20 世纪下半叶见证了城市环境逐渐成为我们人类首要的栖息地。此前我们从未见到过世界上大部分人在城市中生活，而这一次正迅速向这一趋势靠拢。不仅城市化速度将加快，而且城市人口日渐集中在如今所谓的发展中世界里。根据某些分析，到 2030 年发达国家与发展中国家的城市人口相对比率将各为 20% 和 80%。这将对规划与设计行业造成巨大影响，而且会迫使我们首次承认，我们所理解的

"城市"将不仅在发达国家里定义，而且正在亚洲与拉丁美洲被界定。在这种情况下，新兴都市风格的发展不仅会影响那里的城市状况，还会从根本上影响我们思考城市的方式。

亚洲的城市化要归因于最近的经济繁荣与产业增长。目前，这片大陆是世界上 9 座人口超过千万的大都市所在地，世界上共有 17 座人口逾千万的城市，亚洲发展银行的专家预测还会出现更多这样的庞然大物：到 2015 年亚洲会拥有世界上 27 座大都市中的 17 座，其中，"东方明珠"香港就是典型的超大城市。继亚洲的 9 座大都市（北京、孟买、加尔各答、雅加达、大阪、首尔、上海、天津和东京）之后，很快将有 4 座或更多城市成为此队伍中的成员，其中包括曼谷、达卡、卡拉奇和马尼拉。亚洲城市在过去 1/4 个世纪当中经历了人口爆炸。1965 年亚洲的城市人口是 4.3 亿，而有 15 亿人生活在农村。现在城市人口约 12 亿，到 2025 年城市人口预计将有 25 亿。到那时亚洲将有一半人口居住在城市里。亚洲显示出的人口统计的趋势，同样也发生在发展中国家的其他地区，这对城市学者而言意义重大。在未来短短几十年内，城市生活将成为世界上大多数人的首要生活体验。届时都市风格对我们所有人而言将变得寻常，成为一种共同观念。这是否意味着城市的终极胜利？城市生活的正当性是否已经超越了声誉的好坏？还是我们正在目睹一场世界上最重大的环境与社会灾难？

以上问题需要在亚洲的大都市中寻找答案。这些巨大的集合城市的出现在多数情况下是其所在国高于平均水平的商品与服务输出优势的集中体现；是科学、艺术与文化创新的核心；为人们提供了最好的机遇，使他们能够找到收入更高的工作、享受教育和社会服务。虽说如此，许多城市也在受以下问题的困扰，如地方性水资源匮乏、土地使用冲突、城市基础设施建设不足、环境污染、交通堵塞，还有贫民窟和犯罪的疯狂肆虐，以及其他形式的社会疏离等。随着贸易全球化和亚洲经济工业化的进一步发展，大多数地区的大都市将以空前的速度持续增长，并且在本国的发展中扮演关键角色。但是，关键在于它们各自的政府在处理这些社会与环境问题方面的能力如何。若此类问题不能有效解决，那么亚洲大都市会预示出我们前所未见的城市梦魇。

3.5.3 新的增长模式

大都市趋向于沿着从旧城市核心发散出来的主要高速路和铁路蔓延，在各个方面呈蛙跳式发展趋势，在那些迄今为止还是农田和乡村的地带建设新的城镇和工业区。在这些地方形成了高密度和混合型使用土地的区域，传统农业与现代工厂、商业活动和郊区开发并列进行。为了描述这种阿米巴式的空间形态，扩展的大都市地区或"城乡融合区"（Desakota，源自印尼语对乡村地带的称呼）的概念被创造出来。这些城乡融合区似乎与我们所熟悉的以城市为基础的城市化直接对立，在那种城市化当中，由城区核心向外辐射出密度逐渐降低的圈层。而分析这种新的城市现象时，无法采用那些古代城镇或古老的工业大都市发展起来的观念。

在这种城市状态下出现的最明显的城市形态是巨大城市区域或是扩展的大都市区（EMRs）。特里·麦吉（Terry McGee）和其他人一样，报告了发生在亚洲太平洋沿岸不同地方的这种现象。EMRs 发展是一种郊区化，从历史性的城市核心向外扩张 50～100 千米。这些区域通常会涵盖跨越好几个国家的毗邻地域。

其中一个例子是印度尼西亚—马来西亚—泰国增长三角（IMT-GT），在那里经济合作协定跨越了边界与地区。IMT-GT 包括发展共同边界上的城镇，一条连接马来西亚的玻璃市州和泰国南部的沙敦的道路，兴建北苏门答腊的工业区。希隆车站景观揭示了曼谷的高架铁路位于公路之上，使拥挤的街道陷入黑暗之中。以及发展从泰国的宋卡市 / 合艾市，经由马来西亚的槟榔屿，到印度尼西亚的乌拉湾省和棉兰市的 IMT–GT 大走廊。这些经济协定的基础包括简化了的边境通道，采用先进的信息技术以及工业基础支持设施。这个项目的目标是促进跨界生产网络。或许另外一个众所周知的实例就是新加坡—柔佛—廖内群岛增长三角，它始于马来西亚，包括新加坡，终于印度尼西亚的廖内群岛。随着城市与区域发展的加强，城市组织接合起来形成了规模空前的城市区域。它们的故事启发了对城市未来的思考。

3.5.4 类型不同，还是程度不同？

彼得·罗（Peter Rowe）在记述香港的城市环境时曾经注意到，当一个或多个影响其性质的参数改变了的时候，城市现象就会发生变化。而且，其后果通常在类型上存在差异，而不仅仅是定义特征的程度上的差异。将彼得·罗的观点用于本章，那么大都市是一种不同的城市状况类型，还是在同一城市状况统一体中某种程度上的资格证明？是否当城市大到某一个程度时，它就会彻底变异成别的东西？如果这是可能的，那么我们用来形容城市状况的描述是仍然有效，还是在某些时刻它们需要完全重新定义才能维持其有效性？我们谈到"城市"的时候，它在达卡或曼谷同在纽约或芝加哥是指同样的东西吗？

很显然，根据亚洲大都市的出现形式，各种定义都需要重新界定。随着过去 20 年的时间里亚洲太平洋沿岸地区的城市化进程，历史上的城乡二元结构已经被重置。城乡融合区城市化的性质模糊了城乡界限，这需要重新定义"城市"和"乡村"的概念。扩展的核心向外鲸吞蚕食、消耗农业腹地的传统模式，已经让位于城市碎片与农村碎片相互拼贴的模式。这种拼贴产物是不均衡的，基本是由交通基础设施建设的不平衡所驱动。划分城市与乡村的清晰界限已荡然无存，取而代之的是一条宽阔的模糊地带，表示从一边转变到另外一边——既非全然是城市也非全然是乡村，新城市主义反映了北美的特殊问题：蔓延、历史遗产的消失和汽车文化。紧凑城市和城市村庄表现出可以满足新发展的需要，它们反映了英国和欧洲的城市传统，在亚洲新城市主义面对的事实是，城市居民急于扩大他们现有的居住空间，急于对城市发展表达意见，急于改善空气和水的质量，急于拥有汽车。……在许多第三世界紧凑型和混合使用已经很普遍，但是人们需要最基本的基础设施供应，需要居住保障，而不是某种崭新的东西。已无法明确地说出从哪一点开始就不再是城市而成为乡村。其结果是城市的景观逐渐成为一种新的景观。

不知道城市在哪里终结，这种城市界限的缺失使人们更想知道界限在哪里。这也使保罗·维利里奥（Paul Virilio）感到困惑：当城市与城墙的传统观念消失后，哪里是市郊边缘的起点？文明空间与自然空间之间的差异已经逐渐淡化。这样就造成了一种感知危机、已知差异的缺失和一种预计会对我们实际上在描述的东西造成的混淆。问题在于我们理解设计和规划操作的方式仍然执着于差异和分界线这样的想法，而它们源于历史发展和已知的模型。城市设计的历史建立的基础是对已知形态学历史进展的了解——从乡村到城镇，到城市，再到大都市。

已知差异的缺失同时造成了两种后果。一方面它导致出现了大量对新城市状况的否定评价，另一方面它导致设计与规划行业的信任危机——某种行业风险的危机。新城市状况的特征是形状不定、边界发散，它否定了内部与外部、城市与自然、文明与野蛮之间的差别。其结果是出现了尚未分化的混合物、经典城市切割成碎片后再以新的方式组织起来的拼贴物，通常无明显的秩序，理解城市的传统方式也不适用于理解这一新事物。我们的观念也已经发生了转变，将都市视为朝各个方向扩展的旷野，而不是将传统的城市视为旷野内的一个物体。这种新景观当然不是统一的。在某些地方它的伸展比较薄弱，在其他地方可能折叠、扭曲并对折。它既包含不寻常的事物与空间，也包含普通的事物与空间。它有能力同时包含普通与不寻常，双方之间是均等的，任何一方不会优先于另一方。普通空间与事物和不寻常的空间与事物之间的关系并不是确定的，而是任意联合，它也不是由我们所熟知的源自城市传统思想的那套逻辑所驱动。城市场包容了一切，如果曾经有所不同，那么现在只剩下相同。在这样的城市场内我们无法分辨方向，无法从任何事物那里了解到我们在哪里，无法得知我们是在核心、中部还是接近边缘。我们被城市包围，我们在城市秩序中了解自身位置的方法似乎在眼前摇晃。大都市的城市场造就了最为普通的城市规划，没有秩序、等级、定义或方向性。

城市场的普通城市规划并不在意均衡原则或黄金比。它拒绝承认秩序化的可能性，反倒在意形态。在城市场内，场所与事物并不相互关联。新的城市状况反而在某种自由、动态的关系网络中运作——这似乎有些随意。规划作为一种理性的整顿实践，在此毫无用武之地。对城市场的战略干预将是除此之外唯一的行动方案，前提是对城市场进行干涉后其本身会发生变化，它修改自己，让某些部分变平而某些部分增厚。这就是当城市设计在这些新空间形态中运作的未来文脉。

3.5.5 对城市规划思考的启示

我们还不清楚这些新兴的城市场对从概念上理解城市意味着什么。不过，很明显，这迫使我们必须彻底改观某些作为规划与城市设计基础的定义。最关键的是，新兴的城市场迫使我们去议定新的理解城市主义及其潜能的方法。很明显的是，我们必须重新思考行动的战略干预，并理解要在城市场中运作我们必须认清新的现实，不要试图去指挥和控制，而是要放眼于新都市风格的潜力。我们必须承认若想指挥城市场是不可能的，要承认我们的干预除了影响场的层次之外，不起任何作用，我们无法控制它的基本性质。

在述及洛杉矶时，雷纳·班纳姆注意到规划师和设计师几乎与城市发展的形成不相关。班纳姆称赞洛杉矶是当代城市规划的胜利，并质疑，如果规划师和设计师能够对城市设计施加更多的权威影响，这座城市是否还会按照以前的方式发展。虽然我们可能也会怀疑班纳姆关于洛杉矶的描述，不过他的主要观点是新城市形态正在行业权限范围外发展，认为这是一种先天消极的现象，因为它一直持一种幼稚且具优越感的态度。库哈斯还认为这种非传统的城市状况很有可能会在业内开辟一片新天地，他写道：普通城市上演了规划的最终死亡。为什么？并非因为它未经规划……（而是）规划未产生任何不同。班纳姆和库哈斯都谈到了一系列塑造城市发展的复杂因素不仅超越了行业权威所控制的范围，而且无法预测，因此对规划和设计行业来讲是个大麻烦。与那些倡导好的设计方案能克服由不太好的设计方案所产生的弊病，或更精确地说，因明显缺乏设计而产生的"弊病"的想法进行彻底比较，亚洲大都市作为城市未来前奏公然抵制控制。如果作为专家对城市未来设计还有希望，我们就必须放弃职业偏见和偏执。我们必须反对自身职业信念和观念中的冥顽不化和缺乏理智。我们无法控制城市，我们也不要再欺骗自己说我们可以控制。如果我们确实接纳了城市文化观念——都市风格——我们必须意识到它是无法预测的，而且有时还会呈现出它丑陋的一面。邻居可能很好也可能不好，这取决于你是谁。城市和都市文化可以是包容的或排外的,可以是开放的或带偏见的。这是城市一向表现出来的一个方面。规划的历史一直是消除不好的方面,发扬好的方面。而亚洲的大都市却让这种追求显得徒劳。彼得·霍尔(Peter Hall)在《城市与文明》(*Cities and Civilization*)一书的结论当中写道,最大的城市从来都不是"现世的乌托邦",而是:"……压力和冲突发生的地方,有时确实是悲惨的……地方,在那里人们的身体分泌的肾上腺素会升高,人们走过的街道会令人心跳;那是肮脏的地方,有时还十分污秽,但仍然是非常值得居住的地方……"这首先将成为我们的动力——使其成为非常值得居住的地方。这就需要以新的方式在今后新出现的城市形态当中理解和工作。在大都市的边缘,不需要和现存结构有内在联系,就会产生新的区块,它只同高速公路、铁路和机场相关。在这里,现代城市的区块继续向外扩展,跳过不易到达的地区。在大都市边缘的模糊混合地带,城市与自然景观相互叠合,那里需要以长远的眼光将城市场中的稠密与稀薄协调起来。在这个城市与自然交界的地带,有希望形成一种新的城市生活和城市形态的综合体。这就是亚洲太平洋沿岸地区新兴的城市状态和城市规划未来的背景。

第4章 绿色策略下的城市设计

4.1 可持续发展思想的由来

20世纪是人类创造空前繁荣的物质文明的时代，同时也是人类对地球生态环境和自然资源产生严重破坏的时期。城市、建筑与环境之间的矛盾日益严峻和尖锐，自然环境的持续恶化和不可再生资源的迅速枯竭，都已成为人类能否延续和生存下去的紧迫问题，也给城市自身的发展带来前所未有的压力和阻碍。

从城市发展的内在规律和特征来看，城市以其特有的集聚效应逐步成为人类文明进步和社会、经济、生活的重要舞台，在人类社会发展进程中起着重要作用。城市的发展从没像今天这样对人类的生存环境和日常生活形成如此深刻的影响。与此同时，城市也汇集了大量社会冲突和技术矛盾。工业革命以后，尤其是20世纪70年代以来，人口爆炸、资源短缺、环境恶化和生态失衡已到了十分严峻的程度，生态环境和城镇建筑环境问题日益成为全球性的危机，开始并逐步为世界各国和各界人士所关注。

1962年，美国海洋学家卡逊（R.Carson）发表了论著《寂静的春天》，这是为数不多的改变世界历史的著作，引起了巨大反响，被认为是人类进入生态时代的标志。20世纪70年代初，罗马俱乐部发表了著名的研究报告《增长的极限》，该报告指出由于地球资源的有限性，现在已是"人类最后的机会"，在一定程度上改变了人们对有限自然资源极其滥用，对环境所产生影响的思维方式。此后，全球性环境污染问题开始从自然领域转移到政治舞台，一系列高层次的国际会议纷纷围绕这一主题而召开，并陆续形成一批国际性的行动纲领和文件。

1972年，联合国在斯德哥尔摩发表了《联合国人类环境会议宣言》，这是历史上第一个保护环境的全球性纲领。该宣言指出，"人是环境的产物，同时又有改变环境的巨大能力……发展中国家的环境问题主要是发展不足造成的，发达国家的环境问题主要是由于工业化和技术发展而产生的……为当代人和子孙后代保护和改善人类环境，已成为人类一个紧迫的目标"。

1980年，世界自然保护国际联盟首次提出"可持续发展"这一概念，此后逐渐被各国政府和国际组织接受。1983年，挪威首相格罗·哈莱姆·布伦特兰（Gro Harlem Brundtland）女士应联合国秘书长之邀，成立了由多国科学家、官员组成的委员会。该委员会对全球发展与环境问题进行了长达三年的全面、广泛的研究，并于1987年出版了《我们共同的未来》，报告明确提出"可持续发展"的概念——"在满足当代需求的同时，不影响后代进行发展以满足自身需求的能力"，强调环境质量和环境投入在提高人们实际收入和改善生活质量中的重要作用，并成为世界普遍接受的原则。

1992 年，在里约热内卢召开由世界各国首脑参加的环境和发展大会，会议通过了著名的《里约环境与发展宣言》和《21 世纪议程》两个纲领性文件以及《关于森林问题的原则声明》，签署了《联合国气候变化框架公约》和《生物多样性公约》，为可持续发展提供了具体的行动指南。议程中有关可持续发展的建议约 2/3 将要在城市和区域中心实施，更加凸显了城市与建筑在可持续发展战略中的重要地位。随后，相继召开了五届国际生态城市会议，就生态城市的设计原理、方法、技术和政策进行了深入探讨，推动了生态城市和可持续发展理念在全球范围内的规划建设实践。

1996 年，在巴塞罗那召开的第 19 次国际建筑师协会大会的主题是"现在与未来——城市中的建筑学"。1997 年 12 月在日本京都召开了《联合国气候变化框架公约》参加国三次会议，制定了控制气候变化和减少碳排放的全球战略《京都议定书》，以缓减温室效应的加剧。1999 年，在北京召开第 20 次国际建筑师协会大会，以《北京宪章》的形式全面阐明了与 21 世纪的城市和建筑相关的社会、经济和环境协调发展的若干重大原则和关键问题。正如国际建筑师协会主席萨拉·托佩尔森所言："21 世纪的建筑师有两个任务：一个是满足社会的需求，保证人类的居住和生活；另一个就是保护全球环境，推广可持续发展的建筑模式，改善全人类的整体居住质量。"

4.1.1　中国可持续发展的基本国情

当代中国由于在人口、资源、经济、文化教育和医疗卫生等方面存在诸多问题，实现可持续发展的目标面临着巨大的困难和压力，任重而道远。有关统计数据表明，自 20 世纪 80 年代以来，中国经济每年以 9% 的增幅高速增长，综合实力迅速加强，但无法否认的是，作为最大的发展中国家，中国现阶段的发展仍是一种粗放型模式，经济的快速增长在很大程度上是建立在对资源、能源的高消耗的基础上。再加上在生态环境方面的先天不足，中国综合平均发展成本比世界平均水平要高出近 25%，与世界发达国家美国、日本及欧盟等差距更为明显。这种传统的发展模式"造成了自然生态恶化，环境污染触目惊心"。曲格平先生在 2004 年上海国际科普论坛上提到："根据专家们分析预计，我国要实现 2020 年 GDP（国内生产总值）翻两番的经济目标，又要保持现有的环境质量，资源生产率必须提高 4～5 倍，如果想进一步明显改善环境质量，资源和生产效率必须提高 8～10 倍，这种设想是不太现实的。"

2002 年年底，中国城镇化水平已达到 39.1%，城镇人口为 5.02 亿，并且随着经济的进一步发展和人们物质生活水平的不断提高，城市和建筑发展对土地和能源的需求将越来越大，而且能源的消耗几乎达到国民总能耗的一半以上，中国人多地少、能源匮乏的局面将面临前所未有的挑战。

上述迹象表明，传统的发展模式已经走到了尽头，我们必须坚定不移地实施可持续发展战略，走循环经济发展道路。在具体操作中，1994 年 3 月，中国政府宣布实施可持续发展的基本发展战略，制定了《中国 21 世纪议程——中国 21 世纪人口、环境与发展白皮书》的纲领性文件并结合国情指出了有关城市建设和建筑业发展的基本原则和政策。后来中国共产党和中国政府提出了"科学发展观"和"节约型社会"等提法，这是一个肩负近 14 亿人口重担且资源相对贫乏的大国做出的富有责任和担当的承诺，我们有理由憧憬一个更加光明的未来。

4.1.2　城市设计与建筑学科可持续发展的使命

城市和建筑是人类与自然界相互作用的产物，是人类与自然环境的物质、能量交换及处理过程的重要环节。有关数据统计显示，全球能量的 50% 左右都消耗于建筑的建造和使用过程，而在环境的总体污染中，与建筑有关的空气污染、光污染、电磁污染等就占 34%。以建筑能耗为例，建筑的采暖、空调、照明和其他家用电器等设施耗费的能源约占全球能源的 1/3。这些能源主要来自地球进化了亿万年才形成的矿物能源，按此发展下去，将在未来几代人中间被消耗殆尽。同时，世界各国建筑能源中所排放的二氧化碳约占全球排放总量的 1/3，其中住宅单体占 2/3，公共建筑占 1/3。由此可见，工业社会那些所谓的"良好的生活方式"加剧了全球的环境污染。迄今，在所有已知的生态系统中，城市化进程对其主体自然环境具有的破坏性最大。从世界范围来看，对消费取向的城市生活的肆意追求，以及由大规模工业化生产所提供和需求的消费品，正日益威胁到人类赖以生存的环境，并导致其毁灭。

就目前而言，城市可持续发展主要面临以下两大挑战。

其一是人、城市与自然环境的矛盾。机械化、标准化的批量生产，在利用丁字尺、三角板将大片有机、多样、复杂的自然环境变成整齐、划一、简单、均质的欧几里得空间的同时，也对其内在的生态环节、生态规律造成破坏。建筑和城市以一种控制自然的机器形象出现，难以融入环境，相反会造成自然环境的破坏，致使"城市固有风土和历史传统被抹杀，任何城市，都被现代建筑群所包围，失去个性，失去国籍，形成冷漠的无机的城市"。城市社区的健康与抗击通过空气介质来传播的疾病，如 2003 年的 SARS 疾病以及 2019 年到 2020 年春季在中国湖北，后期在欧洲、美国、伊朗等世界 100 多个国家和地区传播的新型冠状肺炎（COVID-2019），引发建筑师、规划师和社会各界人士广泛深刻的思考。城市设计如何和城市空间与街区、社区健康可持续发展，科学管理都非常重要。

面对今天快速城市化背景、错综复杂的困惑与矛盾以及"乱花渐欲迷人眼"的理论思潮，城市规划设计如何去芜存菁，从根本上解决城市化进程中人与自然的和谐共处、城市发展与资源耗竭的矛盾，如何将人类建成环境问题与生态学、环境学相结合，实现城市环境的可持续发展，长期以来一直是人们所关注和研究的重点，并已经取得丰硕的成果。

4.2 绿色城市设计与绿色生态策略

传统的城市设计较多地考虑物质形体或以具体项目为特征的局部城市建设发展问题，缺乏对城市各因子之间的整体性研究和系统性分析。常规的城市设计生态策略也考虑自然生态问题，但大都从生态敏感性和土地适宜性入手制定生态策略纲要，无法解决当前面临的能源和资源紧缺问题。面对全球气候变暖，迫切需要一场观念和思想的转变。学者霍夫（M.Hough）曾经说过"气候影响自然范围和人为活动更胜于自然系统，广泛地影响水文、植物、野生动物和农业，那是形成地方性和区域性场所的基本力量，也是这些场所之间差异性的原因。同时人们居住聚落因适应特殊需要和地方条件而改变其微气候。为了舒适或某些存活情况，必须依靠建筑技巧和创造场所适应该气候环境。……由于过去 20 世纪末几十年间，节能和能源市场需求的迫切，因此注重以合理的环境方法处理都市气候，而不是完全依赖科技系统"。

绿色生态策略下城市设计基于"整体优先，生态优先"的理念，是在对传统城市设计方法总结与反思的基础上发展起来的整体设计方法，它除了运用以前城市设计的一些行之有效的方法外，还综合运用各种可能的生物气候调节手段，"用防结合"，处理好积极因素的利用和消极因素的控制两个方面，在整体上优化城市空间品质，改善城市生态环境。基于自然梯度原理和生物的适应性与补偿性原则，本书将针对不同规模层次和不同气候条件的城市设计生态策略展开研究（图 4-1），但更注重设计对象在城市生态整体相关性方面的属性呈现，尤其是生物气候要素、自然要素和人工要素在城市设计中的整合与应用。

4.2.1 不同层级的城市设计生态策略

1. 区域—城市级的城市设计生态策略

区域—城市级的城市设计的工作对象主要是城市建成区环境及其与周边城乡的关系，其关注的主要问题是地区政策及新居民点的设计，前者包括土地使用、绿地布局、公共设施以及交通和公用事业系统；后者包含了一些新城、城市公园和成片的居住社区。在该尺度的基于生物气候条件的绿色城市设计时，我们首先应从"整体优先"的生态学观点出发，从城市总体生态格局入手在本质上去理解城市的自然过程，综合城市自然环境和社会方面的各种因素，协调好城市内部结构与外部环境的关系。

（1）城市总体生态格局的主要内容。城市总体生态格局主要是指城市内部各实体空间的分布状态及其关系，如结构形态、开放空间、交通模式、基础设施以及城市社区等的布局和安排，它将从总体上、根本上决定一个城市的先天生态条件。这是因为，假如在较大的范围内，利用没有起促进作用的措施去稳定分散的、局部的环境改善所取得的成果，这些分散的措施将无法创造出永久和持续的价值。

①城市总体山水格局的建构。对于大多数城市而言，它们只是区域山水基质上的一个斑块。"城市之于区域自然山水格局，犹如果实之于生命之树。在城市扩展过程中维护区域自然山水格局和大地机体的连续性和完整性，是维护城市生态安全的一大关键。……破坏山水格局的连续性，就如切断自然过程，包括风、水、物种、营养等的流动，必然会使城市这一大地之胎发育不良，以致失去生命。"历史上许多文明的消失也大抵归因于此。

城市建设应努力使人工系统与自然系统协调和谐，合理利用特定的自然因素，既使城市满足自身的功能要求，又使原来的自然景观更具特色和个性，进而形成科学合理、健康和富有艺术特色的城市总体格局。城市的基本特点来自场地的性质，只有当它的内在性质被认识到或加强时，才能成为一个杰出的城市。建筑物、空间和场所与其场地一致时，就能增加当地的特色（I. 麦克哈格，1969 年）。这就要求处理好城市与自然环境的关系，充分考虑地形地貌、水文植被和气候等自然要素以及相关具有城市化特征的人工要素的相互作用机理，在更高层次上将人、自然环境，人工环境等纳入一个整体系统中加以全面整合。

自然环境是城市形态塑造的基本源泉，自然环境的独特性决定了城市形态的独特性。基于生物气候条件的绿色策略下城市设计首先要保留和增强自然环境的特征。如古城南京的建构充分利用原有的江河湖泊、山冈丘陵、花草树木等自然要素，尽力保留地区原始的景观风貌，从而具有丰富的山水形态特征。从宏观上来看，"群山拱翼，诸水环绕；依山为城，固江为池"；从微观上来看，又有"低山丘陵楔入市区，有秦淮河流贯东西，有玄武湖镶嵌其间"。真可谓"内据青山绿水为城得其秀丽，外有名山大江环抱得其气势"，山、水、城在此有机地融为一体，形成一幅人工与自然交相辉映的壮丽景观。在具体设计时，可充分利用长江、秦淮河、玄武湖、小桃园等丰富的水系，周边植被，良好的林地、农田以及分散于城区的丘陵、绿地来取得良好的局地微气候条件（图 4-1）。

图 4-1 南京南城墙小桃园

图 4-2 南京小桃园——城墙绿道

美国建筑师格里芬（Griffin）为堪培拉所做的规划方案，在积极引入和强化自然环境的景观作用方面进行了成功的实践。规划充分利用地形，将城市东、南、西三面森林密布的山脉作为城市的背景，将市区内的山丘作为主体建筑的基地或城市对景的焦点，并使城市的三条主要轴线与山水结构一致，既尊重与保护了自然生态环境，又创造了与之有统一性的城市景观，"把适宜于国家首都的尊严和花园城市的魅力调和在一起"，创造了舒适宜人的城镇建筑环境，给人以深刻启发。

②城市绿地系统的建设。传统的绿地系统设计通常只是建筑和道路规划之后的拾遗补缺，不能在生态意义上起到积极的作用；基于生物气候条件的绿色城市设计原则具有一种"和平共处"的意味，更多地与生态系统、大地景观、整体和谐、集约高效等概念相联系。城市开放空间的"绿道"和"蓝道"系统必须与动植物群体、景观连续性、城市风道、改善局地微气候等诸多因素相结合，以创造一个整体连贯并能在生态上相互作用的城市开放空间网络，这种网状系统比集中绿地生态效果更好，可以"促成不同温度的空气做水平交换，更快更无阻力地达成平衡"，为城市提供真正有效的"氧气库"和舒适的游憩空间。"绿道"和"蓝道"系统作为城市生态廊道的重要组成部分（图4-2），其主要作用有三个方面：首先是传输作用，风廊可以传输新鲜空气，平衡城市温度；其次是切割作用，用绿廊、水廊切割城市热场，降低城市热场辐射，缓减热岛环流，消除热岛的规模效应和叠加效应；最后是防护作用，林廊可用于城市防风、防沙、防二次降尘、消减噪声污染等。

根据城市总体的地形地貌、山川河流特征，绿地系统可将城市分割成若干组团，形成特定的城市"生物气候网络"，布局合理的城市绿地系统可以有效减缓城市"热岛效应"。芝加哥空气流动研究模式表明，带有廊道和楔形开放空间的"指状"发展规划对减缓城市"热岛效应"和提高空气品质有着积极的调节作用。战后华沙的城市建设就通过有利于空气流动的"通风地带"和能够促进生物再生的"气候区域"来保证城市良好的生物气候条件。莫斯科总体设计为保证各片区居民能够就近休息、接触自然和保持生态平衡，在核心片界线的花园环路外侧布置了一系列绿地，形成一条绿色项链；在其周围七个片区均设置了一处面积不少于 $1000hm^2$ 的大片楔状绿地，一端渗入城市中心，另一端与市郊森林公园相接，全市形成两道绿环和六条楔形绿带，为创造良好的城镇建筑环境打下坚实基础。

国内一些城市对绿地系统的建设也日益关注。如南京，由紫金山、中山植物园、玄武湖及毗邻的九华山、北极阁、鼓楼、五台山和清凉山构成的自然绿脉，这一自然开敞廊道使得城市与其次生自然环境形成密切的共生关系（图4-2）。绿地的增多能改善"水泥森林"的城市景观，提高城市品位，并且随着水和空气质量的改善，将促进本地动植物的生长，有利于生物多样性的形成与发展。

③城市重大工程性项目的生态保护。城市重大工程建设应加强保护自然景观、维护自然和物种的多样性。在过去的100多年中，人类的城市建设活动虽然主观动机都是良好的，但客观上给生物多样性和景观多样性造成了负面影响，而景观破碎和生境破坏正是全球物种灭绝速度加快的主要原因。

以公路建设为例，以往的城市道路建设往往割断自然景观中生物迁移、觅食的路径，破坏了生物生存的生境和各自然单元之间的连接度。为此，法国在近年来的高速公路建设中，为保护自然物种，在它们经常出没的主要地段和关键点，通过建立隧道、桥梁来保护鹿群等动物的顺利通过，降低道路对生物迁移的阻隔作用。其他国家也纷纷加以重视，如日本琦玉武藏丘公园地区在进行高速公路选线时，充分考虑到基地的自然生态条件，尽量避开地形起伏和森林茂密区域，有效保护了当地的自然生态资源。

中国也加强了对这方面的重视和城市设计审视。在进行淮宁高速公路选线时，为了确保中华虎凤蝶能继续"在老山翩翩起舞，公路规划部门特意摒弃了原先'炸山辟路'的传统做法，改用隧道式施工……投资随之剧增"。但也有一些"建设性破坏"令人扼腕叹息，无可挽回。号称"神州第一坝"的连云港西大堤，将连岛与连云区便捷地联系起来，大大方便了连岛旅游资源的开发，一时风光无限，但时隔不久，却发现此举加速了内湾的淤积，破坏了原有海滩植物与水下生物的生态环境，危害极大，后患无穷。

对于城市其他重大工程，尤其是关系国计民生的大型企业，工业园区的选址和布局，一定要经过严格的论证，既要考虑经济效益、社会效益，又要考虑环境效益、生态效益。实践证明，北京首钢以及南京下关发电厂当初的选址并不理想，存在重大隐患，在静风或非主导风向时，给城市生态环境带来严重威胁。

④城市交通体系的组织。交通直接或间接地关系到每个人的生活，不仅给人们带来各种机遇，将生产厂商和消费者连接起来，而且对社区和国家的经济利益和环境具有深远的影响。而其中作为交通动脉的道路无疑是城市的骨架，对城市的生态环境、局地微气候影响很大。一个理想的城市道路系统必须满足交通、景观、环境生态等各方面的要求。随着城市的进一步发展，交通问题将会变得越发严峻，如果我们期望避免拥堵成本不断加剧，改善现有城市的交通状况，必先未雨绸缪，将近期建设和长远规划联系起来，打造可持续的交通基础设施，建立水运、空运、公路、铁路全息型的整体交通模式，并妥善加以管理。

城市设计与案例分析

A.建立先进的公交体系，倡导步行与自行车交通。时至今日，汽车时代已经延续了一个多世纪，然而我们发现，以小汽车为中心的高能耗的交通体系并没有表现出人们所期待的那种灵活机动性。相反，该模式效率低下，不仅表现在能源使用方面，同时还体现在汽车所导致的交通拥挤、劳动力的使用和大气污染方面。面对日益紧缺的能源问题、环境和拥挤问题，亟须采取行之有效的方法。

首先，采取就近规划原则，通过城市形态、格局与结构的重组和调整使人们的需求能够得到就近满足，引导合理的生活、交通模式。如将居住、生活、娱乐、学习等功能集中设置，倡导以步行作为日常出行方式，尽可能地减少出行需求、交通需求及由此产生的能源需求。

其次，限制私人汽车交通，倡导以"公交优先""环保优先"为主的出行方式，充分利用公共交通，积极改进技术，采用高效清洁的机械设备，逐步提高公共交通的舒适、安全、方便、准时性，并进一步将公共交通引入社区，方便人们换乘，解决"乘车难"问题。即使按照西方标准，很多大城市目前的轿车保有量也还比较低，这对我们今天盲目发展汽车产业、鼓励私人轿车无疑具有重要的借鉴意义。

最后，加强具有中国特色的便于自行车交通的慢车道的建设和管理，改善城市步行空间，鼓励步行、骑自行车和电动助力车等环保、节能型交通模式。为了推动自行车交通的发展，德国布雷滕市建立了专门的自行车道路网，它不仅安全，而且可以联系各个地区，包括老城区以及主要的自行车交通目的地。

此外，在市区局部地段还可采用适当手段来限制机动车，鼓励步行，如设立步行街区、步行购物中心、慢速街道和无交通街区等。以南京为例，比较典型的有夫子庙历史街区、新街口商业中心和湖南路商业一条街等。

B.完善交通政策，提高交通网络的综合效率。莱斯特·R.布朗认为从城市范围来看，汽车和城市是有冲突的，它常导致城市交通拥挤，大气污染和噪声污染严重，大量土地被公路、道路、停车场等不断吞噬的种种恶果。从全球范围而言，城市道路建设远远赶不上城市扩张的速度，交通拥挤是一个世界性的难题。无论何时，被动地修路、扩路都无法从根本上解决城市交通问题。未来生活质量的改善将在一定程度上取决于道路交通的状况，应及时对交通方式优化组合，优先考虑集体交通方式，推广和加强无噪声、污染小、使用效率高的技术。

未来的交通改善，可借鉴国外的先进经验，及早谋划。巴西南部的库里蒂巴所倡导的"公交优先"模式早已引起国际社会的广泛关注，其交通布局特点主要表现为：快速巴士沿专用公交道路行驶，支线巴士可到达道路尽端，各个道路尽端之间可由小区内部巴士线连接，而直达巴士可直接穿越城区。库里蒂巴所设立的公交专用车道和高效公交系统的做法，以及以现有的城市外围道路和内部道路为基础将高密度土地混合利用规划与交通系统规划相结合的模式，对于其他地区的城市交通发展具有一定的借鉴意义。

C.城市道路绿化配置和防污，改善街道空气质量。城市道路增强了城市的可达性和人与货物的流通，以及人的交通换乘，但在一定程度上也分割了自然环境，不利于生物多样性的保护，再加上其大面积的硬质铺装、沿线大量的绿化以及汽车排放的尾气，会对城镇建筑环境产生显著影响。为此，必须注意以下几点：阻止或减少污染物的排放，转移摩托车、小汽车等机动车停放点的污染源；促进空气流通，防止局部逆向风的形成与发展；大量种植草坪和高大乔木，转移空气中的污染物；保护易受污染的使用场所，并使之远离污染源。

⑤城市总体生态格局的调控途径。从源头来看，城市问题产生的原因无外乎三个方面：一是资源开发利用不当造成的生态问题；二是城市结构与布局不合理造成的生态问题；三是城市功能不健全造成的生态问题。因此，前瞻性的城市总体结构形态的调适、生态基础设施的建设和生态服务功能的完善具有非常重要的战略意义。应遵循基于生物气候条件的绿色策略下城市设计的基本原理，建立"大地绿脉"以及和谐的城乡一体化系统，使之成为城市及其居民持续获得自然生态服务和舒适环境的保障。

⑥优化城市空间结构形态。城市形态与生态是密切联系、不可分割的，形态是建构城市生态和环境微气候过程中合乎自然法则的反映，是在适应地域气候与地理特征的营造中理性的、逻辑的表达，城市的地域性和风格特色也正产生于这样的表达中。城市结构形态对环境产生很大影响，假如一个城市其形态结构本身不能保证人与自然平衡的话，局部的改进措施是不能有效提高城市环境的。在中国目前大规模城市化背景、资源极度紧缺以及能源结构、消费模式不很合理的情况下，基于城市聚集和扩散的内在规律以及生物气候作用机理，区域—城市级的城市设计应与城市总体规划相结合，对城市形态演变及其发展模式进行分析与比较，并进行适当的调整和优化将是十分必要和有益的。

A. 从集中发展走向有机分散。当前，许多城市都采用了单核心—圈层的集中发展模式，由于受到城市内部扩张的压力，城市一圈一圈不加限制地连片向外蔓延，形成"摊大饼"的形式，比较典型的如北京、成都等城市。如今来看，这种模式容易造成大量的活动在核心区发生，如商业、居住、交通、服务等，往往导致城市用地紧张、交通拥挤和秩序混乱。随着人口的增长和城市规模的扩大，环境质量不断恶化，拥挤和污染问题日益严重。这种城市集中发展模式城市绿地往往环绕城市外部的环形交通，与城市内部联系较少，生态效应差。再加上城区绿地零星散布于建筑群中，无法形成内部绿地系统，与郊外绿地也难以整合，这些都会导致在城市覆盖的大片区域内形成恶劣的、无益于健康的局地微气候环境。

为了避免城市不断地集中发展，需对城市内部结构做根本性的调整，这就要求城市选择某些方向呈"指状"向外轴向发展，将大片绿楔引向密集的城市结构中心，增加绿化与城市的接触面，农村与城市相互交融，使得城市由一系列建成区和绿地交替组合起来的体系形成，以利于城郊的新鲜空气和自然风渗入市区，改善城区气候条件。

B. 从中心城走向卫星城模式。城市的最优规模往往是很难确定的。不过，显而易见，过度拥挤的城市将会导致城市物理环境的恶化，从而影响人们的生活。这时就需依靠放射型交通在中心城市外发展次一级中心，将一部分功能分散到周围的卫星城去，这有助于将母城的规模固定下来，并可形成较小的、有良好设施的、周围由开阔绿地包围起来的城市单元，有利于减轻中心区的"热岛效应"和污染集中的程度。

平均绿地的理论基础主要是缓减"热岛效应"，但在静风条件下城市污染物的扩散、稀释对卫星城发展模式却相对不利。这时应积极利用城区热岛和城市、三种城市发展模式边缘区的绿地水体的协同作用制造城市环流，来尽量稀释大气污染。规划设计时可根据风向要求，将工业从母城迁到外围新建的卫星单元去，以有效减轻主城区的工业污染，减缓人口压力；将母城和卫星城之间的绿带作为城市永久性的具有生物气候调节功能的缓冲空间加以保留，从而确保建成区和绿地之间有良好的组合关系。

卫星城的大小如何确定？单纯从生物气候设计的角度来说，自然越小越好，但考虑到经济效益和社会条件，一般认为 20 万～25 万人的规模比较恰当。按 1 万人/km² 推算，为一边长 5～7km 的正方

城市设计与案例分析

形地块或为一半径 3～4km 的圆形地块。主城与卫星城之间开放空间宽度的确定则复杂得多。理论上讲，应使开放空间的面积与卫星城面积相当，以保持上升气流与下降气流横截面积相近，从而有利于城市环流的形成和流动。但考虑到绿地水体的过滤效能并不与其宽度成正比，因而宽度可适当减小。作为母城与卫星城之间的开放空间，宽 600～1000m 效率较高，2000m 以上则意义不大；一般情况下，至少需要 500m，最好达到 1000～1500m。

C. 从城市化走向城乡融合。21 世纪的城市设计应体现一种新型的、集中城市与乡村优点的设计思想。日本学者岸根卓郎于 1985 年提出了城乡融合设计论，这是自然系统、空间、人工系统综合组成的三维立体设计，其基本思想是创造自然与人类的信息交换场（图 4-3）。具体实现方式是以农业、林业、水产业的自然系统为中心，在绿树如荫的田园上、山谷间和美丽的海滨井然有序地配置学校、文化设施、先进的产业、居住区等，使文化、生活与自然浑然一体，形成一个与自然完全融合的社会。其目的在于建立基于"自然—空间—人类系统"的同自然交融的社会，亦即城乡融合社会，确保城市结构本身能够达成人与自然之间的平衡对话，从而实现人类"回归自然"的夙愿。

图 4-3　南京小桃园景观标志

⑦芒福德的区域整体理论所强调的重点也是城乡融合。他认为区域是一个整体，而城市是其中的一部分，城市及其所依赖的区域与城乡规划是密不可分的两部分；他进一步主张大、中、小城市结合，城市与乡村结合，人工环境与自然环境结合，唯有如此，才能实现城乡和谐发展。他所推崇的斯坦因的区域城市理论与亨利·莱特（Henry Wright）的纽约州规划设想很好地反映了城乡融合的思想，体现了区域城市的特征，具有分散—集中的明显特质。各个主要节点高度集中，节点与节点之间依靠高密度、多方向的交通线连接成网络，而在高密集度的节点网络之外，使稀疏的田园空间、生态空间、开放的乡村和公园所形成的低密度区成为一种"基底"，从视觉图底关系来解释，多核交通网络是"图"，乡村公园开放空间是"底"。城乡融合将能最大限度地为城市提供充足的生态源，有利于减缓城市"热岛效应"，减轻城市空气污染。

需要说明的是，上述论述并不提倡城市无休止地分散、蔓延，而是针对不同的生物气候条件，鼓励适度集中与分散相结合的非均布模式，以扬长避短，发挥各自的优势而尽量减少其弊端。针对中国人多地少、资源贫乏这一具体条件，要关注城市功能布局与交通的关联性，采用集约紧凑的城市形态和混合高效的土地使用方式，这在许多方面均比外延式无序扩张要更为贴近可持续发展的原则。紧凑合理的中高密度及适度的土地混合利用，再加上与此相匹配的城市生态基础设施和公共设施的规划建设，将大大降低城市运转的能源消耗。高密度可节省用地、防止城市蔓延、缩短交通距离，节约能源、

114

保护自然环境等，而适度的分散布局则可减缓由高密度引发的拥挤、社会病态等压力，两者的结合有利于维护良好的城乡生态环境。

（2）建设城市生态基础设施。传统基础设施主要指市政设施系统，亦即道路交通系统、能源供应系统、给排水系统、邮电系统、防灾系统、环卫系统等。作为城市物流、人流、能流和信息流的主要载体，它是城市正常的生产和生活得以运转的保证。生态基础设施从本质上来讲是城市所依赖的自然系统，是城市居民能持续地获得自然服务的基础。它不仅包括狭义的城市绿地系统的概念，而且包含更广泛的、一切能提供上述自然服务的城市绿地系统、林业及农业系统、自然保护地等，这同样是一个城市得以保持健康发展的前提。

在城市生态环境日趋严峻的今天，城市生态基础设施的建设越来越被人们重视。全球许多大城市都根据自身特点，规划设计和建设了相应的生态基础设施，尤其是狭隘意义上的城市绿地系统，其中著名的有：丹麦的大哥本哈根指状规划，形成大面积的楔形、带形绿地；巴黎地区在两条城市带之间建立和保留了大量绿地空间，有利于维护生态平衡并为居民提供了良好的休憩场所；荷兰的兰斯塔德地区形成了城镇围绕大面积绿心发展的组团式模式，城镇之间采用绿色缓冲带加以间隔；伦敦的大绿带和农村绿环，界定了伦敦中心区与周边卫星城的关系，形成大伦敦格局。随着这些生态基础设施的建设和完成，将在建成区周边建立起完整的具有生物气候调节功能的缓冲空间，能为城市提供良好的"生态源"地，缓慢减少城市环境恶化。

俞孔坚教授在国内较早地涉及该领域的研究。他针对目前中国传统城市扩张模式和规划编制方法显露出的诸多弊端，前瞻性地提出城市生态基础设施建设的 11 大策略，其中不乏生物气候设计的思想。其观点主要为：维护和强化整体山水格局的连续性；保护和建立多样化的乡土生态环境系统；维护和恢复河流和海岸的自然形态；保护和恢复湿地系统；将城郊防护林体系与城市绿地系统相结合；建立非机动车绿色通道；建立绿色策略下文化遗产廊道；开放专用绿地，溶解公园，使其成为城市的生命基质；溶解城市，保护和利用高产农田，使之作为城市的有机组成部分；建立乡土植物苗圃基地。力求通过这些景观战略，建立大地绿脉，使之成为城市可持续发展的生态基础设施。

实际上，上述策略与景观安全格局理论以及具有生物气候调节功能的缓冲空间模型相一致，都是针对城市景观中某些关键性的元素、局部空间位置及其关联，使它们形成某种战略性的格局。这些措施对维护生态过程、优化城市开放空间、建立城市生态源和城市风廊等具有重要意义，并为建立控制城市灾害的战略性空间格局、国土整治以及城市具有生物气候调节功能的缓冲空间—开放空间系统的设计提供依据。

目前，成都市针对其生态基础设施现有的具体情况，制定了国内第一部生态基础设施的建设和发展纲要，这将对成都的生态建设产生积极、深远的影响。我们在江苏宜兴城东新区规划设计研究中提出了新城"生物气候中心骨架"的设想，它探讨了一种基于自然山水格局整体理解的适应地方生物气候条件的城市设计模式，经计算机模拟取得了应有的效果。

（3）完善城市生态服务功能。生态服务功能是指生态系统与生态过程所形成及所维持的人类赖以生存的自然环境条件与效用。它是维持城市环境和创造良好人居环境的基础，在城市气候调节、废弃物的处理与降解、大气与水环境的净化、水文循环、减轻与预防城市灾害等方面起着重要作用。

一个良好的城市生态系统应是"结构合理、功能高效、绿地充足、环境洁净、生态关系和谐"的系统。从生态调控机制来看，一个系统功能正常与否的关键在于自我调节能力的强弱，在自然状态下主要靠竞争、共生和自然选择来调控。对于高度人工化的社会—经济—自然复合系统的城市而言，由于其不稳定性且要素之间多呈线性非环状模型而缺乏自控机制和能力，应该运用生态学原理和最优化的方法调控城市内部各组分之间的关系，提高生态服务功能的效率，促进人与自然的和谐。通过对城市生态服务功能和城市生态环境生存机制的分析和研究，在城市总体设计中通过保护和增强自然生态过程，培育城市生态服务功能，促进城市的"减污、治污"和可持续发展，推动我们的城市迈向理想的境界——社会文明、经济高效、环境洁净、人与自然关系和谐的绿色城市。

城市总体设计对城市环境质量具有实质性的影响，需要综合考虑城市用地规模、地形地貌、水体、绿化和气候等因素对城市总体布局的影响和制约。重视城市土地的适宜度评价和生态敏感性分析工作，协调好系统的各种生态关系，将系统调控到最优运行状态，从而实现资源消耗的最小化、污染灾害的最轻化、建筑环境的舒适化。

（4）案例研究分析。法国瓦勒德瓦兹（Vald oise）省某新开发的社区规划方案，由理查德·罗杰斯建筑事务所设计，计划容纳4万名居民。该方案综合运用生态学原理和生物气候设计方法，与常规设计相比，在节能、降噪、减污等方面取得显著效果。其主要构思如下：

①总体布局。总体构思采用组团式发展模式，并以一条绿色走廊将各个组团连成整体。该绿色干线既是社区清新空气的来源，也能为两侧线性排布的小进深、庭院式布局的建筑提供良好的自然通风条件。

②交通模式。强调围绕公共交通节点的高密度城市发展模式，并将这些公共交通节点通过轻轨或者隧道直线形连接起来。设计时尽量限制小汽车的使用，并将它们排除在绿色干线之外，减轻由此引发的空气污染和噪声污染。

③能源策略。综合考虑建筑物的能源使用、交通能源消耗和废气排放、开放空间规划及其采光和自然通风的要求，合理确定建筑物的密度，以保证它们在一年中的任何一天都能接受到日照，尽可能减少人工照明。

通过合理的规划设计和生物气候策略应用，该社区方案能使能源消耗减少到常规设计的12%，而剩余的能源需求则可通过再生能源（风能、生物能、太阳能）来获得。该方案又通过引进植被尤其是对二氧化碳吸收有特别效用的物种来减少空气中的二氧化碳含量，并利用植物来降温、减噪，创造了良好的栖息环境。

2. 片区级的城市设计生态策略

片区级城市设计主要涉及城市中功能相对独立的和具有相对环境整体性的片区。这一层次实施绿色策略下城市设计的关键在于在总体设计确定的基础和前提下，分析该地区对于城市整体的价值，保护或强化该地区已有的自然环境和人造环境的特点和开发潜能，提供并建立适宜的操作技术和设计程序；通过片区级的设计研究，为下一阶段优先考虑和实施的地段与具体项目提供明确规定。在具体操作时，可与分区规划和控制性详细规划相结合。

在片区这一中观层次规模上，绿色策略下城市设计重点关注的内容主要集中在以下两个方面。

第一，妥善处理新老城区生态系统的衔接关系，成功建造新城及修复现有的城市肌理，建立良性循环的符合整体优先、生态优先准则的新区生态关系，创造高品质的公共空间（适当的数量）和建筑（合理的密度），为人们工作、学习、生活的场地增添活力。

第二，关注旧城改造和更新中的复合生态问题，合理解决城市产业结构的调整、开放空间的建设以及棕地治理和再开发等诸多问题，进一步理解广义的城市生态保护概念，必须与整个城市乃至更大范围的城镇建筑环境建设框架和指导原则协调一致。

（1）新区规划建设中的城市设计生态策略。在目前大规模的城市化进程中，各类新区层出不穷。对于这类项目，应着眼于在区域系统内重组城市建设、农业与自然环境的关系；根据对各种内外条件的综合考察，在科学论证的基础上确定其合理位置；根据新区的规模、功能等界定新区与老城区的连接模式；利用革新技术的组织重建能量的循环流，选择合理的交通模式和政策，以创造新的城市形式；合理安排建筑空间布局，避免出现人为的非生态现象。

①基地选址。区域性生物气候因子分析在新区选址和城市布局的总体构思阶段，其重要性是不言而喻的。一定区域内的地理位置和生物气候条件对城市居住环境的舒适性有着长期影响。这是因为土地的使用性质可以随着时间的改变而改变，建筑物甚至整个街区都可以毁掉重建，但是城市的地理位置和生物气候条件却是相对稳定的，几百年甚至几千年都不变。城市的初始选址和结构布局决定了它今后的形态演变和发展趋向。在这个阶段，一个不理想的地理位置和城市结构，即使是对最初规模很小的城镇而言，也可以影响它未来大部分居民的环境质量。

决策失误是最大的失误。因而，审慎考虑新城的地理位置、妥善安排城市布局和发展模式是明智而有前瞻性的（图4-4）。某一地区的生态环境是该地区地理环境和自然生物气候条件共同作用的结果，当前被城市发展忽视的正是局部地区气候环境与生态环境的相互关系。城市空间布局时应根据区域的地理环境以及日照、通风、温湿度等局地微气候条件做出相应调整。如在一些地区必须考虑免受寒风或沙漠风的侵袭，而在其他地区则需利用地形变化引导山上的冷气流或者水域的清新空气进入城区，以利于城市"热岛效应"和大气污染的控制，提高环境舒适性。

②合理确定新老城区的承接关系。从长期实践来看，新老城区的形态承接关系

图4-4 南京市奥林匹克体育中心及周边绿地水体

主要表现为外延型扩展、隔离型扩展和飞地型扩展几种类型。具体设计时应充分考虑它们自身的特点并根据实际的自然环境和生物气候条件采取相应措施。

A. 外延型扩展。传统的城市空间形态，其建成区空间大多是连绵成片的，世界上相当部分的城市空间都呈现为团块状黏连、蔓延。这种模式有助于城市运转效率的提高，但所引发的问题也如出一辙，如拥挤堵塞、空气污染、城市"热岛效应"等。南京近年来的发展似乎在重蹈覆辙，如河西、东片、北片等区域都属外延型扩张，且其内部缺乏必要的自然生态空间间隔。在可预见的将来，待这些新区

建成后，所产生的问题与原来老城区的问题不会相去甚远，并将导致老城区更为严重的环境问题。

B. 隔离型扩展。该模式在新区和旧城之间利用一定的绿带、蓝带加以空间分隔，其难度在于确定多大的空间间隔才能产生足够的生态效应。这就要根据城市生态补偿及绿量的概念，从城市绿地吸热降温、滞尘减噪、净化空气等方面综合考虑，合理组织城市风道，以有效解决包括城市热岛在内的各种城市问题。就南京而言有其自身的有利条件，东片的紫金山、北片的幕府山及南侧的雨花台的大面积绿色植被所提供的生态补偿能力及绿量已相当可观，如果在老城区（中片）与西片的连接处及中片的空间连绵区适当予以人工绿地的空间间隔，其生态效果肯定更为显著。南京大学朱喜钢教授建议在围绕石城风景区的两侧规划1000m左右的绿带，在北片连接的环境风貌控制区两侧及在河西地区沿纬七路设置500～1000m的绿色隔离带，这样可以起到良好的生态斑块作用。

C. 飞地型扩展。该模式突破主城区范围向外扩张，呈现出卫星城的分散形态，能大大改善原来"摊大饼"模式下的城镇建筑环境。它要求在城市扩展轴之间、中心和新城之间、新城和集镇之间留出足够的农田、森林等形成绿楔，以利于生态平衡，并可将农村湿冷空气通过楔形绿地和绿色开放空间输入市区。从南京老城区周边的江宁、栖霞、龙潭来看，飞地型扩展的关键在于完善和优化卫星城的功能配套，使之成为主城入口扩散自然而然的集中地。同时，还必须严格控制住老城区与周边卫星城之间的生态隔离绿带，防止它们之间的马赛克黏连，以确保老城区和新区之间通畅的通风廊道和天然氧源，减轻老城区的空气污染和"热岛效应"。又如，江苏宜兴市区由宜城和丁蜀两片构成，在总体规划设计时，需充分利用其间的龙背山森林公园作为它们的天然隔离带和生态源，避免丁蜀片区向主城区蔓延，保持两者合理间隔。

③建立具有生物气候调节功能的缓冲空间。具有生物气候调节功能的缓冲空间主要是指在生态系统结构框架的制约下，通过城市形态与建筑群体布局以及其他一些细节设计，在建筑物和周围环境之间建立一个缓冲区域，它既可以在一定程度上防止各种极端气候条件变化的影响，又可以增强使用者所需的各种微气候调节手段的效果，提供良好的局地微气候环境。在新区规划建设中，应积极发挥一切从零开始的优势，结合生物气候设计的基本原理，"留出空间，组织空间，创造空间"。在中观尺度上建立绿地、水体开放空间与城市之间的自然梯度，合理安排不同层次的具有生物气候调节功能的缓冲空间，形成点、线、面合理分布的整体网络，并使之与动植物群体、景观连续性、城市风道、城市生态源和城市局地微气候等诸多因素相吻合，从而具有真正的绿色策略下设计意义。如将在沿河、滨水或其他开放空间地段预留的相当尺度的非建设用地辟为公园，大力植树和绿化，尽量保护好城市的"蓝道"和"绿道"系统，这些具有生物气候调节功能的缓冲空间的建设对增加局地大气环流、增氧泄洪具有重要作用。

④采用新型交通模式，优化城市能源结构。采用新型的交通模式，提倡"公交优先"和"环保出行"，限制小汽车通行；采用"接近规划"，尽可能地将目的地集中设置，将行人放在首位。进一步改善步行环境，积极倡导自行车和电力助动车交通，减轻城市大气污染。此外，还应积极完善交通政策和一体化的交通格局，大力发展轻轨、地铁等有轨交通。国外一些城市通过设置公共汽车专用车道，采用低能耗、少污染的公共交通工具如环保型电力汽车等措施，已取得初步成效。

合理制定城市新区的能源规划及相应的能源政策，优化新区能源结构。许多国家都已展开积极的探索和实践，如欧盟已制定目标计划在2010年使自然能源占全部所耗能源的比例从1997年的3.2%提高到 12%；德国于 2000 年开始实施《自然能源促进法》，积极推进风能、太阳能等清洁能源的使用；日本山形县立川町源于风力的发电量已可满足该地区总耗电量的 30%。

⑤选择适宜的开发建设模式，合理调整城市建筑空间。不同的气候类型有着各自不同的地域特征和地表环境，因而不同的地域气候其适宜的城市形态也是不同的，如紧凑、分散、混合、簇群等。这是城市适应自然的结果，因为适宜的城市形态有利于减缓特定气候条件的不适，并利用气候因素而化害为利。中国许多新区的开发建设呈现外延式遍地开花的现象，市区范围无序扩张，规划失控。这种模式除了导致土地资源的极大浪费之外，也给城市的整体环境带来严重影响，加大了基础设施的投资及其使用后的运营费用，并且比紧凑式模式更易导致"热岛效应"。除了上述的城市密度、形态等问题外，在城市设计时，为了防止出现"逆温层"等不良环境效应，比较理想的城市空间布局模式还应将一些高大的摩天楼布置在城市中心附近，而在靠近城市边缘的区域布置低矮的建筑，尽力避免造成城市周边一圈高楼林立而中心区全为低矮破旧的房屋，形成藏污纳垢的城市"人工盆地"，导致生态环境恶化。以北京为例，为保护古都风貌，对旧城范围内新建项目的高度进行了限制，高层建筑只能向

图 4-5　北京高层建筑只能向二环以外扩散

二环以外扩散（图 4-5），如此形成了一处被不断增高的城郊高层建筑环绕包围的低洼盆地，从而导致老城区通风能力降低，风速和湿度减小，并造成严重的"热岛效应"和空气污染。此外，也应避免将大量高层建筑布置在城市上风向或城市水域边缘区域，以免形成一道风墙，从而影响市区的空气交换频率。香港规划建设的将军澳新市镇和西九龙新填海区的高密度建筑导致"屏风楼"林立，有些地段甚至建起了近 200m 高、500m 长的连绵"长城"，影响了周边环境的生物气候条件，自然通风和采光不足，闷热少风，空气质量每况愈下，严重制约了居住环境水平的提高，引发了极大的社会争议。

（2）旧城更新中的城市设计生态策略。

①旧城产业结构的调整。旧城更新的生物气候策略与新区建设明显不同，应以"疏导、调整、优化、提高"为主，注意保护旧城历史上形成的社区结构，并确保城市历史文化的延续以及城市自然生态条件的改善。首先，严格控制城市规模。对老城区一些污染严重的项目要关、转、停、移，将那些严重影响市区环境质量的工业项目如化工、电力、造纸、冶金等转产或迁移，大力推广洁净生产，积极发展第三产业。其次，积极创造条件有计划地疏散中心区人口，重点解决基础设施短缺、住房拥挤、交通紧张、环境恶化等问题。尽量避免人口密度与建筑密度较高的功能区域连片布置，严格控制新上项目，逐步降低城市中心区建筑密度，搞好旧城改造工作。最后，在中国快速城市化初期，由于地少人多和粗放的发展原则，对开放空间普遍认识不足，致使城市绿色斑块破碎度严重，不利于组织系统化的城市"绿肺""风道"等具有生物气候调节功能的缓冲空间。因此，在老城区改建范围内应严格控

制建筑密度，增补一定面积的绿地、水体开放空间。

②旧城具有生物气候调节功能的缓冲空间的建设。中国老城区夏日普遍存在严重的"热岛"现象，就连地处北方的北京、哈尔滨近年来也成了闻名全国的"火炉"。究其原因，不外乎建成区内开放空间严重不足、高楼林立、风道堵塞、污染严重以及环境的持续恶化等。随着对城市"热岛效应"的成因、生物气候作用方式的深入认识和把握，针对旧城更新中具有生物气候调节功能的缓冲空间的优化，可采用以下策略和方法。

图4-6 南京熙南里居住社区绿地环境

A. 老城区"绿心化"。推广城市立体绿化、增加水体面积、促进城市通风都是减轻"热岛效应"的有效手段，其中绿化最为重要。以北京为例，"在炎热的夏季，每公顷绿地平均每天能吸收 1.8t 二氧化碳和大约 2t 粉尘，并可从周围环境中吸收 81MJ 热量，相当于 1800 多台功率为 1kW 的空调的制冷效果"。研究还表明，当绿化覆盖率大于 40% 时，"热岛效应"明显缓解，如果这个数字达到 60% 且绿地规模大于 3km^2，便可达到与郊区相当的局部温度。城市总在不断演变和发展之中，一个好的城市形态如果不注意维护必将带来灾难性的后果。20 世纪 70—80 年代，南京的城市规模、结构尚属合理，到了 20 世纪 90 年代以后，随着房地产业的快速发展，城市开放空间逐渐被蚕食侵吞，原本连贯的紫金山—九华山—北极阁—鼓楼—五台山—清凉山绿脉惨遭破坏，这种"见绿插建"的短视行为无疑让后人付出更高昂的社会、经济和环境代价。南京市政府为了增加老城区的"绿量"，也对老城中心区进行了改造，已经完成的有山西路、北极阁地段以及一些居住社区（图4-6），改造大都是在拆除大量建筑后建成的集中开放空间。这种花巨资买绿地的做法，既是城市更新改造的经验，也是沉痛的教训。老城区具有生物气候调节功能的缓冲空间的建设宜以块状绿地、线形绿地的方式渐进"侵入"，逐步完成"图"与"底"的空间演替。

B. 重建"绿色风道"。整合城市绿地资源，营造城市绿色通风走廊，为空气从低密度地区流向高密度地区提供通道。中国东部地区夏季以东南风为主，这就要求在城市总体规划和开放空间设计时，在城乡结合部保留和建设大型绿地，并结合城市道路、水系，设置一定数量的东南向或西北向的与主导风向平行的"绿色风道"，将郊区清新的空气和冷风引入密集的建成区，以利于降低"热岛效应"和减缓市区空气污染。其具体措施为：尽量利用现有的河流、道路等作为绿色廊道，将周边绿带和城市高密度中心区联系起来，促使绿带的面积达到城市需降温地区面积的 40%～60%。一般认为，当林荫大道或者呈线形的开放空间的宽度达到 100m 或更宽时，可以在无风的夜晚对城市起降温作用。高效的廊道系统连接建成区和作为生产或资源基地的大型斑块，将给城市乃至区域带来良好的生态效益。"热岛效应"早已引起北京市相关部门的高度重视，根据规划，北京市在城市中心区与郊区之间建立 7 条楔形绿地，总面积为175km²，将城市绿化覆盖率提高到43%。王建国教授在义乌旧城改造暨市民广场城市设计中，为改善现有城市外部环境的生态品质，减少夏季热负荷，在广场东南方向专门布置了一条30m宽的可供夏季通风使用的生态廊道。同时建议，该廊道经过中心区朝东南方向继续延伸，并与用地南侧日后的开发建设相结合。

C. 提高城市"绿量"。利用植物的光合作用、蓄水特性和滤水性能及其降温、增湿、吸尘能力，尽量增加城市的软地面和植被覆盖率，减少热辐射。在城市街头多植树种草，在停车场和某些广场采用中间镂空长草的植草砖以增加绿地覆盖率。其他一些措施，如屋顶绿化、垂直绿化也是解决老城区"热岛效应"的有效手段。这是因为，在目前新建的城市建筑中，平屋顶占90%以上，这些水泥屋面热容量大，导热率高，因而能贮存较多的热量，从而导致市区温度升高。如果将这些平屋顶绿化或用作雨水收集池，建成屋顶花园，用湿润凉爽的绿地代替干燥炎热的平顶水泥屋面，可有效减弱由于"城市板结现象"所带来的热岛强度，美化城市环境。1999年，日本东京就对素有城市"第五立面"之称的屋顶进行绿化，并作为减轻热岛现象的有效对策之一。中国广州、深圳也十分重视屋顶绿化。深圳的"空中花园"吸引了众多游人；广州在2000年年底开始实施"绿化覆盖工程"，将该市1000万m²的屋顶建成绿地，据专家估计此举可降低城市温度2～3℃。美国的高线公园（High Line Park）是一条独具特色的空中花园走廊，采用犁田式景观模式，将行人自然融入其中，呈现出野性的魅力，营造出独特的肌理，两次获得美国风景园林师协会（ASLA）大奖，成为国际设计和环境重塑的典范，为纽约赢得了巨大的社会、经济和生态效益。

D. 利用局地风。由地形变化所致的风形成局地风模式。与水相似，温度越低，密度越大的空气会向下运动，这种由重力作用引发的空气流动常常在静风的夜晚起主导作用。利用这一原理，将未来可以建设的绿化用地布置在较高的坡地上，用它们提供的冷空气取代那些在低水平面城市建成区上空的气体，用无阻碍的倾斜绿化走廊连接绿色的冷空气源和高密度的建成区。德国斯图加特是一个经常处于静风和逆温状态下的内陆谷地城市，由于城市发展，正承受着空气污染和气温升高的变化。为此，当地城市管理部门专门制定了一个基于风和地形的市区气候规划（Citywide Climate Plan）。首先，制定新的城市管理导则来阻止城市建设进一步侵占山地，保护当地植被。其次，在大气规划的指导下，在市区规划了一系列开放空间，包括绿色走廊和山坡地在内的土地利用受到严格限制，建议保留的绿带宽度不小于100m，并尽可能与公园绿地形成网络。这些空气流通廊道将山地的清新空气源源不断地传输到市区，可以有效减缓市区"热岛效应"。最后，在市区大量种植绿色植物，如屋顶绿化、屋顶水池及高层办公室室内中庭绿化（图4-7），减少硬质地面。通过上述综合措施，将城市、景观与自然气候连接起来，目前该市空

图4-7 北京银谷大楼内的空中花园

气质量已经明显改善。再以南京为例，在城市更新改造、开发建设过程中，需注意具有生物气候调节功能的缓冲空间和生态廊道的梳理和建设。针对南京地形特征（盆地型）和全年季风特点（夏日以东南风为主，冬天以西北风为主），可通过东西向的廊道将主城区东部紫金山生态宝库中的氧气源源不断地输入市区，减缓城市污染，并通过南北向的交通廊道引进长江上空的清新空气。在进一步的优化整合中，形成南北纵横的廊道网络系统，再结合旧城结构调整过程中形成的绿色开放空间，提升其通风输氧、净气排污、减缓"热岛效应"的效果。

③城市棕地的治理和再开发。老城区的棕地（Brown Field）主要是一些被废弃的、闲置的或未得到充分利用的工业或商业设施，由于这些设施已存在严重的或潜在的环境污染，因而难以利用和开发。棕地的治理和再开发具有重大的经济价值、社会价值和生态价值。西方工业化国家很早就开始了该领域的研究。从1995年起，美国掀起全国性的更新改造工程，旨在帮助城市社区从经济上和环境上复兴这些棕地上的房地产业，减缓其潜在的对居民健康的威胁，恢复城市活力。棕地的治理和再开发的难点在于该地区需拆迁的房屋和需补偿的设施较多，对于发展商而言，不如选择位于城市边缘或郊区未开发的土地，这样将导致城市中心区大量的土地闲置，无人问津；不少投资转向城市边缘地带，造成大量耕地的占用。无怪乎美国市长会议把棕地视为"全国头号环境问题"。然而，令人鼓舞的是"每改造1英亩棕地，就连带产生4.5英亩绿色空间"，这对改善当地的生物气候环境大有裨益。棕地再开发，除了把原有受污染的、拥挤的、破旧不堪的地区修复为有生产能力的地区、有利于人类健康的环境外，还须将之纳入可持续发展的范畴，在昨天的棕地上，我们将建造起明天的绿色产业。

匹兹堡是一个成功的治理案例。它长期以来一直作为工业用地，污染严重。在棕地再开发政策的吸引下，整改了一批污染企业和项目，在该地区建成中高档的住宅区，并进一步开发了沿河优美的风景区，使之成为城市不可多得的具有生物气候调节功能的缓冲空间，不但改善了当地的生态环境，而且极大提升了该地段的社会、经济价值。鲁尔工业区的改造举世闻名，1999年举办的国际建筑展（IBA）（1989—1999年）"埃姆舍尔公园"设计正是棕地治理思想的体现。过去的工厂、矿山、废矿场、大型工业设施以崭新的面貌成为新的公用设施使用，更重要的是，通过埃姆舍尔河的整体环境治理、河流生态修复以及绿地整合，使之成为区域中景观生态功能的中心元素以及联系整个鲁尔工业区17个城市的公共绿地走廊，并通过7条绿化带的形式实现景观再插入。通过埃姆舍尔公园案例，人们认识到从生态的角度对城市棕地进行改造将是未来城市设计的重要内容。

棕地还具有强大的生态恢复能力。在朝鲜谈判的非武装地带的一条宽5km、长250km的中性地带，如今已不可思议地变成了森林，许多本以为灭绝了的动物、植物等现在不仅在那儿生活，而且数量很大。又如南京，幕府山地区作为城北的工业区、总汽的原采矿区，长期以来尘土飞扬，污染严重，山体植被破坏裸露，成为城市环境的重灾区。2000年左右，南京市政府加大了对该地区的治理力度，通过公开招投标，寻求环境恢复的良策，已取得初步成果。今后的重点是引入生态恢复概念，通过生态补偿机制，在治理裸露的山岩、卫生填埋等过程中同时进行土地平整、水质控制和遮蔽种植等措施，将之改造成由山、水、林、绿构成的独特自然和人文景观，使之从城市的污染源变成城市的"生态源"。近20年后，再去访问幕府山时，可以发现昔日的荒山裸岩早已覆盖上良好的植被绿化，满目葱茏，不由让人惊叹于大自然的自我修复能力。

（3）案例研究——宜兴团氿滨水区城市设计。宜兴是一座历史悠久、风景秀丽的江南水镇，随着城市规模的不断扩大,城市形态和结构逐渐演变,原来环境整治前车站地段逐步发展成为城市新的中心地区,拥挤的交通状况和陈旧的住区环境已不能适应城市发展和市民生活之需,滨水区的开发改造势在必行。受宜兴市建设局委托,东南大学建筑学院对该地区开展了城市设计,在规划设计中,考虑了以下初步的生物气候设计策略。

①从全局观念出发,整体把握宜兴城"一山枕二城,五河系两氿"的独特形态格局,以团氿大型水面作为该地区的"生态源",组织好外河与内河相互间的生态渗透,确保水陆风能通过河流通畅地到达城市内部区域,增强市区通风效果,减缓"热岛效应",减轻大气污染。

②通过对滨水区建筑的拆迁,沿河街道的拓宽与改造,留出生态空间,并运用适当的城市设计手段以保持该地区良好的通风能力;通过城市开放空间和带有大量绿地、水域的小面积的私有空间的统一互补产生微风,从而提高该地区的局地微气候品质。

③从该地区迁走造成交通拥挤、污染严重的市际和市内两个汽车站,并移走污染较重的工厂以及凌乱的餐饮建筑等污染源,将过境交通干道外迁,减少交通废气的排放。

④通过对自然光的充分利用,创造"阳光街道—阳光氿滨广场—阳光滨水开放空间"的空间序列,提供良好的外部活动空间,让全社会成员都能够共享滨水的乐趣和魅力。

3. 地段级和城市公共空间城市设计生态策略

地段级城市设计主要落实到具体的建筑物设计以及一些较小范围的形体环境建设项目上,如街道、广场、大型建筑物及其周边外部环境的设计。这一层次的设计最容易被建筑师和城市设计者忽略,因为通常人们更关注一些大范围的东西。在这一层次,主要依靠广大建筑师自身对生态设计观念的理解和自觉。

(1)地段级城市设计生态策略。对于地段级城市设计,既要关注建筑群体的基本组成部分,如街道、建筑和小型开放空间;又应照应相邻地段的规划和设计,特别是这些组成部分之间的关系,包括建筑和建筑之间、建筑与周边开放空间、建筑与所在街道之间的关系。这是因为即使是单体范围内的工程项目,建筑物及其基地会相互影响而形成一个相互关联的较大范围的城市环境。同样,即使一位建筑师在基地上仅设计一座建筑,其方位、形式以及与街道和相邻建筑之间所生成的特定关系,都会在建筑物外部空间形成特殊的局地微气候环境。针对这一层次的城市设计应采取一些积极的措施加以改进。

①利用生态设计中的环境增强原则,强化局部的自然生态要素并改善其结构。如可以根据气候和地形特点,利用建筑周边环境及自身的设计来改善通风和热环境特性,组织立体绿化和水面,以达到有效补益人工环境中生态条件的目的。

②城市和建筑设计应关注与特定生物气候条件和地理环境相关的生态问题,生物气候的多样性决定了建筑形式的多样性。通常最普遍、最具实用意义的就是被动式设计。建筑的被动式技术主要依赖合理的平面布局和经济的体型设计。其包含两方面的内容:在炎热地区尽可能地采取自然通风、遮阳和降温措施;在寒冷地区则需最大限度地考虑太阳能的利用和保温及屋顶遮阳问题(图 4-8)。这种运用生物气候设计原理建造出来的环境能够比纯粹基于美学和功能的城市更加舒适、节能,也更富有地方性和多样性特征。

③根据热量传递的梯度变化特征,在人与周边环境之间建立若干层过渡空间或缓冲空间。它好比

图 4-8　北京辽宁大厦屋顶的遮阳功能

寒冷时我们多穿几层衣服御寒，炎热时穿件宽大的衣衫遮阳，或借助扇子散热，这些衣服和扇子就形成人与环境之间的一种梯度关系。城市或建筑可以象征人体扩展的机体功能，在人类面对恶劣气候而隔绝能力有限的情况下，增加空间梯度可有效减缓外界温度变化对人体的影响。如广东潮汕地区，不仅注意单体的处理，还在住宅间留有"冷巷"，通过天井巷道形成完善的通风系统，解决散热和防潮问题。又如鲍家声教授在无锡惠峰新村支撑体住宅试点工程中创造性地发展了传统四合院形式，构成由低层和多层相结合的模式——大天井式的台阶型住宅，提出了"街—场—巷—院—家"的新的空间梯度关系，为室内外环境提供了良好的日照、通风条件，较好地适应了江南地区的生物气候条件。

地段级城市设计对象可进一步划分为如下三个不同的层次：A.城市组成，包括建筑群体、街道、广场、公共空间等；B.建筑层次，包括排屋、多层建筑、合院建筑等；C.建筑构成，包括屋顶、窗户、墙体、地面、日光室等。在地段级城市设计尺度上建立起室外公共空间、过渡空间、庭院空间和各种建筑物与建筑细部之间的梯度关系，能在一定范围内达到综合改善建筑物内外环境生物气候条件效果的矩阵，以简略的形式反映了地段级城市设计的基本组成要素和设计原理，并揭示了这些要素之间的内在关联。该矩阵简要列举了城市组成要素、建筑层次和建筑构成要素，但这仅仅是其中一部分策略，我们无法也没有必要加以穷尽。任何设计策略的建立都应基于特定的自然、气候和场地等环境因素，都应紧密围绕在绿色生态设计这一开放、包容的概念下，随着时间、空间变化而不断得到新的补充。

（2）城市公共空间设计的生态策略。在地段级城市设计时，城市公共空间与人们日常生活密切相关，应予以特别关注。具体设计时，应针对地方自然特征和气候条件，通过自然要素和人工要素的合理组织，对环境中的声、光、热等物理刺激进行有效控制与优化，使之处于合理范围之内，以创造舒适健康的公共空间，使居民获得更多的人性关怀。

①充分利用自然光和控制光污染，进一步优化光环境。怀特（W.H.Whyte）的研究表明，居民对城市公共空间的选择最关心的是阳光和活力，其次才是可达性、美学、舒适性和社会影响度。在条件允许的情况下，城市公共空间的选址应尽可能多地接受阳光，太阳的季节性变动和现状以及拟建建筑物都必须纳入考虑范围内，这样才能接收最多的日照。对于那些夏季炎热的地区，应综合绿化种植和周边建筑物的遮蔽来实现部分遮阳和防晒。在现有环境的制约下创造积极的公共空间，设计师应事先对场地进行日照分析，以决定哪个区域有阳光以及什么时候有，并将这一信息反馈到设计中来，以提高可接收的日照量并减少其不利效应。美国旧金山广场城市设计导则就很好地考虑到午间阳光的可达性，并鼓励设计师通过邻近钢、玻璃或花岗岩建筑的反射"借用"阳光。与此同时，也要对白天和夜

间的光污染现象进行适度控制，以利于人们的正常生活。

②积极引导和利用自然要素和人工设施，改善局地风环境。在炎热地区，应注意主导风向和绿化布置，加强通风效果，增加遮阴面积，如采用骑楼、连廊等；设计雨水可渗透地面，保护景观水面以蒸发降温。而在寒冷地区，城市设计应安排好高大建筑物和街道布局，以避免不利风道的形成，特别是街角旋流、下沉气流和尾流是最成问题的风力效应，会影响近地人群活动的舒适性。人工设施的分布会对其周边环境的气体流动产生一定的影响，可能导致局部公共空间风速过大或局部气体涡流、绕流等，给市民活动造成不便，有效的减缓措施包括重新设计建筑外形、调整受影响区域建筑尺度和形状之间的关系等。例如，旧金山城市分区规划就明确要求新建筑和现有建筑的扩建部分应有形体上的要求，或采取其他挡风措施，如此就不会造成地表气流超过当时风速的 10%。同时，也要求一年之中从 7 点到 18 点之间，步行区域内的风速不超过 11 英里 /h（1 英里 ≈ 1609.344m），公共休息区域不超过 7 英里 /h。

③综合自然和人工手法调整局部气温，优化热环境。在极端气候地区，当气温明显低于 12.7℃或高于 24℃时，大多数居民的户外活动时间将明显减少。这时应充分关注步行者的需求，建设一些有遮蔽的人行天桥或地下通道。除了通过室内公共空间为人们提供常年的气候庇护外，还应注重通过城市设计手法创造半室内、半室外化的过渡空间，这样既能有效地实现气候防护、增加环境的舒适度，又通过自然要素的引入满足人与自然接近的心理和生理需求。比如，在一些欧美国家，常采用温室技术以使商店拥有奢华的环境，引导消费者延长购物时间。从那不勒斯到莫斯科，购物玻璃拱廊被用于不同气候条件的城市，曾一度风靡全球。较为典型的例子有米兰埃曼纽尔（Emanuele）拱廊商业街和莫斯科的拱廊百货商店。在一些干热地区，常利用植被、水和其他一些地方元素来实现对太阳辐射、灰土和沙尘的控制，从而改善购物环境。叙利亚大马士革有一条贯穿整个街区的连续拱廊，可在炎热的季节为购物者提供阴凉；在用茅草覆盖的敞篷下，摩洛哥城的购物者穿越迂回于凉爽的狭窄集市，在这里敞篷起着气候防护物的作用，可以抵御炎热、干燥的风和沙尘。

④采取多种措施，提高公共空间的空气质量，空气质量对城市空间环境的使用和城市生活的影响至关重要。街道、广场等公共空间是城市中最为繁忙的户外开放空间之一，为人们提供驾乘、休闲、步行等场所，但它也是城市空气污染源之一。规划设计时可根据城市日照、风、气温等气候条件合理组织建筑群体、街道、广场、绿地等，以改善城市大气质量。针对此类场所，安妮·惠斯顿·斯珀恩初步归纳出以下措施，效果显著：A. 防止和减少排放，合理安置高污染源、兴建步行网络以减少机动车数量以及降低高峰排放量等；B. 加强气流循环，促进风的渗透，防止局部逆温的形成和长时间存在，以及避免空间封闭等；C. 去除空气中的污染物，鼓励多种植绿化隔离带；D. 保护污染敏感区，合理安排高污染区，在污染敏感区和高污染区之间建立保护隔离带，或将污染敏感区远离高污染区。

良好的城市公共空间环境离不开全方位的精心安排，除了考虑上述阳光、风、气温和空气质量等因素外，城市设计时还应注意以下各方面的协调：A. 在城市公共空间活动支持方面，不同的季节应安排不同的内容，以求四季兼顾；B. 充分考虑城市特定地域的生态条件和气候特点，选择适合地区生长的植物类型，在规划设计和环境塑造上符合季节变化；C. 调整街道、建筑和环境设施的色彩、质感和亮度等，有助于城市公共空间环境质量的提高；D. 针对不同的气候条件设计和选择相应的建筑小品、"街道家具"能够满足人们一年内较长时间段中的使用需求；E. 通过隔离噪声或消除噪声源的不同思路，合理布置建筑物、设置隔声墙或植物配置，改善城市公共空间的声环境；F.眩光在城市设计时也要认真加以考虑，大面积硬质广场在炎热的晴天会造成严重的问题。与之相反，在太平洋西北岸一些阴雨、多湿地区外表过暗会显得压抑。

4.2.2 案例研究

长期以来，杨经文等人一直在对城市公共空间如何结合地理环境、生物气候条件进行着有益的探索。他们认为在特定的地点，随着季节的变化，城市空间有着不同的使用模式。在施普林赛尔城市设计中，他们曾构想了一个足够大的中央公共活动开放空间，并基于应变的设计观，营造了可以方便市民体验一年四季不同气候条件下的不同场景。再如，广东中山市岐江公园设计结合当地湿热气候条件综合运用了不同的绿色策略，即保留场地内高大树木为市民提供阴凉，保持沟渠水体等自然特征，旧建筑的再利用和特色人文资源的传承与延续，绿地的生态恢复与保护，对当地动植物资源的保护和利用，突出生物多样性的要求，强调人与自然的和谐共生等，效果良好。

综合以上不同层级的城市设计生态策略研究，笔者认为城市是由各种相互联系、相互制约的因素构成的巨大系统。未来的城市设计应着眼于地球的多因素系统，将城市作为一个相互关联的整体来考虑和设计，强调从横向的系统联系（系统和要素）和纵向的层级联系（系统和层次）出发，把握事物运动变化的规律，尊重自然，强调整体而不是部分，最大程度地发挥其整体功能。正如波兰科学院院士萨伦巴教授在《城市结构分类和环境》一文中所指出的那样：人与自然之间的空间关系会影响局地微气候，并对社会生活条件起着决定性作用。一个过度拥挤的城市，在连绵不断的建成区内部搞些小规模的绿化，对整体环境的改善作用甚微，局部的环境改善措施，不能从整体上创造出一个令人愉悦的环境。整体环境效果在大多数情况下，不是依靠局部的改善措施获得的，而是在综合的整体构思基础上产生的。分散的措施会使局部地区得到一些改善，但是不能改变一个不合理的城市结构。

在现实生活中，不难发现宏观的生态策略和规划设计理念常常在微观的开发建设中被肢解，而一些局部地段或单体建筑对生物气候设计的关注却常常不能与更高层次产生良好的契合，甚至被周边恶劣的环境抵消。因此，基于可持续发展理念的绿色城市设计应从"整体思考，局部入手"，建立起从宏观到中观再到微观的完整空间层级关系和全面、整体的生物气候适应体系，只有这样，才能实现城市环境的真正改善。本书虽然将城市设计生态策略的研究分为区域—城市级、片区级和地段级三个层次，但这种层次规模划分是相对的，实际上三者之间彼此相关，难以绝对区分和界定。本书通过对各种生物气候要素、自然要素和城市人工系统组成部分的有机整合和应用，遵循生态学原理，妥善处理从微观到中观再到宏观的不同层级之间的复杂关系，实现城镇建筑环境各系统、层级之间合作效应的实质性优化。

4.3 适应不同气候条件的城市设计生态策略

"气候王国"才是一切"王国"的第一位。特定地域的生物气候条件是城市形态最为重要的决定因素之一，它不仅造就了自然界本身的特殊性，还是人类行为和地域文化特征的重要成因。这是因为生物气候条件是城市建设时首先面临的自然挑战，它关系到一个城市的能源模式和人们生存环境的舒适性，在极端气候环境中，它甚至在很大程度上决定了一个城市的结构形态、街道和建筑布局、开放空间设计等。作为自然环境的基本要素，生物气候条件是城市规划设计的重要参数，它越是特殊就越需要设计来反映它。"形式追随气候"应像"形式追随功能"一样，成为城市设计的重要原则。世界各地的气候条件错综复杂，划分因素和标准也很多。英国人斯欧克莱在《建筑环境科学手册》中根据空气温度、湿度和太阳辐射等因素，将地球上的地域大致分为四种不同的气候类型区：湿热气候区、干热气候区、温和气候区与寒冷气候区。尽管这种分法比较感性、主观和粗略，但在研究城市、建筑与气候关系时常采用的就是这种分类法。本书的论述也大致采用这一分类模型，但考虑到我国习惯的分类法，将之改为湿热地区、干热地区、冬冷夏热地区和寒冷地区。目前，专门针对某一气候条件的城市设计研究已有不少，但同时就不同气候条件的城市设计展开研究并不多见。我们尝试从生物学的适应与补偿原理入手，从"趋利避害"的双层含义去理解："避"，通过适当的城市设计手段来削弱外界气候条件对城镇建筑环境的不利影响；"趋"，在生态原理的指引下，充分利用当地生物气候资源并采用合理的技术、方法、手段来创造理想的人居环境。本书分别就干热地区、湿热地区、冬冷夏热地区和寒冷地区的城市设计生态策略进行探索，并尝试建立初步的研究模型和模式语言，从而最终实现"在人的需要与特定地理气候之间达成协调"。

4.3.1 湿热地区的城市设计生态策略

兰兹伯格（Landsberg）在 1984 年指出目前全球大约有 40% 的人口居住在湿热地区，这个比例在20 世纪末将上升到 50%。这表明在该地区通过设计使城市与建筑适应气候来改善环境具有重要意义。湿热地区有着共同的气候特征，它主要包括两种气候类型：一类是夏季湿热，但有短暂寒冬的次湿热气候区（包括中国南方地区、长江流域局部地区）。另一类是典型的赤道气候类型区（沿赤道两侧的狭长区域，纬度为 0°～15°）和热带海洋气候区（南非、澳大利亚的东北部），其主要气候特征是年平均温度和湿度相对稳定。虽然每天会有波动，但每月平均值相对稳定，日平均温度为 27℃。湿热地区湿度和降雨量一年中很大，相对湿度常为 70%～80%，甚至更高。该地区风力条件主要取决于离开海洋的距离，并受制于每年信风带（由东向西，朝向赤道）的移动。在沿海地区，午间会有规律性的海陆风产生，夜间通常风较弱。高温潮湿的气候，除影响人类的舒适性之外，还促进了真菌的增长、建筑材料的腐蚀以及各种虫害的滋生。从城市和建筑设计来看，湿热地区的气候具有以下显著特点：首先，该地区夏天的气候并不在于其单纯的热，而在于是高温高湿组合的热湿，通常较难通过设计来改善。这是因为随着温度的升高，从植物和潮湿土壤蒸发的水汽升高，会导致更高的温度和太阳辐射，致使当地居民感觉十分不适，也影响了一些被动式冷却系统的实用性。其次，该地区常受到具有强烈破坏作用的飓风和洪水的影响。这是由于信风经过辽阔的海洋之后常会聚于赤道地带，造成潮湿空气对流加剧，导致该地区午后降雨并伴有雷暴这一有规律的现象。最后，该地区温度几乎没有季节性的变化，除受太阳直接辐射外，云层的漫辐射影响很大，仅靠截取直接太阳辐射的遮阳措施往往效果不佳。此外，相对于其他气候区的建筑和城市设计所做的系统性研究还很少，再加上当地所住的多为穷人，大多数人支付不起昂贵的空调费用。因此，应通过低成本的、适宜的城市和建筑设计细节来从根本上减少热应力对人体健康和生产的影响。从湿热地区的上述气候特征我们不难发现该地区城市设计的重点即最大程度地提供良好的自然通风条件，提高环境的热舒适性并降低制冷所需的能源消耗，最大程度地减轻热带风暴和洪水的危害。

1. 基地选择原则

一定区域内的地理位置和生物气候条件对城市居住环境的舒适性有着长期影响。对位于炎热潮湿和多雨气候地区的新区规划或旧城改造项目，应选择那些温度较低、通风良好以及周边地形特征适于自然排水的地方，并避免将密集的住区或商业街区建造在洪水易发地段。首先，应选择通风良好的区域，避免因地形等条件所导致的空气滞留。良好的通风对湿热地区居民的舒适性是至关重要的，决定湿热地区热应力水平的一个主要因素即通风能力，除了积极利用自然风外，也应依靠地形地貌变化所产生的局地风。在无风的夜晚，山谷的坡度可使气流向下运动产生谷地风，而沿海或滨水地区则可受益于白天及夜间生成的水陆风的作用。其次，尽量避免自然危害。湿热地区的城市建设应选择有利地形，避免位于江河两侧或江河出口附近的平坦地区，这些地方常是雨水汇集之处，水位较高。此外，也应避免紧邻沿海区域，这些地区易受飓风和暴雨袭击，海平面上升和大风引发的海浪也会造成严重破坏。最后，应满足一定的防洪要求。城市洪涝灾害主要由来自远方的积水以及市区汇集的超量雨水所引发。前者需从区域规划的层面加以解决，后者则可以通过采用适当的城市设计细节加以改进。通常需要合理处理地面高程和基地不同部分之间的高差；尽可能保持自然植被和具有渗透性的表层土；用具有渗透性的路面铺装替代原先密实的人行道、广场和停车场；设立屋顶蓄水池（既能蓄水，又能减轻太阳热辐射）或在市区开挖人工湖；保留土地结构的自然灌溉特征等。

2. 城市结构和建筑物密度的综合考虑

建筑物密度是决定城市通风性能和城市温度的主要因素之一。通常情况下，建筑密度越高，通风效果越差，越容易出现"热岛效应"。在湿热地区，过高的密度常会导致市区维持在较高的热应力水平，现代城市比传统城市具有更高的密度，只有采取适宜的城市设计策略才能将环境质量的恶化减到最小。湿热地区的城市应尽量采用分散式结构，尽端开敞以利于通风。建筑物密度应维持在相对较低的水平，鼓励不同高度的建筑交错布置，并使建筑物的长边与主导风向成一微小角度，以增强城市通风性能。在城市建设时，尽量避免采用高层板式建筑，以避免阻碍风在街道和建筑间的流动；或避免与主导风向垂直布置的具有相同高度的建筑群，以免产生"风影区"。积极利用高层建筑对风环境的改变原理，鼓励建造高层塔楼，并将之相互远离，以促进高空的气流与地面附近的空气混合，将高处相对较冷的空气带到地面，增加近地风速，提高行人的舒适性。

3. 街道网络的规划设计

湿热地区的街道网络规划设计的首要目标是提高步行环境的舒适性，并为沿路的建筑提供良好的通风能力，尽量降低城市密集区的"热岛效应"，可采用尽端开放式和分散式布局，或将不同高度的建筑物相互结合，或增加街道开口与宽度，或利用绿带、河流将其与城市外部空间相连都可提高城市通风性能。在建筑物低密度区，风可以在建筑及其周边地区自由流动，街道对风运动所起的阻碍较小；在高密度区，这种影响就非常重要。当街道与风平行时，街道能获得最好的通风效果，但沿街建筑内部的通风潜力受到影响；当街道与风垂直时，沿街建有长条形建筑的街道会妨碍整个地区的通风能力，这在湿热地区是十分不利的。因而，从湿热地区城市通风性能来看，一个良好的街道规划应使宽阔的林荫道与主导风向成大约 30° 的倾斜角，能使风顺利穿过街道到达市区，也有利于沿街建筑前后面的空气产生压差，增强建筑自然通风潜力。具体处理时，应进一步挖掘湿热地区传统城镇、建筑形式中那些适应气候的有效手段。以湿热气候为背景的广东民居村落形成了疏散式和密集式两种不同的布局模式。前者通过绿地、水体的合理布局来降低室外温度，并以温差进一步结合建筑物疏密差异和空间大小形成气压差来增强通风能力。后者则在南北向设置狭窄冷巷提供阴影，并通过热压作用强化村落内部的通风效果。如广东珠三角地区和海南文昌地区的传统村落布局，通常选择在平原或略有坡地的地形上，采取坐北朝南、前塘后坡的网格式布局。这种布局的特点在于建筑大都南北向，自然通风良好，又可利用水体和坡地绿化改善夏日室外物理环境，调湿、降温作用显著。又如，骑楼是结合南方气候条件和商业经营需要而发展起来的，夏日遮阳，雨天挡雨，方便穿行，在现代城市设计时应进一步加以考虑和利用。我国南方地区，如广州、福州等地常采用建筑底层架空的做法（图 4-9），一方面有利于防潮、通风和日照，方便居民活动；另一方面有利于改善局地微气候，通过底层架空绿化形成室内外环境的相互渗透，丰富住区环境。实践证明，这是适应南方气候特征空间形式的。

4. 开放空间设计

绿地、水体对改善城市温度、湿度以及局地风环境有着明显的作用。在规划设计时，应促使绿地、水体为主

图 4-9　福建永定土楼里的遮阳空间结构

体的开放空间形成良好的网络，贯穿整个城市建成区域，并注意与当地主导风向结合，形成城市的通风走廊，从而增强城市通风能力，减缓市区"热岛效应"。例如，王建国教授团队在中国海口市开展总体城市设计时，注意保留了连续的有树荫遮蔽的开敞绿地，并与大海、河流以及整个城市的绿地系统相连，此举不仅为城市提供了"风廊"，有利于降低夏日较高的温度，也为行人提供了良好的步行和骑车通道，保护了海鸟的栖息环境。湿热地区植物与局地微气候有时也存在矛盾。树木提供的阴影大都是受欢迎的，但是过度稠密和低矮的树冠阻碍了空气流通，再加上植物的蒸发作用增加了空气湿度，从而形成"死空气"，这些无疑更加重了原先的不适感，尤其是在市区通风能力本来就较弱的时候，在湿热气候条件下，当通风与遮阳起冲突时，通风更为重要，这时就要避免树木对风的阻碍作用。当地较为理想的植被类型是草坪、花圃和高大树木的结合，避免种植高耸的灌木丛。

5. 建筑设计特点

湿热地区的建筑需要解决通风、降温、隔热、防潮以及减少太阳辐射等诸多问题。其中，保持持续通风是首要的舒适性要求，而且湿度越大，对通风要求也就越高。与之相适应，建筑布局通常较为松散，常采用开敞的平面布置和较大的窗洞开口以利于自然通风，或通过较深的门廊、外廊、阳台和遮阳板帮助导风和降温，或采用干阑式的结构形式以加强建筑物周边的空气流通。传统湿热地区的城市以"屋顶文化"为特征，建筑屋顶除了挡雨之外，最大的功能在于遮阳，这是因为以前湿热地区的

图4-10　北京清华环境楼屋顶的遮阳和太阳能集热功能

建筑比较低矮，大屋顶就可以起到充分的遮阳效果，目前，防水处理良好的平屋顶已能取代原先的坡屋顶，屋顶的遮阳功能也相应地被各式各样的遮阳板、阳台取代。现代湿热地区的建筑已逐渐由古代的"屋顶文化"转化为现代的"遮阳文化"，清华环境学院新生态节能楼就是很好的范例（图4-10）。充满光影变幻的遮阳特征无疑是现代湿热气候特有的风土造型。现代建筑大面积的外墙需要各种遮阳形式的综合作用才能有足够的效果，如出挑1m的遮阳板每年可节省20%的空调费用，传统民居建筑在平面设计和造型处理时通常都能反映地方气候特征。如在我国云南西双版纳地区，气候炎热多雨，空气潮湿，当地居民为了防热、防潮以获取干爽阴凉的居住条件，大多建成出檐深远的干阑式竹（木）楼，有利于通风散热和排水防潮；在东南亚地区，当地人用常见的竹木来建造屋舍，并用竹片编织成墙壁和地板，用树皮、茅草覆盖屋顶，这些围护结构有许多空隙，有利于保持气流畅通。新加坡阿卡迪花园公寓则是现代湿热地区适应气候的典范，其十字形平面布局和造型处理手法独特、独具匠心。该建筑周边保留的绿带很好地阻隔了周围环境的喧嚣，建筑外立面上一组组直线几何形阳台层层叠落，种满绿色植物，起到很好的遮阳美化作用，再加上精心设计的内院，整个环境闹中取静，清新怡人。

6. 相关理论与实践研究

近年来，人们对生物气候条件的认识和应用已从单纯的建筑节能设计逐渐向深度和广度发展，日益关注于人类健康、空气质量以及自然要素对城镇建筑环境所造成的影响等诸多问题。城市和建筑领域结合生物气候条件的研究成果大量涌现，其中以杨经文及其研究团队较具代表性。20多年来，他们一直以生物气候学思想为指导，以"绿色"和"生态应对"为设计目标，针对高能耗、高污染、对生态环境高破坏性的建筑和城市设计活动在设计时坚持低能耗和生物气候优先的原则，积极利用城市自然资源通过被动调节来适应地方气候，从而尽量减少对建成环境的负面影响。在设计每一个作品的时候，他总是思考着未来，思考着通过怎样的设计，获得一份充分考虑资源恢复和补充的经济性，而不是掠夺和耗尽环境资源的经济性。

杨经文建立起一整套"生物气候"设计理论以及对环境知识体系的完整理解，在该领域发表了一系列文章和著作，如《摩天大厦：生物气候的思考》《热带走廊城市——几个吉隆坡城市设计构思》《热带城市的地方习惯——一个东南亚城市的建筑》以及《环境规划设计中考虑和生态结合的理论体系》等。此外，他还总结了在湿热气候条件下适应气候的城市设计策略，归纳起来有以下几个方面：①城市的绿化系统要贯穿整个城市和市内的建筑，要注意主导风向，使风能进入城市内部避免市区"热岛"的形成。②鼓励和引导市民到室外公共空间进行户外活动，不要让他们总是处于室内空调环境中。③在建筑密集的市中心地区要减少汽车流量，以降低污染、降低热量。④在市区内均匀布置公共活动场所（总面积占 10%～20%），这些场地应为露天的并有绿化或由架子、罩、棚遮挡的半封闭空间。⑤注重平面绿化的同时注重垂直绿化，使植物同建筑构成一体来反映一种绿色的形象。⑥道路交通规划应尽量减少人们对汽车的依赖，并鼓励在一定的范围内使用步行道，楼群之间不必让汽车穿越。⑦人行道要设计成半封闭或不封闭形式，并形成系统。⑧要尽量设计可渗透地面，避免雨水从地面上流失。⑨要保护好风景性水面以用来蒸发降温。

在杨经文主持设计的公地广场拉曼科塔规划和城市设计项目中，使用一种"生态土地利用叠图"技术分析用地的生态承载力，帮助确保各类设施的布置能够最小限度地影响用地的地形、植被和水文情况，力求将人工系统与该地段的自然植被和景观等结合在一起。节约交通运输能源成为这一方案的又一特色。该方案通过减少低效的小汽车交通、增加公共交通和铁路交通等高效方式以节约交通能耗，鼓励步行，采用两条贯通整个设计地段的超宽超长的有顶步行道，确保所有组团的居民能便捷地使用它们。一条轻轨铁路线同样贯穿整个用地，可方便地连接周围建筑群。该方案还结合湿热气候条件，通过游廊步行道、拉曼科塔大道、步行骑楼长廊、阶梯状花园构成了连续的景观园林步行连廊、开放式庭院、建筑物形体的精心设计，力求创造一个交通便捷、节约能源、健康舒适的城镇建筑环境。

4.3.2 干热地区的城市设计生态策略

干热地区在赤道南北 15°～30° 的纬度范围内，包括亚洲的中部和西部地区、中东、非洲、美洲北部和南部以及澳大利亚中部和西北部地区。我国新疆吐鲁番盆地一带，以及川西攀枝花地区、川东长江谷地、云南元江谷地以及海南岛西部的部分地区也属于这一气候区。由于西北及东南信风在经过干热地区上空时带走了大量水汽，空气十分干燥，该地区总体气候特征主要表现为干旱、高盐碱化、大面积高温和强烈的太阳辐射，通常在中午和下午风很强，但在夜间却较弱（局部干热地区夜间也有强风），从而引发当地下午共同的气候特征——沙尘暴，这也是导致不适和麻烦的主要因素之一。干热地区的夏季气候条件最为严峻，但冬季通常较为舒适（局部地区也有寒冷的冬季）。该地区城市设计应以确保城镇建筑环境夏季的热舒适性为最高目标，这是因为在通常情况下，如能满足人在夏天的热舒适条件，也就等于满足了冬天的热舒适条件。

1. 基地选择和布局原则

干热地区城市设计的主要目标是如何减轻恶劣气候给人们室外活动带来的压力，尽可能提高单体建筑物的节能性能，并综合利用地形变化来获取良好的通风条件。针对夏天的燥热，在基地选择和总体布局时应注意以下几点：首先，选择合适的海拔、坡度和方位，以降低城镇建筑环境所受的太阳辐射，并应利用自然通风促进热量扩散。尽量避免位于低矮、狭长的谷地，宜选在山的迎风坡或较高海拔位置，可获得良好的通风能力和适宜的气温。其次，较为理想的状况是在基地的东南方向有大型的水域或灌溉区，可提供有益的水汽蒸发，从而能够降低该地区温度。此外，也可对地面采取特殊处理，加快白天所积聚的辐射热的扩散。最后，规划布局应使居住与工作场所能够通过快速、便捷的交通系统连接起来，并将社会公共服务设施分布于适宜的服务半径内，以减少长途跋涉，节约能源。为了最大程度地减少干热气候对城市生活的影响，增加居住的舒适性，吉·格兰尼在谈及该地区的城市规划设计原则时强调：要有紧凑的自然环境；重点在于垂直发展，而不放在常用的传统水平发展；偏重采取向半地下和地下发展，而不是向高层建筑发展，以显著节省公共设施与基本设施的建设投资及其之后的运行和维护费用。

2. 城市结构和建筑物密度的综合考虑

干热地区的城市通常呈现为高密集型、紧凑式的结构形态，这主要是由当地的气候条件所决定的，是长期以来适应自然的结果，对改善室内外环境的舒适性有着积极作用。

（1）干热地区城市建筑物密度与城市气温。对于干热地区的城市而言，狭窄的街道和密集的建筑是比较适宜的形式，与宽阔的街道相比，会产生更多的阴影。对于同高度的建筑物来说，宽阔的街道与狭窄的街道相比在白天会产生更大的温度波动。达卡（Dhaka）通过对孟加拉国（Bangladesh，北纬23°）研究后发现：在夏季白天，高宽比为1：1的街道温度会比高宽比为3：1的街道高出4℃。究其原因，主要因为在白天，城市街道上空会比狭窄的街道地面温度更高，这是因为它们比地面受到更多的太阳辐射；在夜晚与此相反，由于只有一个狭窄开口敞向天空，街道地面会比街道上空温度下降慢些，到后半夜，街道上空的冷空气就会沉降，从而改善了地面的热环境。同样高度的建筑，如果增加了城市建筑物密度，也就意味着减少了建筑周围的开放空间面积，而它的减少对城市气温的影响还在很大程度上取决于建筑物的方向、色彩尤其是屋顶的色彩。此时，如能综合利用城市密度、建筑物高度和城市中建筑构件的平均反射率，将屋顶、墙壁涂成白色，亦即干热地区的"浅色化"措施，将能明显减少建筑物对太阳辐射的吸收。上述研究表明，无论是从对街道及其周边环境的理论分析，还是从实际测量中都可以得出，在干热地区设计高密集型的居住环境从总体上来说是有利于降低建筑物白天的温度的。但是，狭窄的街道可能会造成较为严重的空气污染、更多的噪音和较低的风速。

（2）干热地区城市建筑物密度与通风潜力。干热地区通常白天风较强而晚上较弱，令人感到意外的是一般该地区白天不需通风（避让沙尘），而夜间为确保室内比较舒适通风又成为必需。因此，我们关注的重点是如何提高城市及其建筑物夜间的通风性能。在高密度且层数接近的区域，街道很窄，建筑物间距较小，风几乎全部从屋顶掠过，这时应结合建筑设计充分利用屋顶空间作为夜间休息的场所，其他楼层则可利用"风斗"将风向下引导用以改善底部建筑的通风条件。此外，可利用高层建筑产生的局地风改善地面的风环境。同时，也应避免板式建筑在与主导风向垂直的方向上形成"风墙"。

（3）干热地区建筑物密度与城市开放空间。干热地区容易受地方性沙尘暴和沙尘"波"的影响，裸露的空地通常是沙尘的源泉，而植被覆盖的土地有助于过滤空气中的沙尘。但雨水的缺乏和异地引水的高昂成本限制了城市美化露天环境的能力。这时较为合理的城市设计政策就是限制建筑物之间的距离（按规则退让）至居民能够绿化的尺度，这在一定程度上也导致干热地区的城市密度要高于其他气候类型区。

3. 街道网络的规划设计

在干热地区对通风的关注主要是保证夜间建筑物的通风能力，其重要性不言而喻。街道的宽度决定了街道两侧建筑物的间距，能够影响通风能力和太阳能利用潜力。干热地区的街道布局原则是在夏季尽量为行人提供阴凉，并减少建筑物的暴晒。在当地常见的沙漠化地带，与风向平行的宽阔街道会从总体上恶化城市的沙尘问题，这是因为干热地区的风主要从西向吹来，所以与街道方向相关的阳光暴晒问题与沙尘问题之间存在矛盾，需要通过整个城市的抑制沙尘措施加以解决。例如，通过街道铺地设计来改善地表覆盖率和近地风速；或者保持场地的自然状况，种植沙漠植物以限制沙尘的形成，降低空气沙尘污染。不同方向的街道提供的遮阳模式也是不一样的，南北向街道与东西向街道相比，夏天具有更好的阴影条件；呈对角线方向的街道从阳光暴晒角度来看，东北—西南方向比西北—东南方向更好一些，能在夏季提供更多的阴凉而在冬季获得更多的日晒 [诺尔斯（Knowles），1981 年]。在干热气候下，通常不考虑利用穿堂风来降温，建筑布局非常紧凑，就像突尼斯城，街道很窄，建筑相互遮蔽。哈桑·法赛为埃及巴利兹（Bariz）新城所做的规划，也是采用狭窄的南北向街道以增大清晨和午后的阴影。再如，我国新疆喀什旧城则通过街道空间的精心设计以增加风阻、提高聚落防风能力，并利用狭窄的巷道、过街楼等增强遮阳和降温作用，其密集的院落式布局为恶劣气候下的当地居民提供了一处遮阳、防风且温度相对稳定的人工环境。

4. 开放空间设计

干热地区地表水汽蒸发率较高，从覆盖植物的土壤中蒸发的水汽可以降低气温、提高湿度。因此，城市开放空间包括私人绿地、公共绿地、公园等对该地区的气候影响最为显著。从舒适性角度考虑，在绿化区附近进行户外活动要比混凝土建筑附近更舒适。大面积的浅色屋顶与树木种植的有机结合，将会提高空气湿度，并明显降低该地区的室外温度。在炎热气候条件下，人行道应尽可能不暴露在阳光下，尤其是在白天户外活动的聚集场所。那些狭窄且具有较好遮阳设施的街道对于步行人流、室外活动以及购物环境而言都是更为舒适宜人的。当地居民在与恶劣气候长期斗争的过程中积累了丰富的经验，突尼斯城总平面的地方性降温措施常令人拍案叫绝。在有条件的地区，水体的引入无疑具有直接而显著的作用，如西班牙阿尔汗布拉宫采用了凉快的、有遮阳的庭院和喷水池，它不仅是华丽的景致，而且是最深刻、最丰富的建筑创造力的源泉，也即对格拉纳达干热气候挑战的直接应对。其基本原理为：在干热气候下，尽量堵住温热空气并使之湿润，再利用水汽蒸腾降低温度。长期以来，类似应用已经取得惊人成效，诸如巴利兹新城位于德里和阿格拉的举世无双的莫卧儿城堡，在这座有围墙的花园里，淙淙的水渠将一座座凉爽的大理石凉亭连接起来。我国新疆维吾尔族居民在各家院子里用葡萄棚遮阳，下面常有一条小溪缓缓流淌以增加空气湿度，从而将葡萄种植与改善室内外局地微气候很好地结合起来；在吐鲁番市中心地区，竟有一条超过 1km 长的葡萄棚步行街，能在夏日提供阴凉，颇具地方特色（图 4-11）。

5. 建筑设计特点

干热地区的建筑设计重点应解决隔热和降温问题，通过构造设计来提高室内舒适度。为减弱太阳辐射的影响，在当地通常采用紧凑的平面布局，将主要功能房间布置在较好的东南朝向，尽量减少暴露的屋顶和墙体面积，或增加墙面的悬突物以增加阴影。在建筑内部组织单向穿堂风，或利用室内外热力差形成自然对流的原理设置"风斗"之类的垂直风道，可取得较好的效果。干热地区的建筑通常采用厚重的夯土和砖砌结构的外墙和屋顶，以适应高温和昼夜温差的影响。中东地区、我国新疆地区的住宅至今仍在使用，这是因为夯土和砖砌结构的蓄热性能可以很好保持室内温度的稳定。同时，由于受风沙和日晒的影响，该地区的建筑物开窗面积相应很小，如在风沙严重的河西走廊武威地区，甚至在住宅外围设立高达 4m 的夯土墙以抵御风沙侵袭。此外，如果地质条件许可，覆土建筑或地下建筑也是不错的选择，可以有效适应严酷的气候，也有利于降低建筑密度，形成宜人的自然景观。院落为干热地区的建筑设计提供了一个很好的范式，它对小气候的改善有显著效果，特别是在通过对流作用保持空气流通方面。夜晚，凉爽的潮湿空气在院落底部形成，慢慢进入房间，从而使房间冷却下来，一直到第二天都能保持较舒适的温度。再者，院落还在一定程度上起到"缓冲器"的作用，抵御外来的噪声，防止灰尘和沙粒进入室内。干热地区的院落应用非常广泛，例如，大多数传统的中东和地中海住宅就是由具有一个庭院的矩形和L形建筑，具有两个庭院的H形房子和T形建筑构建的，偶然还可以看到具有三个庭院的Y形建筑的复杂设计以及由四个庭院组成的十字形建筑设计。近年来，相当多的住区规划和设计方案都采用了上述设计类型，并取得了较为合理的开发密度和环境舒适度。

6. 案例研究

（1）美国凤凰城太阳绿洲。由柯克（J.Cook）设计的美国凤凰城太阳绿洲是一项蕴含着生物气候设计思想和技术手段的综合性城市设计，它将建筑、生态、机械设计融为一体，其主要目的是改善这个位于世界上最热的城市中心地下停车场顶部的外部空间，使之成为一处真正向市民开放的、人人能共享的交流场所。该方案采用一个呈对角线的、不对称的张拉膜结构帐篷覆盖在广场上，方便行人穿越。一方面，可使冬日温暖的朝阳自由洒落，而在其他时间又能遮蔽阳光；另一方面，其富有动态的形体能使热气流从顶部散出，而雨水恰好可从底部排出。最为特殊的是，该方案还运用生态技术手段，在绿洲的东侧布置了两排冷却塔，对酷暑的沙漠气流加以过滤和弱化。10座18m高的冷却塔，在顶部配有可反转的烟囱罩以蒸发顶部用于被动制冷的水。由于比重大的湿冷气流下沉，在底部形成一股冷气流，从而确保夏日广场上1.7m高的接近人体水平面上的空气每隔20s被冷却和更换一次。

（2）阿联酋马斯达尔"太阳城"。作为世界自然基金会可持续发展计划——"一个地球生活"项目

图4-11　吐鲁番葡萄棚在夏日提供阴凉

重要组成的马斯达尔"太阳城",占地 6.5km²,由诺曼·福斯特设计,于 2008 年 4 月兴建,并于 2016 年完成。马斯达尔城的环境目标是一个全球性的创举——世界第一座完全依赖太阳能、风能实现能源自给自足,污水、汽车尾气和二氧化碳零排放的环保城,为未来的可持续发展的城市设计设定了新的基准。马斯达尔城是一个没有小汽车的城市,所有来访者将车停在城外,通过步行、自行车和无人驾驶的公共电车到达各个目的地。马斯达尔城以传统阿拉伯露天市场为蓝本,规划整齐划一,每边长 1.6km,限高 5 层,12m 高的城墙护城,一如古代壮阔的城池。马斯达尔城最终要实现"零碳零废物"的伟大目标,这是前所未有的宏伟创举。为此,城区内外建有大量太阳能光电设备以及风能收集利用设施,以充分利用沙漠中丰富的阳光和海上的风能资源;在城市周边种植棕榈树和红杉木,形成环城绿带,在改善环境的同时也可以提供制造生物燃料的原材料。此外,未来还利用大量的大型风车发电,这也形成茫茫沙漠中的一道独特风景。阿联酋气候干热,气温常年在 50℃以上,空调降温能耗需求惊人。为此,太阳城采取了多项绿色降温手段。第一,用覆盖在城区上空的由特殊材料制成的滤网为城内纵横交错的狭窄街道提供林荫;第二,在城中建立一种"风塔"装置,利用风能、空气流动和水循环形成天然空调;第三,利用城中密布的河道和喷泉降温增湿;第四,结合狭窄的街道,配以绿色植物以减少阳光直射和增加阴凉。

4.3.3 冬冷夏热地区的城市设计生态策略

冬冷夏热地区集中在北纬 30°～40°,主要位于各大洲的东部,如中国、日本和美国等。其特点是夏季比较炎热干燥,白天的温度为 30～35℃,最高可达 37～39℃,甚至 40℃;冬季较为寒冷,气温一般在 –10～5℃;其相对湿度变化较大,白天为 30%～40%,夜晚则达 80%。这种气候区夏季需要制冷,冬季需要采暖,只有春秋季可通过自然通风获得较为理想的热舒适性,总体而言,能耗较大,需要特殊的节能设计。我国长江中下游地区大量人口均位于该气候区,由于不能完全依靠空调,因而舒适的热环境主要依靠科学的城市规划和建筑设计策略。通常对于城市环境热舒适性而言,冷是生存的最大障碍,热是舒适性的最大影响因素,这是因为人类对寒冷的保护远比对过度热应力的保护更容易获得。加热能够通过简单的、相对便宜的设备获得,而用于制冷的空调比较昂贵,对于发展中国家的大多数人都不适用。因而,除了那些冬天气候比夏天严峻得多的地区以外,夏天的热舒适性问题在城市设计时应予以优先考虑。冬冷夏热地区针对夏天和冬天的理想的城市设计指导方针是非常不同的,甚至会发生冲突。但是通过合理处理城市通风、街道布局和建筑规划设计,提出在这两个季节内都舒适、节能的城市设计方案还是可能的。

1. 基地选择原则

在冬冷夏热气候区,夏天常高温、高湿多雨,而冬天则非常寒冷,常在 0℃以下。更为重要的是,这个地区冬、夏两季的主导风向经常是不同的。如在我国东部地区,冬天的风主要来自北方,夏天则主要来自东南方向。因此,该地区基地选择一方面要保证冬季日照良好,夏季通风流畅,在东南方向没有大的地形起伏、遮挡;另一方面既能防止夏季高温辐射,又能阻断冬季寒流侵袭,在西北方向最好有高大地形或成片防护林阻隔。

2. 城市结构和密度的综合考虑

冬冷夏热地区,城市结构布局首先应鼓励夏季风(我国为东南风)尽可能穿越城市空间,它要求建筑适当地分散布置；在冬天，为了最大可能地节省采暖费用，需要拥有最小暴露、紧凑布局的建筑。因而，冬冷夏热地区要求我们通过特殊的城市规划和设计细节，建造一种由各种建筑类型混合排列的"夏天暴露分散，而冬天紧凑"的城市结构模式。在我国大部分地区，应该依靠建筑群体形态设计尽可能地使南向、东南向的夏季风得到强化，而阻挡冬季寒冷的西北风。为了达到这个目的，可合理安排不同长度和高度的建筑物使它们尽可能地面对主导风向逐级布置，首先尽量将一些体量最小的独立住宅布置在最南边，然后依次是一些低矮的建筑类型，而在用地的北部边界则建造最高和最长的建筑。这样，整个地区就由高层板式公寓楼、多层方形公寓楼、两三层的联排住宅、双拼或独立式别墅组成，形成了迎合夏季东南风的凹口状态，同时能阻挡冬季北向来风。这些建筑类型的混合与那些由单一类型建筑组成的地区相比，城市居住区的总体密度更高一些，也具有相对更好的环境质量和热舒适性。

3. 街道网络的规划设计

街道方位对城市通风有直接影响，应尽可能通过适当的布局来适应全年的风向变化。当街道与风向垂直时，应风效果的建筑群体形态布置避免通常的沿街长条形的建筑布局，该模式对城市通风具有最大的阻碍作用，将大大减弱屋顶上方的气流和地面的风速；平行于风向或与风向大约成45°倾斜角的街道，将有利于产生无障碍的"风道"，诱导风穿越市区。此外，街道方位在一定程度上还影响沿街建筑交叉通风的潜能。当街道与风向平行时，大多数的建筑处于风力的"真空"地带；当街道与风向成30°～60°时，对建筑内部的自然通风较为有利。因此，通过对城市空间的总体通风条件和建筑物的自然通风进行综合考虑，比较理想的街道方位应与主导风向成30°～60°，这样能产生较好的综合通风效果。在我国冬冷夏热地区，东西走向的街道在冬天与主导风向（北风）垂直，而在夏天与主导风向（东南风）成45°斜角，这种街道方位和布局将有利于冬天最大限度地减少北风的影响，而在夏天则能增进街道和沿街建筑的通风。同时，这种布局对于加强冬日沿街建筑的日照也是一个好的方位选择，但对于人行道上的行人来说不甚理想。因此，从冬日街道自身的环境质量来看，在防风保护和阳光照射的考虑上存在冲突。但总体而言，上述推荐的街道方位在季节更替中已经能够提供比较适宜的生活环境了。

4. 开放空间设计

冬冷夏热地区的夏日需要凉风习习、浓荫蔽日，冬天则需远离寒风、阳光普照。舒适的环境总由这样一系列矛盾的参数控制着，它要求我们在城市开放空间的设计过程中，充分考虑冬冷夏热地区城市特定的地域生态条件和气候特征，通过双极控制原则积极加以调适。例如，作为行道树的法国梧桐，夏日树叶茂密，给行人提供了舒适的阴凉世界；冬天树叶尽褪，又将灿烂阳光还于行人，这是自然法则所提供的最好的生物气候策略。冬冷夏热地区室外活动较为频繁，城市开放空间非常重要，中国在这方面做得远远不够。以南京为例，由于气候原因，在炎热的夏季，街道和一些广场、街头小游园缺乏基本的遮阳设施，一到午后酷热难耐，居民难以外出活动，再加上一些公共场所不定时限电，基本丧失了吸引力，导致市民的出行明显减少；在寒冷的冬季，随着沿街高层建筑的不断增多，冬季寒风形成的"峡谷风"、下沉湍流给行人造成很大的不便。这在一定程度上导致夏季白天和冬季夜晚南京的城市开放空间缺乏活力。

5. 建筑设计特点

冬季防寒、保暖和夏季通风、隔热是冬冷夏热地区建筑物设计所要考虑的主要因素。这就导致该地区建筑形式较为折中，介于炎热和寒冷气候条件之间，既要保证一定的洞口面积以满足夏日通风和冬季日照之需，又要采用保温隔热性能良好的围护结构以满足夏日隔热和冬季防寒的需要。建筑物布局应选择有利的南北向布置，可以减少太阳辐射的影响；平面设计力求开敞、通透，以保证夏季有良好的穿堂风。同时，应选择节能型的建筑体型特征，尽量减少热损失。针对夏季的环境热压力，在细节处理上，可采用隔热性能好的塑钢窗，或使用中空玻璃、百叶窗和热反射窗帘，在屋顶保温层贴低辐射系数的材料（如铝箔等）；可对建筑周边和外墙进行绿化，种植爬藤植物，减少阳光的直接热辐射。

6. 案例研究

（1）传统聚落研究。散落在长江中下游地区的丰富的传统聚落，大都是当地居民根据特殊的地理环境和生物气候条件经长期实践摸索出来的，它凝结了古代劳动人民的聪明智慧，体现出人类适应自然、改造自然的能力。徽州聚落由于其独特的地理位置和气候特点，成为研究冬冷夏热地区乡土气候设计不可多得的佳例。徽州地处北纬30°，属于亚热带湿润性季风气候，夏季炎热，冬季寒冷，四季分明。当地古人在防寒祛暑的两难之中选择了以适应夏季气候（防暑）为主，兼顾冬季（防寒）的指导原则，他们在适应气候等方面有许多经验至今仍值得我们学习和借鉴。村落选址按照风水理论大都建在山南水北，无论宏村、西递村，还是屏山村，均有河水从村旁蜿蜒流过或穿村而过。村落形态根据"聚族而居"的习俗，以祠堂为中心形成一个个象形村落，如牛形的宏村、船形的西递村、铜锣形的豸峰村等（图4-12、图4-13）；对于坐落在主要河流两岸的城镇、村落的建筑，常采用吊脚楼的形式，既可防洪，又利于通风、防潮。虽然从气候的角度来看，集聚型的聚落模式未必是徽州地区的最佳选择，但是古人却凭借其智慧通过对水体的处理而获得良好的局地微气候条件。"山水之气以水而

图4-12 徽州宏村南湖生态环境

图 4-13　徽州西递南湖生态环境

运"，宏村在顺应自然水系的同时按风水理论进行人工改造，最终形成以月沼为核心的贯穿于整个村落的水体，在夏日对气候起着明显的调节作用。经清华大学建筑学院的实地测试，临河或近水地段的温度比村中心低 1~2℃，午后差值更大。古镇渔梁、瞻淇等道路系统大都沿水系和山脉展开，有一条贯穿全村的主街与水系平行，且与村落的主朝向相垂直，村落的大多数生活性街道均与水系垂直，能很好地迎纳白天从河面吹来的习习凉风，而夜间则能接受从附近山坡上吹来的山谷风，从而能够减缓夏日无风时的闷热酷暑。在长期的实践过程中，传统民居也在适应气候方面积累了丰富的经验。徽州村落建筑间距狭小，空间紧凑，有利于夏季建筑之间相互遮阳，形成凉爽舒适的外部环境。尤其是其院落、天井与堂屋完全开敞，将自然纳入室内，很好地适应了当地夏季炎热、多雨、潮湿的气候条件，承担起采光、通风、排水、日常家庭活动以及与外界沟通的作用。天井内以条石、青砖铺地，设有排水池，院墙一侧多布置盆景、植栽，蒸发降温的作用明显。

（2）现代住区设计。在构思国家康居示范小区——宜兴东方明珠花园时，我们力求将适应冬冷夏热地区城市设计的一些原则运用到这一工程实践中去，充分考虑自然环境，并结合生物气候城市设计原则综合采取以下措施。

首先，从分析当地的生物气候条件出发，建筑布局从南到北呈现了体型渐进的、丰富的群体变化，从而在夏日可以迎纳东南方向龙背山森林公园和太湖水面吹来的夏季风，而北侧连绵的商业建筑和板式小高层住宅则挡住了冬日凛冽的寒风。中部几栋点式小高层打破了多层住宅的单一高度，有利于改善局部地段静风状态时的风环境，在总体上迎合了负阴抱阳的理想风水格局。

其次，通过运用多种绿化手段，丰富小区环境，改善小区局地微气候。除中心绿化、组团绿化和宅边绿化外，还充分利用周边的河流、农田作为小区的"冷源"和"氧源"；在小区的东侧干道一侧设置 50m 绿化隔离带，减少干道车辆交通噪声对小区居住和学校的影响。

最后，减少硬质地面、墙面、屋面面积，增辟草坪、水面，增加软质地面，降低热辐射作用；确定未来污水排放措施，防止生活性污水直排造成的水体污染；加强各类污水的自然处理和循环利用；加强地面的透水性能，增加地下水的补充源，形成地面与地下水的自然循环，小区内所有软质地面均与中心水面相连，强化点、线、面相结合的网络状绿地系统的生物气候调节作用，全面改善小区空间环境质量。

4.3.4 寒冷地区的城市设计生态策略

本节定义的寒冷地区是指夏天凉爽舒适、冬天（11 月至次年 3 月）平均温度低于 0℃的地区，主要分布在高纬度区域（纬度 40° 以上）。世界上至少有 30 个国家位于地球北半部，6 亿以上的人口有着生活在严寒气候的经历。从气候特征而言，它主要分布在冰岛、格陵兰岛、瑞士、俄罗斯、加拿大、美国以及阿富汗、伊朗等北半球高纬度区域。由于地理位置特殊，自然条件严苛，该地区的城市一年中很长时间总与严寒、黑暗、寒风和冰雪相伴，气候条件对其发展来说无疑会产生很大影响，甚至会成为经济发展的瓶颈，导致一些人群因生活无法适应而远赴他乡。寒冷地区夏季的舒适性一般仅需良好的通风就能保证室内的舒适。因而，该地区的城市设计应以保护和改善城市生态环境、减少冬季热能损耗以及降低由于室外寒冷、降雪和刮风对人体造成的不适作为一切设计的出发点。与之相适应，该地区城市规划设计有着独特的标准和要求。为此，急需制订一些最基本的目标：通过适当的城市形态和阳光通道政策，鼓励土地混合使用，综合开发；通过减少到户外活动场所、停车场、学校和娱乐中心的距离使路径最优；通过拱廊、走廊、穿越街区的通道以及相互连接的中庭和地下走道的一体化设计来保护行人；季节性地使用公共领域空间 [普瑞斯曼（Pressman），1989 年]。此外，寒冷地区的城市冬季严寒，景观单调，令人备感沉重和压抑，此时适宜的城市色彩和夜景设计有利于调节生活在漫长冬季里居民的视觉、心理感受。城市色彩应遵循"明快、含蓄、温暖、和谐"的原则，基本以色彩明快的暖色调为主；在夜景设计时，采用以暖色的钠灯为主，可在夜间给人带来温暖、舒适的感觉。为了克服气候因素的制约，发挥自身优势，包括苏联、日本和加拿大等国家都制定了针对严寒地域特点的城市规划。苏联在 1985 年制定了"北域 2005"计划，旨在提高约占国土面积一半的西伯利亚地区的城镇建设水平。世界上降雪最多的城市札幌制定了中远期综合规划、城市规划以及 5 年建设规划。它们都充分考虑到结合自身地域特点，严格控制发展规模，保持紧凑的用地布局模式，并制定冬季节能、防雪的特殊计划。加拿大许多城市也针对寒冷地区的特点在规划设计中采取充分措施，如在为圣琼斯郡制定的"寒地城市设计导则"中就包括了一些适应气候的策略，如保持日照、防风、防雪处理等，并在街道、公园和开放空间、住宅和商业建筑以及停车场、绿化配置等方面提出设计导则以及适宜的色彩材质和照明等方面的指导。哈尔滨工业大学建筑学院教师开展了"寒地城市与建筑设计"。

1. 基地选择原则

对于严寒地区的城市或街区选址，那些受庇护、有阳光的地点会为居民提供更舒适的环境。因此，一方面要考虑风的来向，另一方面要充分利用地形、地貌对气候的有利修正。中国传统风水理论提供的"负阴抱阳"的理想模式，它遵循某种"'全息同构'的准则，是环境内各项自然地理要素的有机协调"，有着一定的科学性，非常适用于寒冷地区。该模式周围的地形能够阻挡冬日的寒风，其凹口又能很好地接受太阳辐射。即使对于同一山丘，南侧比北向能够提供更充足的阳光。

城市设计与案例分析

2. 城市结构和密度的综合考虑

加拿大学者诺曼·普莱斯曼教授认为，寒冷地区的城市应为集中紧凑的城市形态，在确保建筑享有充分日照的前提下，合理提高建筑密度，这样有利于减少交通需求和节约能源。这是因为，高密度意味着城市土地的密集使用，寒冷地区的城市居住区、商业区和服务部门的高密集性可以缩短步行和乘车的距离，减少交通需求和建筑取暖能耗。如果再结合一些特殊的构造方法，如在一定的区域布置高度相同的建筑物，使冬天的冷风越过屋顶而不影响室外活动空间，能起到很好的防风效果。此外，与小型建筑相比，大型的高密度多用户使用的建筑减少了建筑表面积，可以减少热损失。对冬天寒风进行有效屏蔽也是一项很重要的策略。在建筑布局和形体设计时，一个弯曲的凸面，或一座宽的、V字形的、长条形的、东南朝向的建筑可遮挡北风，从而在它的南侧产生一个受庇护的区域。一系列这样的建筑能保护一个建造了较低建筑物的大片地区。板式高层建筑可以为其院落内部的开放空间、公共设施、儿童游戏场地以及其他低层建筑抵御北向的寒风提供有效屏蔽，这对改善冬季居住环境、增加户外活动大有裨益。

3. 街道网络的规划设计

寒冷地区街道网络规划设计的一项重要任务就是街道风的预防。街道风受街道走向、宽度与两旁建筑物、绿化的影响很大，也与街区所在的地理位置以及该地段常年气候条件有关。在规划设计时，应合理确定建筑物间距，科学布置树木、灌木丛、廊架等防风隔断，留出足够的风道，给风多一些自由空间，这样就可以大大削弱街道风的危害。以下措施将会有助于上述目标的实现。

（1）曲线形道路系统。主要道路应尽量与主导风向垂直；沿街连续的板式建筑会降低路面的风速，而弯曲的或有角度的街道比相同方位垂直的街道具有更低的风速，当狭窄的街道走向与风向平行时，这个特征尤其显著。

（2）桥式连接。结合过街交通，在宽阔的道路上用一些建筑化的人行天桥、大型横幅等横跨在街道上，可有效降低街道的整体风速。

（3）玻璃街道。在城市商业区，带有玻璃屋顶的街道可为行人提供防风防雪保护。加拿大卡尔加里市以"+5m"人行天桥步行系统而闻名。市民可在离地5m高的封闭天桥内行走，不仅有效实行了人车分流，还在冬季为人们提供了气候庇护。

（4）带顶的街道。带顶的高速公路通常建于地下，它可连接多个城市以及市内主要网点，丝毫不受风雪影响。在挪威的奥勒松（Alesund）市，一条新建的三车道地下公路已经实现了无雪汽车交通，也减轻了城市中心区地面交通的压力，并可结合地下交通组织商业、银行、酒店、办公等不受季节影响的地下公共空间。

（5）防护墙或防护林。在寒冷地区提高室外温度是困难的，由于热量很快散失到周围环境中，尤其是有风的时候，防护墙或防护林可以用来保护建筑物及其外部区域不受冷风侵袭。研究表明，逆风的墙体可以降低市区流动的风速，密植的防风林也能起到同样的功效。东方广场是北京十大新建筑群之一，位于东长安街与王府井的交会处，寸土寸金。虽然在城市设计层面还存在一些争议，但设计师在总体环境布局时充分挖掘潜力，巧妙构思了山水小景、花坛、喷水池等，使其肩负起潜在的防风功能，化解角流风与涡流风的冲击；在产生"狭管效应"的通风道上加盖透明顶篷或设置小树林等多层绿化带，巧妙挡住街道强风，减轻其对行人的危害。东方广场的环境设计科学地给风留以出路，尽可

140

能方便人们的出行。封闭性的人行通道直接与各条大街相通，避免人与风的直接接触，从而使整个广场基本上能够满足中国风环境舒适度标准。

4. 开放空间设计

寒冷地区的城市开放空间设计，需充分考虑特定地域的生态条件和气候特征，减少开放空间在冬夏利用率上的差异，增强它在冬天的活力。首先考虑的是避免将它建造在阴暗区和可能频繁产生近地高速风的地段，能获取阳光和免受寒风侵袭。其次，应积极利用绿化植物来获取舒适的外部环境。北半球的冬天一般吹北风，这时应在寒风来源的北方密植高大的常绿树木，这类树木可以防风而且不会遮挡阳光照射，同时需沿着树木种植常绿灌木林带以防止寒风从树冠往下渗透。在寒冷的冬天为公园提供防风设施尤为重要，公园休息场地、运动场地的南侧应多种草坪，北侧多植大树，这样冬天可挡风，夏日可遮阳，因而无论什么时候都会受到欢迎。寒冷地区的城市规划设计面临两难选择：人们是躲在封闭的空间里"逃避"冬天，还是在开放空间中享受冬季户外运动的乐趣？这就需要制订长期的"冬季自觉"的城市开发计划，它要求积极拓展滑雪、冰上运动等"冬季文化"内容，发挥寒冷地区城市冰雪资源的独特魅力，深入研究在冬季利用公园、广场、街道和河流开展冰雪活动的方式，从总体上对城市冰雪景观做统一规划，为老人和小孩建设专门的设施；鼓励清除积雪的计划和设施，确保交通畅达，提高城市吸引力。以哈尔滨市为例，其城市总体设计就充分结合松花江沿江绿带以及流经市区的马家沟河生态廊道规划建设城市冰雪观光风廊，以创造四季皆宜的城市景观。

5. 建筑设计特点

寒冷地区的建筑物需要解决冬季防寒、保暖的同时还要兼顾夏季通风降温、防潮等问题。为了获得更多的日照，该地区建筑物南向开口和间距通常较大，院落开阔。为了增强建筑物采暖保温性能，应尽量减少建筑外表面积，加强围护结构保温和蓄热性能，提高门窗的气密性，同时采用复合墙体和双层中空玻璃，减少辐射热损失等。例如，在中国东北地区，民居常采用降低层高、加厚墙体并采取各种采暖措施（如火炉、火墙等）以防寒保暖，且主要道路多呈东西走向，以阻挡冬季寒流对行人的侵袭。又如，由比尔·邓斯特（Bill Dunster）负责设计的英国贝丁顿住宅小区，建筑方案结合当地寒冷的气候条件，选用紧凑的建筑形体以减少建筑的总散热面积。同时，为了减少表皮的热损失，建筑屋面、外墙和楼板都采用了300mm厚的超级绝热材料，而窗户则选用3层玻璃窗，并在屋顶安装了太阳能集热器和"风帽"，可为室内提供新鲜空气。微型城市农场和葡萄园的生产性景观，成为葡萄牙、中国和意大利邻里社区的标志，这种乡土特色在城市的街巷、屋顶、后院随处可见，形形色色的花园、房屋、街道和人，传达着私人领地的概念，并诠释着不同的空间使用方式，形成丰富的城市传统。

6. 案例研究

（1）"风屏蔽"模式。英国的寒地城市设计专家劳夫·厄斯金在北欧寒冷地区的长期实践中，利用空气动力学特点，引导有利的夏季风，阻挡不利的冬季寒风，建立起一系列适应寒地气候、节约能源和追求环境可持续的城市设计生态策略。其中，最广为人知的要数他提出的居住区"风屏蔽"设计策略，即在场地北部建造环绕的板式多层建筑，为居住院落内的开放空间、公共设施、儿童游戏场地以及其他层数较低的住宅抵御北向寒风提供有效屏蔽。由他主持设计的英国纽卡斯尔城的贝克（Byker）地段再开发项目，位于一片朝向西南的斜坡上，在此可以鸟瞰整个城市中心。他使用连续的"薄墙型"建筑环绕整个基地的北侧边界，从而可以有效阻止北海吹来的寒风，并可以成功隔绝来自铁路、公路的噪声。在设计过程中，厄斯金还成立了专门的办公室接待社区来访者。贝克住区改造获得了巨大成功，该城市设计在与特定自然生物气候和公众参与结合方面树立了典范，其设计思想具有广泛而深远的影响。

厄斯金认为，"住宅和城市应该像鲜花一样向着春夏的太阳开放，并背向阴影和寒冷的北风，同时对平台、花园和街道提供阳光的温暖和寒风的防护"。他提出的巨构建筑形式的亚寒带城市模式，以风能发电为主维持城市运转，完全是从气候角度出发做出的理性判断。出于对阳光的极度关注，他将整个城市置于群山环抱之中，坐落在向阳山坡上，这样既能最大限度地利用宝贵的太阳能资源，又有利于躲避严寒的侵袭。城市的步行交通系统也根据气候和季节被精心设计成彼此独立而又互为补充的两套系统，以确保在寒冷季节各种活动的正常进行。其他如瑞士、俄罗斯一些国家的寒地城市，为避免冬季暴风雪对居住区的侵袭，将多栋住宅沿地段周边建设，形成封闭的微气候防护单元。我国东北地区的住区建设也大都采用该措施，周边式、合院式布局应用较为广泛。

（2）生态—技术城。杨经文为德国罗斯托克城设计的生态—技术城方案提出一种适合未来新千年所需的"绿色城市生活方式"的设计原形，即"适应生物气候需求的城市生活方式"。设计者选用了以前精心设计的一些不同类型的塔楼作为垂直的"空中城市"布置在用地范围内，并用不受寒冷气候影响的连成一体的步行网络连接设计地段中的主要建筑物和公共区域。城市设计的目标是寻求将绿化和建筑形成统一体的途径，寻求利用注重生态的技术方式，包括废弃物的再循环和当地没有被充分利用的能量系统。他们还尝试将建筑、景观园林联系起来的概念——整合、并置、混杂等关系，并将之应用在设计地段的不同区域中，将自然景园和人工景园的特点相结合。

基于上述分析与阐述，我们认为绿色城市设计遵循生态学的适应与补偿原理，重点关注自然条件制约与城市和建筑形式应变的内在机理，提倡因具体时空位置和生物气候条件的不同而具有不同的结构、形态和建筑特征，处理好城镇建筑环境的规划、建设与地方生物气候条件的结合，并促使传统文化特色和技术手段得到继承与发展。这对于改变目前千篇一律、放之四海而皆准的城市和建筑模式大有裨益。未来的城市建设应根植于地方生物气候条件，因殊途而呈现出非均态的发展，只有这样，世界才能呈现出多元、共生、丰富多彩的特征。我们应从当前的危机中寻找方法，与自然和谐共生，走"因时、因地、因气候"制宜的可持续发展的道路。

本章在分析了不同气候区域的地理分布和主要气候特征的基础上，重点就生物气候条件对城市环境的影响和作用方式加以剖析，并从基地选择、城市结构和建筑物密度的考虑、街道网络的规划设计、开放空间设计、建筑特征以及案例研究等方面提出基于生物气候条件的绿色城市设计的方法和策略。"天下同归而殊途，一致而百虑。"（《周易·系辞下》）全球范围内的气候呈现出多样性和复杂性，受篇幅和研究条件的制约，只能就湿热、干热、冬冷夏热和寒冷四种典型的极端气候区域的城市设计模式展开研究，其他的亚气候区域也可依此类推。

第5章　城市设计的空间分析方法和调研技艺

5.1　城市设计的空间分析方法

高校建筑学及相关专业从事城市设计的学习，针对城市物质空间环境及其相关要素的分析研究是城市设计的本质内容，也是进行具体项目实践和设计研究的必要基础。随着城市设计领域本身的发展演变，逐渐形成了各种具有代表性的现代城市设计空间分析方法和分析技艺，为城市设计研究工作的开展提供了有效的技术手段。

5.1.1　空间—形体分析方法

1. 视觉秩序分析

视觉秩序（Visual Order）是对城市环境进行美学评价的重要内容。自西方在文艺复兴时期发明透视术以来，对视觉秩序的追求和崇尚历来就是城市设计师的自觉意识。例如教皇主持的罗马更新改造设计，就基本上建立在城市空间美学的基础上。我国元大都以后的北京城建设，朗方的华盛顿规划设计更是将整个城市作为艺术品来加以塑造。在巴黎的城市改造及20世纪实施完成的堪培拉和巴西利亚的规划设计等项目中，对城市空间环境的视觉秩序分析得到了广泛运用。

视觉秩序分析是从视觉角度来探讨城市空间的艺术组织原则。在此方面最具代表性的人物当推卡米洛·西特。西特认为城市设计和规划师可以直接驾驭和创造城市环境里的公共建筑、广场与街道之间的视觉关系。通过运用视觉秩序分析方法，他总结出欧洲中世纪城市街道和广场的一系列艺术设计原则如下。

（1）围合。围合感是公共广场的基本要求，如北京火车站前广场（图5-1）。

（2）独立的雕塑群。建筑不是独立的雕塑体。为了创造更好的围合感，建筑应当彼此相连而不是各自独立。在广场中，人们可以将主要建筑的正面作为一个整体来欣赏。

（3）形状。依据主体建筑的形态，西特区分了深度型和宽度型两种类型的广场，而且强调广场应该和主体建筑成一定的比例。

（4）纪念碑。广场的基本原则是中心保持空旷，可以在偏离中心或边缘的位置设置一个焦点，如北京天安门广场人民英雄纪念碑（图5-2）。

西特的分析方法着重于城市物质空间形态中各实体要素之间的视觉组合关系，但也并未忽略其他因素。他认为城市设计是地形、方位和人的活动的结合，应对自然予以充分尊重。在其影响下，这一城市分析方法成为现代城市设计发展的重要思想基础。

在实践中视觉分析方法通常是由政治家、建筑师或规划师等少数精英人物和专业人士来驾驭贯彻的，必然受到社会政治形势变革的影响，体现特定的美学标准和价值取向。比如希特勒就曾在慕尼黑从火车站到帕辛规划了一条宽105m、长约10000m（比该市最宽的路德维希大街宽3倍、长7倍）的壮观大街。另一条规划连接柏林火车站并穿过凯旋门的南北轴线，也体现出毫无人性尺度的纪念感。某些社会主义国家建设则以城市空间的视觉美学秩序来反映新的社会制度和人民精神状态的统一。

图 5-1　北京火车站前广场

总体上，视觉秩序分析以三维空间的静态的视觉感受和美学价值为角度，注重对图形的感觉、对韵律和节奏的理解、对均衡的识别、对比例等和谐关系的敏感和透视效果上的形体感观，强调空间形体在视觉上的协调性、一致性、清晰性和易识别性。当然，任何一个城市的设计和建设都必须认真研究城市空间和体验的艺术质量，但不应只看到视觉和形体的空间秩序，而忽视城市空间结构的丰富内涵和活力。在当代视觉秩序分析往往与其他分析途径结合运用。

2. 图形—背景分析

图形—背景分析基于格式塔心理学中"图形与背景"（Figure and Ground）的基本原理，从二维平面（地图）来分析公共空间及建筑实体的形式和分布，研究城市环

图 5-2　天安门广场人民英雄纪念碑

境中的虚空间与实体之间的存在规律。从物质层面看城市是由建（构）筑物实体和空间所构成，若将建筑物看作图形，空间则为背景。通过把建筑部分涂黑，把虚空间部分留白，则形成图底关系图；反之，把空间部分涂黑，建筑部分留白，则形成图底关系反转图，这更利于使研究者将注意力集中于建筑之间的空间之上。图底关系图和图底关系反转图均为简化城市空间结构和秩序的二维平面抽象，以此为基础对城市空间结构进行的分析即为"图底分析"。这一分析途径始于诺利（G.Nolli）在1748年绘制的罗马地图，人称诺利地图（Nolli Map）。在图中建筑物用黑色标出，街道、广场等主要的公共空

间和建筑物之间的半公共空间用空白表示。读图时眼睛会对图上建筑物之间的空白空间和建筑物的黑色实体产生适应，自觉辨析"图"和"底"，于是当时罗马城市建筑物与外部空间的关系得以凸显。而且可以发现由于建筑物覆盖密度明显大于外部空间，公共开敞空间易于获得"完形"（Configuration），创造出一种"积极的空间"或"物化的空间"（Space-as-object）。由此推论，罗马当时的开放空间是作为组织内外空间的连续建筑实体群而塑造的，没有它们空间的连续性就不可能存在。

在城市设计中借助图形—背景分析方法，可以明确城市空间的界定范围、形态结构、层次等级，发现公共空间围合与连接的弱点和不足，继而通过增加、减少或变更格局的形体几何学来驾驭空间的种种联系。同时，图底分析还反映出特定城市空间格局在一定时间跨度内所形成的肌理特征。通过比较不同时期图底关系的变化，可以分析城市空间发展的基本方向和演进过程；在不同城市之间比较图底关系，可以发现其在空间组织上的特征差异。例如，诺利地图反映的城市空间概念与现代空间概念就存在明显差异。前者的外部空间是图像化的，与周围环境实体构成整体，沿水平方向构成主导空间形态，建筑覆盖率通常大于外部空间覆盖率，空间形态较为完整；在现代建筑概念中建筑物多为独立的图像，空间则是"非包容性的空"（Uncontained Void），主导空间形态由垂直方向构成，形成大量难以使用和定义的隙地（dostspace），加之建筑覆盖率较低，外部空间难以形成整体连贯性。因此，在现代城市空间中，利用空间阴角、壁龛、回廊等要素，通过将空间和实体边界相结合，可以使外部空间得到完形，重新建立外部空间的形式秩序。

作为处理城市空间结构的基本方法之一，图底分析在现代城市设计的众多成功案例中被广为运用。1983 年法国巴黎歌剧院设计竞赛中，加拿大建筑师卡·奥托中选方案就运用图底分析方法，明确和尊重原有巴黎城市格局的设计原则。美国学者罗杰·特兰西克在《找寻失落的空间——都市设计理论》一书中则运用图底关系分析了华盛顿、波士顿、哥德堡的城市空间总结出其形态差异和基本规律。

图形—背景分析对于城市设计具有重要的启示意义。空间作为城市体验的中介，其方位由形成区段和邻里的城市街区轮廓来限定，而实与空的互异构成了特有的城市空间结构，建立了场所之间不同的形体序列和视觉秩序。也就是说，城市中"空"的本质取决于其四周实体的配置和组织，而城市的实体则包括各种公共建筑，如西方城市中的市政厅、教堂，中国古城中的钟鼓楼、皇宫、官署、庙宇等。在城市设计中，必须将"实"的建（构）筑物和"虚"的空间统一考虑。

3. 芦原义信的外部空间分析

视觉感受是人们对城市空间环境认知的主要途径，而空间形态构成不仅具有视觉审美意义，也直接影响着人对空间环境的心理感受和在空间中的活动。日本学者芦原义信在其代表著作《外部空间设计》和《街道的美学》中，立足于"人"的因素，将城市空间的视觉因素、形态特征与人的心理感知和活动相联系，从知觉心理学的角度分析和探讨城市外部空间的设计问题，对城市空间的分析和设计具有重要影响。其主要方法和研究重点大致表现在以下几个方面。

第一，分析外部空间的限定要素的数量、类型、尺寸和构成方式对空间围合感及空间领域性的影响。比如，阴角的平面形态比阳角更利于形成空间围合感，墙体高度与人视线高度的关系决定着空间分隔与渗透的感觉差异，地面标高的变化和包括墙体等垂直界面的配置及造型直接作用于空间的领域性。

第二，从人对空间的视觉和知觉心理的具体感受出发，解析墙体、地面等空间围合要素及其形态对人感知空间和进行穿越、停留、交谈、休憩等行为活动的影响，形成创造"积极空间"的基本原则。

第三，从视觉和运动的基本特征出发，研究外部空间中建筑和空间界面的形体、质感与人的感知距离的关系。探讨空间宽度和空间界面高度之间的比例关系，以及相应的空间尺度问题。例如，他认为外部空间可以采用内部空间尺寸 8～10 倍的尺度，而外部空间可采用一行程为 20～25m 的模数。

第四，从空间用途和功能的角度分析外部空间的层次性，将外部空间分为从外部—半外部（或半内部）—内部、公共—半公共（半私密）—私密的空间层次，并强调通过结合空间形态和视线安排、创造逐层展开并富于变化的空间序列。

总之，芦原义信的分析方法是从视觉及知觉心理角度来探讨空间要素的设计手法及其组织构成的相关原则，不论在基本原理还是方法论层面，对于面向具体的"人"的城市设计都具有较高的借鉴价值。

5.1.2　场所—文脉分析方法

为人们创造成功的场所是城市设计的重要目标。场所理论认为只有当物质性的空间从社会文化、历史事件、人的活动及地域特定条件中获得文脉意义时方可称为场所（Place）。每一个场所都具有各自的特征，这种特征既包括各种物质属性，也包括在漫长时间跨度内形成的特定的环境氛围和社会文化意义。场所—文脉分析的理论和方法恰恰是将人的需要、文化、历史、社会和自然等外部条件引入城市空间的设计研究之中，主张强化城市设计与特定地域的背景条件的相互匹配和协调发展，比空间—形体分析前进了一步。这不仅要求场所能够满足视觉艺术和行为活动的多种需求，还应富有特色和吸引力（强化当地独特的发展模式、地景和文化）、易识别性（具有清晰的意象并便于理解）、适应性（易于转变，能够回应于社会生活和自然环境的持续变化）和多样性（具有多种变化可能和选择），而在具体的设计研究中也多针对上述方面展开分析。

1. 场所结构分析

场所不仅是物质性的空间，还包括使其成为场所的所有活动和事件。空间形态从生活本身发展而来，随着时间的流逝，城市空间在不断变化，同时其基本特征得以保留，也记录并反映了与之相关的"社会记忆"，其相对永恒性促使自身成为有意义的场所。活动、事件与空间的结合构成了空间场所中人与环境、空间与时间的某种相对稳定的关系，这种稳定的关系在物质空间上的映射即体现了场所的深层结构。场所结构分析就是针对这一"以关系为中心"的深层结构展开的研究。场所结构分析开拓了城市空间分析的崭新视野，众多学者从不同侧面阐述了其重要意义，并形成了富有创见的城市设计理念。现代建筑发展史上著名的小组 10（Team10）成员凡·艾克强调物质性的空间与时间性的场合的共同作用及结构表现；赫兹伯格注重对"原型"的阐释。史密森夫妇提出的"簇集城市"（Cluster City）的理想形态将城市空间分为主干和枝丫两部分，各枝丫必须经由簇集过程才具有整体结构的完整性；小组 10 提出"可改变美学"（Aesthetic of Expendability）的思想，倡导保持相对固定的结构性特征与循环变换的统一。日本著名建筑师丹下健三认为，"不引入结构这个概念，就不能理解一座建筑、一组建筑群，尤其不能理解城市空间"，而且，"结构"可能是结构主义作用于我们思想所产生的语言概念，它直接有助于检验建筑和城市空间。镇文彦的"奥"空间论强调发掘城市形态表层背后的深层结构，也是一种典型的场所结构分析方法。此外，20 世纪 60 年代初在美国康奈尔大学兴起的"文脉主义"

城市分析方法、黑川纪章等倡导的"新陈代谢"思想、亚历山大的树形理论以及莱·马丁"格网作为发动机"的城市分析思路，都体现了从场所结构入手处理城市整体空间形态的分析逻辑。

从方法论意义上讲，场所结构分析理论的贡献主要有以下四个方面。

①明确了单凭创造美的环境并不能直接带来一个完善的社会，向"美导致善"的传统概念提出了挑战。

②强调城市设计的文化多元论。

③主张城市设计是一个连续动态的渐进过程，而不是传统的、静态的激进改造过程，城市是生成的而不是造成的。

④强调过去—现在—未来是一个时间连续系统，提倡在尊重人的精神沉淀和深层结构的相对稳定性的前提下，积极处理好城市环境中的时空梯度问题。

作为一种城市空间分析方法，场所结构分析往往通过探寻城市空间在时间演化过程中相对不变的基本特征和结构关系而展开。例如，布坎南通过研究发现，城市内部和周边的交通网络、纪念碑、市民建筑是城市相对永恒的组成部分。在这个持久的城市结构中，单体建筑不断改变，而正是那些历时久远的组成部分，创造出所在场所的历史延续感和时间感。而阿尔多·罗西认为城市依其形象而存在，是在时间、场所中与人类特定生活紧密相连的现实形态，其中包含着历史，它是人类社会文化观念在形式上的表现。同时，场所不仅由空间决定，而且由这些空间中持续发生的事件决定。所谓的"城市精神"就存在于它的历史中，城市建筑必须在集体记忆的心理学构造中被理解。而城市结构由两个要素组成：一是街道建筑和广场形成的普遍的城市肌理，它随时间而改变；二是纪念碑和大尺度建筑物，它们的存在赋予每个城市独特的个性，并塑造了城市的"记忆"。具有"集体记忆"的城市形态源自过去，并为未来发生的变化提供框架。

通过场所结构分析，设计者可以了解物质空间在其形成过程中与活动、历史、记忆等相关要素的关联，深层次地把握场所的形态延续性和社会文化内涵。在具体的设计实践中。场所结构分析具有深远的世界性影响。比如，法国巴黎城市形态研究室（TAV Group）在其设计研究中，致力于探索新古典意象的开发和创造连续性，通过运用能交融于现存空间的几何形态的、成角度的建筑物和空间，找到了处理不同时期空间形态的分层积淀和不同的形态格局融合并置的有效手段。而以厄斯金、克莱尔兄弟、罗西·霍莱因为代表的学者则主张，从外部空间向建筑物内部逐渐过渡的设计次序。当然，这里的"外"包含的内容绝不止于形体层面。美国学者索兹沃斯曾收集了1972年以后70项城市设计案例资料，统计结果表明，包括英国纽卡斯尔郊区的贝克居住区和意大利"类似性城市"方案在内的大约40%的案例都运用了这种方法。现在场所结构分析已经成为城市设计人员常用的分析方法之一。

2. 城市活力分析

城市公共空间容纳交往、休憩、娱乐、学习、购物、运动甚至游行、表演等多种生活功能，为创造生机勃勃的城市生活方式提供物质性保障。20世纪60年代西方某些国家的城市建设导致城市中人的活动受到严重困扰，城市活力下降。针对这一现象，众多学者展开了深入剖析，探索解决问题的方法途径，使城市活力分析开始受到城市规划和设计者的关注。其中，美国学者简·雅各布斯的研究工作具有广泛的影响。她以城市街道为主要研究对象，从土地使用性质及街道形态、周边建筑情况、人流频率、密度与拥挤的关系等方面，阐述了城市公共空间的多样性特征和规划设计对街区社会、经济活力的重要影响。

城市活力分析的基本途径是通过仔细观察城市空间环境中的日常生活场景和事件，从空间是如何被人们利用的，空间环境是否使人感到舒适（这不仅指环境因素造成的生理舒适感，还有社会与心理层面的舒适感），空间环境的形态构成是否提供了令人满意的私密性和领域感，空间的气氛和特征是否能够为人们参与社会活动和人际交往提供机会和可能，并激发新的活动等几方面，分析城市空间的设计和组织对城市生活的影响和作用，总结空间规划设计的相关原则。比如，怀特（W.H.Whyte）在 20世纪 80 年代通过对纽约一系列公共空间进行拍照和分析，总结出最具社交化的场所通常具有的共性特征：地点多位于在物理上和视觉上可达的繁忙路线；成为社会性空间整体构成的一部分；高度与人行道齐平和基本齐平（被显著抬高和降低的空间更少被人利用）；具有可以供人坐憩的踏步、矮墙、座椅等设施；具有多种选择的可能。他还强调，在这一分析中，阳光的渗透、空间的美学以及空间的形状与大小成为次要的因素，真正重要的是人们如何使用空间。

城市活力分析将空间设计与人的心理、行为和具有社会意义的活动相联系，关注空间中"人"的活动及其凝聚的城市社会、经济价值。其对城市设计的启示意义在于，城市设计必须为"人"创造适应于多样化活动和使用方式的空间，满足市民多方面的需要（包括生理需要、安全需要、尊重需要、自我实现需要等），提升和促进城市的社会和经济活力。在当今倡导"以人为本"设计理念的背景下，城市规划专业人员更应在实践中自觉注意城市活力问题。

3. 认知意象分析

环境认知是城市设计的重要维度。而对于场所和环境意象的认识与评价是城市设计中环境认知研究的核心内容。

"意象"一词原是一个心理学术语，是一种经由体验而认识的外部现实的心智内化，是个人凭借经验和价值观对环境因素进行过滤和认知的结果。环境意象则是一个双向过程的结果，在这一过程中，环境表达区别和联系，而观察者则对自身的所见进行选择、组织，并赋予其意义。意象的心理合成与"认知地图"密切相关。认知意象分析是一种借助于认知心理学和格式塔心理学方法的城市分析理论，其分析结果直接建立在居民对城市空间形态和认知地图综合的基础上。

凯文·林奇的《城市意象》一书是关于认知意象理论和分析方法的重要成果。他以波士顿等相关城市为对象，将认知地图和意象概念运用于城市空间形态的分析。在具体的调研方法上，由于意象和认知地图是一种心理现象，难以直接观察，所以林奇采用请人默画城市意象和简略地图、会谈或书面描述、做简单模型等途径获取相关信息，继而对问卷及回馈资料进行甄别和整理，得出共性结论。他归纳出城市认知意象的五大要素——路径、边缘、区域、节点和地标，并且强调可识别性（Legibility）和意象性（Imaginability）是人们对城市空间环境的基本要求，而前者是后者的保证，但并非所有易识别的环境都可导致意象性。

运用认知意象分析方法研究城市空间形态，必须注意三个方面的问题。

首先，意象性是林奇首创的空间形态评价标准，它不但要求城市环境结构脉络清晰、个性突出，而且应为不同层次、不同个性的人所共同接受。在实际调研分析过程中，应当充分关注个体差异对分析结论可信度的影响。还必须使接受调研的人数达到一定的数量，以便从中归纳、概括出具有代表性的共性规律，找出心理意象与物质环境之间的真正联系。这一工作一般应在训练有素的调查人员组织指导下进行。

其次，认知意象分析可在不同空间类型和尺度层面上展开，但在要素选取、调查人数以及调查结论等方面均存在一定的差异。比如我国学者林玉莲通过对武汉市、东湖风景区和大学校园的研究，发现不同环境下认知意象的基本要素有所不同。城市认知地图中突出的是道路、标志和节点，区域和边界只有在与地理特征相联系时才引人注意。风景区内则是标志和区域比较引人注意，道路、节点、边界都显得模糊。大学校园由于范围尺度较小，使用者群体单一和使用频繁，因而五种要素的重要性不相上下。

最后，通常情况下，由于人的认知能力受到体验范围、表述能力、文化背景、职业、年龄、性别、空间熟悉度和使用频率等因素的影响，随着研究尺度的扩大，五大要素就愈发显得单薄，因而认知意象分析更适用于小城市或大城市中某一地段的空间结构研究。

认知意象分析重视研究城市居民个人或群体对城市环境的感知，开拓了城市设计中认知心理学运用的新领域，展示了一种新的评价城市形态的方法，其综合的公众意象评价为城市建设提供了必须的分析基础。继林奇之后，以爱坡雅为代表的许多学者分别对欧美的众多城市进行了城市意象研究。认知意象分析已经成为城市规划设计中的常用方法之一，其从市民环境体验出发的基本取向体现了"人本主义"的城市设计价值观。

4. 文化生态分析

文化生态学的概念由美国文化人类学家斯图尔德（J.H.Steward）于1955年首次提出，主要探究具有地域性差异的特殊文化特征及文化模式的来源。文化生态学理论认为，人类文化和生物环境存在一种共生关系。这种共生关系不仅影响人类一般的生存和发展，而且影响文化的产生和形成，并发展为不同的文化类型和文化模式。文化生态分析正是通过研究人类文化形成过程与自然环境、人工环境的相互关系，阐释文化与环境的适应过程的。文化生态分析涉及多种因素，不仅包括地形地貌、山水形胜等自然环境要素，还包括科学技术、经济体制、社会组织关系及社会价值观念（风俗、道德、宗教、哲学、艺术等观念形态的文化要素）对人的聚落形态、生活方式的影响，强调综合各种因素的整体研究视角。

将文化生态学理论和分析方法应用于城市设计，就是在特定的文化背景下，探寻城市中的人、社会文化与城市空间环境之间的相互影响和发展方向，从而理解、认识和组织城市空间环境的形态结构所蕴含的文化内涵。其基本内容主要包括城市空间结构、景观形态特征与特定文化背景下的社会风俗习惯、审美要求、审美标准、空间环境评价和使用模式差异等方面。而在实践中，多通过实地观察、问卷、访谈等社会学调研途径展开。

将文化生态分析运用于城市空间环境研究的代表人物是拉波波特。他通过研究非洲、欧洲、亚洲等不同文化背景下的相关案例，探讨了不同地域条件下，城市物质环境的变化与社会、心理、宗教、习俗等文化要素的关联，为城市空间分析提供了新的视角。

与其他场所—文脉分析方法相比较，文化生态分析的视野更为广阔，内涵更为丰富，对于城市设计中的场所塑造具有重要意义。主要体现在：

（1）应在不同的文化背景下审视和理解城市空间环境，任何脱离具体环境文脉的解读和设计都是片面的和歪曲的。

（2）应通过城市空间形体环境的塑造保护和延续具有地域性文化特征的场所文脉。

（3）城市空间环境应与具体的文化模式和文化类型相适应，以确保城市空间的持久活力。

（4）应创造多样性的城市空间景观，以满足不同文化群及亚文化群的基本要求。

近年来，面对中国城市发展建设中的城市文化环境保护等问题，中国城市规划设计和建筑学界的许多学者也先后在设计实践中引进和运用了文化生态理论和分析方法。比如在旧城更新和历史街区改造中对传统城市空间形态要素的文化价值的认识和评定，以及对城市文化、空间景观资源和居住模式相互关系的探讨等，但其具体的分析方法及操作程序还有待进一步完善。

5. 相关线—域面分析方法

城市具有多元复合的本质特征，城市空间环境是社会、经济、文化、历史等多种因素在物质空间上的投影。在这一意义上，城市设计可以被理解为将上述诸多因素和艺术、美学、工程、技术等多方面要求进行整体平衡的过程。因此，对城市空间结构和形态构成中的各种相关空间"线"和空间"域面"进行提取、分析和整合，可以形成一种综合和整体的城市设计分析方法。概括起来，城市空间结构中的相关"线"主要有以下几种类型：

"物质线"。通常是指城市空间在物质层面上所反映出来的各种实存的"线"，在具体的空间环境中，"物质线"是清晰可辨的，比如现状工程线、道路线、建筑线、单元区划线等。

"心理线"。它以人的认知为前提，是指人们对城市域面上物质形体的心理体验和感受所形成的感知"力线"，包括标志性建筑物、空间景观节点的空间影响线域、空间界面的导向线和空间景观的序列轴线等。

"行为线"。它主要由人们周期性的节律运动及其所占据的相对稳定的城市空间所构成。通常包括发生在城市道路、广场等开放空间中的运动所留下的空间轨迹线等。

"人为控制线"。它具有主观能动性和积极意义，是设计干预的结果，是由设计者和建设管理者进行城市建设实践活动而形成的各种控制线。如现代城市设计中为分析描述空间结构、形体构成、容积率、高度控制而形成的各种辅助线，以及规划设计红线、视线通廊等空间控制线。

事实上，"物质线"和"心理线"包括了图底分析、关联耦合分析等形体层面的研究成果，"行为线"则与场所—文脉分析法有关，而"人为控制线"既是设计的成果，又是次一级设计的限制性前提条件。

具体运用相关线—域面分析方法的基本程序大致可以概括为提取、分析和叠加，大致采取以下几个步骤：

首先，确立研究对象。根据项目自身的特点及要求确立所需研究的城市空间域面的范围，通常研究范围应大于设计范围。

其次，进行"物质线"的分析，探寻该域面的空间结构、形态特征和问题所在。具体内容包括主要交通运输网络、人工物（建筑及公共空间）与自然物（山、水、植被等自然要素）布局及两者的结合情况、基础设施分布及其服务范围、街巷网络以及各单位的区划范围等。

再次，着手分析"心理线"，即城市空间中节点、标志物、历史建筑或高大建筑物在城市开敞空间中形成的各种关于空间导向、序列的影响力线，它们是人们在心理上体验、认知空间的抽象表达，也是构成场所感和文化意义上的归属感的重要组成部分。

最后，对"行为线"的分析可以使城市物质形体空间、人的行为空间和社会空间相互交织，帮助设计者理解空间中"人"的因素和具有社会文化意义的场所属性。通过将人的行为活动及其特定场景在城市物质空间中的分布情况、变化特征和运动轨迹记录建档，并将其与"道路线""建筑线"等"物质线"及"心理线"平行比较，可以从中理解和探寻研究范围内的物质空间结构与人的行为活动之间的相互关系，并可直接发现空间占有率、空间结构、空间形状及比例尺度是否恰当等问题。

同时，城市设计者还应进一步介入对若干规划设计辅助线、控制红线等人为控制线的分析探讨。

综合以上分析结果，将上述诸"线"叠加和复合，就形成城市空间的各种"相关线网络"，比如道路结构网络、开敞空间体系及其分布结构等。对该网络进行综合分析和研究，设计者能够对给定的城市分析域面的种种特质和内涵形成整体而全面的认识，为下一步微观层次的空间分析奠定坚实基础。这一叠加和复合工作主要通过"叠图"来进行。例如在针对某一城市地段（域面）的设计中，先准备一套该地段完整的城市现状图（比例最好用 1 : 1000），然后用若干张透明纸在现状图上分别绘制"建筑线"图、"道路线"图、自然用地分布及其与建成区的界线、基础设施和管线图、重要空间节点位置及其所产生的空间影响线、不同时间中人流活动轨迹及其分布图等。综合上述各单项分析结果，以现状图为原型，采用叠加法和局部拼贴法，完成若干设计驾驭的建筑红线、体型控制线、高度控制线、视景景观线以及各种设计相关辅助线。最后，经由这些相关辅助线"由线到面"的拓展，便可形成对该域面的本质认识，并绘制高度分区图、容积率分区图、机动车系统及容量分区图、步行系统分布图、空间标志及景观影响范围图等，为设计决策和建设实施提供切实帮助。

总体而言，相关线—域面分析方法较为抽象，对基本变量的概括及其"由线到面"的分析思路应致力于概括那些相对比较重要的特征。就方法论特点而言，这种分析途径比较接近系统方法，基本上是一种同时态的横向分析。相关线—域面分析法综合了空间、形体、交通、市政工程、社会、行为和心理等变量，利于设计者理解和把握多重复合的城市空间环境中的各种要素及其相互关系，具有较高的可操作性。

5.2 城市空间分析的技艺

优秀的城市设计必须以对研究对象的全面系统分析和正确的评价方法为基础。城市空间分析方法和相关理论有助于设计者从宏观上把握研究对象，而面对现实具体的城市设计问题，还需要依靠有效的城市空间分析调研技艺。在这一意义上，空间分析的技艺构成了现代城市设计方法微观层面的内容。为了确保研究成果和设计方案的整体质量，设计者必须进行完备的资料收集和有效的综合分析，这就需要熟练运用各种具有实效性的空间分析技艺。

5.2.1 基地分析

基地分析是城市设计的先导，是对设计地段相关外部条件的综合分析。基地分析的内容不仅涉及地形、地貌、景观资源等自然环境要素，以及空间格局、道路网络等建成环境要素，还包括社会、心理等广泛的场所文脉要素，具有景观、经济、生态和文化等多重价值。基地分析理论和方法是城市设计和景观建筑学的重要内容之一。

就城市设计而言，基地分析的作用主要体现在以下几个方面。

（1）确定合理的功能用途。基地与用途之间存在一种互相限制的关系。一方面基地分析要求以一定的用途为出发点，分析基地的特征及对这一用途的适应程度；另一方面，只有充分认识和把握基地的限制条件，才能够确定合理的功能用途。正是在对用途与基地两者的不断分析研究、比较选择的过程中，才能对某些相互冲突的功能要求进行权衡与取舍，确定合理化、最优化的功能用途。

（2）充分认识原有基地使用和空间组织方式。由于受到人的主观认识水平和客观技术条件等因素的限制，在历史上的城市设计中，设计与基地之间往往存在较高的匹配和适应程度。通过基地分析途径，可以深层把握基地使用和空间组织方式与自然环境之间的和谐关系，并从中吸取经验，采取适宜的技术路线，最大限度地表现与优化地方特征和空间结构，探索基于美学、生态、文化价值的环境、建筑的改造与优化途径。这不仅利于场所—文脉的延续与发展，而且在当今强调环境协调、生态优先的设计背景下更具有其积极意义。

（3）作为一种有效的分析途径，基地分析多被用于分区及地段层次的城市设计实践中，而其分析的内容及重点随着空间范围的变化也有所不同。比如，在加拿大首都渥太华议会区更新设计中，城市设计专家组从以下几个方面对所开发基地进行了广泛的调查分析和设计探索：①从国家及国际的视野，分析作为首都的渥太华所应当具有的形象及地位；②从地区的视角，分析政治、经济、文化、交通、气候、景观等各项条件，认为渥太华既是一个兼具英、法双重文化和语言的特殊地区，又是区域性跨省的交通枢纽和旅游中心，议会区不仅是首都而且是地区性的焦点；③分析城市设计相关部门和建筑师的职责范围及责任；④在前三项分析基础上，对各种设计方案的可行性进行综合决策，可以发现在这一城市设计项目中基地分析的内容十分广泛，城市规划、城市设计的管理程序、部门系统等制度性因素也被纳入了分析范围之内。

（4）而在地段层次，基地分析技术多运用于局部的城市更新改造，其重点往往在于具体的物质性环境要素，有时还结合评分和统计分析手段展开。比如在苏州平江旧城保护改造项目中，设计人员以100m×100m的方格网，对设计地段及毗邻区域进行划分，然后对人口密度现状、建筑环境质量、设施环境质量等指标进行逐块评分，再用加权分析统计方法确定需要解决的主要问题。

值得注意的是，随着计算机技术和数据统计分析方法的逐步推广，诸如生态影响评价、基础设施容量、建筑相关数据等基地要素的分析日益呈现理性化的趋势。但在许多情况下，基地的某些条件还需经过设计者的直觉感性来认识把握，比如基地的情感特征、艺术内涵和乡土韵味等因素。相比较而言，这种直觉感性分析具有随机性，甚至有时几乎是下意识的。但其对于全面分析和认识基地条件同样是十分重要的。

5.2.2 心智地图分析

心智地图（也称心理地图、认知地图）是一种表达思维的图像式工具，它体现了人们对物质空间环境的联想和认知的整体架构。心智地图分析是从认知心理学领域中吸取的一种空间环境分析技术。

心智地图分析的基本观点认为，居民是当地环境的真正使用者和体验者，他们对城市空间具有深刻的理解。在实际运用中，心智地图分析的目的主要在于收集居民对城市空间形态结构的心理感受及印象（图5-3），多借鉴社会学调查方法展开。一般通过访谈、询问和问卷等书面形式获取相关信息，再由设计者分析整理，并翻译成图。也可以请被调查者本人直接绘制认知草图，也就是心智地图

（Mental Map）。通过这一分析方法，设计者可以理解和识别影响居民环境认知的重要和显著的空间特征及结构关系，从而作为进一步设计研究的基本出发点。

作为一种面向大众的调查研究，心智地图分析技术的优点在于其调查对象是外行或儿童的环境体验，利于鼓励、发展和吸取普通居民对城市空间的评价意见，较为客观和真实，信息的可信度和有效度也较高，既可以避免设计者主观地将自身的空间评价标准强加于空间的使用者，也有利于设计者做出科学判断和决策。同时，其图式表达具有形象、直观的特点，便于被调查者的清晰表达和设计者的分析研究。在具体的设计过程中，对于设计者（尤其是来自外地的专家学者）迅速理解当地空间结构和环境特色具有重要的应用价值。

这一分析方法具有一定的缺陷和不足，在具体的运用中应当加以关注。相对而言，心智地图在形式上可能较为粗糙，逻辑性较差，研究者应当注重对心智地图所反映的信息进行全面的比较分析，从中发现具有代表性和共性的规律及关系。此外，心智地图是一种根据记忆和意象感受而绘制的城市地图，需要被调查者尽可能准确、全面地反映相关信息，访谈方式、调查气氛和被调查者的文化层次、表达能力都会影响最终的分析结果，因此应当根据不同的调查对象采取适宜的调查方式，营造轻松的调查氛围，使调研对象处于松弛状态，最大限度地激发受试者潜在的城市空间结构意象和认知能力。众多实践表明，选取文化水准较高的居民或相关专业人员作为调研对象，一般可以简化最后的分析综合工作。此外，还应注意选取适

Paths.

Districts.

Edges.

Landmarks.

Nodes.

图 5-3 心智地图分析

当的调研范围。若城市规模较大，则可将范围缩小到分区乃至街区（Block）层次。

凯文·林奇在《城市意象》一书中最早地系统阐述和成功运用了这一分析方法。之后，作为一种城市景观和场所意象的有效分析方法和驾驭途径，心智地图分析在城市设计及城市环境美学教育中都得到了推广和深化。

5.2.3 标志性节点空间影响分析

这一调查分析途径将心智地图技术运用于相对局部而具体的空间分析之中。心智地图技术一般侧重于空间形态的整体架构，而标志性节点空间影响分析的对象是对空间形态具有战略性影响的标志物，

是针对局部空间的分析。

城市标志性节点不仅包括自然形成的山峰、河湖，也包括塔、教堂、庙宇等历史建筑，以及高层建筑、建筑群、纪念碑、电视塔、悬索大桥等现代建筑和构筑物，还有城市主要广场等开放空间。这些标志性节点一般在空间中比较突出，具有较强的可识别性，是城市空间的战略性控制要点，同时也具有相当的空间影响范围，在城镇景观、居民生活和交通组织方面具有一定的集聚功能。比如竖向的标志物由于与周围环境的对比，在各个方向均具有可见性，从而有助于道路的导向性，其高耸的体量和鲜明的造型特点显然具有驾驭城市空间的力量。

在具体运用中，标志性节点空间影响分析多针对建（构）筑物等实体性节点及其空间的主观感受展开。大致过程如下：

（1）选定有待分析的标志性节点。

（2）通过询问受试者及调查者自身的判断来确定能够观察到标志性节点的地点。

（3）让受试者绘制意象草图或进行拍照，必要时还可附加文字详细说明观察地点与标志性节点的关系。

（4）让受试者对各个观察点的感受进行评价，确定各个观察点的优劣。

（5）收集调查成果，并进行分析比较，归纳具有共性的结论。

在实施过程中，设计者尤其应注重当地普通居民的参与程度和整体感受。吉伯德在对意大利比萨广场的空间分析中和苏联学者拉夫洛夫在《大城市改建》一书中都具体运用了这一技术，但二者均因居民参与程度较低而有欠全面，而针对英国坎布雷（Combray）城中央的教堂的空间影响分析则得到了受试者们的积极合作，因而也较为成功。此外，设计者还应注意专业视角和普通大众之间的差异，通过实地踏勘和亲身体验，用自己的专业表达手段表现真实感受，并与普通大众的调查结果进行比较评析和相应的校正，为空间感受的评价、预期、设计提供基本尺度和群众性平台。这些在当代移动互联技术非常发达的时候更容易开展，尤其是我们当代中国的小城市都可以实施。

总体上，标志性节点空间影响分析较适用于城市门户节点、城市中心区、历史保护街区等具有社会、历史、文化整合意义的地段及街区，对于城市高层建筑的分布格局及其空间影响的分析也十分有效。通过分析，设计者可以着重把握具有标志性的建（构）筑物与周围环境在视觉、形态及场所文脉上的联系，发现设计地段在含义表达和空间质量等方面的优缺点。这是一种较为实用的空间分析技艺。

5.2.4 序列视景分析

对于城市环境的体验是包含运动和时间因素的动态活动，穿越空间的动感体验是空间分析的重要内容。人们以不同的速度、不同的参与程度观看和感受着丰富多变的城市空间，这些多视点景观印象的复合就成为城市空间的整体体验，而人们主要通过视觉来感知信息。戈登·卡伦首创的序列视景分析技术就是从视觉角度对包括时间维度在内的整体空间体验而展开的。通过这种分析，环境以一种动态的、外显的方式随着时间而逐步展现。因此，序列视景分析是一种行之有效的城市景观分析和评价途径。

在实际调研中，这种分析由设计者本人进行，具体步骤如下：

（1）选择适当的运动路线，通常是人群活动相对集中的路线。

（2）结合步行运动的节奏间隔，确定关键性的视点及固定的观察点，通常为空间环境的战略性要点，比如不同空间转换的节点、同一类型空间中的起点或终点、某一具有特殊意义的地点等。

（3）在一张事先准备好的平面图上标上箭头，注明视点位置、方向和视距，并按照行进顺序进行编号排序。

（4）对空间视觉特点和性质进行观察，通过勾画透视草图、拍照、摄像等手段记录实况视景。

序列视景分析就像连环画那样展现随着时间消逝的空间感知，从一个运动着的人的视角来分析空间，有助于设计者理解和判断空间在整体上的真实体验和视觉质量，发现城市空间景观序列中的薄弱环节和问题所在，不仅为广大城市设计者所熟悉和运用，还得到了一定程度的改进和拓展。比如博塞尔曼（Bosselmann）等人将序列视景分析技术用于分析实际的行进距离，感觉上的距离、时间、空间视景之间的关系。而以往的研究多针对步行运动方式展开，在速度较快的车行视景分析中，应适当扩大节点之间的间隔。

这一分析主要记录和分析研究者本人的视觉感受，易受到专业背景的影响，客观性和普遍性较弱，而且其主要内容集中于视觉品质，忽略了社会和人的活动因素。现代城市设计致力于更为完整、全面的方法途径，因而对这一方法进行了新的修正和充实。

5.2.5 空间注记分析

空间注记分析吸取了基地分析、序列视景、心理学、环境行为学等环境分析手法，借助图示、照片和文字等手段，将在体验城市空间时的各种感受（包括重要建筑、相关形态要素和人的活动、心理等）加以记录并进行分析。

对于空间环境的分析不仅涉及数量性要素，还包括评价和感受等质量性要素。在实际工作中，无论是数量性的还是质量性的，所有关于人的心理和行为、环境与建筑实体、空间与时间的要素均是空间注记分析的客体对象。因此，不论是在内容上还是在表达媒介上，空间注记分析都是一种较为系统的空间特征表达和分析途径，同时也具有强烈的行为主义色彩，在战后许多城镇设计和环境改造实践中得到广泛应用，成为现代城市设计最为有效的空间分析途径之一。空间注记分析要求由设计研究者本人完成，根据调查方式不同，一般表现为无控制的注记观察、有控制的注记观察和部分控制的注记观察三种类型，分别具有不同的特征。

空间注记分析通常将直观分析和语义表达相结合。直观分析主要包括照片、影片、草图等图示记述，而语义表达则是以文字记述空间的尺度大小、开敞程度、居留性和空间之间的关系比较等图示方式难以精确表达的内容。一般情况下以直观分析为基础，语义表达则作为辅助和补充。在实际应用中，为了减小工作量和提高工作效率，设计者常常构建或借助特定的符号注记体系，提取重要的调查要素和项目，形成分析图，从而简化记录和分析工作。这些符号注记体系主要用于评价与表达环境特征，也可作为进行设计分析和沟通交流的工具。一般的用于交流沟通的分析图，注重符号使用的约定性和规范性，而设计者用来进行分析和设计构思的注记符号则相对自由。比如戈登·卡伦较早用于表现城镇景观的"符号注记法"包括表示环境的各种类型与感知的分类符号。其中划定了四个基本类别：人性（对人的研究）、人工环境（建筑与其他实体）、基调（场地的基本特征）、空间（物质空间）。而且，各种指示符号标示出场地的各项特征，例如标高、边界、空间类型、联系、景观及视线通廊等。戈登·卡伦的符号体系形成了初步的框架。而在随后的设计实践中，设计者往往根据设计项目不同，添加和修改符号类别。例如在1988年波特兰市中心区规划中，为了与总体设计框架相适应，设计者建立了一种富有逻辑关系的符号体系。而爱坡雅等学者对人们在城市空间中的活动特征和行为模式的研究中也运用了富有特色的符号注记方法。

此外，在对空间品质及评价进行分析的过程中，还常用打分法和语义辨析法等分析技术。清华大学庄惟敏教授的《建筑策划导论》就是充分地应用语义辨析法加以研究的。对城市环境质量打分的方法由美国环境艺术大师哈普林所倡导，通过让使用者打分和评级，可以记录观察者在"停、看和聆听"时的感觉和对环境的评价。有时打分法与语义辨析法结合运用。语义辨析法也称SD（Semantic Differential）法，是由美国心理学家奥斯古德（C.E.Osgood）首创的一种心理测定方法，通过言语尺度测定人们的心理感受，最早用于心理学研究，后被应用于城市规划和设计中的视觉景观评价之中。这一方法首先根据环境场所的特征，选择具有一定数量和涵盖范围的相关形容词语，拟出环境评价的词汇表然后确定评定尺度（评定尺度应为奇数，通常有五段和七段两种模式）；继而通过让被测者亲身体验或观察照片等图像资料，在调查表上选择对环境体验的评价，以备进一步的整理分析。

而在了解人们使用和评价城市环境方面，社会性行为和心理分析较为有效，其对象包括"地方性行为"（Localized Behavior）和"特殊行为"（Special Behavior）两大类。前者是人与环境的一般性关系和相互作用；后者则关注与环境直接有关的特定行为（比如人跌跤、踌躇停滞、碰撞、走回头路、休憩、交谈等行为）与环境的联系。这种分析在实验室的模拟环境和现实世界中均可进行，研究对象既可以针对特定人群，又可针对普通大众，也可从旁观者和参与者的不同角度展开。

5.3 城市设计的社会调查方法

社会调查是人们有计划、有目的地运用一定的手段和方法，对有关社会事实进行资料收集整理和分析研究，进而做出描述、解释和提出对策的社会实践活动和认识活动。城市设计的对象是包括政治、经济、文化、社会因素在内的城市空间环境。在城市设计活动中运用社会调查方法，不仅有利于设计者和决策者获取城市居民对于空间环境的评价、态度和意愿等相关社会信息，而且通过与城市空间分析及调研技艺相结合，可以帮助设计者全面认识和探究城市物质空间环境的本质特征、发展规律及其与人的关系，为城市设计提供必要的依据和保证。

5.3.1 城市设计社会调查的一般程序

在城市设计中运用社会调查方法，必须严格遵守科学的程序。一般而言，社会调查研究可以分为四个阶段，即准备阶段、调查阶段、分析阶段与总结阶段。在准备阶段，调查者应根据设计的具体任务，从现实可行性和研究目的出发，制订调查研究的总体方案，确定研究的课题、目的、调查对象、调查内容、调查方式和分析方法，并进行分工、分组以及人、财、物方面的准备工作。而调查阶段是调查研究方案的执行阶段，应贯彻已经确定的调查思路和调查计划，客观、科学、系统地收集相关资料。最后，还必须在分析阶段与总结阶段对调查所得的资料信息进行整理和统计，通过定性和定量分析，发现现象的本质和发展的客观规律。

5.3.2 城市设计社会调查的基本类型

根据调查目的、时序、范围、性质等要素不同，社会调查研究可以分为不同的类型。根据目的划分，可分为描述型研究和解释型研究；根据时序划分，可分为横剖研究与纵贯研究；根据调查性质不同，可分为定性研究和定量研究；根据调查对象不同，可分为普遍调查、个案调查、重点调查、抽样调查等基本类型。在城市设计中，多种类型的社会调查往往共同展开。

5.3.3 城市设计社会学调查方法

在城市设计的调查研究工作中，经常使用的社会学调查方法有文献调查法、观察调查法、访谈调查法和问卷调查法。其中，访谈调查法、观察调查法属于直接调查方法，而文献调查法、问卷调查法则属于间接调查方法。

1. 文献调查法

（1）含义。文献调查法是指根据一定的调查目的，对有关书面或声像资料进行收集整理和分析研究，从中提炼、获取城市设计相关信息的方法。

（2）优点及缺点。文献调查法获得的是间接性的二手资料，受时空限制较小，往往利于城市设计相关历史背景资料的获取。而且，文献资料是稳定存在的客观实在，易于避免直接接触研究对象和研究者的主观因素所产生的干扰，具有较强的稳定性。一般情况下也易于获取相关资料，比较方便和高效。另外，文献调查法具有滞后性和原真性缺失的局限。城市空间环境和社会环境总是处于持续演变过程之中，文献资料多是对过去曾经发生的情况进行记述，往往滞后于现实情况。而且文献资料总是会受到一定时期社会环境条件及调查者个人因素的影响，因而总是与客观真实情况存在一定程度的距离和偏差，这都需要调查者对资料的可靠性进行判定和全面校核。

（3）实施要点。城市设计相关文献主要包括原版书刊、地方志书、发展年鉴、相关上位规划、城市设计及建筑设计成果、政府文件和批文，以及更广泛的社会、经济、历史、文化方面的文字资料和相应的图纸资料。

文献调查法的基本步骤包括文献收集、摘录信息、文献分析三个环节。文献收集包括文献的检索和收集，这是文献调查法的基础。调查者应通过利用信息室、资料档案室、图书馆、书店及网络查询，向相关政府管理部门借阅，或求助于同学、师友等途径，查找有关文献及其所包含的有价值的信息。调查者可以按照时间顺序采用由远及近的顺查法和由近而远的倒查法，也可以按照文献资料篇末所列的参考文献逐步向前追溯查找。在实际调查过程中，两者往往交替运用，以提高检索效率及准确度。当今随着计算机和网络信息技术的迅猛发展，网络信息技术平台及数字化图书馆已经日益成为城市设计人员进行文献资料收集的重要途径。调查者利用国际互联网搜索平台（比如 Google），基于卫星遥感技术的全球地图信息系统软件（比如 Google Earth）、网络信息文献资源数据库（如 CNKI 期刊数据库和万方数据库）和数字化图书馆（如超星数字化图书馆），可以按照文献题名、分类、著者、主题、序号、关键词等分项查询，并遵循快速浏览、筛选、精读、记录的步骤，从各种文字及声像资料中摘取与调查课题有关的信息，并对文献中的某些特定信息进行分析研究。

在城市设计的调研过程中，文献调研往往是城市设计工作的先导。比如通过对上位规划、相关设计成果的解读，分析其优点和不足，有助于设计者明确设计的前提和背景，确定设计研究的课题、重点和目标，寻求解决问题的建议和改进策略；通过对相关案例文献资料的整理，可以为设计者提供必要的经验和依据；对历史文献的阅读有助于梳理和分析城市空间环境发展演变的基本脉络和主导方向。比如在南京市江宁区百家湖—九龙湖轴线地区城市设计项目中，通过运用文献调查法，设计小组总结出江宁区在不同历史时期的空间形态演变的总体脉络，并对未来的空间发展走向做出预测，从而明确了设计范围在江宁区空间发展中的总体定位及相应的设计策略。

2. 观察调查法

（1）含义。观察调查法是调查者运用自己的感觉器官，或借助特定观察工具和技术，对研究对象进行考察，能动地了解处于自然状态下的客观现象的方法。观察调查法是城市设计调研中最重要的方法之一，不论是对于城市空间环境及人群使用活动的观察，还是对设计地段范围的实地踏勘，都是这一调查方法的自觉运用。

（2）类型。根据观察场所不同，观察调查法可分为实验室观察法和实地观察法。而根据观察对象不同，观察调查法可分为直接观察法和间接观察法。直接观察法是凭借观察者自身的眼睛、耳朵等感觉器官直接感知外界事物，是对正在发生的现象及空间特性所进行的观察；间接观察法多借助照相机、摄像机等工具。根据观察程序和要求不同，观察调查法可分为结构性观察和非结构性观察两大类。其中结构性观察具有预定的、严格而详细的观察项目和要求，根据统一的观察记录表或记录卡逐项展开，而非结构性观察则没有这些要求。根据观察者是否参与观察对象的活动，观察调查法可分为非参与观察和参与观察两大类，其中非参与观察以旁观者身份对调查对象进行观察，受观察对象的影响较少，观察结果较为客观公允。

（3）优点及缺点。观察调查法是由设计者本人进行的调查工作，设计者可以亲身体验实际的空间环境，因而具有真实、直观的优点。然而严格意义上，任何观察都会产生一定的误差，进而对调查结果产生不同程度的影响。观察者的思想状态、态度倾向、工作作风、认识水平、生理因素往往会影响观察者对观察对象的主观感受，而由观察活动所引起的被观察者的反应性心理和行为、工具手段的客观限制，也是导致误差的因素，在调查中必须对这些问题予以重视。

（4）实施要点。通过综合运用多种类型的观察调查法，城市设计者可以考察城市空间环境的实体形态及客观存在的社会现象。在调查活动最初往往对设计现场进行粗略浏览，从而获得总体的初步印象，这是一种非结构性观察。随后在现场踏勘之前往往制订具体的调查项目和记录表格，则表现为结构性观察。而在具体调研过程中主要运用实地观察法。设计者往往两三个人一组，在自然状态下，凭借自身感觉器官和现代化观察工具进行现场踏勘，且一般采用非参与观察方式。

实地观察法的调查成果应当力求全面完整、客观真实、目的明确，调查过程应力求深入细致和合理合法。这不仅要求观察者具有高度负责的责任心、认真细致的工作作风、精通各种观察辅助工具的操作技巧，还要求观察者熟练运用各种观察记录技术。常用的观察记录技术主要有观察记录图表、观察卡片、调查图示和拍照摄像等。调查图示是城市设计及规划活动中经常运用的调查记录方式。在实地观察之前，调查人员往往应制作观察记录图（比如地形图和用地分界图等）。在现场踏勘中，往往在观察记录图上以符号标注记录土地利用、权属分界、建筑高度及层数、绿化水体分布等特征。

158

3. 访谈调查法

（1）含义。访谈调查法是由访谈者根据调查研究的要求与目的，通过口头交谈的方式，了解城市设计相关问题及访问对象的观点和态度，系统收集实际情况资料的调查方法。

（2）类型。依据不同的分类标准，访谈调查法主要可以分为标准化访谈和非标准化访谈、直接访谈和间接访谈、个别访谈和集体访谈等类型。

（3）优点及缺点。与其他社会调查方法相比，访谈调查法具有较强的灵活性，适用范围较广。调查者能够较好地控制调查过程，可以保证必须的回复率，因而具有较高的成功率和可靠性。但是访谈过程中受调查者主观影响较大。被调查者匿名程度较低，某些敏感问题回答率低，对答案的真实性具有一定的负面影响。而且，访谈调查所需时间、人力、物力成本较高，还常常因环境因素的影响而导致出现偏差。这些都是访谈调查中应当注意的问题。

（4）实施要点。多数情况下城市设计者应深入到被访问者生活的环境中进行实地访问，有时也可请被访者到事先安排的场所进行交谈，谈话的对象既包括城市空间的使用者、当地的普通居民、外来人员等特定人群，也包括开发商、运营商等利益相关部门和政府官员等行政管理者。

访谈调查法的程序步骤和注意事项大致包括以下几点。

①访谈准备。准备工作首先应根据调查目的，科学地选择访问对象，确保访问对象对于所提问题有能力提供全面、合理的答案，访问对象的数量应能够满足信度和效度要求。其次应采用适当的访谈方法，设计完善的访问提纲、明确问题、询问方式、顺序安排，并对可能出现的不利情况进行预测及准备相应对策。调查者要尽可能地了解访问对象的性别、年龄、职业、文化程度、经历、性格、习惯等基本情况，还应恰当选取访谈的时间、地点和场合。

②进入访谈现场。在开始访谈时，调查者应当采用正面接近（开门见山）、求同接近、友好接近、自然接近、隐蔽接近等谈话技巧，逐渐熟悉、接近被访问者，以表明来意，消除疑虑，增进双方的沟通了解，求得被访问者的理解和支持。

③谈话与记录。在对访问对象进行提问时，访谈者应当熟练运用各种访谈技巧，应明确、具体地提出问题，做到礼貌待人、平等交谈、耐心倾听，并尽量杜绝对访问对象的暗示和诱导。在访谈过程中，要注意通过观察访问对象的行为、动作、姿态、表情获得访问对象的真实看法和态度。此外，当访问对象的回答前后矛盾、残缺不全或含糊不清的时候，应当场或事后进行集中追问。在调查过程中，调查者应注意捕捉信息，及时记录谈话内容，可以采用速记、详记、简记等方式亲自记录，有时也可以由专人记录、录音、录像或进行事后补记，而且应尽量记录原话，并及时进行分类排列、编号归档等整理工作。

④结束访谈。调查者应当注意掌握好访谈时间，在访谈结束时应向访问对象真诚致谢，并为再次访谈进行铺垫。

在城市设计实践中，访谈调查法是一种行之有效的调查研究方法。通过访谈可以把握使用者对空间环境质量的满意程度，明晰空间环境的历史变迁，广泛收集公众意愿，全面了解社会、行为与空间环境的相互影响等城市设计关注的内容。在城市设计中运用访谈调查法的典型案例当属凯文·林奇对波士顿中心区的意象性调查。凯文·林奇和助手采用市民随机抽样访谈和办公室访谈相结合的方式，要求调查对象徒手绘制城市地图，详细描述城市中的行进路线，列举最为生动的城市景观，从中获取人们对城市空间的总体认识，并与实地观察的结果进行比较，从而总结和验证其意象性的理论。

4.问卷调查法

（1）含义。问卷调查法是指调查者运用统一设计的问卷来向调查对象了解情况、征询意见，以测量人们的行为和态度，获取有关社会信息的资料收集方法，在城市设计中应用十分广泛。

（2）类型。按照问卷填写方式不同，问卷调查可以分为代填问卷和自填问卷两类。代填问卷是调查者根据调查对象的口头回答来填写问卷，实际上是一种结构性访问，因此又称访问问卷。自填问卷则是由被调查者填写后再返回调查者手中。按照问卷传递方式不同，问卷调查又可以分为邮寄问卷、报刊问卷、送发问卷和网络问卷，其中网络问卷是近年来发展迅猛的调查方式，调查者与调查对象通过互联网相关页面完成调查过程。在城市设计的调研中一般采用送发问卷的方式。

（3）优点及缺点。采用问卷调查法，可以对不同地点的众多被调查者同时展开调查，范围广、容量大，突破了空间限制，节省时间、人力和物力，调查成本较为低廉；问卷调查大多采用封闭型回答方式，问卷结构、表达、答案类型基本相同，答案指向性较强，便于对调查资料进行定量分析和研究；调查对象往往以匿名状态独立完成答案，利于对某些敏感问题的调查，可以最大程度地避免人为因素和主观因素的干扰，提高调查结果的真实性和准确性。但是调查问卷一般经过统一设计，答案的伸缩余地较小，因此其范围覆盖面较小，弹性和灵活性较差；问卷调查法要求被调查者必须能看懂问卷、理解问题的含义、掌握填写问卷的方法，对调查对象的文化程度具有较高要求；问卷调查法是一种间接调查方法，调查者对调查对象的合作态度控制较弱，问卷回收数量、问题答复率和答复水平有时难以保证。这都会影响调查资料的代表性和真实性。

（4）实施要点。

①设计调查问卷。

A.问卷的结构。调查问卷一般由卷首语、指导语、问题、答案、编码等部分构成。卷首语是调查者的自我介绍，一般在问卷表的开端部分，文字长短以二三百字为宜，语气应谦逊诚恳。卷首语中应说明调查的主办单位、调查者的身份、调查内容、调查目的、调查对象的选取方法和对调查结果的保密措施。指导语是对填表方法、要求及注意事项的说明。问题和答案则是问卷的主体。此外，还应对问卷中的每一个问题和答案进行编码。在问卷结尾处，则要对调查者的合作与帮助表示真诚感谢，并署上主办单位的名称及调查日期。

B.问卷设计的基本要求。问卷设计必须简明易懂、准确客观，应紧密围绕调查目的展开，并适应于被调查者心理上和思想上的要求。问卷设计一般经历摸底探索、设计问卷初稿和问卷的试用与修改三个步骤，而问题和答案的设计至关重要。

C.问题的设计。问题包括针对被调查者的个人基本情况的背景性问题，针对已经或正在发生的各种事实或行为的客观性问题，针对人们的思想、情感、态度和愿望等方面内容的主观性问题，以及用于检验被调查者的回答是否真实、准确而特别设计的检验性问题等几种类型。

问题的形式主要有开放式问题和封闭式问题。开放式问题由被调查者自由填写，调查者不提供任何具体的答案，而封闭式问题的答案由调查者全部列出，被调查者只需从中选择一个或多个答案即可。开放式问题灵活性大，适应性强，特别适合于潜在答案较多、答案比较复杂的问题，有利于被调查者充分自由地表达意见，但答案的标准化、准确性较低，易于导致问卷回收率和有效率降低。封闭式问题一般按照标准答案进行，答案易于编码，便于定量分析，而且比较节省时间，容易取得被调查者的配合，但标准化的答案缺乏弹性和选择性，容易造成强迫性回答和随意乱填答案。在城市设计问卷调查中，往往针对不同的要求，同时运用开放式问题和封闭式问题，有时还将二者结合在一起形成混合式问题。

问题应通俗易懂，适合被调查者的特点，应避免带有倾向性和诱导性。首先，应尽量注意不要直接提敏感性或威胁性的问题，对于某些无法避免的敏感性问题，应采用适当方式降低问题的敏感度，消除被调查者的疑虑。其次，应当注意确定合适的问题数目和排列顺序。一般说来，问卷的长短以限制在 20 分钟内完成为宜。而问题的排列顺序一般应先易后难；先事实方面的问题，后观念、态度方面的问题；先封闭式问题，后开放式问题；同类性质的问题应相邻排列；可以互相检验的问题应当保证一定的距离。

D. 答案的设计。回答类型具有开放式回答、封闭式回答和混合式回答三种类型。其中开放式回答即简答题；封闭式回答包括填空式、单项选择、多项选择、顺序式（等级式）、矩阵式（表格式）和后续式（追问式）；将开放式回答与封闭式回答相结合的即为混合式回答。问卷答案的设计必须使答案符合客观实际情况，满足客观性要求；要囊括所有一切可能的答案；答案相互间不能相互重叠和包含；答案的设计只能按照一个标准进行分类；答案应具有相同的层次或等级关系；程度式答案应按照一定的顺序排列，前后应当具有对称性。

②选择调查对象。

A. 完成问卷设计之后，调查者应根据具体要求选取适当的调查对象，可以进行抽样选取，也可以将某个有限范围内的全部成员等当作调查对象。

B. 分发问卷。问卷发放的方式应利于提高问卷的填答质量和回收率，必要时也可以采用赠送小礼品等奖励方法来刺激调查对象的兴趣和积极性。在城市设计调查中，一般情况下由调查者本人亲自到现场发放问卷，同时亲自进行解释和指导，有时在征得有关组织和部门的支持和配合下，也会委托特定的组织或个人发放问卷。

③回收问卷和审查整理。回收问卷时，调查者应注意提高问卷有效性和回收率。一般情况下，调查者应当当场检查问卷的填写质量，检查并及时纠正空缺、漏填和错误。在问卷回收后，应及时对其进行整理和收录。

④统计分析和理论研究。在审查问卷调查资料和查漏补缺的基础上，调查者可以对调查获取的信息进行统计分析，并根据统计分析结果进一步展开理论研究。

问卷调查法现在已经逐步成为城市设计者常用的调查方法。2005 年，东南大学在进行南京江宁区百家湖—九龙湖空间轴线地区城市设计项目时，为了了解当地居民对该地区未来远景的设想及相关需求，明确设计地段的整体定位，对当地居民进行了一定规模的问卷抽样调查。该调查在当地规划局的大力配合下，在设计范围所属的新城区内和原有老城区内，分别选取一所学校，各发放 50 份问卷，请在校学生带回家由家长填写，调查对象多为 30～50 岁的本地居民。总计发放问卷 100 份，回收 88 份。回收率 88%。经过对回收问卷资料的整理和统计分析，进一步明确了设计对象的总体定位、发展前景、主要问题和相应的设计策略。

⑤调查资料整理与分析。调查资料的信度和效度是衡量调查研究工作成功与否的重要指标。信度

主要是指调查中所运用的手段和取得资料的可靠性或真实性。效度是指调查方法及其所取得资料的正确程度和准确性。为了提高调查研究的信度与效度，调查者应在调查的准备阶段明确概念、课题及调查目的，恰当地选择调查对象；在调查实施过程中，应根据调查目的和特点使用恰当的调查方法及手段；在收集资料过程中，注意调查者个人的特点、调查者与被调查者的互动及研究手段的不足，以减少主观及客观因素的不利影响；在整理资料过程中，应认真进行检验、校核及甄别，力求真实、可靠、准确、完整、系统。此外，在资料分析阶段，还应注重采用科学的分析方法。

A. 调查资料整理。资料整理是资料保存以及进一步分析研究的基础，也是城市设计社会调查过程中研究阶段的开始。在资料整理工作中，调查者应遵循真实性、准确性、完整性、简明性的原则，将调查所得的文字、图像等资料进行审查、分类、汇总，使其系统化和条理化。

B. 调查资料统计分析。运用统计原理和方法来处理资料、解释变量之间的统计学意义和关系，是调查研究过程中必不可少的关键环节。随着城市设计内涵和对象的拓展和深化，传统的定性分析往往难以满足现实的要求，而统计分析是对调查所得资料信息的定量分析，是调查研究科学性的有力保证。

按照统计分析的性质，统计分析可分为两类。其中，运用样本统计量描述样本统计特征的方法称为描述统计，而以概率理论为基础，运用样本统计量推断总体情况的方法称为推断统计。而按照统计分析设计变量的多少，又可以分为单变量统计分析、双变量统计分析和多变量统计分析。

a. 单变量统计分析。单变量统计分析主要包括频数分布与频率分布分析、集中趋势分析、离散趋势分析和单变量推论统计。频数分布是指在统计分组和汇总的基础上形成的各组次数的分布情况，通常以频数分布表的形式表达。集中趋势分析和离散趋势分析分别代表着一组数据的集中和离散的程度。只有既了解数据的集中趋势，又了解其离散趋势，才能全面认识数据分布的异同。集中趋势分析的主要测度值有平均数值、中位数、众数（M）。离散趋势分析的主要测度值有异众数比、四分位法、标准差、离散系数等。单变量推论统计就是利用样本的统计值对与之对应的总体参数值进行估计，包括区间估计和假设检验两个方面。

b. 双变量和多变量统计分析。城市设计调查研究的对象众多，各种因素和变量彼此相互依存、相互影响，其相互关系比较复杂。变量间的关系大致可分为相关关系和因果关系两大类。相关关系是指在双变量或多变量之间存在的不确定的依存关系。因果关系是一种特殊的相关关系。两个变量（自变量 X 和因变量之间具有单向性、不对称性和在发生时间或逻辑顺序上的先后关系。为了把握变量之间的复杂关系，必须对数据资料进行双变量和多变量的统计分析。常用的双变量统计分析工具包括列联表、X^2（读作"卡方"）检验、相关系数、回归分析等。而多变量统计涉及两个以上的变量，常用方法主要有多变量相关分析、多元回归分析、多元方差分析、因子分析等，其分析统计的原理与双变量统计分析基本相似，只是对象更为繁多，内容更为丰富，程序更为复杂，现在多利用计算机统计软件进行。

C. 统计分析计算机软件的应用。近年来，以计算机技术为基础的统计分析软件应用广泛，使城市设计及规划调查研究的数据分析及处理能力得到了极大提高。常规的社会调查统计分析软件主要有 Spss、Sas、Urpms、Bmpd、Excel 等软件，其中 SPSS 软件是公认的应用最广的统计分析软件。而广大城市规划及设计专业设计人员处理统计数据时，最为简便、实用的是 Excel 软件。

Excel（Microsoft Office Excel）软件是美国微软公司开发的 Windows 环境下的电子表格系统，是目前应用最为广泛的办公室表格处理软件之一。随着升级换代，Excel软件的数据处理功能和智能化程度也不断提高，现在已具有较强的数据库管理功能、丰富的宏命令和函数处理能力。在使用Excel进行统计分析时，要经常使用Excel中的函数和数据分析工具。函数是Excel预定义的内置公式，它可以接受输入的参数，并计算出特定的函数运算结果。此外，Excel的"分析工具库"提供了多种进行描述统计和推断统计的工具，可用于进行更为复杂的统计分析。其中，描述统计分析工具主要有描述分析工具、直方图工具、绘制散点图、数据透视表工具、排位与百分比工具，推断统计工具主要有二项分布分析工具、其他分布函数分析、随机抽样分析、由样本推断总体、列联表分析、双样本等均值假设检验、正态性的检验、单因素方差分析、线性回归分析、相关系数分析工具、协方差分析工具、自回归模型的识别与估计、季节变动时间序列的分解分析等。

在使用中应当注意的是，在一般默认状态下，Excel（以Microsoft Office Excel 2003为例）并未安装"分析工具库"，菜单栏中的"工具"菜单中并不显示"数据分析"功能。此时，需要点击"工具"菜单中的"加载宏"命令，选择"分析工具库"来完成加载安装。使用"分析工具库"时，只需为每一个分析工具提供必要的数据和参数，该工具就会使用适宜的统计或数学函数，在输出表格中显示相应的结果，某些工具在生成输出表格时还能同时产生图表。Excel软件提供了14种标准类型统计图：柱形图、条形图、折线图、饼图、XY散点图、面积图、圆环图、雷达图、曲面图、气泡图、股价图、圆柱图、圆锥图和棱锥图。每一种图形又可分为数个副图。其中，在城市设计调查研究的统计分析中，常用的统计图包括柱形图、条形图、折线图、饼图、XY散点图、面积图和圆柱图。而且，Excel还提供了20种统计图自定义类型，在实际运用中，使用者根据数据特点和分析目标不同可以选择适当的表达方式。

D. 调查资料理论分析。理论分析是城市设计社会调查研究过程的最后一个步骤。通过理论分析，调查者运用科学思维方法和知识，按照逻辑程序和规则，对整理和统计分析后的资料进行研究，透过事物的表面和外部联系来揭示事物的本质和规律，由具体的、个别的经验现象上升到抽象的、普遍的理论认识，从而得出调查研究的结论。理论分析的主要方法有比较法、因果关系分析法、结构—功能分析法等，其中比较法在城市设计中应用较为普遍。比较法通过对各种事物或现象的对比，发现其共性和差异，由此揭示其相互联系和相互区别的本质特征，是最常用、最基本的分析方法之一。进行比较研究时应当注意选择恰当的比较角度，建立合适的比较标准，保证事物或现象具有可比性。而且必须根据事物的同一标准，按照一定的层次，将认识对象区分为彼此互不相同、互不相容的类别，以在各种类型之间进行比较。

比较方法主要有横向比较法、纵向比较法、类型比较法、数量比较法、质量比较法、形式比较法、内容比较法、结构比较法、功能比较法等类型。而常用的比较方法则是横向比较法、纵向比较法。横向比较法是根据地区、国家等空间方面的差异对调查资料进行的比较，被广泛运用于城市设计的调查研究中。比如对国内外城市中心区发展状况和对北京、上海、广州等地公共绿地空间的使用情况进行的比较，以及城市设计的前期阶段经常进行的对不同地区相关案例的比较研究，都属于横向比较。纵向比较法则对同一认识对象，根据时间顺序进行比较，揭示认识对象不同时期、不同阶段的特点及其发展变化趋势，又叫历史比较法。在城市设计中，往往对一定范围内的城市空间结构和功能布局在不同历史时期的情况进行比较，从中发现其演变历程和发展脉络，多运用于具有历史文化意义的街区保护及改造更新等设计项目之中。

E.其他分析方法。社会学调查方法在城市设计中的应用是城市学科与社会学科相互融合的结果。而数学、统计学、心理学、计算机技术等多学科及分析技术的交叉发展，也促使了多重比较法、线性规划法、频率分布法、排列法、主成分分析法、多项目综合评价模型法、AHP法、预测模型法、因子分析法、SD法等调查分析方法在城市规划和设计领域中的应用。可以将SD法用于城市空间视觉景观的评价，将线性规划法、因子分析法、AHP法用于评价空间系统诸要素关系、城市空间整体评价和最优化选择。总体上，当代城市设计社会调查研究的分析方法和手段较为丰富，城市设计人员应加强学习，深入了解和熟练掌握各种分析技术，在调查研究中综合运用。

5.4 城市设计数字化辅助技术

以计算机应用为基础的数字化技术在发达国家的城市规划和城市设计中已得到广泛应用。数字化技术利用多种数学模型、定量分析和智能分析手段，具有大容量的数据存储能力、高速化的信息传输能力和高效智能的分析能力；采用可视化手段建立的仿真空间效果使规划成果的表现更为动态和形象化，逐渐使设计者从烦琐庞杂的事务性工作中解放出来，并大大提高规划设计的科学化。比较而言，日本和美国理论与实践的结合起步较早，技术上处于领先地位。中国近年也开始了相关的探索，主要集中于历史研究、城市形态和建筑形式模拟、数字景观研究等方面。比如，日本学者通过文献考证与计算机建模相结合的方式将历史上一些著名的城市规划设计复原出来，如中国的元大都、加尼耶的"工业城市"、柯布西耶的"光辉城市"等，使人们能够更加直观地来研究这些城市整体及局部的空间环境。

当前，在城市设计中，主要运用的数字化技术有CAD技术、图形图像处理技术、虚拟现实技术和QS辅助设计技术。同时，这些技术与多媒体技术、网络技术相结合，极大丰富了城市设计分析、决策、实施、管理的手段和方法。图形图像处理技术及其相关计算机软件已经被普遍应用于建筑设计、城市设计和城市规划的日常实践之中，广大设计人员对其操作技能和方法也已熟练掌握，它已经成为了常用的技术手段。其中，以AutoCAD为代表性软件的CAD辅助设计技术以计算机绘图取代传统的手工绘图技术，以数字化方式存储设计相关信息及文件，使制图精确度、信息储存量、设计成果修改及复制效率都得到了极大提高，主要应用于平面、立面等二维视图的绘制。而利用软件附带的三维建模功能，设计人员可以建立城市空间模型，进而生成透视图和轴测图等三维视图，并以此进行视觉景观的初步分析。比如，贝聿铭建筑设计事务所设计的巴黎卢浮宫扩建方案、SOM设计的休斯敦协和银行大厦、加拿大渥太华议会区城市设计等项目中都运用了这一技术，较大程度地改变了设计方式和设计成果的表达。

图形图像处理技术的代表软件有Photoshop、3D Studio及其换代软件3DMAX等，通过使用计算机、图形图像输入输出设备和图形图像处理软件对静态或动态图形图像进行处理，具有较强的建模能力和渲染能力，既可以用二维的渲染效果图模拟城市空间的三维静态效果，也可以通过制作动画，模拟在城市空间中运动时的动态视觉景观（图5-4）。

图 5-4　图形图像处理软件对静态图像进行处理

　　近年来，美国著名建筑设计软件开发商（Last Software）公司最新推出一种建筑草图设计工具软件 SketchUp。SketchUp 直接面向设计方案创作过程，可以迅速建构、显示、编辑三维建筑模型，导出具有精确尺寸的透视图等平面图形，还可以在软件内设置照相机、光线和漫游路线，为模型表面赋予材质和贴图，插入 2D、3D 配景，进行模拟渲染及动画展示，能够快速反映设计构思及效果，是一种高效的设计辅助工具。与传统的图形图像处理技术相比，SketchUp 软件具有文件小、运算快、即时性强的优点。以往的设计辅助软件一般都需要较长的运算时间，大大滞后于设计师的思维速度，而 SketchUp 生成的模型为多边形建模类型，全部是单面，非常精简，便于向其他具备较高渲染能力的渲染软件导出，也便于制作大型场景。SketchUp 的动画演示功能操作简便，通过漫游控制，只需确定关键帧页面，即可获得动画自动实时演示，运算时间短，设计人员可以即时观察直观的三维模型，大大提高了工作效率。此外，SketchUp 还可以便捷地生成任何方向的剖面和剖面动画演示，并通过设定空间环境所处的不同季节和时间，进行光线阴影的准确定位，实时分析阴影，生成阴影的演示动画。而 SketchUp 的渲染功能着重于三维模型的表达，较为抽象和概略，虽然欠缺细部表达，但更利于把握城市空间形态的整体效果。相比之下，SketchUp 软件界面简洁，易学易用，并可以与 CAD、3DMAX 等软件相互连接，具有良好的交互性。因此，对于城市设计而言，SketchUp 是一种较为实用的数字化辅助技术，正在被越来越多的设计人员采用。

5.4.1　虚拟现实技术

　　虚拟现实（Virtual Reality，VR）是集成了计算机图形学、多媒体人工智能、多传感器等技术的一项综合性计算机技术。它利用计算机生成模拟环境和逼真的三维视、听、嗅觉等感觉，通过传感设备使用户与该环境直接进行自然交互式体验，主要代表性计算机软件有 Multigen 和 Vrml 等。

在传统的城市设计表现方法中，缩小比例的微缩模型只能提供设计的鸟瞰形象，人们无法以正常视角获得在空间中的真正感受；效果图表现只能提供静态局部的视觉体验，三维动画虽然有一定的动态表现能力，但不具备实时交互性。虚拟现实技术大大弥补了这些不足。在城市设计中运用虚拟现实技术，可以建立起一种动态的、直观的城市环境仿真模型，使用者能够将自身置入其中，通过对视点和游览路线的控制，以动态交互的方式，从任意角度、距离、速度和尺度观察仿真环境中的目标对象，记录仿真体验的全过程。而且，在漫游过程中，能够对建筑等环境要素进行替换和修改，实现多方案、多效果的实时切换，具有良好的实时交互性。其优点和作用具体表现在以下几方面。

1. 全角度、多层次地观察城市空间

城市空间视觉景观效果是城市设计研究的重点。虚拟现实技术可以对观察视点进行设定，预定多种观察角度，不仅可以获取设计中重点控制的主要入口、空间轴线、景观视线通廊等地点的空间视觉形象，还可以从任一角度全方位地观察空间，其层次涵盖了从局部到整体的全部空间范围。

2. 以多种运动方式感受城市空间

传统的设计方法只能提供静态的片断性感受，而在虚拟现实技术的支持下，通过对运动速度、运动路径和观察高度进行设定，模拟人们以步行、车行甚至飞行等方式运动时的空间感受，从而建立对城市空间序列的连续不断的整体感受。

3. 城市设计元素实时编辑及控制

通过对虚拟现实技术的进一步编程开发，在运动漫游中对建筑、绿化等城市设计元素的模型对象进行整体拾取和局部拾取，对建筑等三维模型进行移位、缩放、复制、镜像、拉伸、旋转等编辑，并结合建筑材料、绿化树种、道路广场铺地、街道家具和景观小品的选择、布置、更替、变换，就可以对城市空间环境中的几乎所有要素进行实时编辑和调整，使设计人员能够实时观察空间要素的高度、体量、位移等方面的变化对城市空间环境的影响。

4. 辅助决策及公众参与

在城市设计的方案研究阶段，运用虚拟现实技术，设计者对各种不同的方案进行实时切换，进行相互比较、评判优劣，从而做出最优选择。而且，运用虚拟现实技术建立的城市三维空间虚拟环境，可以让公众和管理者更为直观和全面地把握城市空间环境的现状，充分理解设计者的设计意图和建成后的实际效果，大大提高了公众参与及决策的可行性和精确性。

近年来，国内外许多城市设计实践都不同程度地运用了虚拟现实技术。1996 年，美国 Bentley 公司以费城中心区 35 个街区为起点，利用虚拟现实技术，逐步建立费城城市模型（Model City Philadelphia），将整个费城的空间模型以 VRML 数据格式完整存储。通过 Internet 浏览器，城市设计人员和建筑师不仅可以获得实时空间体验，还可以获得土地利用、空间形态、建筑构成，甚至三维地下管线系统等方面的信息，对虚拟的城市实景进行分析。这获得了美国建筑师学会（AIA）高度评价。而且，虚拟现实技术不再局限于对城市空间环境的建筑形式、视线关系等视觉分析，还进一步拓展到阳光日照、风向强弱等物理环境的模拟。例如，美国 SOM 事务所在芝加哥湖滨三幢塔楼设计中，用计算机分析了该地域环境现状、土地使用、日照及经济等因素，并提出了参考方案，以不同角度显示出建筑群建成前后对环境的影响。美国波特兰和克利夫兰规划则用这种方法分析了各种新建筑对天际线的可能影响。而柏林波茨坦广场改建和旧金山都分析了新建筑对公共空间小气候的影响，并参考日照模拟分析的结果确定了建筑的高度序列。

中国的北京、广州、上海、南京、徐州、杭州和深圳等很多城市的城建部门也把虚拟现实技术与其他计算机技术综合运用到城市设计的工作中，并已取得一定的成效。如杭州市城建部门对西湖湖滨地区的城市设计的分析。其基本过程是：第一，将地形图输入；第二，建立建筑、构筑物模型（空线框）；第三，自然景色模型化（线条）；第四，进行城市空间的三维合成，全部转换成 CGA 城市坐标，这样便可进行空间分析。该分析技术有很多优点：首先，它具有连续运动的任意位置、任意角度的特点。其次，全面准确地表现出城市形体空间，同时它又可与录像、摄影结合，且可在电视节目中播出与市民交流。此外，它还可用叠加法显示改建更新后的城市景观效果。而深圳市中心区城市仿真系统（USSCD）则应用以虚拟现实技术为支持的三维实时漫游系统，通过应对地形地貌建模、建筑建模、特效处理等步骤，进行了原方案与屋顶提高 10m 后的体积和比例以及与莲花山关系之比较、市民中心尺度和位置比较研究，进行建筑色彩分析、中心广场设计研究、街区设计的比较研究，以及局部地段的仿真实录，成为规划、设计、决策和管理的重要手段之一。

5.4.2 GIS 辅助设计技术

地理信息系统（Geographic Information System，GIS），由计算机系统、地理数据和用户组成。它是通过采集、存储、管理、检索、表达地理空间数据，进而分析和处理海量地理信息的通用技术。

20 世纪 60 年代中后期，加拿大和美国学者提出建立地理信息系统的思想。进入 20 世纪 70 年代，地理信息系统在美国、加拿大、英国、瑞典和日本等国家得到了大力发展，主要用于存储和处理测量数据、航空照片、行政区划、土地利用、地形地质等信息。进入 20 世纪 80 年代，随着计算机技术的飞速发展以及 GIS 与卫星遥感技术相结合，GIS 的应用逐渐扩大到城市规划、环境与资源评价、工程选址和紧急事件响应等领域，为解决工程问题提供数字化辅助功能，并开始用于全球性问题的研究。20 世纪 90 年代，随着数字化信息产品在全世界的普及，GIS 的发展进入用户时代，从单机二维封闭逐步朝着开放、网络化、多维的方向发展。中国地理信息系统的发展始于 20 世纪 80 年代初。

城市空间环境是城市设计的对象，GIS 将计算机图形和数据库融于一体，使地理位置和相关属性有机结合，准确真实、图文并茂，凭借其空间分析功能和可视化表达，为城市设计提供了新型空间分析工具和决策辅助工具。

1. 基本应用

在城市设计的实践活动中，GIS 软件系统主要具有数据输入、数据编辑、数据存储与管理、空间查询与空间分析、可视化表达与输出等基本应用。具体体现为：

（1）空间数据的收集整理及空间数据库的建立。GIS 不仅为城市设计者提供了数字化地图及其关联数据，还可以将通过现场踏勘、社会调查所得的各种数据及资料与数字化地图数据进行系统化整合，并对相关信息进行储存、编辑、管理及可视化处理，建立城市设计所需的空间、社会、历史数据资料库。主要包括：

物质性空间数据。主要是指城市空间环境系统的数据集成，包括建筑系统数据库、开放空间系统数据库、景观系统数据库、道路交通系统数据库等，其内容涵盖建筑物的平面、高度、面积、年代、材质、色彩、开放空间的几何特征、界面形态，景观系统中绿化及树木的类型、高度、树冠尺寸、林相、郁闭度，道路交通的层级构成、空间分布、形态结构等实体与空间环境的特征数据。

社会—经济数据。主要包括与作为设计对象的空间环境相关的社会、经济、环境及历史信息，比如建筑及土地权属、税收、收入及产权变更等经济信息，交通流量等行为活动信息，使用者及居民的文化水平、阶层分布等人口统计信息，气候、水文等环境信息的相关数据资料。

建立数据库一般要经过三个步骤。首先，将运用空间数据采集技术和调查所得的地图数据、统计数据和文字说明等资料信息以多种方式进行数据输入，转换成可以通过计算机处理的数字形式。其次，通过数据编辑和处理，完成图形编辑和属性编辑。最后，必须确定空间与属性数据的连接结构，采用空间分区、专题分层的数据组织方法管理空间数据，用关系数据库管理属性数据。

（2）空间查询与分析。对于城市设计而言，空间查询与分析功能是 GIS 最重要的功能。GIS 数据库建立完成后，既可按照横向系统类型进行分项查询、逐层叠加，把握空间系统及各个空间要素的构成关系，也可以按照发展历程的时间维度进行纵向检索，全面认识空间形态演变过程。而且，GIS 技术平台通过与其他分析工具相结合，有效整合了城市空间的物质形态、尺度和时间多种维度的相关信息，从而为城市设计者系统分析海量城市空间数据信息提供了有力保障。这主要表现在以下三个层次：

①空间要素及属性检索。凭借 GIS 的基础数据输入和管理功能，可以便捷地查询相关资料信息。根据城市设计的具体要求，可以从空间位置检索建筑、地块及景观要素等及其相关属性，也可以用属性作为限制条件检索符合要求的空间物体，并生成相应的图像信息，从而为相应的空间分析提供全面而直观的基础资料。

②空间特征及拓扑叠加分析。通过 GIS 还可以按照空间特征的不同属性进行分类，并通过相互叠加和拓扑分析，使不同类型的空间要素及其形态特征（点、线、面或图像）相交、相减、合并，建立特征属性在空间上的连接，进而对空间构成、形态肌理、要素关系进行详尽分析，从而发现城市空间系统的优点与缺陷。

③空间系统及模型分析。在对空间系统中的单个对象以及空间特征的信息资料进行逐项分析的基础上，利用 GIS 技术平台，设计者可以建立空间系统模型，并结合模型进行分析，比如三维模型分析、数字地形高程分析，以及针对不同专业取向的特殊模型分析等。通过多种模型分析与统计计算可完成针对空间系统的多要素综合分析，为城市空间环境整体优化提供可靠依据。

东南大学完成的重庆大学城总体城市设计项目中的用地适宜性评价及选择就集中体现了 GIS 技术的综合分析能力。研究小组以卫星图、地形图和调研资料为基础，利用 GIS 技术平台建立基地数字三维模型，分别对基地地形的高程、坡度、坡向等方面进行分析，并叠加道路、水系、已建设用地、高压电线等现状要素，进行三维可视化分析，然后依据加权因子评价法，通过计算获得综合适宜度数值，以此为依据划分适宜建设、基本适宜建设和不适宜建设用地，为建设选址、生态资源保护、景观视线分析提供了科学依据。

在东南大学完成的南京老城高度控制城市设计研究中，则以经典城市景观分析研究为基础，选取历史、景观、人口密度、可达性、地价、可建设程度六方面因子，综合运用 GIS 和 CAAD 技术，进行了一系列带有空间属性的数据分析，形成一套适应于我国城市建设管理的城市设计研究成果，为南京城市建设管理提供了有效的技术支持。

（3）可视化表达与输出。在城市设计中，通过 GIS 处理空间数据，其中间过程和最终结果都能够以可视化方式表达和输出。而且，QS 是人机交互的开放式系统，设计者可以主动选择显示的对象与形式，不仅可以输出包括全部信息在内的全要素地图，也可以分层输出各种专题图、各类统计图表等资料，相应的图形化空间数据还可放大或缩小显示，这就为城市设计者提供了全面、系统、直观的分析工具。以往的 GIS 技术更多关注于二维图像资料，近年来 3DGIS 的迅速发展使 GIS 三维可视化表达达到了新的高度，而三维可视化对于城市设计分析、构思、评价都是至关重要的。

2. 拓展功能

近年来通过开发能够与 GIS 相连接的软件，将某些空间分析理论和工具植入 GIS 技术平台，以及与 CAD、虚拟现实等数字化技术的综合运用，GIS 在城市设计中的应用范围和相关功能得到了相应拓展。

（1）空间句法分析。希列尔和汉森（Hanson）等人发明的空间句法是一种以空间拓扑结构描述和可见性分析为基础，通过对包括建筑、聚落及景观在内的人居空间结构的可达性或连通性等特征的量化描述，揭示空间形态演变的内在肌理，研究空间组织与人类社会之间关系的理论和方法，已逐渐深入到对建成环境多种尺度的空间分析研究之中。

GIS 能够提供大量空间数据，对于空间句法的发展和应用是一种十分适合的技术平台。近年来，以美国学者巴蒂（M.Batty）为代表的学者利用 ArcView 软件系统，将空间句法和 GIS 相结合，形成了以空间句法理论为基础的 ArcViewQS 的拓展。通过使用 ArcViewGIS，设计研究人员能够在 GIS 内的地图中绘制轴线地图，以此为依据计算联系度、整合度、深度等空间句法的量度，并与其他图形数据层进行比较，找寻联通性和整合度之间的关联，从不同的视角来探究空间的可达性，然后以图式方式显示。这为 QS 增加了新的分析功能，也为城市设计者带来了功能更为强大、使用更为便捷的形态分析工具，取得了一定的成果，如我国学者李江等于 2003 年在 GIS 技术平台下利用空间句法对城市空间可达性的若干研究和对武汉市城区空间形态进行的定量分析。

（2）3DGIS 仿真。3DGIS 仿真以 GIS 三维可视化功能为基础，通过诸如 ArcView、3DAnalyst 以及 ArcGlobe 等软件中的实用工具，运用虚拟现实等仿真技术对 GIS 进一步拓展，将 3D 城市模型与多种 GIS 数据相结合，不仅可以生成完全真实的 3D 全景仿真场景，还提供 3D 物体属性数据的快速查询和分析。建立 3DGIS 一般需完成录入 GIS 数据库、3D 城市模型化和 3D 全景视觉仿真等步骤。

（3）WebGIS。WebGIS 是 GIS 技术与 Internet 技术相互融合形成的。WebGIS 的用户可以同时访问多个位于不同地方的服务器上的最新数据，更易于实现多数据源的数据管理和合成。WebGIS 使用通用的 Web 浏览器，操作更为简便，也降低了系统成本，同时摆脱了机器和 QS 软件种类的限制，便于远程数据的共享、协同处理和分析。因此，WebGIS 能够通过网络建立联机共享参与系统，设计者、使用者和管理者可以通过网络登录服务器，载入网络 GIS 软件，运行地图展示、查询空间数据、审查构思草图等功能，通过相关网页与 CAD、虚拟现实系统和多媒体工具相连接，利用网络与他人进行对话、讨论、交流、协同完成设计工作。这也是 GIS 在城市设计运用方面的重要发展方向之一。

对于城市设计而言，GIS 是集成化的数字化资料库，是高效的城市空间分析方法及设计辅助技术，也是公众参与和管理决策的平台。随着相关软件的升级换代，其数据集成能力、空间分析能力和三维表现处理能力也日趋完善，GIS 也将成为城市设计的重要分析研究工具。数字化技术在当今的城市设计中日益发挥重要的作用，大大提高了设计成果及决策过程的准确性、科学性、可行性及适应性。而且，数字化技术在自身系统不断完善、技术水平逐步提高的同时，表现出集成化的趋势。可以预见CAD辅助设计、图形图像处理技术、虚拟现实技术、多媒体技术、GIS、统计分析工具、数学模型、网络技术乃至卫星遥感技术等多种技术的交叉融合，必将极大地拓展城市设计研究方法和分析手段，甚至可能促进新的城市设计理论的形成。

　　城市设计的各种分析方法和调研技艺为城市设计过程组织提供了有效的技术支持。其发展演变总体上具有两方面的趋势。一方面，现代城市设计的分析方法和调研技艺随着城市设计理论的不断发展，研究范围的拓展而不断完善。另一方面，城市设计学科与社会学、生态学、计算机技术等学科的广泛融合和相关技术手段的涌现促使了新的设计分析方法的运用，跨学科的综合性技术平台正在逐渐形成。广大城市设计研究人员应对此予以积极关注，通过持续不断的学习钻研，熟练掌握各种分析方法、调研技艺和辅助技术，并在日常实践中加以综合运用，从而提高城市设计的总体水平。

第6章　城市设计的实施操作

6.1　城市设计的过程属性

在当前城市设计发展呈现出日益科学化、开放化、多元化和综合化的趋势下，有关城市设计的操作实施成为国内外城市设计研究都在探索的重要课题。这一课题涉及设计过程的组织问题，同时也是现代城市设计中最具方法论意义的内容之一。

不同的专业经历影响了人们对客观事物的理解。事实上，城市建设中不同的角色如政府官员、规划设计专业人员、普通大众和项目业主心目中的城市建设理想差别很大。因此城市开发成功的关键在于，城市设计师要向决策者提供科学合理的建议，协调并保证来自各方面的知识被尽可能全面地吸纳与采用，从而形成综合的城市设计决策。而这些需要通过一个城市设计的整体协作过程来组织完成。

6.1.1　城市设计过程的特征意义

城市设计首先是一个复杂的过程。无论是城市设计的目标价值系统，抑或是城市设计的应用方法，对于任何具体的城市设计任务而言，都只是其中的子项构成。只有经过某种恰当合理的选择，并相互交织在一个整体过程中，才有可能使城市设计的实践活动直接受益。

其次，城市设计是一个连续决策的过程。城市环境的广延性，建设决策的分散性，使得城市设计即使与实施完成后的居民反馈有不匹配的地方，也不可能很快得到调整，而通过合适的设计过程组织，则有助于这种情况得到改善。

最后，城市设计是一个求解内外适应的过程。如果将来自宏观外界、社会需要和文脉方面的内容看作是城市设计的外部环境，那么从方法上讲，城市设计即是通过自身内部环境的设计适应外部环境达到预期目标的过程。而对适应方式而言，最重要的就是城市设计过程的组织，可以说这是"方法的方法"。在知识上，它是硬性的、可分析的和可学习操作的。

所以，现代城市设计实施是一个双重复合的过程：它不但是一个由分析系统、操作系统、价值判断等组成的专业驾驭过程，同时还是一个包含社会、经济、文化和法律等在内的参与决策过程。处理好这种双重过程及其相互关系，是成就一个优秀城市设计的前提与基础。其中，城市设计专业驾驭过程涉及的客体内容非常复杂。各种分析方法和技艺以一种历时性的组织方式展开，遵循着从整体到局部、从大到小的次序；从城市形态和城市结构分析，再到城市空间分析，直到最后设计决策的历时性过程本身，又都具有内在的逻辑性。

参与决策过程的构建意义在于：现代城市设计在一定程度上是一种无终极目标的设计，其成果和产品具有阶段性意义。实践中，在一个项目的初期，投资业主或公共机构通常会编制一个长期规划。探讨了一些常规的行动步骤后，开发商又会让规划师、建筑师和工程师忙于项目各个要素的设计，之后再雇用建筑队来实施项目，直到最后用户使用建好的新环境。由于每个步骤中，不同的人员总是用各自的专长来处理他们面对的问题和机遇，从而导致传统城市设计终极目标决策方式的失败。现代城市设计呈现为一种长期修补的连续设计过程（图6-1）。事实上，如果在综合研究城市开发建设过程的初期就组织一个学科较全的工作组来协调工作，就有可能使一些错误在最终成果设计和建设实施之前得以认识和更正，而这其中的关键就是需要有实施这一做法的参与决策过程。

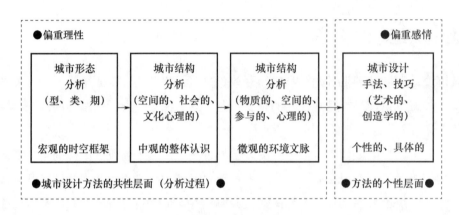

图6-1　城市设计复杂过程
资料来源：王建国《城市设计》

同时过程的意义还在于，过程拥有分解、组合等构造特点，并具备反馈机制。因此一旦设计出现问题，就有可能很快地在次一级的子项上找出症结所在，如此通过连续反映并调整实际状态与希望状态之间的差异，使过程具有自组织能力。无论内外环境朝什么方向变化，反馈调节都能跟踪过程的微小变化，不必每次都从头重复整个设计过程。

6.1.2　现代城市设计的方法论特征

传统的城市设计方法是以明确的目标实现为特征的。即它在假定事件状态和最终目标状态均为已知的条件下，寻找一种逻辑上严格的并且能产生满意甚至最佳结果的规则。"任务取向"是这种方法的认识论特征。

现实中这种方法适用于解决充分限定的问题，尤其是与经济性有关的设计解答上，如新区开发中在给定单方造价范围和有关单元类型最小的情况下，根据对投资的偿还回答住宅的最佳组合问题。

但是，这种方法也有很大的局限性。在城市设计中，目标常常含混复杂。城市是一个综合复杂的构成体，是由很多动机不同甚至相互矛盾的建设行为长期营造的产物。因此，城市设计或某些建筑设计工作不同，它不是某一个设计师依靠直觉的产物，设计必须在一种社会协作条件下的探寻性过程中寻找答案。

必须指出，城市设计并非是显示设计师或决策者对于城市空间经营和开发政策的权利表现，设计者必须平衡来自政府各部门对城市公共环境建设的期望。同时还必须吸纳来自不同利益团体的各种看法。也就是说，这种过程应有利于包容社会和群众的价值取向。城市设计师所要做的就是尽其专业能力驾驭过程，凝聚共识并付诸行动。

6.2 城市设计的公众参与

从设计层面讲，城市设计具有一种职业技术的特征；从管理层面讲，城市设计具有一种政府行为的特征；从参与层面讲，城市设计则有一种社会实践的特征。作为社会实践，城市设计中的公众参与是一个无法规避的重要问题，同时它也是城市设计制度建设的基本组成部分。但是另一方面，当不尽合理的体制顺利保障正当的参与时，同样会出现让人哭笑不得的结果。美国学者亚历山大教授在《俄勒冈实验（*The Oregon Experiment*）》中，便用一幅漫画描述了使用者与建筑师难于沟通的状况，导致最后的结果面目全非。这看似荒谬，但类似的曲解和谬误却不时发生。

6.2.1 参与性主题的缘起

在古代，城市设计大都取决于单一委托人的需要，如封建帝王、统治者或僧侣、贵族等。工业革命后，设计虽然有了一定的开放性，但是这种一对一的关系仍然延续到20世纪初。随着工业化发展和公共住宅的出现，一部分委托人逐渐变成了用户群体，这时设计者就面临着设计对象与最后用户的分离问题，以及随之带来的设计伦理问题和有效性问题。现代建筑理论认为：建筑物乃至一座城市被看作一种抽象的艺术形式来处理；抑或恪守所谓的"社会变革设施中心理论"，即认为一旦为居民提供住房、道路、通信、电力等生活基础设施，便可建设起良好的城市社区。事实证明，这两种发展均不尽如人意。

与此并行的是，在古往今来的历史中，全世界许多地区的城镇居民都基于自身需要和价值取向自发建设了各自的城市社区。虽然没有专业人员的帮助，但是这些非设计产物却常常成就了一些伟大的城市设计。简·雅各布斯、鲁道夫斯基等一批专家学者以精辟的研究与翔实的案例，说明了这种市民自发建设行为的社会文化意义与驾驭环境创造的非凡能力，从而引发了西方专业界对社会文化影响的重新思考，要求专业设计人员必须学会理解他们正在影响的社区复杂性。

1965年，荷兰建筑师哈布瑞根创造性地提出住宅建设支撑体系统（SAR），其后又扩展到城市设计（1973年）——把城市物质构成广义地命名为"组织体"，基础设施、道路、建筑物承重结构则被命名为"骨架（Support）"，提出组织体才是决定该地区环境特色和人群组织模式的核心与关键。在进一步认识到社区文脉重要性的同时，专业人员也开始对设计过程中自身的角色与作用进行了重新的审视。身兼律师与规划师双职的达维多夫提出，既然设计人员无法保证自己立场的客观、合理和全面，不能保证完全没有偏见，那么索性就回避其恒定和唯一的是非标准，剥除那种公众代言人和技术权威的形象，而把科学和技术作为工具，将设计作为一种社会服务提供给大众。

6.2.2 公众参与的目的与主体

20世纪60年代末兴起的"公众参与"（Public Participation）设计，是一种让群众参与决策过程的设计——群众真正成为工程的用户，这里强调的是与公众一起设计，而不是为他们设计。

公众参与的过程是一个教育过程，不管是对用户还是对设计者，不存在可替换的真实体验。设计者（规划者）从群众中学习社会文脉和价值观，而群众则从设计者身上学习技术和管理。设计者可以与群众一起发展方案。所以，公众参与的目的在于增加沟通，便于实践活动能更好地满足人们需求。

设计过程既不能缺少公众参与，也不能因为过分强调每个步骤中的公众参与而造成众说纷纭、时间上的延迟以及参与制度贯彻可行性的降低。

具体地说，公众参与的作用与任务包括：①提供信息、教育和联络。帮助市民了解城市设计实践的目的、过程及参与工作的方法，及时公布研究进展与相关发现。②确定问题、需要及重要价值。确定公众需求及对本地段市民来说意义重大的影响因素和现存问题。③发掘思想和解决问题。进一步确定备选方案，弥补原有构思的不足，寻找更好的措施对策。④收集人们对建议的反应和反馈。获取人们对开发活动和生活各个层面的关系的认识。⑤各备选方案的评估。掌握与地段综合环境相关的价值信息，并在对备选方案做出选择时考虑这些信息。⑥解决冲突、协商意见。了解矛盾冲突的核心问题，设法协调矛盾、补偿不足，就最优方案达成一致意见，避免不必要的纠缠。

公众参与的主体通常可以划分为以下四类。

其一，为以城市设计师为代表的专业设计团体。该类团体掌握设计的专业技能，是整个城市设计活动的技术支撑。

其二，为地方政府部门。该类团体作为经公选形成的国家管治机构，被赋予一定的行政权力，在城市设计决策中占据优势地位。

其三，从产品服务的角度分析，城市设计是一种以社会为委托人的设计活动，其运作目的不在于满足个人或个人团体的需要，而在于创造供所有市民到达与使用的城市外部空间和形体环境，并通过由这些城市外部空间与形体环境构筑的城市形象，对城市居住者的行为、礼仪、价值观等文化属性造成影响。从这一意义上说，包括专业团体、政府团体在内的所有社会公众都将在生理或心理层面受到城市设计决策的影响，成为设计结果的接受与使用对象。

其四，由于现阶段许多城市设计实施要借助民间资本的依托，从而导致相关地产商、投资商、券商等私人或私人集团从普通市民团体中划分出来，形成一支特殊的、以一定资本投入为特征的私人开发团体，他们主要通过对资本投入方向、时机以及量度的选择左右城市设计决策。

需要指出的是，虽然各种参与主体在城市设计不同阶段有着各自的角色分工进而影响设计决策，但是社会结构的差异导致他们在决策制衡能力上存在强弱差异。政府部门作为地方权力机构，无疑占据决策的优先权；私人开发团体由于政府部门必须依赖其资源完成建设项目，也间接成为影响决策的强势团体；设计人员则主要通过各种专业途径左右设计结果。所以，狭义层面的参与理论认为，设计人员、政府部门与私人开发团体在严格意义上属于公众参与的当然团体，他们在城市设计运作过程中的介入属于自然行为无须特别安排；公众参与的核心应该关注那些没有权力与资源支持的、作为城市设计产出使用者的普通公众，他们的介入，才是真正意义上的公众参与。

6.2.3 公众参与的层次与方法

实践过程中，公众参与城市设计的程度常常是不一样的，谢利·安斯廷（Sherry Arnstein）在《市民参与阶梯》一文中将其形象地划分为 3 个层次、8 种形式。其中，最低层次的是"无参与"，即决策机构早就制定好设计方案要求公众接受，或是在进行一番形式上的说教后要求接受设计结果。中等层次的参与划归为"象征"类别，分别为提供信息、征询意见和政府退让 3 种形式，即向公众提供设计信息，通过调查工作获得公众需求，进而对市民的某些要求予以退让。当然，并非所有的合理化要求都能得到满足，这就需要更高层次的"实质性参与"，即通过合作、委任等方式直接赋予公众进行项目控制的权力，使其有能力根据自己的意愿对与自身利益相关的设计进行直接裁决。

为了充分发挥公众参与的效果，倡导者们主张，设计者应了解公众的需求和他们要解决的问题。这除了涉及相关学科的知识和特定的组织形式外，还需要更多、更灵活的方法与手段。在美国有超过75种的技术手段协助城市规划设计决策，为此美国政府曾出版过一份关于类似方法的综合目录。

其中，有些方法适用于规划设计过程的任一步骤，如专家研讨法（Charrette）、情况通报和邻里会议（Information and Neighborhood Meetings）、公众意见听证（Public Hearings）、公众通报（Public Information Programs）、特别工作组（Askforce）等；有的适用于目标和价值的锁定，例如居民顾问委员会（Citizen advisory Committees）、意愿调查（Attitude Surveys）、邻里规划委员会（Neighborhood Planning Council）、公众代表在公共政策制定机构中的陈述（Citizen Representation on Public Policy Making Bodies）、机动小组（Group Dynamics）、政策德尔斐法（Policy Delphi）等；有的适用于方案的抉择，如公众投票复决（Citizen Referendum）、社区专业协助（Community Technical Assistance）、直观设计（Design-in）、公开性规划（Fishbowl Planning）、比赛模拟（Game and Simulations）、利用宣传媒介进行表决（Media-based Issue Balloting）、目标达成模型（Goals-Achievement Matrix）等；有的适用于方案的组织实施，如市民雇员（Citizen Employment）、市民培训（Citizen Training）等；有的则适用于方案的反馈与修改，如巡访中心（Drop-in Centers）、热线（Hotline）、远景设想（Visioning）等。

此外，为了帮助公众理解城市设计实践的公共过程，媒介也可以发挥相当重要的作用。报纸、广播和电视都是良好的公众参与工具。特别值得一提的是，在信息技术日益发达的今天，电子网络异军突起，逐步发展成为服务部门与公众之间交流联络最普遍、最便捷的手段，许多政府部门都将一些重要项目的设计实践过程以网页的形式公开，增强与公众之间的透明度与交换度。

6.2.4 我国的公众参与问题

从前我国规划设计的制定基本上是一个"自上而下"的过程。在此过程中，公众基本上被排除在外，他们对于设计结果只有遵守和执行的义务。而今，社会主义市场经济体制的建立要求设计决策更多地采用"自下而上"的路径，我国很多城市举行的城市设计成果咨询展、项目建设告示牌、方案投票等举措都反映出我国在这一方面付出的努力与取得的进步。

但与发达国家相比，我国的公众参与活动还不够成熟。主要体现在：①成果型参与而非过程型参与，即参与形式主要为在城市设计成果完成以后进行公示，听取社会意见。这种方式固然可以在一定程度上采纳民意，但在成果即将定型以前听取公众意见，如果民意与方案构思出入较大，将给方案调整带来较大麻烦；另外，由于缺乏设计过程中与公众的思想交流，指望公众能够在短短几个小时的观展时间内了解全部设计情况并提出中肯意见，也不现实。②建议型参与而非决策型参与。前文已述，真正意义上的公众参与不能停留在征求公众意见，而应将决策权力赋予公众，使其有能力根据自己的意愿对与自身利益相关的政策进行直接的裁决。而我国城市设计的决策机构，通常为地方规划委员会及其相关部门，他们在人员构成上一般为清一色的政府官员，由其决定是否采纳公众意见与采纳深度。③未充分发挥社区与非政府组织的作用。发达国家的经验表明，通过社区引导公众活动，可以将个体层面的市民参与上升为社会层面的集体参与，迫使主管部门不得不认真对待公众意见；作为专业技术力量的非政府机构的介入，可以促进相关部门与社区民众之间的有效沟通，使得参与的科学含量大大增强。而我国目前的社区组织体系尚不成熟，领导水平参差不齐，各种非政府组织更是缺乏，难以有效承担起相关工作。

随着社会主义市场经济体制的培育、发展和完善，我国的公众思维正在改变，自主意识与日俱增，公众亦必将更多地投入到规划设计的过程中来，并由此根本改变我国城市规划设计的思想、理念和内容；城市设计公众参与则会在社会系统中确立一种契约关系，使更多的人与活动在顾及自身利益需求的基础上，预先进行协调，并通过契约（合法的设计文本）相互制约，提高城市设计的可行性和可实施性。

目前，需要进一步激发公众参与的意识与意愿，为参与行为的组织与形成奠定基础。同时加强与完善有关公众参与的内容、阶段、形式、机构、程序、处罚等方面的制度建设，以法律的形式固定下来，为各种参与活动的有效开展创造条件与提供渠道。此外，还要顺应时代变革的形势需要，有意识地走进社区、了解市民，学会借助社区的力量与市民一起共同完成城市设计的宣传、设计与管理工作，同时针对我国非政府组织缺乏的不足，加强各大学、研究机构与社区组织间的联系，通过定点协作提高市民参与的技术水平。

6.3 城市设计的机构组织

城市设计广泛涉及政治、经济和法律等社会方面的要素。这些要素虽然都能对城市设计产生影响，但叠加在一起效果未必是积极的。因此，在城市赖以存在的社会基础中，城市组织机构之间如果缺乏协调和关联性，或者立法体制及建设准则只放到功能和经济理性一边，忽视文化理性和生态理性，就会阻碍城市整体目标的实现和城市设计的发展。综合改革传统垂直式的行政架构，理顺条块之间的关系，建立符合现代城市设计要求的机构组织模式是当务之急。

6.3.1 国外城市设计的机构组织

1. 国外城市设计与政府职能机构的结合

城市设计必须寻求一种能统一和均衡相关要素，同时又能包含参与性意见的行政机构组织，或者直接介入决策设计的全过程并和这种机构有机结合。如埃德蒙·N.培根就在城市设计与地方政府的结合方面取得了杰出成就；巴奈特与纽约市政府在城市设计中形成的机构组织与合作经验，也是这方面著名的成功案例；在亚洲有日本横滨、中国台湾、新加坡等地的经验则令人瞩目，他们与政府等部门机构的合作促使城市设计实践日益合法化，并运用各种途径推动了城市设计的开展，赢得了社会各界对城市设计的普遍关注和好感。

美国政府从1969年开始支持城市设计，起初把"城市环境设计程序"作为国家环境政策的一部分，后来通过了1974年的《住房和城市政策条令》。自城市设计在美国作为公共政策实施以来，至今已有1000多个城市实施了城市设计制度与审查许可制度。在城市设计与行政机构的协调合作方面，英国的做法更具成效，并集中体现在第二次世界大战后新城的设计建设之中。而斯堪的纳维亚半岛国家（如挪威、瑞典）和社会主义国家的集权体制，则更易于将城市设计组织到政府职能机构中去。不过，在不同文化规范和体制的国家中，城市设计的介入形式是有一定区别的。

城市设计的机构如果组织得卓有成效，也会谋取自身进一步的发展空间。以日本横滨的城市设计发展为例：

——在城市设计最初实施的 5 年里（20 世纪 70 年代上半期），横滨城市设计小组的主要任务是：通过公共基础设施和公共建筑的建设、步行商业街区和绿化开放空间的复兴，向市民们传播普及城市设计信息；设想并发展一种能促进各行政机构之间以及政府与民间合作的工作体制；该小组除解决建设中的专项问题外，大多数问题都是与市民委员会共同协商解决的。

——随着形势的发展，横滨城市设计小组逐渐升格为城市设计室，其作用也开始有所改变，管理、引导和协调成为工作重点。由于同外界其他设计者之间的合作逐渐增多，城市设计的实施面也大大拓宽，甚至扩展到横滨市郊区。

——鉴于城市活动性质和范围的扩大，横滨城市设计室又增加了景观建筑师、市政工程师等新成员，并与外聘专家，如照明工程师、雕塑家、历史学家、行政官员及城市管理者等建立起良好的合作关系。此举一方面适应了城市设计活动数量增长的需求，另一方面促进了城市设计组织和相关体制的改革和完善，工作亦更合乎规范。

——至 20 世纪 90 年代，全日本的城市设计活动在横滨实践的带动下取得显著成效，社会各界及市民对城市设计有了更多的理解和支持，城市设计室这样的机构自身也得到了很大的发展。

2. 国外城市设计的机构组织模式

历史上重要的城市设计都与行政机构有关。而在当今高度民主、开放的时代中，两者结合的方式和意义又有了新的特点。

（1）集中式。集中式是将城市设计管理职能集中于某个特定的部门统一领导和控制。这一部门常以城市规划设计专家为主，并吸收相关领域的专家和城建部门代表参加。该部门直接受市政府领导，经由市政府授权，具有决策干预权，是城市设计权智结合的最高执行机构。实际工作中主要负责以下三项任务：

①奠定城市设计宏观策略。就城市级空间设计和城市景观进行研究，并以研究成果影响次一级的城市设计（分区和地段范围），乃至重要的建筑设计。

②咨询职能。就城市设计工作的开展提供实施可行性、设计准则等方面的咨询。

③审查职能。对城市设计项目和重要建筑设计方案进行环境综合指标的审查、校核，并组织各项公众参与活动。

在美国类似的集权模式主要由单一机构加以监控。该单一机构可能是政府机关，也可能是政府与第三部门之间的合作。而第三部门是一种非营利性与半官方的组织，其职责是进行设计服务或担任中介角色，如旧金山规划与都市研究协会、纽约都会开发局等。这种合作对复杂城市设计问题的解决起到了积极的促进作用。

而在日本集权模式主要体现为总协调建筑师制度。总协调建筑师的职责主要在于针对某一特定地区，向设计各单体建筑的责任建筑师阐述该地区应有的环境景观形式、设计思想和实施原则；有意识地将各单体建筑师的设计构思，引导到营造良好的环境景观上来；向他们提供一些能被居民、政府部

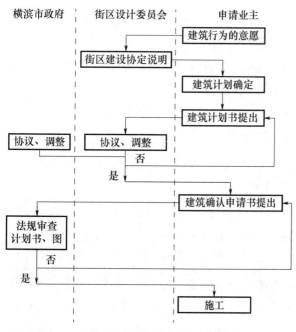

图 6-2　日本横滨伊势佐木町建设审议、管理程序
资料来源：林钦荣《都市设计在台湾》

门、设计者及建设者共同认可的设计构想；具体实施时，要策划若干设计细则，以此为据进行设计运作的协调（图 6-2）。

为保证环境建设的整体性，总协调建筑师的工作需要在特定的法规制度和总体规划下进行，同时其个人又能够不受既定法规、规划的束缚，保持中立自主的立场，更好地适应变化，妥善处理应急情况，确保设计的顺利进行。东京都多摩新城的住宅区和位于彦根市的滋贺县立大学是日本最早采用总协调建筑师制度的案例。其中后者由内井昭藏主持并任总协调建筑师，建筑由长谷川逸子、大江匡、坂仓设计事务所、边浦设计事务所等中青年建筑师和事务所负责。

目前许多城市的规划设计都同有关的大专院校或设计机构结合进行，采用的即是这种模式。其中有两点特别重要：对于那些专业设计力量较强的城市，如北京、南京、上海等，较为理想的机构模式的关键是专家组的组建。一般来说，它应由在城市规划设计领域和其他相关领域具有相当造诣的权威学者组成，人员不宜过多，而有高度的代表性；每一位专家需要具备较强的专业素养和综合组织能力。具体工作中，各专家可以根据专业有所分工，但必须定期讨论、商量问题和决策项目。专家组直接向市长负责，并由市长授权决策，另行组织班子协调行政管理、机构方面的问题。但是我国现行城建体制有严重的交叉重叠现象，专家的决策咨询和设计者的创造才能尚未在体制中给予必要的地位和重视，所以决策水平、效率和准确性很不理想。

对我国大多数中小城市，由于普遍缺乏城市设计专业人才，较有实效的机构组织模式是临时性的专家咨询机构。

（2）分散式。分散式意指城市设计职能由某些政府机构（如建设局、规划局和交通局等）分担，各机构分别处理各自日常职责范围内的专项设计问题。这种方式以美国的部分城市较为典型。美国城市设计实施体制基本属于"自下而上"的地方自治型。公众高度关心城市环境，积极参与城市设计。城市设计审议委员会及主管官员的权力虽大却来自民间，因此其体制既具弹性又有效力，而各城市也依据自己的情况建立了不同的体制。例如旧金山的城市设计准则涵盖全市，波士顿则无设计准则，是通过行政管理部门与民间开发商签订协议推行城市设计的。此外，西雅图、波特兰、洛杉矶也基本采用这种方法。

但是，这种模式也有不少弊端。倘若法规不健全，总体城市设计策略和各机构承诺的义务就会常常彼此混淆，导致职能交叉，城市设计目标不确定等问题。

（3）组织临时性机构。城市设计临时性机构往往是在一个时期内，针对某一特定城市设计问题而组织的一套班子——可以是一个设计委员会，也可以是政府以外的其他团体组织，一般以专家为主组成，为城市某一阶段和特定的工程任务服务，通常用于那些无力常设城市设计机构组织的城市。这一模式灵活方便、经济实用,应用广泛。由此可见,城市设计从方案到实施,在很大程度上依赖于健全的组织机构和强有力的法律保障,以及建立在此基础上的弹性管理,这为城市设计方案转换为管理策略提供了有效的途径。

6.3.2　我国城市设计的机构组织

目前我国的城市建设领域,尤其是城市设计的管理主要采用分散式,但由于各部门之间缺乏协调,多头管理、各自为政的现象十分突出。具体而言,一个城建项目往往是规划部门做了详细规划后,再由设计部门完成规划中的具体建筑设计,但由于建设业主只关心自己红线范围内的所属内容,导致大量城市外部空间设计(如绿化、街景、人行道、建筑小品等)游离于建筑设计之外,最后建筑审批由建筑管理部门审核发证。由于上述各部门之间互不通气,缺乏一种整合机制,致使一个本应完整的城市设计被生硬割裂。

近年来,深圳市率先认识到城市设计的重要性,并为此成立了专门的城市设计处。但由于深圳市的城市规划编制程序中缺少城市设计这一环节,造成城市设计处职责不全。且在某些职能上与规划处、建筑处存在交叠,影响了其职能的发挥。因此就我国目前而言,除了尽快加强城市设计的编制工作外,宜针对不同的城市采用适宜的机构组织模式。

其一,我国中小城市的专业力量一般较为薄弱,因此咨询专家组或顾问对该市的城市设计的驾驭作用会受到该城市领导的特别重视,有些甚至能包揽所有重要的设计项目。这样专家组就有了很大的决策权力,有时甚至排除了当地城管部门的介入,这对设计方案实施的前后一致性和构思的完整性有益。其二,组织公众参与,同政府、城建部门展开合作,而后才能提出科学的咨询建设。

6.4　城市设计与现有规划体系的衔接

6.4.1　基于规划体系的城市设计层次划分

我国的城市规划工作经过长期的发展和完善,已逐渐形成了一套层次分明的规划体系:它主要由城镇体系规划、城市总体规划、城市分区规划、城市详细规划(控制性详细规划和修建性详细规划)等不同的层次构成。随着2008年1月1日起正式实施的《城乡规划法》,现有的规划体系又将进一步拓展和延伸至村镇层次。

另外,从城市设计的本质内涵、目标内容和演化历史看,城市设计长期以来就是城市规划自身的有机构成之一,而非城市规划体系之外另增的阶段与层次。无论是城镇体系规划层次,还是总体规划和详细规划层次(甚至是日后的村镇规划层次),其实都包含着城市设计的内容;城市设计的纵向体系构成,必然同现有的城市规划层次保持着内在的对应性。

6.4.2　城市设计与规划体系衔接的基本思路

如何实现城市设计与规划体系的合理衔接?这是近年来我国学术界探讨和争论的焦点问题之一。综合扈万泰、刘涛、田宝江等一批学者的研究成果,我们大致可以形成以下三种思路。

城市设计与案例分析

1. 基本思路一：一体化理念

（1）背景依据：城市规划与城市设计是同一行为的不同表述方式。从历史渊源上看，工业革命以前以及早期的很多城市规划理论与实践，用今天的眼光来看就是城市设计活动，城市规划与城市设计实际上就是同一行为的不同表述。即使是现代的城市设计行为也与城市规划密切相关。为有所区分和侧重，伊利尔·沙里宁就曾倡导"城市设计"的概念："……为避免在分析中引起误解，凡谈到城市的三维空间概念时，应免用'规划'而改用'设计'一词……；但在不涉及上述问题时，同意采纳'规划'这个通称。"

（2）基本特征：城市设计贯穿渗透于城市规划的整体过程，并与之紧密结合。城市设计其实只是城市规划中某一领域（尤其是三维空间方面）或部分职能工作的承担者，是出于强调目的形成的专业用语。换言之，"城市设计"概念的提出，并不是为了创建一个全新独立的学科和领域，而是为了唤起人们对环境问题的关注，恢复城市规划本身具有却被长期忽视的、塑造改善城市空间环境质量的职能，其观念、思维和方法贯穿城市规划的全过程。

（3）运行模式：城市设计作为各层次规划的必要构成，应当系统地进入城市规划体系。与之对应的是，各层次的城市规划均需在现有城市规划编制办法所规定的内容成果基础上，进一步强调城市设计思想内容的体现，重视"设计"观念方法的贯穿和环境空间的安排，充实城市规划编制的内容体系，使二维平面功能的布局工作与三维空间环境的塑造内容相互依托、彼此反馈、紧密结合。

2. 基本思路二：专项化理念

（1）背景依据：与城市设计内容的不相匹配给城市规划的编制带来瓶颈。在现实的规划编制中，常常会因为城市设计内容的不相匹配而给城市规划的编制带来障碍：一方面在现有的规划体系尤其是宏观层面的规划编制中，由于普遍忽视和缺少城市设计的专项内容，给操作带来诸多不便；另一方面鉴于城市设计本身系统的完整性和丰富性，即使在规划过程中进一步明确和加强城市设计的内容要求，也不免存在城市设计深度受限的问题。

（2）基本特征：将城市设计内容单列为一类特殊的专项规划进行编制。基于突出城市设计具体要求和增强其专项内容可操作性的特定需要，我们完全有可能和需要将各规划层次中的城市设计内容单列为一类特殊的专项规划，从而在城市规划体系内部分离出一片专门性的工作领域和一个相对独立完整的系统内容，实现其内涵丰富的模式控制和规划引导过程。

（3）运行模式：参照专项规划的运行方式和审批办法单独开展编制工作。城市设计可以像人防工程、环境卫生、抗震防灾等一样被单列为专项规划，但作为该思路的前提条件，城市设计依然还是作为城市规划体系整体构成的一部分而存在的，只不过其相对独立的职能地位，已明显不同于基本思路一中两者的彼此渗透和密切难分。

3. 基本思路三：双重性理念

（1）背景依据：将城市设计的思想渗透与专项规划的内容深度相结合。该思路是上述两种思路的综合和补充：一方面城市设计的观念、思维和方法贯穿渗透于城市规划的编制过程之中，成为配合城市规划、统一考虑各系统规划的综合手段；另一方面为了将城市风貌特色、空间形态和环境景观等内容深入细化，城市设计本身的内容也构成了一个特殊的专项系统，就像规划中的其他诸多专项规划一样，甚至比它们还要复杂。

（2）基本特征：城市设计兼具思想方法和专项规划的双重属性。该思路中的城市设计已然具有一种双重的职能地位。其中，作为思维方法贯穿于城市规划整体过程的城市设计内容，是城市设计与城市规划一体化理念（思路一）的体现；作为城市规划中一个相对独立的专项规划的城市设计内容，则是城市设计专项化理念（思路二）的体现——这是一种建构于城市规划设计一体论基础之上的双重叠合。

（3）运行模式：城市设计参与基础性研究，并将其成果纳入城市规划进行编制和审批。这并非是更改现行法定的城市规划程序，而是保障研究工作深入开展和规划设计水平提升的有益补充。比如，美国旧金山市为了编制城市总体规划，预先编制了专门的城市设计研究报告。同样，深圳市在1985年总体规划以后，为了提高未来中心区的环境品质，也多次进行专门独立的城市设计研究，1996年年初更是邀请多家单位进行国际城市设计咨询，综合深化后形成实施方案。可见，同上述"一体化"和"专项化"的理念相比，这一思路尤其适用于某些重要地段或有重大意义的城市设计项目。

6.5 城市设计在各层次城市规划中的具体运行

城市设计的层次构成虽然同现有的城市规划层次之间保持着内在的对应性，但如何进行合理的衔接在实践中仍然存在不少问题。下面将针对城市设计和城市规划在对应层次的衔接，做建议性的分类探讨。

6.5.1 区域城市设计—城镇体系规划

其一，城镇体系规划和区域城市设计在编制内容上存在一定的相关性。城镇体系规划的内容相对宽泛，涉及面广。其中有关城市体型和空间环境的内容虽然与区域城市设计不尽相同，但仍有一定的相通重叠之处，且两者的规定都是原则性的，属于总则与分则的关系。

其二，城镇体系规划和区域城市设计在编制深度上具有相似性。城镇体系规划是从宏观层面上大致规定了城市体型和空间环境的策略，深度要求不高。同样，区域城市设计的工作量也不繁重，成果要求也并非特别丰富和自成体系。故区域城市设计不必划出来单独编制，建议结合城镇体系规划同步编制，即遵循城市设计与城市规划的"一体化"理念（思路一）。

6.5.2 总体城市设计—城市总体规划

在城市体型和空间环境方面，城市总体规划的编制内容同总体城市设计相比确有不少相同之处。虽然后者可以看作是对总体规划的一种有机补充与深化表达，但具体到总体城市设计的运行方式，大致可分为两种情况。

其一，对于大中城市而言，由于规模庞大、功能复杂，往往会导致城市总体规划在整体空间环境构思与安排上不够深入与全面，因而建议将城市设计的内容作为专项规划单列出来进行编制，形成一个相对独立完整的系统，针对城市体形和空间环境进行更加透彻和系统的研究，即遵循城市设计的"专项化"理念。这是城市社会经济发展对城市空间环境质量提出的进一步要求，也是开展城市设计工作的主要动力所在。

其二，小城市往往规模不大，功能也相对简单，故城市总体规划在整体空间环境上的安排已能基本满足需求，一般无须再单独编制总体城市设计，而建议结合城市总体规划进行同步编制，即遵循城市设计与城市规划的"一体化"理念。需要补充的是，大城市在城市总体规划的基础上往往还需编制分区规划。考虑到具体实践中，大城市分区规划的用地规模与编制深度同小城市总体规划相仿，故该阶段的分区城市设计建议参照小城市的总体城市设计执行。

6.5.3 详细城市设计—控制性详细规划

控制性详细规划的编制内容同详细城市设计相比，有相当部分是彼此重叠、相辅相成的。两者的衔接处理，也包括两种情况。

其一，一般情况下，控制性详细规划不但要针对城市进行社会经济方面的分析，还要针对城市的空间环境展开分析，尤其是后者，往往要涉及地块划分、容积率、建筑高度、密度、体量、工程管线等内容，这实质上已经覆盖了详细城市设计的大部分内容。因此，详细城市设计通常不需要再单独编制，而建议结合控制性详细规划同步编制，即遵循城市设计与城市规划的"一体化"理念（思路一）。

其二，在特定情况下，如果涉及重要的城市设计项目（如中心区、机场、体育中心、世博会等技术标准复杂、环境要求高的项目），往往需要在编制详细规划前，通过编制专门的城市设计，将其作为控制性详细规划中空间环境分析的研究成果纳入城市规划，使之具备法律效力，即建议遵循城市设计的"双重性"理念（思路三）。

深圳湾"超级城市"国际竞赛文件

Competition File for Shenzhen Bay "Super City" International Competition

城市：中国，深圳
基地：深圳湾超级总部核心区
规划用地面积：35.2 公顷
规划建筑面积：150万—170 万平方米
竞赛内容：城市设计及建筑设计
Location: Shenzhen, China,

图 6-3 深圳湾超级城市国际竞赛招标公告

近年来，国内有影响的"中国 2010 年上海世博会规划设计""深圳市中心区城市设计国际咨询"等项目，均体现了这一思路（图 6-3）。此外，考虑到控制性详细规划与详细城市设计的密不可分和内容重叠，有必要对两者关系再做一比较。

首先，从差异上看，它可归纳为以下几点：

（1）就编制重点而言，控制性详细规划更偏重于用地性质、建筑、道路两侧的平面安排；详细城市设计更侧重于建筑群体的空间格局、开放空间和环境的设计、建筑小品的空间布置和设计等。

（2）就内容构成而言，控制性详细规划强调的是"定性、定量、定位"，更多地涉及工程技术问题（如区划、道路、管线、竖向设计），体现的是规划实施的步骤和建设项目的安排，考虑的是局部与整体的关系、建筑与市政设施工程的配套、投资与建设量的配合，并要求相应的城市设计体现"可实施性"；详细城市设计更多地涉及感性（尤其是视觉）认识及其在人们行为、心理上的影响，表现为法规控制下的具体空间环境设计。

（3）就评价标准而言，控制性详细规划较多地涉及各类技术经济指标，适用经济并与上一层次分区规划或总体规划的匹配是其评价的基本标准。作为城市建设管理的依据，控制性详细规划的内容较少考虑与人活动相关的环境和场所意义问题；详细城市设计则更多地与具体的城市生活环境以及人对实际空间体验的评价，如艺术性、可识别性、舒适性、心理满意程度等难以用定量形式表达的标准相关。

（4）就工作深度而言，控制性详细规划常用 1/1000 或 1/500 图纸，以二维内容表现为主，成果偏重于法律性的条款、政策、方案和图纸居于次要地位；详细城市设计多用 1/500，甚至 1/200 图纸，成果图文并茂，既有三维直观效果的表现图纸，又有指导操作实施的文本、导则，内容较控制性详细规划更加细致具体。

其次，从联系上看，详细城市设计与控制性详细规划之间又可归纳为以下几点：

（1）控制性详细规划和详细城市设计都是在总体规划指导下对局部地段的物质要素进行的设计，具有"定形"的特点。一方面控制性详细规划决定着城市设计的内容和深度，另一方面详细城市设计研究的深度，也影响着控制性详细规划的科学性和合理性。

（2）控制性详细规划上承总体规划，下启修建性详细规划，编制内容跨越两个层面，因此详细城市设计也要注重其"连续性"的特征：一要"承上"，遵循城市总体规划，并视具体情况对其进行合理的修正和补充，特别是在总体规划中没有具体构思的特定地段，详细城市设计仍然要从整体环境出发对其进行详尽设计；二要"启下"，详细城市设计要构思巧妙、匠心独运，为下一步设计留有伏笔，同时又要避免规定过多过死，束缚了后续工作的创作余地和弹性。

（3）控制性详细规划的类型不同，其相应的详细城市设计在内容和深度上也应有所侧重。如旧区改造控制规划，其详细城市设计应致力于历史环境特色的发掘和社区邻里感的塑造；新区详细城市设计应注重自然环境的利用与保护，创造富有时代感的空间环境和建筑形象；中心区的详细城市设计则需在景观的标志性、环境的认知性及创造富有魅力的步行空间方面形成重点。

6.6 城市设计与城市规划管理的接轨

当前随着市场化程度的不断提高，城市建设的运作将致力于发展由政府、设计师、开发商与公众四方利益团体共同参与的城市建设与实施管理模式，城市设计也不例外。贯穿于城市设计全过程的规划管理，不仅仅是对城市空间建设活动的引导、控制和调节，从某种意义上说更是一个不同团体合作协调、各方利益彼此平衡的过程，它把城市设计意图与城市空间开发的各个步骤紧密结合了起来。

6.6.1 完善规划管理的需要

从城市规划的角度而言，城市设计管理的内容重点包括三方面：城市形象与空间形态管理、城市资源配置管理以及项目本身的管理。实质上，这种管理非常需要的，是一种更贴近城市实体的思考和观察城市问题的手段，而城市设计作为城市规划的有机构成，恰好可以为规划成果的深化和具体化提供技术上的支撑。因此，城市设计绝不仅仅意味着理论的探讨或是"理念"的抽象，还可以有效填补以往规划成果（尤其是控制性详细规划）在管理依据提供方面存在的种种不足。

（1）城市规划（尤其是控制性详细规划）主要以二维图式和数字指标为成果表达，这一方面不足以为成果的进一步深化与具体化提供引导和控制（如建筑的组群关系、外部空间形体、交通系统的组织、绿化系统的详细设计以及有关景观与艺术形象的重点处理等），在城市景观、公共环境品质保证上很难得到保证；另一方面让规划管理人员在感性上无从把握，造成空间形态、形象环境上的管理失控，对于不懂得专业知识和术语的市民来讲，更是难以评判、参与和监督。

（2）现有的总体规划和控制性详细规划作为管理的主要依据，常常通过锁定目标的方式控制土地功能性质、总体建设容量、开发强度、环境质量以及空间形态等相关技术指标，至于具体的项目管理策略（如开发建设或保护改造模式、操作步骤、项目经营等）却往往无法明确。

上述缺陷与疏漏其实在某种程度上，都可以通过城市设计方法来弥补与改善。换言之，城市设计技术的互补优势与规划管理依据的先天不足，使两者的接轨和规划管理的完善在理论上成为一种必要和可能。

6.6.2 城市设计在规划管理中的职能定位

针对中国规划管理中的现存不足，城市设计至少可以在三方面发挥积极效能。

1. 总体目标的分解与细化

城市设计作为城市规划的有机构成，将现有总体规划或控制性详细规划所制定的总体目标和最终理想状态进行分目标、分阶段的细化，找寻每一分期和分目标可操作性的切入点，同时以城市形态、城市形象和城市空间形体环境的基本完整性（至少在局部范围内）以及城市基本功能发挥的有效性作为其工作的阶段性目标，不但可以改变以往城市规划重目标轻过程的痼疾，还可为规划管理分阶段、分目标的落实提供引导和依据。

在 1961 年波士顿港埠区的再开发计划中，洛奇（ELogue）领导的波士顿再开发局便是以城市的形态空间、形体环境和职能发挥为重点，在对其发展脉络进行研究的基础上，将地区复兴的总体目标具体拆分为下述子项分阶段完成的：①减轻快速交通干道造成的心理及实质障碍，强化市中心区同港埠区的联系；②容许土地的高度使用及相容使用，建立该地区生动的都市风格；③提供步行者到达海边的最大机会；④为步行者及驾驶者提供有秩序、有层次的开放空间及视觉体系；⑤确立建筑物、开放空间与公共通道的关系，且在不良气候条件下为步行者提供最大庇护；⑥谨慎处理新开发建筑的尺度与材料，结合具有历史意义的重要建筑物，使建筑和空间完美结合；⑦保持住宅社区、海滨同其他地区的尺度连续性；⑧维系呈指状分支的码头形态；⑨创造并维护街道、重要历史建筑、码头及海滨之间不受阻隔的眺望景观；⑩开辟步行区，塑造人群聚集及眺望港口的场所等。波士顿再开发局经过 20 年的努力，逐步实现了这些子项目标，再现了具有活力的波士顿港口都市形象。

2. 规划成果与管理语汇的转译

鉴于城市规划二维化表达图和数量化控制指标，加强该成果与管理语汇的有效转译至关重要。而城市设计通过落实对构成城市实体的各个要素的具体设计和细化表达，恰好可以在具象化方面承载起转译职能，对规划形成有力的补偿，增强其可读性。这样不但可以为城市规划补充空间形态方面的基本要素，为成果的深化与具体化提供依据和控制，其三维化与视觉化的表达手段也有利于规划管理的可操作性和市民的参与监督。由此形成的城市设计导则成果一般包括用途和目标、主要和次要的问题分类、应用可行性、范例等方面的内容。

旧金山的城市设计计划曾被誉为最完美的城市设计之一。其实早在 20 世纪 70 年代，由于管理机构难于控制城市微观环境的建设质量，实施上也遇到过一些困难。于是 1982 年该计划又被翻译成特殊的设计导则，它不仅涉及形体与空间，还引申出一套附录及相关解释，具体包括：建筑物尺度、设计与外观、零售服务、休憩与开放空间、交通与动线、住宅、重要建筑与工业保护等，并附图说明——这些导则切实弥补了以往旧金山城市设计的成果缺陷，便于规划管理者的操作和计划实施的引导。

建筑物的尺寸仍然大于相邻建筑物，但在尺度上是保持和谐的，因为立面宽度已被分解，高度也被降低。不过需要指出的是，在对控制性详细规划成果进行转译时，需对其提出的定性、定量规定及指标进行校核和验证，并借此提出合理的反馈修正意见。

3. 项目管理策略的明确化与具体化

城市规划管理部门作为政府职能机构，既要维护城市公共利益和福利，又要考虑为政府当好管家，实现经营城市的利益目标，增加财政收入，提高城市综合实力。城市设计作为城市规划的有机构成和深化工具，恰好可以针对每个地块明确项目类型的安排，面向土地和项目的经营策略、开发模式、组织操作方式等提供研究、策划及建议，确保方案成果能建立在有实施可能性的基础上，并在兼顾社会利益、环境利益和既定技术指标的前提下促生更好的经济效益。

鹭江道作为厦门市最具典型意义的滨水区域，由于改造投资主体是政府，投入资金有限且改造拆迁成本高，整个城市设计在项目管理上将房地产效益和标志性建筑巧妙结合，制定了适应市场规律、发挥土地商业价值的总体策略：首先，结合景观设计将部分地块建筑定位为滨海标志性建筑，以提高土地容积率和开发者的积极性；其次，管理运作以滚动开发为机制，采用土地拍卖手段回收较高的土地出让金，保证了建设资金和开发者的经济利益；最后，主要决策均向公众开放，注重市民参与，尊重被拆单位与相关团体的利益，多次召开各种协调会和意见征集会，确保了整个项目的顺利实施与良好实效。

6.6.3　城市设计与规划管理接轨的主要原则

城市设计与规划管理的有效接轨需要遵循以下原则：

（1）连续性与相容性原则。作为城市规划的深化与具体化，城市设计首先需要注意同各层次规划的衔接，尤其是同规划内容和指标保持一种连续性与相容性。其中，连续性指城市设计尽量沿用设计原则、用地布局、道路骨架等城市规划（尤其是已批准并执行了一段时间的规划）已明确的基本内容而不要轻易变更，否则会给规划管理带来极大的被动和困难。其结果往往不是规划成果的前功尽弃，便是城市设计的"虚拟化"——因丧失前提条件而难于采纳。

相容性原则体现在：城市设计中的项目安排宜同规划确定的用地性质、建设容量、开发强度等内容保持兼容，既控制在允许的范畴内，又具有一定的可调度、选择性以及变通的适应性裁量，以保障城市设计方案通过管理付诸实施。

（2）刚性与弹性并举原则。虽然城市规划（尤其是控制性详细规划）在用地开发强度和城市资源的合理配置上有一个比较明确的量的规定，但在具体项目的审批流程和实施管理中却往往因为各种原因而不得不对这些刚性指标进行修正。鉴于此，城市设计应当充分考虑各种情况出现的可能性，在相关指标的量化上保留一定的浮动空间。例如，通过设计几种符合景观美学要求的不同城市轮廓线，明确有哪几个点可以作为重要的控制点而不许变更，又有哪些控制点允许有一个变动幅度，据此提出建筑高度最高值和最低值的限制规定以及最佳高度的建议。类似的情况还包括容积率的弹性幅度和允许转移的上下限值等。这样在规划管理的有效调控下，城市建设就可以始终在设计目标的合理范围内有序发展，而不至于完全失控，导致城市设计方案流于形式，失去价值。

（3）理想与现实相结合原则。城市设计既要追求土地的经济效益，也要讲求社会效益和环境效益，通盘考虑经营城市、经营企业和经营家庭三者的利益关系。城市设计不仅要对提交方案的各类建筑性质、建设总量、类型比，以及实施所需的投入产出情况等做一个基本估算，对政府与开发商（或其他非政府投资者）的投入比例也需有个大体的估计。据此政府或开发商方能对投资和融资的可能性进行准确的评估，并最终决定方案的取舍。之所以许多城市设计方案会沦为纸上谈兵或被改得面目全非，主要还在于没找到理想与现实的结合点，更缺乏经营和管理城市的观念。

（4）渐进性与统一性兼顾原则。一般来说，有一定用地规模的城市设计项目都面临分期实施的问题，这方面应尽量做到城市形态、空间环境质量与景观效果的分期完整、积累完整和最终完整的渐进与统一。有的城市设计方案因过于严整而无法一一拆解逐块开发。有的方案虽可分期实施却因为在局部空间景观的完整性上考虑不足，而出现每一分期的实施效果都不完整、形象混乱的状况。

因此，城市设计表达不仅要靠常规的形态和景观表现图、街景立面图及剖面图，也应当提供分期的渐进图示作为管理依据，以保障分期建设也能形成相对完整的城市形态和空间环境，营造良好的阶段性城市面貌与环境形象。

6.6.4　案例研究：美国分区管制作为一种管理策略的城市设计工具

美国的分区管制（Zoning Ordinance）在传统上承担着规划的角色，其主导作用即是控制、引导土地的使用和开发，合理划分城市用地性质，科学拟订土地开发强度。但是由于现代城市设计思想理念的不断介入和融合，开始通过土地开发资源的配置积极引导城市形态和环境品质的有效创造，成为当前美国大多数城市实现建设管理和城市设计目标的重要工具之一。这一制度的演化大致经历了三个阶段。

1. 第一阶段：维护公众利益

19 世纪末，随着美国经济的迅速复苏和城市环境的严重恶化，纽约市开始实施《综合性土地使用分区管制》（1916 年），旨在维护当地公众利益，从而成为全美第一个实行分区管制制度的城市。该阶段的分区管制合并了早先土地使用的三种管控方法：建筑物高度控制法（1909 年）、建筑物退缩法（1912 年）及使用控制法（1915 年）。同时为配合土地使用计划，将城区划分为住宅区、商业区及未限制区，对建筑物也制定了不同的退缩规则。而且，它首次提出分区管制是一种公共权力——维护公共卫生、公共安全、公共道德与公共福利的权力。可见，该阶段的分区管制主要以公众利益的保障为出发点，针对侵害公众利益的开发建设行为展开管控，相关规定具体严格但缺乏弹性，且缺少城市设计过程的真正参与，管理观念是基于管制不该做的而非鼓励应该做的。就效果而言，分区管制确实在扼制环境恶化方面发挥了良好效用，但同时也催生了大批单调乏味、缺乏生机的城市环境和规整划一的街景。究其原因，一是规则中的刚性规定多于弹性的替选可能，消极性控制多于积极性引导；二是传统的分区管制比较注重日照、采光、通风等物理环境因素，却忽视了城市的自然特性、人文特征及都市生活对环境品质的需求。

2. 第二阶段：促进宜人空间的创造

20 世纪六七十年代，针对传统分区管制的消极管理及其问题，管理层一方面积极转变管理观念，开始注重城市环境的建设要求，增加了容积率、天空曝光面、空地率、作业标准等控制要求，鼓励城市广场、绿地、柱廊以及一些历史性建筑物保护区的发展与维护，从而在一定程度上促进了城市宜人空间的塑造。另一方面则加强与私人团体之间的沟通合作，通过管理技术的更新，寻求公私双赢的结果。其中主要技术手段包括：

（1）分区奖励（Zoning Incentive）。1961 年纽约区划法调整中首度出现关于"广场奖励"的条例，在传统分区管制基础上融入替选方案的可能，以建筑面积的增加为奖励促使私人开发商提供城市公共开放空间。纽约广场奖励条例的成功有效促进了分区奖励技术在美国的应用，同时该技术规定也逐步从城市公共开放空间扩展至以方便市民生活为目标的多种项目设施，如天桥、廊道、联系不同街区的人行步道、街头公园等，部分城市甚至将历史建筑、文化娱乐设施、公共艺术、托管中心、低收入住房等一大批公益事业的保护与兴建都划归到可以申请建筑面积奖励的范畴。

（2）开发权转移（Transfer of Development Right）。这是一种将限制性地带的项目开发转移至其他地区进行建设的综合技巧。即在城市规划范围内的任何土地上，为区划法规所许可但是由于某些特殊原因（如历史建筑、独特地形、标志性建筑、公共设施用地等）无法获取的开发收益，可以转换为一定的建筑面积并定义为该地块的开发权，转移至指定范围内的其他用地，并由该用地合并自身原有的开发权作较为密集的开发。该技术具有公平的市场观念，有助于稳定开发市场，同时也使得特殊价值用地在开发中得以保留，长期以来一直成为美国地方政府引导和控制特殊用地开发的重要工具。

（3）规划单元整体开发（Planned Unit Development）。在较大（多街区 / 多地块）的土地开发中，管理部门只需在人口密度、空地比、交通或公共设施水准上做出一定的规定，其他则由开发商弹性安排。其优点是鼓励开发商在开发基地中保留特殊价值地段或建筑，集中利用自然地形，创造中心公园、绿地或儿童游戏场等宜人的开放空间，为公众提供休闲、游憩的场所。该技术多用于高密度开发的城市次要区域或边缘区。可见该阶段的分区管制较以往体现出更多的灵活性和积极性，观念也逐步由被动控制转向积极引导。而且城市设计观念在用地管理中的局部引入，推动了宜人的城市空间环境的创造。然而就城市总体而言，它仍然缺乏城市设计的整体引导，导致上述空间的无序布点、建筑与环境的剥离、街道连续性的打破，从而也难以在形态环境上形成应有的整体特色。

3. 第三阶段：追求城市特色环境品质

20 世纪 60 年代以后的城市发展中，人们的认识较以往又有所转变和发展。他们认为：提高城市环境品质与维护公众利益是相辅相成的，宜人的城市空间也只是城市整体设计中的一部分，欲创造富有特色的城市形态环境，必须将城市设计整体地融于分区管制之中。

1966 年，旧金山都市计划将两者有效结合并制定了一套完整的管理策略。1967 年，纽约建立了第一个分区管制特定区（Zoning Special District）来实施新的管理策略。1977 年，纽约中城区又实施整体管理政策。此三项管理计划的制定代表着美国的分区管制跃上一个新台阶：不但将城市设计的主要思想同早先的日照、采光、通风、安全等物理环境要求结合起来，还切实反映到对城市空间和形体环境的管理控制当中，引导着各类不动产和公共设施的开发建设。

该阶段的分区管制较以往又呈现出两方面的积极变化：一方面致力于将城市环境品质的提升同以

往公众利益和物理环境质量的保障结合起来，另一方面则将城市设计作为一个整体融于分区管制之中，形成了一项项具有实效的管理政策。可见，城市设计已真正成为城市形态环境管理的一种有力工具。

纵观美国分区管制与城市设计的结合发展历程，可以得到以下启示：

（1）城市建设的管理既要重视公共利益的维护，保证基本环境的物理质量，也要注重保护和发展城市人文和生态环境，创造有特色的城市空间和形体环境。城市设计思想和内容的整体介入，既充实了传统规划和分区管制的管理内涵，也有效推动了城市空间和形体环境的创造。

（2）城市设计从局部介入到整体融于管理层，是一个循序渐进的过程。其间涉及方面众多，而健全的城市建设管理机制和有效的法律保障是最具影响力的两大要素。

（3）由于不同城市和地区的环境发展状况和要求不同，需要因地制宜地制定城市设计指导纲要与设计导则。但有一点共通的是：在城市总体环境和市场发展的要求下，可以将公共设施的建设与私人不动产的开发密切结合、平等共进，以促进城市的整体发展。这也是基于经济利益、环境利益和社会利益三者平衡的管理策略之一。

（4）城市设计成果可以通过管理手段加以实施，而管理手段的制定，不应仅仅停留于控制的层面，而应激发建筑师的创作意识以及开发商和公众的参与意识，使城市设计化作一种积极的社会行为和管理策略。

第7章　城市中心街区设计

　　在现代城市设计和空间布局建设中，人们可以看到个别极好的建筑，但真正美好的城市空间和中心街区形态与美好生活却很难发现。随着中国城市化进程的加速以及经济建没步伐的加快，城市建筑与街区更新改建与新建的数量急速增加，尤其是从 2000 年到 2018 年期间是以城市房地产为主导的建筑产业的迅猛发展，造成城市中心街区空间形态与大众生活的脱离和矛盾，并有激化的趋势，诸如传统与现代、新与旧、大与小、高与低和保留与改建的问题，还有城市设计与建筑设计、功能业态的脱节，专家指导的异化，生态与景观绿化的忽视，交通混乱和空气污染等城市病的不断出现。我们既有当年西方城市化快速发展进程中的普遍现象，也有当代中国快速城市化进程里的特殊现实矛盾，很多复杂问题都相继而来。从历史发展来看，在封建社会的中世纪却建造了和谐和美好的城镇，如意大利的佛罗伦萨、威尼斯圣马克广场以及中国的紫禁城和皖南的村落等。现代城市规划与建筑设计的割裂式分工，导致城市空间整体感的削弱，造成城市形体环境质量的恶化。简而言之，城市规划建设和单体建筑设计之间存在的误区非常多，中心街区空间形态设计、功能业态与布局的误区尤其明显。

　　城市中心街区作为城市重要和突出的整体空间时，它给人一种功能合理、优雅舒适的感觉，既有高度功能结构组织的空间，又要有很好的建筑场所及宜人的环境气氛。当我们初次访问某个城市时，首先得到的交通地图注明的是街道和广场的名称，从而获得该城市中心的总体方位感和平面形态特征，然后我们不断感受城市市民的生活、居住、工作的空间节奏与情感交流。旅行的记忆是我们美好记忆的来源，壮观而秀丽的中心城区生活的广场、城市纪念物和园林景观，都让我们久久不能忘怀，如奥地利维也纳的老步行街格拉本大街（图 7-1）。

　　城市中心街区作为各阶层居民聚会的地方，应是城市最繁华和最富有生机的空间场所，因为城市中心要承担如此纷繁复杂又和而不同的功能。并且其中的建筑要满足各种各样的市民生活需要，所以它们必须具有最美

图 7-1　奥地利维也纳的老步行街格拉本大街

好的景观环境和富有变化的空间环境，城市中心街区就是市民城市生活的焦点。很多欧洲城市都具有世俗与宗教两种力量的长期历史存在，需要不同的两种中心：一个是大教堂广场，以钟楼、洗礼堂、主教堂为主体建筑；另一个是行政广场，周围为市民的办公楼及高级公寓、居住社区和景观公园。所以必须对城市中心的建筑空间、装饰物和园林景观给予优美而合理的设计。如同中国传统村落的水口园林景观及内部小尺度的街道广场空间，都是我们当今要深入研究的课题。

客观地评析，一个城市中心街区往往不同于城市其他地区，即一开始就在空地上进行建设。因此，在中心城区的设计和建设中，必须注意对原有的中心街区空间进行更新、改建和扩建的问题，必须重视城市中心的连续性和协调性、生态节能等问题。对历史文化保护街区必须做好精心保护，在保护的基础上要很好地活化利用一些老建筑，对新拓展的中心街区要细心研究论证与设计探索。小城市的中心与周边邻里建筑空间有很好的特色风貌，如何传承历史文化及照顾当代需求，必须考虑不同种类的公共建筑设计配套情况。同时，在大城市各个中心街区要形成相对统一完整的、各具特色的建筑空间组合形式，要充分关注市民使用过程中的各种配套基础服务设施的营建，从局部到整体要有机统一，并且业态功能要多样化，满足当代市民的物质文化与精神文化的客观需求。

7.1 城市中心街区空间形态的基本特征

我们今天探寻城市中心街区空间形态演变的目的，是立足于中国快速城市化发展的社会现实，同时以全球化的视角分析借鉴其他地域优秀城市中心街区的空间形态的优质基因，为我所用。近20年中国城市化率从28%上升到60%[①]，也意味着中国近一半的人口生活在城市里，中国的城市空间建设的总量和发展速度都是世界第一。现代大城市病在中国依然长期存在，并形成自身的特点。当前中国的某些地域的城市里出现了因为城市人口集中，城区面积快速扩大，中心街区的交通异常拥挤，许多配套基础设施不足的现实问题，还有当地政府机构缺乏系统科学地研究城市发展规划建设，为了利用大规模城市建设拉动GDP的增长，动不动就盲目性地大拆快建，严重地破坏中心街区的空间形态的历史完整性，并且建设性地破坏损毁了历史性文物建筑。而且新的中心街区的功能设置、业态布局和空间形态设计缺少特色和深度研究，因而失去了重塑一个地域城市中心街区的良好时机。所以说，当前我们的很多"自上而下"的决策有很多问题，这些都是我们今天在快速迈向城市化过程中亟待解决的实际问题。

一般而言，城市中心街区都是城市自古代农耕社会演进而来的。那时的中心街区多临水而建，或可以方便地引水而来，因为人们的日常生活离不开上天恩赐的水。一个城市可以离山很远，但不可能离开水，尤其是洁净的饮用水。北方某些干旱的小城镇与乡村聚落地表水体很小或水体表面消失，但一定有地下水资源供人们生活使用。

城市中心街区能够随历史、社会经济、科技文化的发展而不断生长扩大。尤其是今天演变成为特大型、大型城市空间的某些城市，必定有便捷的交通区位、生态资源、地质条件等较好自然禀赋，从而为城市及中心街区空间良性发展提供一个稳定的物质基础平台。物质财富与文化精神相互交融、联

---

① 中国社会科学院经济研究所与社会科学文献出版社，《经济蓝皮书夏季号：中国经济增长报告（2018—2019）》。

动发展，它们不断地吸取周边城镇的人、财、物，向中心城市与街区集中，而中心街区反过来要为周边街区和城镇的市民提供集中高效的多功能的现代社会生活服务，所以中心街区就是这个城市的典型生活与服务的舞台，展示着这个城市的发展水平与综合活力。

一个特定地域的城市中心街区空间形态的演进，如果从专业的角度来看，它的建筑空间形态整体性强，发展的延续性好，传统建筑风貌保存完好，就反映了这个城市建设具有法规意识、理性精神和对传统文化的长期持续尊重。反之，缺少这些理性精神和法规意识，这些中心街区的空间形态就在一些历史发展的节点上遭受重创和破坏。

7.2　城市中心街区空间形态演变与趋势

在资本主义社会发展初期，随着产业革命的发展，资本积累和工业集中，人口也急速聚集，交通工具也迅速改善。原有的城市中心街区空间结构再不能满足和容纳迅速增长的人口和建筑，而被打破格局。城市盲目地快速蔓延，酿成城市的巨大灾难，包括环境污染、交通阻塞和生态破坏。城市中心形体环境，尤其是中心街区空间也日益恶化或衰败……今天，中国沿海开放地区某些城市、某些开发区在向自由的市场经济过渡中，在房地产开发迅猛增长的浪潮中又重蹈覆辙，这反映出城市现代病在流行蔓延。城市中心街区是由村庄发展而来的，所以它现在仍存在手工艺劳动的地方。城市中心随着工业和科技的发展，已不是原始的生产商品的地方了，但它仍然有小型加工厂，特别是一些从事服务业乃至第三产业和具有手工艺性质的中心，并且西方的城市中心是从外向内建立向心秩序的。

城市中心是全体居民集会的地方。如公布选举结果，庆祝节日、纪念日和膜拜敬神等。为此，大多数城市都建立一个主要的市民广场、市民大厅和市政厅。在西方城市还有一个重要建筑物即教堂。城市空间艺术包括中心街区的空间艺术是进步还是在倒退？新拓宽的城市道路分割着膨胀的城市，机器代替了人在空间中的地位和审美主体。过去亲切的由人及人眼所及的空间正在逐渐消失和毁灭。一些良好的街区空间和环境在世界各地日益遭到破坏。

20世纪60年代以来各国的城市设计和建筑的事实可以看到，人们为了克服城市的弊病和空间质量退化做出了艰苦的工作。他们利用现代技术和经济力量提供的强大的物质条件，面对城市出现的新矛盾，为创造新颖独特而又有传统和地区文化特色的城市中心街区空间形态取得了一些成绩，但以上这些进步和成绩很多是以建设性破坏换来的。美国的简·雅各布斯对当时美国建造的许多城市空间进行了调查（见图7-2），并于1962年撰写的《美国城市的消亡与生长》一书中指出：通过实际调查发现，当时美国许多中心街区的城市空间，既不安全又无趣味，不活跃也不经济，从而抨击了当时流行的城市设计概念，探索城市生活及中心街区设计的真谛。该著作对社会产生了广泛的影响。同样，美国的城市设计专家凯文·林奇在1961年出版的 *Image of City* 一书也披露了美国公众心目中对城市及中心街区的空间形象的不满和对城市形象的关注。作者的观点和研究的方法也引人瞩目，英国的戈登·卡伦在他的《城市景观》一书中，列举了大量欧洲历史上形成的好的城市空间及中心街区广场空间的案例并加以剖析，探究其原因，并指出现代城市的高速发展，人口众多，住房及交通设施贫乏是导致现代城市及中心街区空间恶化的主要原因。有人鉴于同一城市的各个发展阶段中，城市形态不一致，喻之为"拼贴城市"（Collage City）。

城市设计与案例分析

对现代城市空间缺陷的批评，还可以追溯到更远。早在 19 世纪末，维也纳建筑师卡米洛·西特就研究了中世纪欧洲许多杰出的城市空间和当时新建的城市空间，他在分析和研究后尖锐地指出，新的城市空间艺术的质量在退步。丁·巴勒替在《难以捉摸的城市》中称，尽可能在新的条件下，继续对整体性的城市空间环境质量做新的追求。

中国城市空间及中心街区的建设在最近几十年的发展中，也取得了不少进步，但总的说来，城市化的进程很快，而城市建筑空间及艺术设计水平提高缓慢。近几年来由于经济过热和城镇人口迅速增长，城镇建设很多基础设施和配套服务难以全面协调。同样，许多城镇也出现了或多或少的"遗憾工程"，留给人们许多教训。城市设计主要目标是对城市形体环境，即对城市三度空间进行设计，它与城市社会、经济规划与人文文化、制度管理水平等息息相关。城市形体环境设计必须提出城市空间构成、空间形态及形成的过程。未来社会要建设好的城市中心街区的形体环境，如安徽省省会合肥市的长江路及市府广场形态（图 7-3），要圆满实现城市社会经济发展目标，同样也是实现物质文明和精神文明建设必不可少的条件。

城市中心是城市的主要行政管理、商业中心、文化和娱乐中心的整体。而从城市交通角度来看，城市中心也是交通系统的交点。城市的中心总体可以分为三大类：

（1）行政管理中心。它是城市领导阶层聚会的地方，是地方政府和其他官员的重要办公场所。为此而修建的建筑物有议会厅、市政办公建筑、法院、事务所等。传统的如北京外交部大楼。

（2）商业中心。它是城市最具活力的中心。20 世纪 70 年代西方城市因能源危机而造成的衰败就是通过复兴城市中心商业街区来振兴城市中心的。简单地说，商业中心是市民购买豪华生活用品及物美价廉的商品，即选择各种生活消费类商品的地点，但现代商业中心已经发展到集商业、娱乐、文化、饮食，服务和展示于一体的多元复合的形式。如布拉格圣维特教堂广场附近的商业中心（图 7-4）。

（3）文化娱乐中心。它是市民们看戏或电影、聆听大型音乐会、观看舞蹈演出、观看绘画与雕刻展览、阅读及享受美食佳肴和宗教朝拜的好地方，如威尼斯圣马可广场的圣索菲亚教堂（图 7-5）。

在中国北京、上海、广州等一线城市及很多的省会城市，在中心城区一些具有行政管理、商业中心、文化和娱乐中心的地段，都基本上是地铁换乘中心，在以上这些中心街内或附近位置均设置公共汽车站、换乘站及服务性的车库。所以它们又是交通活动繁忙的中心。市中心也许是最难在建筑上表现区域差异的地方，就像大面积横向的建筑要服从于垂直方向的重力作用一样，对超高层建筑的设计就要特别注重水平方向的风力和地震的影响，高层、大体量的建筑的外观比小型低层的建筑更容易趋于一致，因为风力地震和重力对建筑的作用在地球上的每一个地方都是几乎完全相同的。

为实现城市中心为市民服务和安全集散规划设计的目标，通常将各种不同功能的建筑物分为三大类。第一类，市民建筑群，主要是行政文化和社会中心，包括市政厅和其他公共建筑、教育和娱乐建筑。如学校和剧院。第二类，商业建筑群，它包括购物中心、商业办公建筑和批发库。第三类，轻工业建筑群，包括小型的手工作坊、工厂和加工厂。但伴随着我们国家的产业结构升级和优化布局，各种类型的科技园区、工业园区的集聚和新区发展，很多高科技与研发办公产业在向城市各个科技园区、工业园区集聚。

图 7-2　美国洛杉矶 DOWNTOWN 建筑景观

图 7-3　安徽省省会合肥市的市府广场旁边的建筑形态

图 7-4　布拉格圣维特教堂广场附近的商业中心

图 7-5　威尼斯圣马可广场的圣索菲亚教堂

7.3 中心街区空间城市设计立足点

7.3.1 传统文脉与现代化的结合

城市中心街区同社会文化、历史条件、人的活动及地域特定条件结合，获得文脉意义时方可称为场所感，且具传统和文脉价值。因为文脉（Context）同场所相辅相成，从类型学看，每一个场所都是独特的，各有各的特征。所以，必须体验其内在的文化联系和人类在漫长时间跨度内，所赋予的某种环境气氛。

现代城市中心街区的设计强调一种以人为核心的人际结合和生态学的必要性，空间形态必须从生活本身的结构、传统文化的结构发展而来。过去对城市传统文脉及其现代创造的思考远不如今天这样全面和深入。从古罗马城和圣彼得教堂广场、巴黎城市规划和凡尔赛宫、伦敦城重建计划以及近代英国霍华德的花园城市、印度昌迪加尔城市规划和柯布西埃的理想城市，到尼·迈耶的巴西利亚的中心规划都对城市的传统文脉做出了努力的探索，并赋予了不同程度的演变进化。在追求城市功能现代化的过程中，出现了僵化的城市形态，抛弃了具有历史和民俗意义的区域，取而代之的是尺度的方格网形的城市骨架，过分地追求科技成果贬低了人的价值和威严。故此以后，对"现代化"进程的反思又拉开了现代城市设计的帷幕。现代城市设计方法中的场所结构分析、城市及中心区活力分析、认识意向分析、文化和生态分析及社会空间分析等都是反思研究的结晶。当然，城市中心的交通基础设施、能源和通信需要不断地投资、更新和改造，使之与现代化、国际化接轨。同时，在城市中心的建筑艺术形式空间形态的继承和创造上，也必须延续地区的文脉，发扬地区传统特色的空间文化。传统和文脉有极为丰富的内涵。群体建筑和空间的创作可以通过对多种地理因素的深入发掘，形成创作构思，加强艺术的表现力。城市空间文化本身是一种强大的力量，它能保存、流传和发展社会文化。

现代中国建设正向现代化、国际化迈进，面临着社会经济的巨大变革，新与旧的交替，东西方文化的交融和碰撞，旧的秩序和价值观念在被摒弃，新的文化也不断在酝酿。一切都如此急迫，一切都难以定型。所以，城市空间及形态的现代化与文化继承问题也异常地尖锐起来，作为建筑师、规划师都需要高瞻远瞩，立足于更高的文化境界，将继承和创造有机地协调起来，将建筑与城市空间文化的趋同现象与创造具有民族及地方特色有机地统一起来，来创造好我们的城市与建筑空间文化。

7.3.2 空间环境观与生态观的结合

现代城市中心街区空间形态的塑造关系到人与环境相互影响。景观环境是城市中相对稳定的构成因素，它包括自然环境和人造环境，具有固定和半固定的形态特征。环境与生态的重要性最突出的表现就是对单纯追求城市中心地价的经济效益进行修正，提高其绿化覆盖率，增加绿地、阳光，增设街心公园。如美国纽约洛克菲勒中心广场（图7-6，笔者2016年拍的照片），就是改善中心街区的整体环境，美国纽约大都会能保留830公顷的中央公园就是从生态环境出发的典型佳作。环境生态改善，反过来使地价升值。意大利的鲁道夫斯基说："街道不会存在于什么都没有的地方，也即不能与环境分开。"人与环境的最适化是城市环境设计的重要课题，必须研究中心街区环境对人的作用，以及人对环境的作用，诸如亲切感、认同感、文化感、适应感等问题。环境与景观的创造侧重于功效和美学，并包含时间—空间的统一，文化群体与个体的对应。所以进行中心街区的景观设计，广场改造，街区更新，建筑设计和小品设计，都需要着眼于整体环境构架和网络。中心街区的城市设计乃是空间、时间、精神、功能、意义和交往活动的多层次、多功能的综合组织策划与设计，是把环境看作是环境信息的编码过程，市民则是它的解码者，环境起到了连接交往和传递的作用。

亚历山大在《模式语言》一书中说："农业上最好的用地，也常是最好的建筑用地，但耕地是有限度的，一旦遭到破坏，上百年也难于重新获得。"所以，我们一定要尊重自然环境和生态、气候等自然资源条件，确立良好的生态环境观。建筑和城市也是从地区性自然环境里生长出来的。从宏观来看，良好的工作、居住、生活购物环境，要以良好的自然环境、生态环境和经济环境为前提。中心地区建筑空间、商业环境的发展和城镇的建设，当然需要城市设计引导与开发、有机更新、提升利用来系统发展，但也只能根据

图 7-6 美国纽约洛克菲勒中心广场

地区的具体条件来科学地、合理地、有步骤地进行，必须因地制宜、因时制宜，顺势而为，理性设计，良性营建。

7.4 中心街区的空间文化与形态的关系

（1）一个城市中心街区的传统文化越深厚，那么它的形态特征就越有自己的特点。而一个城市的政府与市民珍视他们城市的文化，尤其是标志性建筑与历史文保建筑及历史文化构成了城市"凝固的音乐"，这些中心街区的空间形态就会更加连续完整，市民们也因为它们的存在而具有文化自信和自豪感。

（2）中心街区里生活着城市的居民，他们是城市文化的主体，市民们一代又一代的衣食住行的习惯和文化思维，一起构筑着城市的形态风貌特征，尤其是在综合文化商业服务功能的街区，包括里面的功能、布局、结构及装修风格等。如欧洲人喜欢在街道与广场的露天场所，夏天或雨天撑起遮阳设备的咖啡茶座里品尝酒水饮料，就构成了开放的人看人的景观，人们在工作之余闲适的精神状态就会轻松地传递给他人。中国人内敛的性格在大街上活动休闲的时间相对较少，但传统街道里的居民在茶余饭后一起出来唠家常的却很多。尤其是对现代商业购物饮食街来说，随着近现代城市人口数量增加，中心商业街区和城市商业综合体里节假日购物人流激增，现代的中心街区里在街道品尝酒水饮料的市民也越来越多。因此，在中心街区的城市设计都必须考虑这些当代市民的生活需求和景观风格的变化。

（3）城市中心街区空间所面临的问题。笔者近几年来在观察城市中心街区的市民生活的同时，不断提出以下一些问题，并以问题为导向进行城市设计教学的专业学术思考。

①大多数城市中心街区的空间形态的功能布局优化、业态产品、店面装修风格等是伴随着时代、社会、科技产业的进步而不断变迁的，但变迁的一般周期是多久？很多传统商业街区遭到破坏性拆建，其深层次原因有哪些？

②在农耕社会的的各个时代，一个省会城市中心街区的空间面积有统计数据吗？中心街区的人口数量对农耕社会和工业社会的常态值是多少适宜？不同性质的中心街区当然有区别，其上下限的差别有多大？如行政办公中心街区的人口数量少，商业综合服务街区的人口数量多。

③中心街区的机动车道是何种交通结构和连接方式更加合理？从更加人性化的规划设计角度出发，实现商业或综合商务区的步行街区是否更好也更高效？理想和现实之间的心理落差以及实践中的困难问题出在哪里？城市设计中的重要规划设计方法应如何引导？

图 7-7　威尼斯圣马可广场附近建筑景观

④好的城市中心街区的空间形态其艺术性、技术性都应很强，空间的"起、承、转、合"及大小不同的街道空间截面、街道连续界面的变化以及有人性化公共艺术品（包括雕塑、绘画、广告、景观小品）都应精心设计吗？欧洲的很多历史文化名城的中心街区的历史建筑改造都有喷绘的同角度的照片广告画在装饰，说明他们结合现实技术手段对施工过程中的景观问题都考虑得非常周到。如图 7-7 所示是意大利威尼斯市的圣马可广场古建筑在维修过程中，用原有建筑的照片广告画来装饰景观。

⑤城市中心街区高密度高层建筑空间对人的空间景观的认知与心理感受有哪些积极与消极的影响？高密度空间中人的运动与视角变换对街区空间的认知与影响都是非常大的。如何加入合适的景观设计、街道休闲与休憩家具小品的设计也非常重要，有时能消解街道建筑实体及尺度压力，扩大亲近自然的感受。

⑥大型建筑综合体中的建筑物内部的大空间、带采光玻璃中庭的尺度大小、各种高度楼层中人的视角变化，会给市民们带来哪些心理与生理感知的变化？他们从建筑内部观看外部街道空间和建筑会感到更舒适、能消解压抑感等。在当代提炼与丰富中心街区高密度、高层建筑空间的途径与方法有哪些？

⑦笔者对城市以及乡镇中心街区的城市设计还有如下方面的综合思考：A. 传统聚落加耕地，农村农业面积会更大更多！居住密度＋人口数量（人口毛密度、净密度），当代中国城市化就是将村镇聚落街区的人口，或主动或被动地赶往城市街区空间里。B. 要使他们适应城市社区的生活方式，该社区管理在当代中国城市化进程中有许多空白领域，需要探索，并且和西欧及美国的城市（高、中、低密度）

街区里的空间营造及社区管理都不能直接套用。C. 城市完整的单元承载着一个城市空间的营造史，尤其是地域历史文化，商业街区保存较完整的街区，当然这方面欧洲的城市中心历史文化街区保存着更多、更完整和更悠久的城市地域文化的历史信息，以及建造策略与方法途径，并且渗透到材料的选择、构造节点制作与节点分配。D. 城市中心街区的历史维度及时间（共时性）维度，是非常重要的两个视角，而历史维度塑造了城市的厚重感，从当代发展的横向比较可以看出城市街区空间的活力，以及人们的生活、购物、休憩、工作与生活、购物、休闲的平衡度。E. 街区空间的结构美学的评析，如罗兰·巴特尔对大众消费时尚美学的评析。

以上这些问题一部分都曾经在笔者的课堂教学中提出过并和同学们讨论分析，带领同学们在具体城市设计方案里加以系统解决，以优化与提升他们的设计方案。

当代的大中城市的设计问题，可以结合笔者近年来的研究思考，进行务实的深度分析。从总体功能上可以分为城市公共建筑和居住区住宅建筑，尤其是中心街区的建筑设计与城市居住建设形态，简述为公共空间城市设计与居住空间的城市设计。除了笔者在上述章节中表述的近年来城市问题之外，近期互联网购物如天猫、京东网上购物模式等，对当今都市商业中心商业街实体店的冲击越来越大。互联网网购模式对传统的 CBD 地区的高租金、高物业服务费，对实体的城市空间的业态功能和规模、大小、形态以及布局产生越来越大的冲击，在中国城市化进程中会有相当大的综合性影响。

当代中国城市设计研究应关注 40 余年改革开放、经济、社会、环境综合发展，城市人居环境产生的很多问题，以问题发现与解决之道的思考为导向，可能会有更多更新的认知或系统解决途径的启发与综合思考。如特大城市、大中城市，人们早、中、晚上班出行难的问题；远郊居住区的居民购物及日用品购买，配套公共服务不足的问题；一部分居住区绿化质量、停车场配套数量严重不足；很多大中城市在雨季内涝成灾，生命和财产安全受到威胁；个别城市如天津港开发区危化品爆炸波及周边居住区……实际也都对城市设计与环境规划产生了深刻影响。还有城市老龄化居家养老与城市设施等问题需要解决。

当代城市设计研究和城市生态环境与城市设计的关联度、重要性也越来越强，大气环境质量的监测数据（PM2.5）的指标引入，对人的生命健康的关注度越来越高。还有就是城市大量的小汽车和停车位不足，以及汽车尾气排放对城市公共服务空间设施以及居住组团设计的要求，从生态环境设计的综合指标也提出了更多的要求与设计指标问题，更高标准和测量指标将极大促进我们国家的经济发展朝着绿色可持续性方向发展。欧美社会已经历的城市空间改善与逆城市化过程，在中国还未到来，因为中国的人口刚需以及各种工业化与城市化进程中，很多问题可能会暴露出来。

当代中国城市设计研究和人居空间环境宏观规划日益密加，正因为有 18 亿亩耕地红线（包括国土规划、用地规划等）的控制，我国的特大城市、大城市、中城市、小城市的空间基本上以高、中密度为主，大量的人口聚集在城市中心街区，人居空间的品质下降或成为我们应该高度关注的问题。所以，笔者在北方工业大学辅导学生城市设计方案的过程中，要引导学生关注北京中心街区地下空间与高层建筑空中休息以及休闲交往空间的植入与设计，实际上也是为实现大的目标——城市人居空间环境服务。目前，在中国的北京、上海、广州和大中城市，以及苏州、合肥、屯溪地区的一些新区的中心街区或历史街区文化的复兴，体验引导购物餐饮以及提供个性化消费，未来中国经济强调第三产业里服务业比例的增长将深刻影响城市设计。

当代中国城市设计和交通出行与交通规划的问题里既有存量不足，又有前期策划和论证及后期管理落后的各种原因。北京、上海、广州和大多省会城市就目前来说，居住区 + 小区 + 居住组团的停车位都非常不足。这里有很多历史原因。当然，现在的居住区人均停车指标也不够。这些现象也可以称为城市静态停车交通存量不足。另外，在城市里有大量的城市道路交叉口以及立体交叉口，管理软件以及管理硬件都不够先进，很多道路交叉口的渠化交通设置也不够合理。这些在城市设计里都可以完善。

7.5 中心街区的空间文化面临的问题和应对策略

7.5.1 当代中国城市设计同决策管理的脱节

当代中国城市设计分解到具体的街区组团建筑，包括公共建筑、科研综合办公区和居住楼、居住小区等在城市设计层面，或具体方案设计及综合定稿图设计阶段，管理者看得舒服怡人就可以了。但到后期，具体的地块建筑设计里，换了一个领导或换了一位设计师，这些方案会发生重大的偏差。换了一位新领导以后，他们可能又想修改城市的总体规划、分区计划和控制性详细规划的开发强度和密度指标（包括出入口方向、建筑高度、停车位等）。这些方面反过来也证实了中国的城市设计与理想的建筑设计的脱节与失衡。

中国城市设计与建筑设计决策之间，包括控制性详细规划指标体系与建筑设计要点的衡量就具体上述问题而言，控制性详细规划指标体系对建筑设计要点的指导非常重要。我们的政府管理部门受很多因素的影响。这些重要的指标都会有很大波动与修改，而不同的指标会有很大的制约与矛盾冲突，将改变具体的建筑与城市设计形态结构，甚至带来一些根本性的不良的城市空间变化。

中国城市设计与未来城市居民生活体验、行为、心理需求等方面应该形成良性的互动。当代中国的城市设计需要密切关注城市居民生活体验、居民行为、居民的心理需求，而这些方面将极大地影响我们关于城市中心街区的设计理念、设计方法与途径。杨·盖尔先生"交往与空间"强调的市民体验城市空间、李道增先生的"环境行为学"、庄惟敏的"建筑策划导论"等都可以引导我们如何更好地做城市设计，以及城市中心街区不同的人居环境品质会影响不同的人的生活体验、人的行为、人的心理，反过来说，通过优良品质的人居空间环境的营造，也会改善和完善市民的心理、行为，培育现代公民的契约精神和公共空间品质。

1. 城市中心街区里，有很多的历史文化街区以及单体的历史遗产及保护建筑

如何结合单体建筑历史文化保护单位的空间质量与保护更新和活化利用？如北京的故宫外围及二环以内的历史文化街区（东单、西单、王府井等的商业文化街区）等，这些地区及历史文化建筑一部分都得到了有机更新与发展，至今仍充满活力，说明历史文化街区的中心街区，能带来很多的创意文化产业发展。北京二环内的古城区有些胡同民居又改造成了很好的建筑，也诞生了很多引起较大争议的建筑，如人民大会堂西边的国家大剧院建筑，当年开工之时，很多大学与研究院的院士和教授都联名写信，想罢免并拒绝该方案。然而最后还是不能改变这一被建成的既定现状。

2. 城市中心街区的文化街区也能体现景观与环境特色

例如：北京二环以内的什刹海、北海、中南海及沿河、沿湖的街区的民居建筑构成生动活泼的中

心街区与建筑空间（图7-8）。景观文化历史街区更是充满丰富的乐趣。在2016年的"北京创意设计周"上，在什刹海地区以及鼓楼大街地区的传统历史街区的四合院民居，由国有控股开发公司收购并请有一定知名度的建筑师来设计改造。并结合"北京国际设计周"的各项活动及发布会进行多品种微媒体发布，广泛传播给市民中各界人士、参观者。北京菊儿胡同在清华团队的规划设计下，具有很好的历史文化。笔者参观的北京史家胡同也具有北京历史文化的积淀（图7-9）。同济章明设计改造的什刹海地区，水车胡同里"尖叫的胡同民居"的确有些想法，为北京的历史中心区更新做了一些建设性的方案。

3.城市中心历史街区的很多胡同里的民居都充满了丰富的建筑格局空间形式＋人文情志＋生态环境景观为主

而这些也丰富了历史文化名城的内涵。在研究中心街区时，现代很多研究者提出了"城市的活力"一说，但城市的活力偏重于人在街区的活跃度，人的生活需求的很多活动以及个体与群体的心理、行为与思想观念是影响城市活力的重要因素。在建筑师看来，应该从自身的专业来仔细地分析城市中心街区的空间形式的历史轨迹，研究它们的历史形成过程、主要的动力以及外部形态呈现。而在这些基础构成的系统里，历史文化城区的形态才会是更真实的生态。

4.北京、西安、南京、绍兴、广州、平遥等历史文化名城里有大量的历史文化街区及历史文化遗产保护单位

这些街区里的单体历史街区也有丰富的特征，还带有市民很多的快乐与潜在的美学欣赏的幸福感与生活指数。从城市与建筑的历史维度来看，如西安旧城里的城墙保护与修缮得很好。笔者曾经花半个下午时间骑自行车在城墙上游览一圈，观看城墙上的空间形式格局，并且俯瞰整个旧城周边的建筑与群体空间的效果。张锦秋院士在20世纪80年代主持的钟鼓楼的城市设计与地下空间的整体利用，活化与高效利用了传统的城市历史遗产与历史建筑遗产。在平遥历史文化名城里有大量的历史文化街区和很多历史建筑都保留得很好，同时，积极发展旅游产业活化利用古民居和公共建设（图7-10）。

7.5.2　中心街区规划设计中的消费低碳足迹的研究的启发

最新的碳足迹研究关注人们耗费的食物与能源、排弃物、废物处理等。而笔者结合这些消耗物以及中国的生物学知识，地球上的生物以绿色植物到高等动物等动物及尸体分解，再回到绿色植物到光合作用的能量转换。碳排放在地球上发生了几万年，但自人类社会在地球上出现以后，人类的能量代谢就伴随着碳排放的足迹了。如何在当代排放条件下，适当适度地消耗能源，尽可能地减少碳排放就是当代多个国家科学技术攻关的难题，在城市中心区域里思考这个问题也具有现实意义。

碳足迹从城市能量消耗、转换的角度分析中心城市街区的生活。在物质购买、消费等一系列的生命活动时，找到其中可以解决的问题，为工作与人类的长期可持续发展服务。

碳足迹本意是遵循着地球人类城市能量消费与再生产经济代价的权衡分析，实则是人们追求"低费多用、多能"的健康发展。这种趋势以及思想观念的确立是基于工业革命之后，城市不断突飞猛进，在人们大量地使用地球上化石能源的过程中，地球上的能源危机将不断地出现。在此背景之下世界各国的科学家、科研机构共同研究这一问题并展开前沿性思考，如何从地球家园可持续长期健康发展的角度，找到破解的方法或者是更多地发现新的能源，并且减少对大气臭氧层最少的破坏，来谋求人类

图 7-8　北京什刹海商业街银锭街

图 7-9　北京史家胡同的模型照片

社会进步发展。

碳足迹小到个人、家庭、族群、国家，大到地球生物群体，都可以结合城市中心街区与村落社区来解读分析。其能量的循环足迹可以定量及定性地分析。围绕碳足迹，人类日常消耗的食物与能源、排弃物及废料的处理，都是很重要的环节。在城市中心街区生活的百姓，也能有自己的生活、工作、休闲、文化与娱乐的圈层。如何在城市社会空间里找寻减少碳排放的路径非常重要，这个任务也很艰巨。大的方面来说，总体按人口数量排放碳（消耗更少的能量）是这个方面研究的目标，也体现着人口素质的高低。中国目前是发展中国家，在快速工业化与城市化的进程中，人均碳排放若能减少，将为世界上其他国家实现绿色及低碳发展提供经验，而这些经验的获取以及中间探索的过程，也更使人类更加健康地生活，从而减少碳消耗。

7.5.3 当代城市中心街区的"海绵透水"的思考

基于现代城市的生存危机方面的反思，近几年业界规划及城市基础设施建设中越来越多的学者谈到海绵城市的概念。海绵城市概念的提出更多的是基于城市的自然生态系统的安全与保护，或包含大力度的恢复生态本原系统的诉求。自人类进入工业化城市与经济发展模式以来，人类社会的经济发展突飞猛进，城市化建设与发展的步伐日益加速，带来的城市空间与地球地表的变化就是大量的满足人类的居住和工作交通出行方便的硬质铺装材料急剧扩大（这还不考虑人类经济与产业发展中对地球环境的污染问题）。

海绵城市的良好原型是小村落，都以自然的土壤地表为主导，80%左右的透水性，而当代城市高密度中心区人工的建筑和铺装材料有很多，透水性能就越来越差，而地质资源与地下水的开采，对海绵城市的负面影响就越来越严重，最近几十年的地球降雨对海绵城市的防洪排涝以及干旱对城市缺水的相关问题都直接涉及城市土壤系统对水体的吸纳与储藏的问题，如何科学地规划设计以及拆除、替换不透水城市地面系统都是问题。

城市中心街区的海绵城市的理念值得继续讨论。在不断深化研究的过程中，我们的基本目标是让城市街区的绿色生态化的功能越来越强，这些方面涉及城市基础设施的材料性能、构造方式，如何保持土壤的透水性、安全性，同时为地面绿色植物提供必需的营养，再反流到地面的水体，涉及城市水源地的水资源可持续利用，更是人类健康发展的生命线工程。如意大利首都罗马的很多老城遗址公园多采用透水的铺地材料，既保护了很多有价值的历史建筑，也保护了当地的生态环境（图7-11）。

城市中心的城市综合体每天的能源消耗量很大，如何将其中消费的中水合理收集（包括雨水收集）返回到土壤也非常重要。何种面积规模的城市居住区、居住小区的绿色地面积以及土壤软化度，既满足人们步行，又有利于水体自然渗透、储存以及硬地系统的密度构成与雨水深化度？停车场里的透水空间面积与密度，以及透水性的人体步行舒适度的影响、透水砖的孔隙率大小（这和女子高跟鞋的标准、男子步行鞋的标准都有关联）、透水砖的压力大小以及经受小汽车重量压力测试都需要设计、分析研究。

图 7-10　平遥历史文化名城

图 7-11　意大利首都罗马的很多老城遗址公园多采用透水的铺地材料

第8章 城市设计课程教学任务书制定

笔者将近几年自己在任教的北方工业大学建筑系编写的三个地段的城市设计任务书及在任务书指导下的课程教学作业要求列举出来，并做简要的解析，同时本书将在下篇章节有专门对应的学生作业图纸来分析解读。那么，每个专业教学的学校与专业教师团队可以参考，并结合自身所在的城市需求来制订相应的城市设计任务书。

8.1 任务书之一

城市设计任务书

（2018—2019 年春季）

一、设计题目：北京市首钢工业区的更新发展地段城市设计

二、教学目的与要求

本选题为真实工程项目，建设地点位于北京，目前处于策划设计阶段。

（一）教学目的

四年级建筑设计课程的重点是城市设计和大型公共建筑设计专题。通过该主题课程的训练，学生们需要掌握：

（1）正确认识城市设计与城市规划、建筑设计的关系，树立全面、整体的"城市设计观"，了解城市设计的基本目标、原则及社会、经济、文化内涵。

（2）掌握城市设计的基本内容、方法与工作程序，以城市设计的基本理论为基础，学习运用多种设计要素进行相应的规划设计。

（3）掌握城市开放空间（如广场、公共绿地等）的设计内容。

（4）综合处理功能技术与较复杂、造型要求较高的高层公共建筑群体形态、功能安排、交通疏散、开放空间等问题，以及大型公共建筑单体与高层综合楼的设计方法。课题强调各种相关学科、相关专业的交叉，树立综合意识和广义环境意识，培养学生解决综合设计问题的能力。

（二）教学要求

课程过程中重点应注意以下几方面的学习：

城市设计：对城市群体建筑及城市空间要素进行调查、分析研究，结合城市设计的基本概念和方法组织好群体建筑与单体建筑的功能布局，对城市建筑空间体型环境进行正确的并有艺术创造力的设计。

城市设计与案例分析

（1）从工作方法层面，有以下几个目标：

①充分了解和掌握城市设计的基本概念和思考方法，从城市区域规划、总体规划、详细规划到城市设计同建筑设计之间建立正确的联系方法，从城市和街区的群体建筑的相互关系的协调和对话中，按设计任务要求来设计群体建筑，结合本课程紧密高效的方案设计，通过实践加深理解，将理论和实践紧密结合起来。初步掌握联系实际、调查研究、群众参与的工作方法，有能力在调查研究与收集资料的基础上，拟订设计目标和设计要求。

②从建筑学的视角出发，关注单体建筑包括综合体与各种类型的建筑，如何同城市设计的宏观、中观与微观层面综合联系，使建筑学的学生都能了解和掌握在城市设计导则及相关的城市规划要点的基础上，如何正确地并有创造力地设计群体建筑与单体建筑形态。

③在城市设计总体导则的指导下，充分了解和掌握设计功能技术复杂、造型要求较高的高层公共建筑群体形态组织、功能安排、交通组织与安全疏散，开放空间、绿化与景观设计等问题，以及大型公共建筑单体与高层综合楼的设计方法。

④城市设计不能脱离具体的国家和地域的历史和文化发展的客观现实，因此，在具体的城市设计实践中，要加强同学们对城市设计任务所在地段和城市历史文化的研究与关注，从中发现有特色和有价值的设计理念，并具体应用于实际的方案设计中。

（2）具体落实到设计层面需要处理好本地段与周边城市环境的各种关系：

①处理好与周边城市建筑和空间肌理的关系以及图底关系。

②处理好基地与周边城市交通的关系，包括车行交通和人行交通。

③处理好基地与周边城市民众生活的关系。

④处理好群体形象与地块周边建筑群体形体环境的关系。

⑤处理好地段业态功能与周边城市功能的关系。

（3）在深化设计阶段还应处理好：

①场地设计：综合地段的地形条件、规划条件、规范要求，周边城市建筑环境、交通环境，处理好建筑总体布局、地段内外的人、车流交通布局，主次入口的设置，场地停车、绿化环境设计。

②建筑设计：正确理解相关规范与指标，组织好各功能空间的组合及主次流线关系。综合建筑总平面、平面、立面、剖面的设计，塑造室内外协调统一的空间组合和外观造型。

③技术设计：鉴于大型公共建筑构成的综合性、复杂性，应注重结构选型、设备选型对设计构思、空间处理的影响，并结合智能、节能、生态等设计因素综合考量。

三、调研指导

1. 调研包括实地调研和案例调研两部分

（1）实地调研：完成一手资料的收集、整理和分析。

（2）案例调研：选择若干相关案例进行分析总结。

（3）检索查阅城市设计经典理论进行学习。

2. 以前期确定的研究视角或方向为出发点，开展调研

（1）初步调研：初期调研主要确定设计地段和核心问题。

（2）深入调研：根据对问题的不断深入分析进行深入的数据收集和整理分析归纳。

（3）调研和设计相辅相成：通过调研总结的问题，获得设计方向或策略。

四、项目基地概况

该项目位于石景山区北京首钢工业区的更新发展区域，北京首钢工业区的更新发展区域是西起永定河、东至长安街西延长线、南到永定河、北到首钢工业区的工业遗存保护区（图8-1）之间8.99km²的区域。北京处于转型的关键期。《京津冀协同发展规划纲要》明确北京发展重点——疏解北京非首都功能，治理"大城市病"。新型城镇化战略要求城市从外延式速度型发展向内涵式质量型转变，向生态型、智慧型城市转型。宏观城市发展战略背景下，首钢作为北京中心城规模最大的传统工业改造区，位于长安街西端与永定河生态走廊交汇处，以绿色、人文、智慧带动转型发展是其必然选择，也是首钢综合转型成功的标志。冬奥组委会落户首钢，将为西部地区带来新的发展契机和提供新的动力引擎，是经济发展新常态背景下全市区域均衡协调发展的重要战略布局。

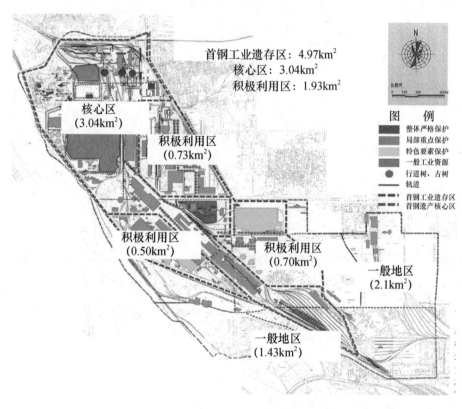

图8-1 首钢工业遗存保护区

基地现状情况详见地形图（图8-2）。本次城市设计可以根据上位规划，自由选择用地地块，其功能性质有一些差异。建筑系同学可以根据现场调研情况，选择自己感兴趣的地块来从事城市设计，既可以沿用以前4次选用的地块，也可以自己划定面积，需在本次设计规定范围内部，尽可能地结合工业遗产复兴和生态主题来进行。具体的地块设计的业态构成可以根据调研和研究分析，提出自己的设计内容和各个业态的面积组成，其成果也可以供石景山区政府规划建设部门在未来实际开发和建设中参考。

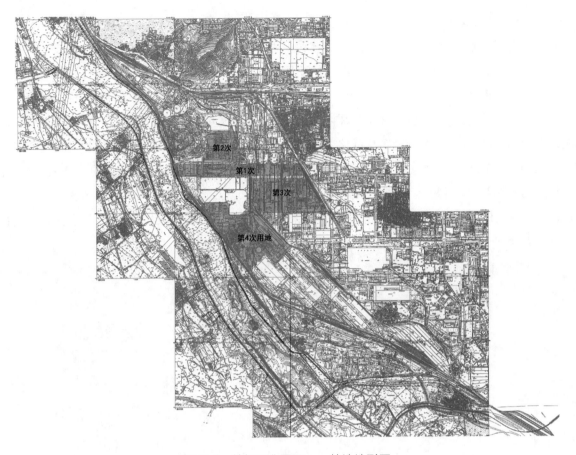

图 8-2　首钢工业园区——基地地形图

五、规划要求

1. 功能上总体符合《石景山区北京首钢工业区 CRD 地区（首都文化娱乐休闲区）》的定位和规划要求。主导功能包括商务中心、综合楼、总部基地办公楼，包括五星级高层酒店、白领中高档集合住宅等。

2. 规划要求

（1）处理好道路交通关系、建筑群体空间关系与形象。

（2）处理好该地块内外部动静交通，尤其要解决好基地的交通关系。

（3）整体构思、功能布局应有新意，功能设置与空间形象可以有所创意。

（4）调研分析并确定基地内建筑群的基本业态、组成比例。

3. 规划设计要点

北京市首钢工业区地段城市设计——地段的选择

基本规划条件：

■ 用地总面积：30～41 公顷

■ 容积率：1.5

■ 建筑密度：< 25%

■ 绿化率：> 35%

■ 建筑总高度：100m

城市设计中建筑业态内容及要求：

■ 后退红线距离：东西南北道路红线，退 20m

■ 停车位（辆）：根据业态功能和相应建筑规范要求拟订

■ 平均层数（层）：

■ 各类建筑总面积（m²）：

六、时间、进度及内容控制

课程时间：第 1 周至第 8 周（表 8-1）

表 8-1 石景山区北京首钢工业区 CRD 地区城市设计专题课程安排一览表

	作业名称	排版规格	表现形式	备注
	阶段 1：设计问题解析			
第 1 周	任务解读：实地调研 理论授课：安排本学期的任务，进行设计题目讲解，布置本学期的课程安排；讲解城市设计概论，城市设计经典理论学习	分析图 调研报告 （正式）	PPT	学生在现场调研，在一周之内进行学生汇报、课堂讲评
第 2 周	思考核心问题： ■ 讲解现状调查的基本方法；布置详细踏勘任务要求 ■ 分组现场踏勘，收集数据和相关资料，完成拟选择地段的相关分析 ■ 在调研基础上，思考并提取核心设计问题。完成对城市设计地段内各种主要问题的初步解读 ■ 通过收集当前最新相关的城市设计实例，进行剖析，并提交案例分析作业		手绘、模型不限比例和材料	
	阶段 2：设计方案推演论证			
第 3 周	城市设计构思： ■ 汇报概念模型成果，教师组织集体讲评 ■ 完成相关设计构思的推导图纸 ■ 以手工模型辅助思考并推敲规划结构	概念模型 方案推导 （草图）	手绘、模型不限比例和材料	课堂讲评学生汇报
	城市设计构思深化： ■ 提交设计构思二草，汇报各自的完整设计构思。深入发展和延伸空间形态，进一步形成整体空间结构和开放空间意向 ■ 设计构思调整和比较：就前期构思存在的问题进行分析比较，调整构思方案	概念模型 方案推导 （草图）	手绘草图	
	城市设计总体方案确定： ■ 确立城市设计总图的框架，形成较明确的空间形体	A1 排版 总体方案 （草图）	CAD	

		作业名称	排版规格	表现形式	备注
		阶段3：集中评图			
第4周		正式图纸绘制： 局部调整，细部设计，进行城市设计总体和各系统图纸的绘制	A1排版	CAD SU 模型不限比例和材料	严格要求设计深度
		阶段4：城市设计成果深化			
第5周		交通专题： ■ 提交城市设计平面二草 ■ 深化道路交通与流线设计	A1排版	CAD SU PS	
第6周		景观设计专题（上） ■ 提交道路交通规划图 ■ 专题①：讲解城市公共开放空间设计的基本方法，确定重点地段景观设计意向 ■ 专题②：形成景观设计平面布局	A1排版	计算机 手工模型	
		阶段5：城市设计成果表现			
第7周		景观设计专题（下） ■ 专题③：进一步完善和深化与公共开放空间相连的建筑空间。布置城市设计最终成果要求 空间形态设计专题	A1排版		
第8周		成果提交： ■ 完成系列图纸和设计说明 ■ 完成成果模型	A1排版 A1图纸4张 制作PPT答辩文件	计算机 手工模型	总成绩由上述部分组成

七、成果要求

成果包括城市设计的相关图纸、模型及规划设计说明。图纸应至少包括如下内容：

1. 现状调研阶段

（1）区位及分析图。包含现状用地区位、交通、景观及设计定位等分析，要求各个分析图的比例一致。

（2）现状建筑质量评价图。现状建筑质量至少分3级进行评价，即质量完好、一般、较差，要求结合建筑的照片进行分析说明。图纸应标注相应的建筑名称及建筑层数，或单独列表加以说明。

2. 方案构思与分析阶段

（1）各类分析图及设计构思、理念。分析图应包括规划结构、功能分区、交通系统（含设施、静态交通及公交站点）、开敞空间设计及绿化景观分析，以表明合理的设计定位及独特的构思。

（2）规划设计分析图及必要的说明分析图（比例不限）。

（3）规划结构分析图。应全面明确地表达规划的基本构思、用地功能关系和社区构成、规划基地与周边的功能关系、交通关系和空间关系等。

（4）道路交通分析图。应明确表现出各道路的等级、车行和步行活动的主要线路，以及各类停车场地的规模、形式和位置。

（5）绿化系统分析图。应明确表现出各类绿地的范围、绿地的功能结构和空间形态等。

（6）空间形态分析图。应明确表现出规划的空间系统、建筑高度分区、景观结构，以及与周边城市空间的关系等。

表 8-1 若不能完整地表达规划意图时，可在图中附加文字说明。

3. 城市设计阶段

（1）城市设计总平面图。城市设计总平面图应明确标注用地内的停车场、主要出入口位置、绿化、景观设计等内容，应较详细地表达公共空间与环境，对于建筑则应达到体块控制的深度。图纸应标明用地方位和图纸比例，风玫瑰、指北针，所有建筑和构筑物的屋顶平面图，建筑层数，建筑使用的性质，主要道路的中心线，停车位（地下车库及建筑底层架空部分应用虚线表示出其范围），室外广场、铺地的基本形式等。绿化部分应区别乔木、灌木、草地和花卉等报主管规划部门图纸划画法，PS 填色图纸。

（2）重要的剖面图。图中应注明各剖面部分的功能和轴线尺寸。规划中的特征性空间均应表现出来。

（3）城市设计总体鸟瞰图。要求绘制精细，色调协调。

（4）高度分区图（可选）。要求清晰表达该区域的高度控制。

（5）城市设计要素控制导引（可选）。

（6）重点地段详细设计。选取重要的核心地段进行深入设计，要求完成建筑形体、风格、公共空间及透视图。

（7）景观小品。

（8）沿街立面或天际线控制图。选取重要的景观节点（或核心区）进行较深入的设计。

（9）完成建筑的体块示意及透视图。

（10）标示主要空间界面（主要街道、广场、水岸等）建筑群体的高度轮廓建议线。

（11）高度轮廓控制线（建筑高度不得超越或低于此线），表达建筑群体的立面形象、色彩及风格特征。

（12）经济技术指标及设计说明。

总用地面积（公顷）：

停车位（辆）：

平均层数（层）：

各类建筑总面积（m²）：

建筑总面积（m²）：

容积率：

退距：建筑退各条道路边界线

建筑密度（%）：

绿地率（%）：

4.说明部分及成果答辩

编制规划说明书，对由设计理念到设计成果各阶段所提交的成果进行认真编排，严格按照规定的格式及要求排版。汇报时主题清晰，逻辑严密，内容完整，表现图纸完好。

8.2 任务书之二

一、设计题目

北京市CBD核心地段城市设计

二、教学目的与要求

本选题为真实工程项目，建设地点为北京，目前处于策划设计阶段。

四年级建筑设计课程的重点是城市设计和大型公共建筑设计专题。通过该课题的训练，学生能掌握在一定的城市环境和经济水准条件下，利用城市设计的理论和方法，综合处理功能技术与较复杂、造型要求较高的高层公共建筑群体形态、功能安排、交通疏散、开放空间等问题，以及大型公共建筑单体与高层综合楼的设计方法。课题强调各种相关学科、相关专业的交叉，树立综合意识和广义环境意识，培养学生解决综合设计问题的能力。

课程过程中重点应注意以下四方面的学习：

城市设计：对城市群体建筑及城市空间要素进行调查、分析研究，结合城市设计的基本概念和方法组织好群体建筑与单体建筑的功能布局，对城市形体，前面均为形体环境进行正确的并有艺术创造力的设计。

具体来说，有以下几个方面目标：

（1）充分了解和掌握城市设计的基本概念和思考方法，从城市区域规划、总体规划、详细规划到城市设计同建筑设计之间建立正确的联系方法，从城市和街区的群体建筑的相互关系的协调和对话中，按设计任务要求来设计群体建筑，结合本课程紧密高效的方案设计，通过实践加深理解，将理论和实践紧密结合起来。初步掌握联系实际、调查研究、群众参与的工作方法，有能力在调查研究与收集资料的基础上，拟订设计目标和设计要求。

（2）从建筑学的视角出发，关注单体建筑包括综合体与各种类型的建筑，如何同城市设计的宏观、中观与微观层面的综合联系，使建筑学专业学生都能了解和掌握城市设计导则及相关的城市规划要点，正确并有创造力地设计群体建筑与单体建筑。

（3）充分了解和掌握设计功能技术复杂、造型要求较高的高层公共建筑群体形态组织、功能安排、交通组织与安全疏散，开放空间、绿化与景观设计等问题，以及大型公共建筑单体与高层综合楼的设计方法。

（4）城市设计不能脱离具体的国家和地域的历史和文化发展的客观现实，因此，在具体的城市设计实践中，要加强同学们对城市设计任务所在地段和城市历史文化的研究与关注，从中发现有特色和有价值的设计理念，并具体应用于实际的方案设计中。

场地设计：综合地段的地形条件、规划条件、规范要求，周边城市建筑环境、交通环境，处理好建筑总体布局，地段内外的人、车流交通布局，主次入口的设置，场地停车、绿化环境设计。

建筑设计：正确理解相关规范与指标，组织好各功能空间的组合及主次流线关系。综合建筑平面、立面的设计，塑造室内外协调统一的空间组合和外观造型。

技术设计：鉴于大型公共建筑构成的综合性、复杂性，应注重结构选型、设备选型对设计构思、空间处理的影响，并结合智能、节能、生态等设计因素。

三、课程时间

第 1 周至第 8 周。

四、项目概况

该项目位于北京 CBD 核心区域，北京 CBD 是西起东大桥路、东至西大望路、南起通惠河、北至朝阳路之间 3.99km² 的区域。这里是众多世界 500 强企业中国总部所在地，也是中央电视台、北京电视台传媒企业的新址，是国内众多金融、保险、地产、网络等高端企业的所在地，也拥有众多微型信贷服务机构，是金融机构的汇集之处，代表着经济发展的前沿。同时，CBD 又是无数中小企业创业和成长的摇篮（基地现状情况详见地形图）。

五、规划要求

1. 功能

主导功能——商务中心，综合楼包括立体农场和观演中心。

2. 要求

（1）处理好道路交通关系、建筑群体空间关系与形象。

（2）处理好该地块内外部动静交通，尤其要处理好基地与大学校园的交通关系。

（3）整体构思、功能布局应有新意，功能设置与空间形象可以有所创新。

六、表现形式

1. 城市调研阶段成果要求

（1）调研分析图——工作过程成果。

附分析图 15 张：

①城市肌理分析。

②城市景观构成要素分析。

③城市景观特点分析。

④城市空间类型分析。

⑤城市空间特点分析。

⑥城市绿化、铺地、空间焦点分析。

⑦城市文物景观分析。

⑧城市意象分析。

⑨建筑属性分析。

⑩景观类型分析。

⑪人员行为分析图 1–2。

⑫ 人员行为分析图 2-2。

⑬ 声环境分析。

⑭ 图底分析。

⑮ 沿街建筑高度分析。

（2）调研及相关资料汇报成果 PPT。

2. 一草阶段

（1）现状分析图。

（2）方案构思及分析：探讨并确定核心概念。

（3）一草模型。

3. 二草阶段

（1）前期分析的推进与修正。

（2）规划构思深化：分析、讨论与调整，完善核心概念。

（3）设计方案体现：设计核心结构 + 总平面图 + 主要分析图 + 主题形态。

（4）课堂交流。

（5）二草模型。

4. 正图阶段

（1）确定方案。

（2）按正图的所有内容和要求完成工具线草图。

（3）内容见成果要求。

七、教学进度安排（表 8-2）

表 8-2　教学进度安排

周次	设计进度	课外要求
1	（1）布置题目，认知课程任务，收集资料 （2）现场踏勘调研	查阅参考资料，题目分析与研究
2	（1）完成调研报告，分析与构思草图 （2）提出设计概念方案	深入调研，分析环境条件设计因素
3	构思与调整，方案深入，交一草	方案修改、草模制作论证
4	推进与深化，方案深入，二草讲评图	方案修改、草模制作论证
5	推进与深化，方案深入，教师课堂集中讲评方案，三草讲评图	方案修改完善
6	推进与深化，方案深入，教师课堂集中讲评方案，定稿图纸讲评	方案修改完善
7	上交成图	成图绘制
8	汇报答辩评图	汇报 PPT 及成果图纸制作、展示

八、正式设计成果

（一）图纸内容

1. 城市设计的分析图及必要的说明分析图（比例不限）

规划结构分析图：应全面明确地表达规划的基本构思、用地功能关系和社区构成、规划基地与周边的功能关系、交通关系和空间关系等。

道路交通分析图：应明确表现出各道路的等级、车行和步行活动的主要线路，以及各类停车场地的规模、形式和位置。

绿化系统分析图：应明确表现出各类绿地的范围、绿地的功能结构和空间形态等。

空间形态分析图：应明确表现出规划的空间系统、建筑高度分区、景观结构，以及与周边城市空间的关系等。

以上图纸若不能完整地表达规划意图时，可在图中附加文字说明。

2. 1：1000 详细规划总平面图

图纸应标明用地方位和图纸比例，风玫瑰、指北针，所有建筑和构筑物的屋顶平面图，建筑层数，建筑使用的性质，主要道路的中心线，停车位（地下车库及建筑底层架空部分应用虚线表现出其范围），室外广场、铺地的基本形式等。绿化部分应区别乔木、灌木、草地和花卉等。PS 填色。

3. 主要空间与景观界面立面图

标示主要空间界面（主要街道、广场、水岸等）建筑群体的高度轮廓建议线及高度轮廓控制线（建筑高度不得超越或低于此线），表达建筑群体的立面形象、色彩及风格特征。

4. 重要的剖面图

图中应注明各剖面部分的功能和轴线尺寸。规划中的特征性空间均应表现。

5. 经济技术指标及设计说明

6. 整体鸟瞰图或整体透视图（彩色效果图）

（二）主要经济技术指标

总用地面积（公顷）：

停车位（辆）：

平均层数（层）：

各类建筑总面积（m^2）：

建筑总面积（m^2）：

容积率：2.0～2.5，建筑高度不超过 100m。

退距：建筑退各条道路边界线 5m。

建筑密度（%）：＜25%。

绿地率（%）：＞35%。

8.3 任务书之三

北京市丽泽桥地段城市设计

南马连道项目城市设计任务书

一、设计依据及概况

1. 工程概况

本规划设计地块位于西三环路东侧，规划中南马连道路（60m）南、北侧地块，地段北侧及某规划道路（30m）的南侧，本项目总占地面积 8.69 公顷。

本地块位于西三环路重要地段，地处京石高速路与丰台区丽泽路之间，与西客站遥相呼应。本地块的北侧为亿客隆超市和卜蜂莲花超市，东侧有家乐福超市，西侧与三环路之间有 50m 的绿化隔离带，隔街与东方威尼斯酒店相对，南侧亦是大片的城市绿化隔离带，占地约为 3.07 公顷，绿地中有渔公渔婆酒楼。另外，本地块周边已形成大范围成规模居住社区。同时丽泽路金融服务后台的功能即将启动，很快就将成为北京金融服务的新亮点，即第二金融街。向北与公主坟商圈比邻。因此本地块因天时、地利、人和诸多因素，具有开发商业、办公、会议、展览及酒店综合体的优越地理条件。

2. 设计条件

（1）北侧部分：本项目南马连道路北侧部分占地 2.09 公顷，建筑控制规模约 10 万 m^2（不含地下部分），可以分为两期开发，控制高度为 100m，建设内容为酒店、会议、商业综合体。场地与西三环有 50m 绿化带相隔，同时建筑红线要求东、西、南、北各退 10m。

（2）南侧部分：本项目南马连道路北侧部分占地 6.6 公顷，建筑控制规模约 30 万 m^2（不含地下部分），控制高度为 100m，用地性质为办公、会展览展、商业综合体。场地的主要出入口设在规划中南马连道路及地段北侧某规划道路，人流可从西三环侧步行进入。停车场数量按 65 辆 / 万 m^2 考虑。停车分南北地段分别解决。

二、建筑设计说明

1. 总体规划设计

（1）规划设计指导思想

①多功能综合开发思想，创造西三环路段的新地标，集五星级旅游酒店、办公会议、商业餐饮、娱乐健身、展览发布于一体的多功能综合服务支撑体系，以高标准进行策划、规划、设计、建设和管理。

②可持续发展思想，坚持生产、生活、生态三者协调发展，坚持环境建设与功能建设同步，创造良好的生态环境和理想的工作生活环境，充分体现节能环保的理念，让社会效益、经济效益和环境效益共生。

（2）总体规划设计

从基地特点出发进行设计：北侧地块为南北方向长、东西方向面宽较窄，在地块的适当位置布置大型商业和高层酒店，商业建筑要求最大限度地增加商业进入面及展示面。

同时在规划布局，建筑空间及剖面设计上均采用环境保护构想。尽量利用天然光线、通风，以节省能源及缔造一个新型的城市中心地段的"生态街区"。

2. 单体建筑空间规划设计要求

（1）平面设计

北侧部分

①酒店部分：大堂、酒店楼配套服务的商务、餐饮、娱乐、票务等内容，会议中心分设大小会议室。酒店客房设标准间、商务套房及会议室，两套总统套房和设备用房，总建筑面积为 44000m^2（详见酒店设计任务书）。

② Shopping Mall 商业综合楼部分：设置为特色购物街（电子产品体验馆、时尚专卖店、产品发布厅等）、特色餐饮街，并与高层酒店的餐饮部分贯通。娱乐文化体育休闲街同高层酒店的会议部分连通。内部设有游泳馆，内设 25m×30m 游泳池；球类馆，观演中心，可进行话剧、相声、小型歌舞剧的表演，观演中心与酒店相通，方便人员使用，同时结合周边空间布置了自行车停车场、博物馆和咖啡厅。需要在适当位置来设计超级市场。另外各功能区可以相互交融，没有严格的界定，尽量做到自然常态街区意向。如商业购物区中设置岛状餐饮休息区，娱乐区中设置小型专卖场的功能等。总建筑面积约为 36000m^2（不含地下一层）。

整个建筑群的地下二层为地下车库、库房及设备用房，地下三层为地下车库及人防。

3. 南侧部分

不做详细规定，由设计师从规划全局出发自行设计。

（2）剖面设计

剖面设计上要突出"共享"和"互动"的理念，无论是在地面还是空中希望都有"共享花园"的存在。在垂直方向上空间要贯通交融，利于通风及采光，水平方向也尽量通透，充分地利用基地外边周围的绿化隔离带的景观。

4. 基地内交通组织

基地内交通组织上主要分为大循环及小循环，大循环为整个地块的车流组织，主要为从某侧入，从另一侧出。要在地块内部形成几个小循环，主要是依据不同的功能分区要求，并分别有下地下车库的出入口。所有的循环都为顺行，最大限度地减少了车流的交叉。

三、景观环境设计

在景观环境设计上主要充分地利用周围的绿化隔离带作为外景，利用对景、借景、框景等中式园林手法，同时利用现代化的绿化手段，使得人们不但可以远观景色，还可以置身其中，让人们在绿色中充分地放松身心。

绿化设计采取水平与垂直、室外与室内、地面与空中相结合的原则，多层次、多视角地进行绿化。充分利用绿化隔离带，使之园林化、公园化成为整个建筑群的后花园。

四、分期开发设想

（1）水平开发。

（2）垂直开发。

五、城市设计阶段成果要求

1. 调研分析图——工作过程成果

附分析图 15 张：

（1）城市肌理分析。

（2）城市景观构成要素分析。

（3）城市景观特点分析。

（4）城市空间类型分析。

（5）城市空间特点分析。

（6）城市绿化、铺地、空间焦点分析。

（7）城市文物景观分析。

（8）城市意象分析。

（9）建筑属性分析。

（10）景观类型分析。

（11）人员行为分析图 1-2。

（12）人员行为分析图 2-2。

（13）声环境分析。

（14）现状用地的图底分析。

（15）沿街建筑高度分析。

调研成果 PPT。

2. 城市设计最终成果

（1）城市三维空间关系分析图 SketchUp 动画。

（2）街道竖向视线角度分析图。

（3）图底关系分析图。

（4）街道两侧空间界面立面轮廓线。

（5）风格与造型设计效果图。

（6）场地车行及人行交通流线分析图 1∶2000（包括停车场、停车库、消防车道设计）。

（7）场地功能分区图。

（8）区域位置规划图 1∶2000（强调项目地块与周边用地的关系）。

（9）修建性详细规划总平面图，内容包括建筑布局（具体的建筑形式、道路布局、公建布局）、分期建设规划设计。

第9章　城市设计课程训练与学习方法

9.1　城市设计课程教学方法

课程题目

笔者所在的学校，四年级城市设计课题及任务书选择场地范围有：国贸 CBD 城市设计、丽泽桥商圈城市设计、798 工业园区城市设计、首钢工业园区的城市设计。

教学目的

通过本次课程设计巩固以往所学的建筑设计知识、建筑与城市的关系；研究分析城市空间尺度与建筑群体空间尺度。学习思考城市设计与社会环境、文化艺术、经济的关系，建筑师所需要的城市视野。阿尔多·罗西指出"第一种论点最重要，它视城市为一种综合的结构，其中的部分具有艺术品的功能，第二种论点牵涉对城市建筑体进行类型综合的评价，通过将城市建筑简化和归纳为类型实质，人们就可以对复杂的城市问题做出技术性的解释，第三种论点认为这种类型是指在原型的构成中，能起一种'自身的作用'。"

第一，通过城市设计基本知识的了解与学习，明确城市设计所涉及的设计对象与设计目标。

第二，通过现场实地调研，学习认知城市的过程，了解构成城市的几个重要层面和重要因素，提高城市规划前期的调研能力，善于从调研中发现城市问题，提出解决问题的策略和路径。

第三，通过城市设计方案的推演，训练实际应用城市设计的相关原理与方法，掌握对于城市空间环境，交通流线组织安排、绿化系统、景观小品、市政设施、建筑形态、历史文化建筑的规划设计方法。

第四，要求学生能够熟练运用各种材料，通过手工快速准确地表现自己和团队的城市设计方案，同时能够综合应用 AutoCAD、Photoshop、SketchUp、Lumion、Rhino 等现代计算机辅助设计软件进行最终城市设计方案成果的表达。

课时安排

教学课程共 8 周，共分为五个部分：城市设计基本知识课程与任务布置（第 1 周）、现场实地调研与资料收集（第 2 周）；城市设计方案模型及各个阶段设计推演（第 3~5 周）、计算机建模以及图纸表达优化（第 6~7 周）、公开答辩（第 8 周）。

设计要求

第一，本课程的城市设计方案要求有良好的设计愿景与设计概念。城市设计体现着一个城市发展目标和当代空间文化价值的导向，应该利用城市自身优势和现状条件，使城市朝绿色、经济、低碳、节能的方向发展。同时应该注重通过城市设计提高城市街区不同阶层市民生活空间品质，从而有效地提高城市空间活力。

第二，通过对城市现状的调研、用地性质与社会构成等问题的分析，确定合适的开发规模与开发强度。制定合理的经济技术指标，提高城市的生活与生产效率。在不破坏生态环境的同时，促进城市有序可持续的发展。

第三，对城市设计区域的整体空间形态、功能业态、交通组织、绿化景观、公共空间、建筑形态、历史街区与文保建筑进行合理的规划设计，塑造一个空间形态良好、交通可达性强、城市可识别性强、绿色生态、具有优秀地域文化连续传承的现代化城市空间系统。

第四，根据城市设计区域的功能定位及周边用地规划情况，对城市空间及周边自然环境进行合理的保护和利用，协调自然环境与城市发展之间的关系，注重城市生态系统的构建，建设生态友好型城市。

第五，城市设计应满足基本的城市法律法规。建筑形态与建筑群布置应满足当地日照通风、消防、环保等法律法规要求。街道与公共空间设计应坚持以人为本，进行人性化设计，同时满足有关的法律、法规和技术规范的要求。

9.1.1　布置城市设计任务书

布置各自单体任务书，请同学们策划任务书，收集相关国内外资料，近10年实施案例。

第1周是基础知识讲解阶段，这阶段的教学内容包括：城市设计基本知识讲解、布置城市设计地段及调研指导、城市设计调研分析方法、城市设计案例收集。

城市设计基本知识讲解，包括城市设计学科历史脉络的梳理，了解城市设计学科的起源与发展，明确城市设计的对象、范围与深度，区分城市设计学科与城市规划的差异，确立城市设计学科在建筑学与城市规划间联系的。

布置城市设计地段，内容为交代设计地段基本地理信息，包括区位、城市环境、气候环境、上位规划要求、用地性质、设计方案的功能业态。调研指导部分包括调研方法及具体调研对象的指导、分析方法的介绍、调研成果的表达指导。在联合城市设计教学，此阶段会与异地的合作学校进行。

在这阶段的最后，将会对教学班级进行分组安排，未来课程作业将以小组的形式进行汇报和成果提交。

9.1.2　实际现场调研

实际现场调研为第2～3周，包含三个阶段：前期调研准备阶段、现场实地调研阶段、调研成果整理与实际案例收集阶段。

前期调研准备阶段需要对设计场地的宏观的区域位置、中观的城市环境、微观的设计场地的地理位置三个层面进行预先了解。宏观的区域位置需要从区域的宏观角度了解设计地段在国土或区域的战略定位上去分析设计场地的特征。中观的城市环境需要了解设计场地所在城市街区的一些自然与社会信息，了解城市地貌、气候、人口特征等因素。最后需要了解的是微观的设计场地于所在城市的具体地理位置与地位，根据上位规划指导了解该地区的场地性质与发展性质，研究设计场地属于哪一种分类，比如城市商务中心区或者是城市休闲娱乐中心区或居住区等。另外，区域可达性等精确化信息也需要收集，有助于下一步规划调研线路与具体调研的对象及时间安排，提出一些问题，有针对性进行问题导向的实地调研。比如在"首钢创意产业园"的课题中，需要先对首钢在京津冀发展区域内的起源、发展历史脉络进行了解，包括首钢从北京搬迁至河北的历史、京津冀一体化发展的政策与趋势、首钢新的区域定位要求等。其次是研究北京在京津冀中发展的地位，包括北京的城市发展脉络，北京的自然环境与社会环境、经济发展水平、人口结构、城市功能分区与各个分区的地位等。最后是了解首钢地段在北京市的精确地理位置，界定首钢工业区的区域范围与区域边界，了解首钢于石景山历史上的经济支柱地位与现在首钢地区的产业转型等精确的微观信息。根据这样一些信息，制订调研路线与调研方法，初步提出问题，然后布置小组分工，进行下一步现场实地调研。

现场实地调研阶段需要根据前一阶段做的准备工作进行实地调研。从出发点到设计场地的交通情况调研作为这一阶段的开始，这一步需要了解城市各地到设计场地的交通可达性，包括城市公交、地铁、出租车、自行车等交通工具运行情况。到达设计场地后，通过上一阶段规划的调研路线进行设计场地的调研。这里推荐的调研路线是从设计场地的边界（一般道路或河流湖泊的滨水道）开始，之后根据道路分级逐渐深入，尽可能地对设计场地内的每条街道的现状进行了解。在具体的街道或标志建筑广场的调研中，都要通过拍摄、文字、手绘等形式进行具体的记录。对于每条街道，需要就街道的基本尺度区分街道类型，对街道周边的建筑风貌、交通情况、大概的人流量、景观绿化现状等信息进行精确的了解和记录。对于设计场地中的重要建筑或文物保护建筑，需要了解并记录其建造年代与现存的建筑质量与建筑使用情况、具体地理位置，有必要时可进行编号和具体测绘。对于人口数据，需要对设计场地周边的人口构成、人的行为与需求进行具体了解并记录，必要时也可以采用问卷法、现场采访等形式进行深入研究。

调研成果整理与实际案例收集阶段，第一步需要根据上一阶段的成果制作调研报告及部分的分析图。首先按照街道与标志性建筑或节点广场将调研成果（包括照片、手绘、文字资料）进行分类，可通过调研现状分析图将其汇总与展示。同时根据街道类型、建筑现状、景观现状可绘制现状交通、建筑建设年代、景观节点、社区服务系统、公共交通分析图等相应图纸。然后可根据在前期调研准备阶段和实地调研阶段得到的人口、经济等统计数据绘制相应的可视化的统计数据图，如饼图、柱状图等直观地体现设计场地的特征。第二步是根据不同的分类标准收集实际城市设计案例并加以分析，比如按功能业态可分为 CBD 区域城市设计、CRD 区域城市设计，按地理位置可分为山地城市的城市设计、滨水地区城市设计等，这些调研成果将是下阶段课程教学的基础。

（1）调研报告提交。调研报告以课上演示文稿的形式进行汇报演讲，分为两个部分：现场调研成果与实际城市设计案例收集调研成果。各个小组组内人员自行安排汇报，交代设计地段的基本区位、交通、人口、经济等信息。教师在此阶段对于不同组汇报的重复内容可合理地控制汇报时间，以便于整个教学班级有效率地、全面地了解设计场地的具体精确的信息。在实际城市设计案例收集调研成果汇报中，各小组需要根据之前的案例分类进行不同类型城市设计的汇报，并且对于案例中的概念、城市形态、城市设计所涉及的方面与方法进行分析汇报，使教学班级从实例中了解城市设计。

（2）调研报告提交成果参考。

设计地段城市层面调研成果：

①城市形态空间格局演变图。

②总体城市设计整体框架策略示意图。

③城市空间系统环境景观规划图（标明城市天际轮廓线、景观节点、景观视廊的组织及空间关系）。

④城市开放空间体系规划图（标明城市公园、广场、街道以及滨水区的位置、范围及其空间关系）。

⑤城市特色分区设计图（标明建筑高度分区，控制高度，标志性建筑物、构筑物的组织）。

⑥城市建筑高度分区设计图（标明建筑高度分区，控制高度，标志性建筑物、构筑物的组织）。

以上几项可通过当地规划局官网或其他网站查询，或通过教师提供的城市总体规划或上位规划资料改绘。

设计地段片区层面调研提交成果参考：

①现状空间环境分析评价图。

②现状建筑质量、风貌评价图。

③土地使用功能整合规划图。

④城市设计空间引导图。

⑤传统风貌保护引导图。

其中，①②项可通过现场调研及教师所提供的设计地段测绘图改绘，③④⑤项可通过教师所提供的上位规划资料改绘。

9.1.3　第一轮方案

绘制 1∶1000 总图以及制作 1∶1000—1∶2000 的体块模型，尽量做出空间结构与标志物。

王建国《城市设计》2013 年第三版指出，城市设计的对象大致分为三个层次：宏观尺度的区域—城市级城市设计、中观尺度的片区级城市设计和微观尺度的地段级城市设计。在几年的教学实践中主要偏重于微观尺度的地段级城市设计，这也是本科专业学生第一次在有限的 8 周时间里从事城市设计初步学习的较务实的课题。通常为了保证城市设计的质量和有效性，"设计范围"应大于"项目任务"范围，所以第一轮方案也表现出一些中观尺度的片区级城市设计的部分内容。

第一轮方案表达的是设计方案初步的设计目标与规划愿景，其中包括大体的城市形态、街道网络、业态功能分区、绿化水体景观设计的初步表达。下文会从几个方面介绍第一轮方案的制作。

1. 总图设计

第一轮方案总图设计包含几个方面：明确设计目标及制定任务书、区域定位及分类、功能业态布置、交通设计、建筑风貌与形态设计、绿化景观与公共空间设计六个方面。

第一，城市设计需要明确设计目标。一般来说，城市设计的目标分为近期目标与长期目标。近期目标是为了解决一些现实具体问题、满足城市未来近期的具体需求而提出的具体可以实现的目标，其中包含满足城市功能的目标、应对城市未来发展的目标、为市民需求服务的目标、城市美学目标等几个方面。长期目标是一种理想目标，是对一个城市发展的长远规划和大方向的把握，在现状的条件可能难以达到的目标，但可以不断趋近，如生态绿色城市的建设。长期目标的设置是为了保证城市设计的时效性，不至于很快过时。因此，在明确设计目标后进行任务书的制订或优化设计的阶段，既要保证城市设计方案的可操作性，根据城市需求及适应城市的成长变化明确设计目标制订任务书；又要对设计场地进行适当留白，给现在城市设计的纠错和修补及未来城市发展的空间。

第二，要根据上位规划的用地性质及交通情况对设计地段进行精准的定位，设计目标应根据城市和上位规划要求的方向制定。根据美国学者唐纳德·爱坡雅（D.Appleyard,1982）对城市设计的分类，城市设计分为三种类型：开发型（Development）、保存型（Conservation）和社区型（Community）。比如在教学实践中，"丽泽桥商圈城市设计"属于开发型城市设计，强调城市新兴商务中心区开发建设；"首钢创意产业园城市设计"和"798创意产业园城市设计"属于保存型城市设计，强调在存量空间上对于城市品质的提升；"模式口住宅社区设计"属于社区型与保存型兼顾的城市设计，这类城市设计更注重人的需求，强调人的需求与社区参与。区域定位及分类部分要根据用地性质以及上位规划决定设计场地在宏观城市层面上的主要的业态与功能，以及在交通与未来发展上承担的角色，同时要对区域周边的用地现状、建筑质量、绿化景观、市民需求等方面进行分析，对设计场地进行精准分类与定位，从而得出设计场地的定位与发展方向及合理的策划方案。

第三，根据上一步的分析调研结果，根据周边建筑现状、市场调研、社会调研等结果，充分考虑城市与人的行为需求，在设计场地内合理划分功能分区与策划业态构成。合理的功能分区划分策略有助于提高城市生产生活效率，合理的业态策划是提高城市活力的重要保障。

第四，根据交通现状、设计场地、车行人行出入口与人行道与车行道划分，做到人车分流。根据道路等级划分主干道、次干道、支路等道路与城市道路相连接，对于不同等级的道路尺度有精准的定位与设计。另外，需要考虑步行系统和停车场设置与城市公交运输换乘系统、高架铁轨、地铁等线路选择站点安排系统性地结合，方便市民的出行，提高设计地段可达性。

第五，建筑风貌和形态需满足设计目标的要求，其分为存量建筑处理与新建建筑设计两部分。对于场地内的存量建筑或历史保护建筑，需根据调研对其进行精准定位与精确评价，明确保护对象与保护范围，对其余的存量建筑选择精确处理方法，如重建、拆迁、改造等措施，在保护历史建筑文物的同时合理改造更新存量建筑，使建筑风貌和谐统一并体现城市特点。对于新建建筑，一方面是建筑风貌要根据设计要求表达特定环境的文化特点，与存量建筑和谐统一，同时满足当地人们社会活动、行为需求与城市定位；另一方面是建筑形态满足支持城市运转的功能，反映着城市的气候、风向、地形地貌特征与设计目标高度吻合。其具体表现在教师或学生制订的任务书中的建筑密度与容积率，后期设计中的建筑间距、建筑后退线及建筑的体量、色彩、材料等具体量化指标中。

第六，绿化景观与开放空间设计方面，艾克伯指出，"开放空间可分为自然与人为两大类，自然景观包括天然旷地、海洋、山川等，人为景观则包含农场、果园、公园、广场与花园等"。对于绿化景观与开放空间设计步骤，宏观来说首先需要根据城市的自然景观与空间轴线等方面确定景观轴线，布置视线通廊，通过视线走廊布置景观节点与视线节点。其次微观的开放空间如广场、绿地、滨水空间、花园等景观元素则需要满足开放性、可达性、大众性、功能性四大原则。最后需要考虑开放空间的热、风、声环境是否有利于人体健康，同时兼顾防灾、降低空气污染的具体需求。

2. 模型制作

计算机辅助模型建立。适当地使用计算机辅助模型可以帮助我们精确地把经济技术指标与城市设计形态相匹配。可在 SketchUp 模型中表达建筑层数，也可以使用 Grasshopper 等工具进行参数化城市设计来先行得出强排方案，有助于下一步手工模型阶段的设计推演。

底图的设计与制作表达。在模型底图的制作中的材料选择上，尽可能地选择便于区分的颜色组来表达街区划分、街道网络、水体空间、绿化空间等不同类型的土地性质。同时，作为模型的底板兼底图，需要有一定的强度与刚度来承载模型自身的重力。比如底板使用黑色卡板纸，每个街区可以使用白色卡板纸来填充，留黑部分作为街道网络，水体使用深蓝色，绿化空间使用深绿色，使模型在和谐的色调中兼具清晰的表达。如果设计方案中有空中交通方式，如云轨与轻轨，空中廊道的表达，可使用鲜明的颜色，如红色着重表达。如果设计场地过于复杂，可以使用 CAD 激光打印三合板的形式由教学班级中每个小组出人来共同制作共用地形。

建筑体块模型的设计与制作表达。第一轮方案的建筑体块表达可以选用加工较为方便的聚苯块、海绵魔术擦等材料。在建筑体块模型的颜色选择上应尽量与街区地块颜色相区分并清晰地表达建筑形态与城市立体空间。对于建筑体块模型本身，可以按照建筑类型选择不同颜色来表达，比如深褐色表达历史建筑，木色表达新建建筑。

景观与自然环境的设计与制作表达。设计地块中的水体与绿地可使用填充颜色简单表达，也可以使用水纹纸等表达。如果场地中存在高差或山体，可以按照等高线使用卡板纸堆叠的方式进行表达。

3. 成果点评

第一次方案的汇报成果要求一张 1：1000 总平面图以及 1：1000～1：2000 的体块模型。其中在总平面图需要表达上述总图设计提及的几个方面的内容，模型表达要求完整与明确，以小组为单位在课堂上进行汇报，每组单独由教师点评。

第一轮城市设计方案评价标准参考的指标包括：

（1）生态友好性。衡量城市设计方案是否尊重生态、绿色节能，具体体现在设计方案是否与地形地貌良好结合，对待水体、山体、森林等自然景观采取何种态度，绿化景观布置是否达标且合理、良好。

（2）交通格局清晰度与可达性。判断城市设计方案交通是否有效率，人们辨别城市中方位和目的地是否便利的指标，具体体现在场地外部交通与城市其他区域是否联通及可达性良好，内部交通结构是否清晰有秩序，各种流线组织是否合理，步行体验是否良好等。

（3）城市可识别性。城市的结构与空间体现着城市的个性，让人更容易识别城市及街区建筑空间。每个城市会因为自然条件与社会文化条件形成各自独特的城市空间形态，其也是评价城市设计方案是否合理的重要指标。具体体现在城市所在地独特的地形地貌与城市空间的独特组合性质，如山水相融的城市桂林、位于山地的重庆、水城绍兴等，也有因为城市悠久的发展历史而给当今城市格局留下世界级文化遗产的北京、成都等。

（4）尺度合理性。该指标要求城市中各构成元素符合基本"人"的尺度，如广场空间尺度适合人的交往，街道空间尺度适于人步行，建筑体量较为合理。

（5）舒适性与趣味性。城市空间形态设计满足人的舒适需求及精神需求，具体体现在生活基础设施的设置是否方便，城市休闲娱乐生活设施是否完善，城市是否有活力。

（6）设计时效性。评判一个城市设计方案是否具有一定长远的视野，一个良好的城市设计方案需要根据现状对未来进行合理的预测与规划，对于设计方案的实施有着不同阶段性的策划，延长良好方案的寿命。

（7）经济性。判断一个城市设计方案是否能给城市带来经济效益和促进经济发展，具体体现在设计场地的开发强度与建筑密度和容积率上，在保证经济效益的同时也要重视城市的舒适性与趣味性。

9.2 前期城市设计实体模型与计算机模型重要性

9.2.1 模型制作的重要性

由于我们工科学校的很多学生缺少美术功底，他们对于图形的构成与立体空间表现能力要薄弱一些，可以通过模型制作来提高学生空间造型能力。大部分学生缺乏相关专业性知识，如建筑的构成、建筑的结构材料等方面基本知识较为缺乏。学生可以通过模型制作进行提高，提升建筑知识的丰富性。大部分学生的创新能力较弱，多为模仿，可以通过模型制作的过程中培养独立思考问题的习惯和能力，提高独立思考能力。完善对于比例的掌控，深化方案的推进，推进方案制作进程。

通过模型制作，同学们熟练使用制作模型所需工具与机械，并学习基本使用方式，方便之后的模型制作。模型制作将二维图纸研究推演到三维层面，显著提高学生的动手制作能力和综合城市设计能力。课程的表现力提高，更加灵活。从而提高课堂建筑艺术表现力。

不同的模型材质所带来的效果是不一样的，不同的材质和颜色都构成了不同的色彩，这可以提高学生的审美能力。不同的材料可以使学生初步了解各种材料的性能，同时了解模型的结构与受力。不同的材质所带来的占用空间有所不同，可以使学生进一步深化方案的细节部分。模型制作的过程中，不同的材质与色彩使得同学能更好地了解材料的肌理与颜色。

五造，即采用五种材料的模型制作的简称。包括纸片造、铁丝造、聚苯造、木造、水泥造的材料来表现不同构造形式。

笔者所在学校建筑系通过五造的材料构造与形态，同学们采用不同模型材料的使用来提高模型制作能力。在大学一年级第一学期初以纸片造为同学带来第一次的模型制作，纸片造的目的主要是以围合纸片的形式来使同学们对建筑的基本几何空间进行感知，该学期以餐厅为题进行模型制作。通过纸片造的课程练习，同学们运用纸片版围合出不同的功能空间，同时以不同围合形式来对空间的形态进行展示，整体围合以矩形空间为主。

随后便是铁丝造。铁丝造主要是引导同学们对于空间结构的认知学习，同学们通过现代设计的形态构成来围合不同的空间，将简单的矩形空间转变为不规则的三维空间，旨在培养同学们对于三维空间的感知能力。铁丝造设计制作成灯具的外部包裹结构，具有很好的表现力，因此，铁丝造在后期变为学生塑造灯具外部造型的重要材料。

聚苯造主要以聚苯的形式进行。本校以一小块城市设计为出发点，通过聚苯的矩形形状的粗细、高低的形态构成初步的城市体块形态，方便而快速地制作和表达，以较大的实体建筑来进行外部城市空间构成表现。同学们用聚苯造引进城市设计的学习，是同学们了解城市实体体块之间的外部关系的重要手段（图 9-1）。

水泥造是基于前三个模型材料衍生的模型制作。通过相对难以掌控的水泥造来提高同学们的动手能力，同时水泥造具有不定形的特性，可以通过水泥造来营造不规则的形状，使同学们摆脱原有矩形模型制作的传统思维，将模型制作思维拓展为不规则形状和矩形形状的结合运用的思维。

木造主要是通过木质材料为主的模型构建来进行展开的（图 9-2、图 9-3），通过木造可以使同学们学习榫卯结构的相关知识，并使模型制作更为精细化。同时本校将木造环节结合竞赛的模式进行展开，来提高同学们对于模型制作的动力。通过木造的进行，同学们可以对传统木质结构建筑和建筑内部结构的构成进行初步了解。

在五造结束后便是综合造的展开。本校还是以城市与单体建筑模型竞赛的模式进行展开，以小组为单位，通过前五造的学习，将不同种类的模型制作材料进行综合。实现了同学们对于不同材料的混合利用的学习目标，提高同学们的动手能力和对建筑模型的认知提升，提高城市设计能力。

模型制作可以说是每个建筑系学生必须经历的一个阶段。该阶段不仅能够提高同学们的动手能力，也可以提高同学们的空间感知能力以及设计水平，是相当重要的一个环节。

9.2.2　计算机辅助模型

建筑系的同学们往往习惯于对单体建筑的模型进行制作，缺少对大体量的规划模型进行制作。同学们在城市设计阶段将各自的设计落实在模型阶段时，往往会出现一系列问题。为了指导建筑系同学对城市设计规划模型的绘制，笔者将计算机辅助模型设计大体分为三个阶段，以引导同学们对城市设计模型的制作。

第一阶段的场地设计。如若同学们已有设计地段 CAD 的地形图或者设计图纸则将地段 CAD 导入 SU 进行场地处理，如果同学们缺少设计地段 CAD，可通过百度地图、谷歌地图等工具将规划设计地区及其周边进行截图，在截图的过程中应当尽可能地确保分辨率，通过多截多拼的形式来拼贴最终的规划设计地段底图。之后同学们通过 CAD 软件对拼贴成型的设计地段进行描绘，并将描绘好的 CAD 底图导入 SU 中进行场地处理。在对场地处理时同学们应当注意设计场地面积和相应比例尺度，避免场地尺寸、尺度出现问题。在随后的实地调研中主要对设计地块需要保留的建筑、植被等进行标记并在场地 SU 中进行标记，同时可以通过高程数据对场地地形进行更详细的处理。

第二阶段的模型设计。同学们通过快题的形式对规划设计地块进行初步设计，并同指导教师一起讨论方案，以指导教师的相关建议作为引导，继续深化方案，最终确立初步规划设计方案。通过 SU 软件将同学们各自的规划设计方案，以计算机辅助模型的数据模式进行落实，并结合各自处理的场地进行更详细的建模。首先是对场地进行功能划分，通过车行道路将地块进行功能划分，此阶段应当注意道路尺寸的把控，以免功能分区紊乱，尽量避免地面车行路交汇处出现锐角，各个功能分区缺乏联系等一些问题；之后是在规划好初步路网的基础上建立大体的方形建筑模块，确定建筑在场地中的大小、建筑的形态，同时考虑建筑退线和防火通道等硬性指标；随后是在 SU 模型中确立公共、绿化等空间，进一步丰富各自的规划设计地段的模型；最后便是对规划设计地段模型进行完善，主要包括车行流线和人行流线的优化、建筑形态和细节的优化、绿植节点的丰富等细节的处理。

第三阶段的模型效果图。同学们和指导教师对自己设计的模型进行讨论完善，将最终的成果模型运用 Vary、Lumion 等软件进行渲染，选择较好的人视角度做出设计地段的效果图。在此阶段主要是让同学们对模型主要节点以及鸟瞰图进行渲染处理。最终将渲染好的效果图导入 PS 进行更详细的处理优化。

图 9-1　聚苯造模型

图 9-2　木造模型

图 9-3　木造城市设计模型

总而言之，现如今计算机建模已经成为建筑学教学成果展示中不可缺少的一部分，通过同学们对计算机辅助模型的建构可以更加熟练地使用相关软件。同学们通过计算机辅助模型的设计可以更加生动地了解设计模型，摆脱了图纸上的二维平面图从而转换成立体的三维空间。

9.2.3 总平面图和分析图

随着城市设计进度的推进，在同学们对总平面图进行绘制的时候也会存在相对问题，总平面图可以向其他人阐述自己设计的建筑群相关重点内容。总平面图在方案设计阶段着重体现建筑物的大小、形状及道路、房屋、绿地之间的关系，同时总平面中应当满足任务书中的各种经济指数指标，满足各种规划规范规定、城市道路交通等准则，同时也要考虑人车流线优化合理、功能分区优化合理、消防安全可靠、景观环保美观等一系列问题。

在同学们绘制总平面图时主要通过 CAD 图纸进行绘制，将前一阶段的规划设计场地 CAD 进行进一步的处理，在处理的同时应当留意现有地段保留地区，图纸表达上可以用新建建筑为粗线，原有建筑为细线等形式进行体现，并将规划设计的路网、建筑、绿化和公共空间进行绘制，此阶段应当注意各自的比例和尺寸，同时建筑的形态也应当有所着重深化，不同功能的建筑往往有着不同的形态，避免建筑形态出现问题。最好深化人行流线，完善绿化和公共空间与人行流线的互动，并将人行流线和车行流线之间的关系进行完善，进行绿化铺装的细节处理。最终将处理好的 CAD 导入 PS 进行图面美化处理，并对各个道路的名称、建筑高度、建筑出入口、相关经济技术指标、指北针、图例等一系列细节问题进行标记，完善总平面的绘制。

分析图的主要作用是向他人阐述自己设计的建筑中相关内容，是向他人介绍自己设计的建筑的理念和细节。城市设计中的分析图主要可以分为宏观和微观两层面，宏观层面有上位分析、区位分析；微观层面有功能分区分析、用地性质分析、道路交通分析、景观分析、建筑高度与容积率分析等一系列阐述自己设计的分析方式。一份优秀的分析图往往在具有较好的图面效果的同时，能够简单明确地阐释设计者的重点内容，避免华而不实的情况产生。

同学们可以在对规划设计地块的快题设计中勾勒出一系列规划设计过程分析草图，记录设计者创意思维活动的过程。并同指导教师一起讨论自己规划设计中的一些细节思路，进行进一步完善。最终将成果 SU 和 CAD 导出成图片形式，运用 PS 或者 AI 等绘图软件进行分析图绘制，在绘制分析图时应当注意对指北针、图例、比例尺等进行标记，同时将每个分析图所阐述的重点进行标记，避免一图多讲的情况，每个分析图只详细阐述一个设计理念或具体要分析的目标板块内容。

9.2.4 第二轮深化城市设计重要过程

1. 图和模型的互动

一切分析图都是基于自己设计的建筑及模型而设立的，而模型正是自己所设计的建筑的三维模型，结合模型可以使设计的建筑形态的思路更加清晰，容易使人理解设计师的思路和想法。与此同时，结合不同的设计分析图和相对应的模型可以对自己设计的第一轮方案，进行进一步推敲和深化。所以可以说，分析图和模型是相互影响、相互推进的。

在开始的前两周，同学主要通过指导教师的课程指引，调查研究学习，收集整理资料来对城市设计、城市规划相关知识进行学习，对规划设计地块进行了解。

第 3 周同学们主要对现有的各种资料进行整理和整合学习，并结合各自的规划设计理念进行 PPT 汇报，然后伴随着设计的推进来进行初步快题的绘制，将各自的设计理念初步落实在图纸层面。

第 4 周同学们将各自的规划设计落实于实体模型层面，并结合快题设计与图纸绘制进行进一步规划设计推敲。

第 5 周同学们将现有资料进行总结，并在指导教师的引导下进一步完善规划设计，逐步落实计算机辅助模型的绘制。

第 6 周同学们结合各自的计算机辅助模型来绘制相关分析图，并在指导教师的指导下完善一系列细节层面的规划设计。

第 7 周则是完善最后的图纸绘制与表现模型制作，并同指导教师进行讨论，解决图纸绘制过程中存在的主要问题。

第 8 周则是上交图纸，并进行课堂汇报讲解，主讲教师邀请四年级及相关城市设计课程教师来参加大评图，给同学们一系列良好的建议，丰富大家的知识储备和提高自我分析的能力，同学们能积累好的经验和培养良好的设计方法。

2. 结合大城市 CBD 地段的城市设计课题在城市设计中的重要性

大城市 CBD 地段是指中央商务区，它是一个国家或城市之中的主要综合商务活动场地，集中了城市经济、科技和文化的发展力量，具有贸易、服务、展览、咨询等综合功能，是一个城市和一个区域的经济发展中心。CBD 地段的城市设计也是对同学们的城市设计教学中的重要教学课题。

现今的城市逐渐走向纵向的良性发展，CBD 地段已经成为城市设计中不可缺少的一部分。同学们对 CBD 地段的设计主要应当考虑到它的功能定位，做好一系列前期分析。结合该城市的上位规划等相关政策，明确其在整体定位中的位置，并了解其周边的不同建筑功能种类，尽量避免功能定位重复出现，同时应当考虑到其周边居民所需的各种社会生活服务要求，并在自己的 CBD 设计中解决周边存在不同需求的问题。总的来说，就是对上位规划的解读和周边需求的分析。

在同学进行场地设计的时候，应当不仅考虑建筑内部各种功能设施的设计，也应当考虑到建筑外部场地的设计。在对建筑外场地的设计主要要考虑到周边的人行流线、停车场的设立、公共空间的设立、建筑出入口的设立、一系列配套设施的设立等问题。在对建筑外场地处理时应当从不同的角度进行考虑，在对人行流线进行处理时应当考虑到外部人员前来参观购物的人行路线、内部人员日常上班的流线、大型车辆提供货物运输的路线、仅穿行该空间的行人路线等一些路线，同时不同的路线应当为其不同的目的设立相对配套的一系列设施。在对停车场的设立时应当考虑到车行路线尽量远离主要人行路线，停车空间尽量布置在次要位置，同时对从停车场前往建筑的路线的可行性相关问题进行综合分析。在对公共空间的设立时也应当考虑到其不同的功能，大体可分为"动""静"两种功能。动空间往往处于开放空间，为行人提供休息、驻足、交流的场地，往往位于主要人行区；静空间多为私密空间，该空间设立于较为私密的场地，通过场地高低设计、植被高度的控制营造出一种不被其他事物打扰的区域。建筑的出入口设立也应当考虑相关问题，例如主出入口的设立应当尽量避免位于大量车流或者人流的地区，避免带来交通拥堵的问题，尽量设立在车流较少的地区，也应当考虑到方便停车场的次入口的设立、建筑内部供给次出入口的设立，该出入口应当尽量避免与主要人行流线进行交汇。

总而言之，通过 CBD 的设计，同学们对于一定体量空间的城市设计可以有进一步的学习认知，对于功能分区和流线分析以及景观环境、整体外部空间的学习有着更深的理解，同时可以认知城市设计的各种正确的方式与方法。

3. 一线城市更新的解读的重要性

据统计，2019 年 15 座新一线城市依次为成都、杭州、重庆、武汉、西安、苏州、天津、南京、长沙、郑州、东莞、青岛、沈阳、宁波、昆明。排在前面的 4 座新一线城市的位次相对稳定，无锡则是继 2017 年之后再一次跌出这一梯队。一线城市是指在国家发展过程中有着重要的政治、经济和社会地位并具有主导和辐射带动的城市，一线城市在生产、服务、金融、商业等指标中起到主导作用。通过对一线城市更新的解读可以了解在城市设计过程中能够引进的新理念，并逐渐落实在城市设计教学当中。

在城市规划设计过程中首先需要确立规划理念和空间结构，大体可分为核心、轴带、节点等。例如，北京市"十一五"发展规划所提出的"两轴—两带—多中心"的城市空间结构。其中"两轴"指的是传统的南北中轴线和长安街东西延长线，这两轴都是京城百年历史所遗留下来的重要文化遗产，从空间布局上体现了政治、文化、经济职能的作用。"两带"指的是"东部发展带"和"西部生态带"。"东部发展带"北起怀柔、密云，重点发展顺义、通州、亦庄；东南指向廊坊、天津，主要承接新时代的人口产业需求。随着城市的进一步发展，"东部发展带"主要为了将城市中的一些旧功能从市中心转移出来，对一些新的成长的产业功能进行进一步培育。而"西部生态带"主要解决北京的人居环境问题。"西部生态带"与北京的西部山区紧紧联系，同时也是一道生态屏障，成为北京发展宜居产业的主要轴带。"多中心"指的是在城市发展中分担不同城市功能的各种功能核心，包括中关村科技园区、北京经济技术开发区、临空经济区、商务中心区、奥林匹克中心区、金融街，这些核心功能区通过不同的功能定位来吸纳促进城市发展的新型产业和人口。

在同学们进行城市设计时最应明确的便是自己规划设计中的规划理念的确立，它不仅是城市规划发展的总体阐述，也是促进城市发展的重要策略导向。之后便是确立城市规划设计的交通流线分析、功能分区分析和景观节点分析，这三部分也是城乡规划专业学习快题主要的分析图部分，是同学们阐述自己规划设计的主要途径。

交通流线分析以车行流线和人行流线为主。交通流线主要是将规划设计中的各个不同的功能分区串联在一起的途径，在确立交通流线时应当避免各类交通流线的紊乱，避免部分功能分区没有覆盖的情况发生，也应当注意车行流线和人行流线的多次穿插，这往往都会存在一系列的安全问题。同时也应当为不同的流线确立不同的等级，不同的等级有不同的功能定位。以车行路线为例，大体可分为：城市外部车辆通过的一级道路，该道路宽度较广，车辆行驶速度较快，一般设立在城市外环，以城市外部车辆穿行为主；车行的二级道路为城市内部车辆穿行所设立，主要为了满足城市内部居民的日常生活所设立，也是连接城市各个功能分区的主要交通流线；三级车行路线主要位于每个功能分区内部，是为了服务于各个功能分区内部所需的交通而设立的，往往宽度较窄，车速较缓。由此可见，不同的交通流线等级有着不同的功能和宽度，在规划设计的时候也应当密切注意。

功能分区分析是城市规划中各个功能分区设立的主要体现，在城市设计的过程中往往有着不同的功能分区定位，例如居住、商业、学校等。在功能分区的确立时，同学们应当尽量确保各个功能分区之间的联系，注意不同功能分区之间可能存在一些排斥和互助的关系。例如工业不能设立在居住区附近，商业应当设立在其所需要的功能区附近等。

景观节点分析也是城市中绿化的体现。随着城市的发展，城市绿化越来越被人们关注。其主要由绿化带、绿化核心、绿化节点所构成。不同的节点往往通过绿化带所连接，同时也应当注意居住区附近的绿化节点的设立，往往是以公园的形态设立的。避免城市内部存在绿化不覆盖的情况产生，避免绿化核心脱离城市居民主要活动区的情况产生，也是同学们在城市规划设计过程中需要注意的问题。

总的来说，城市设计可以丰富和提高建筑系同学的宏观层面设计知识和综合能力，让建筑系同学不再拘泥于单体建筑的认知，而是将设计知识系统结构放开，考虑的问题更加全面，能够通过城市设计方法与设计方案更全面地分析实际问题和解决专业性问题。

4. 城市工业遗产地段设计要点及评估

随着城市化进程的推进，大多数有污染的工业厂区都逐渐迁移出城市核心区，大量的工业遗产在城市更新过程中面临新的难题。工业遗产的保留更新、工业设施的再利用、工业遗址空间的优化等问题的解决，将会是城市工业遗产地段进行设计的着重点。在同学们对城市工业遗产地段进行设计时，应当注意到工业地区和其他地区往往存在一系列不同的问题，例如工业污染所导致的植被选择、工业文化遗产的保护与更新等问题。

首先同学们需要对规划设计的工业地段进行充足的前期调研准备，该调研以网络资料收集、案例收集、相关文献整理和对该地区的实际调研为主，并确立该工业地段中需要保留的节点，在之后的规划设计中进行标记。随后便是对不同的地段采用不同的功能定位，避免将主要建筑设立在污染较为严重的地区。

由于城市工业遗产地区的更新设计往往是对具有一定群体建筑和较大体量的空间进行规划设计，这也可以看作城市设计与规划的一种缩影。在对工业遗产地区进行规划设计时应当考虑到其不同功能分区的设立、人行流线和车行流线的关系、绿化景观节点和流线的设立等一系列问题。以本校城市设计课题"首钢工业园区更新改造"为例，主要让同学们通过对百年首钢工业园区进行更新改造设计，同时首钢工业园区也承接2022年世界冬奥会场馆的功能，所以在对其进行更新规划设计时应当考虑到各种场馆的设计和服务于各个场馆的不同功能的建筑的设立，考虑其间的联系，将不同功能的建筑设立于不同的位置。还有就是这些场馆的后期充分利用的问题。

首先是以小组的形式对首钢工业园区的前期调研资料进行整理，明确需要保留的场地区域，随后确立在对该场地进行规划设计时需要引进的不同的功能分区的定位。在初步规划设计方案明确后以快题的形式绘制规划一草成果，并同指导教师进行讨论，推敲方案。其次便是建立场地模型，在模型建立的初期以场地体块模型为主，将不同的体块确立在规划场地之中，然后便是考虑各个功能分区之间的联系，确立各个功能分区的定位。在明确好定位之后便是路网的整理和各个功能分区区块内部的建筑的设立。最后便是各个功能分区区块内部的详细模型制作。整体模型的制作也伴随着计算机辅助模型的绘制一同进行。通过实体模型的制作确立各个建筑的体量关系和尺度关系，利用计算机辅助模型的设立确立内部建筑的形状和各个详细区块的形态，可以说是将实体模型和计算机辅助模型一同进行，使两者有机结合，共同推进规划设计方案的进行。在模型建成后便是通过对模型的处理来生成最后的图纸，并基于计算机辅助模型来进行一系列分析图的绘制。

通过对城市工业遗产地段设计，同学们可以完善规划设计中的种种细节处理，包括保留地区的保护与更新利用，以及各种条件因素所带来的影响，如何综合采用城市设计方法来制订城市设计方案。

5.城市居住区、居住区里的城市形态设计重要性

居住区是居民日常生活的主要地区，包含居住、休憩、教育、交往、商服等各种活动，因此也应设立相应的配套设施。在城市设计整体功能分区中，居住往往占有较大比例，所以对城市居住区的设计也将是城市设计之中重要的一部分。

在同学进行居住区设计的环节应当主要对建筑朝向、建筑间距、建筑层高一系列问题进行把控，尽量避免硬性问题的出现。由于居住区主要服务于当地居民，所以在居住区内部的人行和车行流线的规划设计也处于重要的地位，尽量避免车行和人行的交叉，确保人行和车行流线覆盖到每一栋居住楼，并在每栋居民楼中间设立小型的景观公园，为居民提供邻里交往、休闲场所和车辆停靠场地。在同学们进行居住区规划设计的同时应当考虑到居住区内部的各种服务配套设施的设立，例如幼儿园、居委会、商业等一系列设施的设立，这也是居住区规划中不可缺少的一部分。

居住区的规划设计可以说是较为重要的一部分，现今城市较大的功能分区都以居住为主。通过居住区的规划设计学习，同学们可以对于不同区域规划的配套设施的设立和居住区相关规划规范进行学习。

在同学们进行居住区设计时应当对居住区设计的相关指标进行了解，可以通过对《城市居住区规划设计标准》（GB 50180—2018）进行阅读，对居住区设计过程中需要面临的问题进行学习，进而规避居住区设计存在的一系列问题。

9.3 深化城市设计重要过程

9.3.1 城市设计总体建筑实体形态的组合原则

建筑是人类城市发展的积淀。它烙印着每个城市的过去、现在和未来。城市中建筑的形态与人类社会演变、自然变迁等有着千丝万缕的联系，是基于外力和内力互相推动的共同结果。在城市诞生以来，建筑作为组成城市的有机体，从游离的单体逐渐演变成了组团和群落，并在复杂的城镇发展环境下呈现出不同的组合形态，而这些组合形态往往遵循一定的逻辑或规则。从这些可以被探知的规律中，我们可以发掘出众多可以与当代城市设计产生共鸣的碎片，使其为城市设计手法起到规避性、选择性或指导性作用。

从众多建筑形态组合中，我们可以简明地将其分为四类：理性规则形态、感性自由形态、理性感性组合形态、当代非线性设计。

1.理性规则形态

自人类文明诞生以来，我们对空间的思考从未停止过，我们用惯用的、富有逻辑性的思考方式阐释空间，以生产效率最大化进行空间组合和建筑排布。这使得这类建筑组合群往往呈现规则的分布形态，是一种具有高度可读性、易应用性及可复制性的设计结果。然而，在极端的城市设计中，其易复制的设计手法常常被滥用，自然与社会环境的影响被严重忽视。这不仅产生了"千城一面"的局面，

还导致了众多城市与形态风貌产生了共性的问题：交通堵塞、环境污染等。

2. 感性自由形态

城市发展过程中，空间与人类社会存在深刻且紧密的联系，看似混沌的城市形态其蕴含着复杂的社会经济、人文历史文化以及情感与思想，它们展现出的组合形态来源于历史变迁、地理活动或是一种偶然性的思考活动，也具有一定的环境适应性和不稳定性。

3. 理性感性组合形态

理性感性组合形态吸取了理性和感性的特征，针对不同的问题与冲突，面对不同的环境背景应该分别进行不同的设计思考。这是一种当代普遍性的设计原则。

4. 当代非线性设计

在技术手段不断革新的背景下，逐渐量化感性指标，用可操作、可运算的方法介入或解决城市设计问题，也是一种理性思考的升华。建筑组合形态可以呈现出立体化或非线性的特异状态。

9.3.2 城市设计里的地下空间的群体利用、安全高效

在城市高速发展的今天，城市的功能不断膨胀，随之而来的压力反倒成为社会发展的阻碍。地域和空间的限制、新型交通方式和当代移动互联网等成为了城市新建或重构的新挑战。而发掘城市的地下空间资源可以成为辅助城市设计的手段，在地下空间提出多元化的解决方案，塑造城市功能，整合城市交通结构，安全高效地提升城市效率。

1. 地下建筑

随着城市化进程发展以及城市建筑空间的高速发展，有限的地上土地已难以承担如此大量涌入人群的功能需求。在地上空间开发成本居高不下的背景下，合理利用城市地下空间，将局部建筑功能转移至地下，不仅可以缓解地面压力，还可以用集约化的建筑形态促使社会生产效率提高。在城市中许多需要大面积的建筑功能无法在地面安置，此时便需向地下转移，例如停车场等大型城市基础设施场所等，这些功能具有空间利用率低、土地价值偏低等特点，将其安放在地下，既节省大量有效土地，扩大了建设地点的可选择性，也有利于城市设计的统一规划。

2. 地下交通

发达的地下交通系统是现代化城市的重要评估指标，成熟的地下空间交通组织可以提升城市物质交换与信息交换的效率，提升城市弹性与活力。

①针对地铁的地下交通。在城市设计中，应充分考虑与现有或规划中地铁线路的接驳与利用，人流与物流的导向影响着场地的空间布局与建筑形态，这些流量不仅具有正面的影响，也会带来负面影响，如何正确引导和化解此类状态，是城市设计的重要一环。

②地下建筑入口。针对地下空间和建筑入口空间的设计，应考虑相应的地下空间规模与建筑功能属性，例如商业建筑需考虑各类流线所需的不同空间形态与不同强度的空间指引导向，不同的地下建筑入口会直接影响围绕建筑的社会活动。

3. 公共空间与景观

城市公共空间与景观也可结合城市地下空间进行设计。城市公共空间是维系社会活动的重要场所，也是位于建筑与外部空间的缓冲地带，三者的竖向空间落差不仅可以产生更多的有效土地面积，也为

更多样的城市公共空间与景观形式提供了新的可能性。利用地下公共空间与景观设计来营造城市空间秩序是城市设计的重要手段，其不再仅限于设计地上表层空间的形态，更是一种立体化、多元化的思维方式，它具有更多的连接城市建筑与城市活动的新方式，是未来城市公共空间与景观的发展趋势。

城市更新或充分置入地下建筑功能、地下交通与地下建筑公共空间与景观，对于城市空间容量和环境质量具有强大的改善作用。发展城市地下空间不仅是一种设计手段，更是未来城市解决现代城市病，形成有机化复合形态，变得更加包容、更加强大的一种途径。在当下城市设计中，如何在城市地下空间引入有效的空间功能与形态，提前布局城市新秩序，需要对社会经济、城市人文等具有深刻认知与对未来发展的准确判断，以及对地下建筑结构与新空间形式等有着初步了解，通过设计达到缓解、解决城市问题，提升城市功能和形象，加速构建可持续性的城市发展理念。

9.3.3　城市设计里的绿地、景观系统与绿色生态观念

城市设计中绿色设计有着举足轻重的角色。从不同层级的规划上，绿地景观都是备受重视的。从城市总体区域规划上看一个好的绿地规划，是能够给整体地区的气候和环境做出改善的。即使是小范围的绿地景观，也担任着体现城市特色和营造宜人的休闲空间的功能。景观系统是城市生态系统中非常重要的一部分。实现生态城市、宜居城市的目标，拥有良好的城市环境质量，降低城市对自然生态平衡的干扰，城市绿地设计都是十分重要方法与手段。

从整体规划设计中，绿地设计出发点要和区域范围内的自然条件相协调，符合当地的自然特征、人文习俗。在深化过程中应注意规划要符合所在地区的经济、地理条件和历史发展及当地的法律法规，满足各类各项经济指标。绿色生态观念应当体现在城市设计中的各处。如何处理平衡绿色生态和经济投资，往往体现了一个城市在人文层面的关注程度。绿地在城市硬环境中能够弥补自然环境缺失的问题，在软环境也就是人们的心理环境的影响也显著且必要。很多研究集中于自然环境对人们的心理影响，更多的设计开始注意绿色元素在当中的位置。但是如何才是好的绿地设计呢？在城市景观逐渐趋同的今天，景观营造是否有一个范式呢？与其他因素不一样的是，自然景观与当地气候相辅相成的连接关系是非常紧密的。地方与地方的自然条件不同、人文条件不同、历史条件不同，而城市中的景观建设便是对自然景观的呼应，即便是规范化的修整，也不应当成为"千城一面"的景象。

9.3.4　城市设计里的开放空间

城市中的开放空间是供居民日常生活和社会公共使用的室外空间，狭义上包括城市中所有的公共绿地，如公园等，而广义上的城市开放空间可以囊括所有城市中没有建筑物、构筑物的开放场所。这些场所承载着城市中众多细微而复杂的社会活动，也体现着城市文化与经济的魅力。

在城市设计中，城市开放空间作为城市实体空间也发挥着至关重要的作用。①城市开放空间为人们提供户外休息、娱乐与休闲等活动场地，将人的行为与城市空间有机地组合在一起，更好地发挥与提升城市功能，增强城市活力。②城市开放空间在承载城市功能的同时，也为调节城市生态产生重要作用，开放空间中的景观或装置作为城市生态系统来净化城市空气，在利用城市细小空间的同时，为整体城市生态有机体提供基础。

9.4 定稿阶段的城市设计重要方法

9.4.1 从 CAD+SketchUp 到 Reveit 以及 BIM 软件制图与运用

进入计算机时代的设计行业，逐渐使用各类绘图和数据处理软件辅助或代替工作。在近几年间的城市设计教学工作流中，CAD+SketchUp 是较为主流且易入门的计算机绘图软件。在城市设计教学中，该软件的组合使用常常在设计周期的第 3～4 周开始介入，从场地设计到细节优化，从 CAD 的平面图纸绘制到 SketchUp 的模型生成，在整个输出设计图稿流程中，这两个软件都扮演着重要的角色。

尽管 CAD+SketchUp 软件给予了初学者极大的友好性，但软件功能始终存在局限性。特别是对于 SketchUp 这种体量数据不大的软件，再加上庞大的软件用户群，许多设计者在快速提升软件熟练度和追求高出稿率的同时，在设计工作中也极易对其产生依赖性，这对设计工作本身而言是不够的。在软件中固化的图形绘制手段与图形处理逻辑会或多或少决定了设计者思维逻辑和设计成果的形态，许多设计想法无法通过 CAD+SketchUp 软件逻辑实现，许多非线性数据也无法进行处理，此时更新技术手段是解决此类问题的关键。例如 C4D（视频制作软件）、Rhino、Maya 等软件可以填补设计概念图形化手段的空白，而 Arcgis 等软件也可辅助城市设计中各类数据的采集、整理和处理等。

在未来发展的趋势下，新技术框架与跨领域合作是设计行业将要面对的新机遇与挑战。在城市设计中，我们不仅要掌握本专业的设计工作，还要与其他子专业（例如设备暖通等）进入同一平台，与工程项目各利益方中的商务运作、管理等产生衔接，最终达到提升效率、减短项目周期的目的。BIM 系统即建筑信息模型（Building Information Modeling）正是为此而建的，它是建筑学、工程学及土木工程的统一化平台。BIM 的核心是通过建立虚拟的工程三维模型，利用数字化技术，为这个模型提供完整的、与实际情况一致的建筑工程信息库。该信息库不仅包含描述建筑物构件的几何信息、专业属性及状态信息，还包含了非构件对象（如空间、运动行为）的状态信息。在城市设计中，这些动态化数据都将应用或展现在设计工作流与成果之中。面对未来发展的新趋势，在城市设计的工作与学习中，也应当体现新技术与新平台的先进性，从 BIM 系统中的 Revit 等软件入手，提前步入和熟悉先进工作方式，不断提升设计效率，开拓设计新思维。

9.4.2 实体表现模型的作用

在城市设计工作中，建立、推敲实体表现模型是方案完善与深化的重要手段。在计算机技术日新月异的时代，尽管出现的许多高效的建立模型的手段，极大地提升了工作效率，但我们仍然离不开最传统的表现方式。在当下软件技术条件下，许多影响城市设计的要素无法在工作过程中展现，众多设计师直观性的判断无法从屏幕中的图像中引出，显然这是相当的缺憾。实体表现模型没有计算机模拟模型那样具有便捷的可操作性和很快的成型速度，在视觉表现上也没有模拟模型强大，然而其仍作为设计的重要工具与设计辅助，不仅不能忽视，还需放在城市设计工作的首位。

首先是城市整体形态与尺度。城市设计模型往往以 1：1000 至 1：2000 比例来建立。与计算机模型不同，成型的实体模型在直观感受上更易与人类感官产生联系，设计师能更敏感地发现城市设计过程中的问题，例如城市形态比例、城市轴线与街道尺度等。其次是建筑形态与尺度。再次就是街道空间等形态与尺度。现在很多 VR 软件也试图参与到建筑推敲过程中，但是在实际推广中还是有很多绕不开的问题。例如现在经验丰富在岗的设计师们，未必会有那么多的时间去仔细学习，如测试使用这些不断更新的软件，这也是一个不轻的体力活；现在有时间、精力去学习这些的学生们，在实践经验、设计功力方面又差得很多。所以在协同合作的时候，基本还是倚靠传统的图画模型的方式进行商讨。当然我们还是期待技术的革新，一定会有更兼容更易操作的工具为我们的城市设计工作服务，但是传统的最原始最直接的实体表现模型等手段我们还是不能丢弃。

我们国内目前现在城市设计与建筑设计中，参与人员大多是专业人士，相对于计算机的操作接受度算是很高的了。但是在这些过程中，我们还是一直有着关于加强居民共建的倡导，实体表现模型在其中所体现的展示能力就显得更加必要。不需要多么深的理论知识和专业素养，城市居民也能通过模型对方案予以理解，模型能够帮助他们更加及时地反映一些设计者未必会了解到的生活使用中的实际问题。这些问题在早期的时候提出来，对于我们方案如何走向完善会有很大的影响。

9.4.3　结构体模型的表现力和力学关系

在设计领域中，建筑外表形态与结构体形态的高度对应性往往是设计的原则性要求，结构体的美好与否也常常是判断一个建筑形态美好与否的重要评价标准。从一个优秀且富有创意或具有夸张色彩的概念到真实落地需要的不仅仅是天马行空的想法，更需要的是一个建立模型，不断推敲、不断修正来解决问题的过程。

在设计工作中，许多初学者先行提出形态概念，却时而忽略其本质构成，即支撑其形体的结构、构件和可能影响形态的众多细节。而在之后的设计工作中，这种忽视所带来的问题不仅直接影响了设计教学工作的质量与效率，也对设计者的设计思考产生了误导。面对此类问题，在概念提出阶段时期建立结构体模型便十分重要。在建立结构体模型的同时，对外表形态概念会产生调整作用，对形态的构建进行图形化、立体化动态模拟，针对过程中产生的问题，通过力学计算与推导调整模型，优化结构体模型的形态与细节，最终完成结构与外表形态的合理对话。

在城市设计中，较为统一的结构语言与建筑语言可以防止城市区域割裂化的形态，对于集中化与主题化的城市设计具有重要的意义。

9.4.4　真彩效果图的构思与积极导向

得益于计算机功能水平的不断提升，对设计成果的表达逐渐展现出多样化、真实化和高效化。城市设计中各类效果图展示可以展现出城市中宏观场景、街道等城市空间元素。效果图可以说是设计者设计理念与设计思想的完整、清晰表达。通过效果图表现技法的学习，能够有效培养设计师对明暗、光影、虚实、主次等关系的表现能力。效果图表现技法是设计师思维能力的表现，也是学习者设计能力不断成长与完善的必经之路。直观的表达方式直接影响观察者与设计成果的关系，正确的视角与图像表现力亦是设计者所需重视的重要一环。

（1）宏观大场景效果图如鸟瞰图等是城市设计最直观的展现，肌理、建筑组合与形态、总体色彩基调等在效果图中可以清晰地表达。需注意的是，不同的视角、光影和画面饱满度也会对图面效果产生影响，而对这些影响因子的把握需要一定的审美能力与技术能力，适当力度的场景调整往往可以达成意想不到的城市设计构思效果和积极导向。

（2）局部场景效果图展现的可以是一片街区或某一视角下的街道及节点建筑。其效果图表现出一片街区的建筑形态的同时，也表达了街道的局部细节和建筑细节。

（3）街道人视图与建筑人视图。小尺度效果图可以容纳街道或建筑更多的细节，如对城市中重要街道或建筑可采用此类效果图进行针对性表达。

（4）其他细节效果图。特殊视角效果图在城市设计中采用的特殊艺术设计，如律动、阵列等，构图可采用特定的合适角度进行表达。

9.4.5　艺术效果图的情境表达与抽象表现

在当今信息化时代，庞杂信息量不断提升的背景下，信息的表现与处理逐渐走向具有针对性的简约化状态。在效果图的表现上也逐渐显现着这一趋势：从多色彩走向单一色调的强对比度，从写实走向扁平，以及其他从高密度、高数量信息走向集中强导向性信息的众多手段，不断应用在效果图的制作中。城市设计图纸在一些公共环境里展示时，可以提供一些艺术表现效果的设计图纸。此类艺术效果图也具有统一化特性：

（1）统一的氛围。一套艺术效果图一定拥有统一的思想与格调，其所涉及的构图要素运用艺术的手法创造出协调统一的感觉。而这里所说的统一，是指构图元素的统一、色彩的统一、思想的统一、氛围的统一等多方面。统一不是单调，在强调统一的同时，切忌把作品推向单调，应该是既不单调又不混乱，既有起伏又有协调的整体艺术效果。

（2）对比感。如同所有艺术作品所关注的那样，对比一直是显现作品主题的重要手段，有效地运用任何一种差异，通过大小、形状、方向、明暗及情感对比等方式，都可能吸引观赏者的注意力。在艺术效果图中，例如 Collage 等手法可以很有力地将场景中各类元素（植物、人物、服饰、小品、建筑、街头家具）等直观地表达在图面上，而不同于以往通过渲染等方式掺入了过多的无效信息（复杂的光影、配景等）。

（3）特殊比例。在进行构图时，比例问题是很重要的，主要包括造型比例和构图比例两个方面。首先，对于效果图中的各种造型，不论其形状如何都存在长、宽、高三个方向的度量。三个方向上的度量比例一定要合理，物体才会给人以美感。实际上，在建筑和艺术领域常用比例不限于常规 4∶3 或 16∶9 及黄金分割比例，在一些特殊主体表达场景下，一些异形比例或异形图幅也能更好地表达出意境。

（4）组合型效果图。为表达特殊含义，可将造型或色彩以相同的或相似的序列重复交替排列，这样能够获得良好的节奏感。节奏就是有规律的重复，各空间要素之间具有单纯的、明确的和秩序井然的关系，使人产生有规律的动感和愉悦的审美享受。

第10章 高校建筑学专业城市设计教学及作业评析

10.1 城市设计研究与教学作品解析

自新中国成立后，到改革开放 40 多年的社会经济发展历程，中国的特大城市都有自己的工业厂区，而在工业产业发展的进程中，有历史价值的工业厂区建筑如何保护与再利用，并通过这个规划与城市设计和实施的过程，给专业学生传授知识并培养遗产与景观保护的思想和行动准则，显得极为重要。通过调研与城市设计课题研究，让参与其中的教师和学生会有很多专业知识和经验的学习与累积。

北京首钢工业遗产园区就是北京工业遗产区的典型代表，无论从产业园区的用地规模、工厂区的生产设备和工厂单体建筑的体量，还是工业生产设备的复杂的工艺流程环境都堪称北京市工业遗产里的突出范例。通过这样一个代表性的工业遗产园区较长时间段的递进式的教学分析研究，可以归纳一些成功的经验模式，也可以总结要注意的问题和面临的不确定性因素。

10.1.1 背景分析

在首都北京，占地面积最大，建厂历史悠久，承载北京城市工业发展最重要、最完整与最深刻历史记忆的当属首钢工业园区。2001 年在北京市政府成功申请举办奥运会之后，启动"绿色奥运，人文奥运，科技奥运"的申奥系列工程成为北京市政府的主要工作，对首钢工业园区的污染减排和绿色生态环境改造就不断地被提上议事日程。申奥成功直接推动首钢工业园区的大部分有污染的厂房迁建到唐山曹妃甸新建首钢工业园区，工业厂房的改造、有机更新就成为了很重要的工作。在 2008 年北京奥运会召开前，约 60% 的有污染的产业停产与厂房迁建工作已完成。首钢工业园区承载着首都工业发展史的传统建筑及构筑物、铁路、厂房等历史建筑，景观、小品、构筑物的保护也随之成为各种规划与设计竞赛的热门话题与主题。在北京市成功申请举办 2022 年冬季奥运会之后，首钢工业园区的北部工业遗产建筑正在更新改造为冬奥会的发布会场地，这些积极的因素和发展机遇，给北京市社会、经济文化事业的综合发展带来了发展契机。

正因为首钢工业遗产园区的更新规划设计是牵一发而动全身，又由于拥有约 $1.96km^2$ 的工业厂区用地规模，更新改造所需要投入的资金巨大也是一个重要问题，同时又关系到几十万名首钢工人的再就业问题。在工人们迁往唐山曹妃甸厂址的过程中，还有很多事情要协调解决。有关首钢工业园区的大规模的保护与有机更新，涉及的事项多、资金缺口大，目前首钢工业园区在上位规划的指导下，已划出一些地块引入一些企业进行市场化的开发运作。需要各方面有经济实力的企业单位支持。首钢作为首都的重要企事业单位，各级领导承担的责任也很重要。

10.1.2　城市大规模工业遗产园区的产业转型与空间重构

近现代工业革命和工业厂区建筑的建设在大型城市的发展历史有近百年之久。当代中国的大中城市空间与城市设计问题越来越复杂多样，结合近年来专业科研及教学的研究思考，笔者认为需要进行务实的深度分析。从城市空间总体功能上可以分为城市公共建筑设计与城市居住建筑空间两大类型，公共建筑又可以分成生产性的建筑空间和公共服务类型建筑空间。相应地，城市设计与建筑设计可分为公共空间城市设计与居住空间的城市设计。我们在近年来的城市问题分析研究中比较关注计算机互联网技术，包括电商服务技术的迅猛发展。世界经济论坛创始人兼执行主席、日内瓦大学教授克劳斯·施瓦布在《第四次工业革命》一书中指出，"第四次工业革命引发的颠覆性变革正使公共机构和组织重新调整运行方式，特别迫使区域、国家和地方政府部门自我调整，找到与公众及私营部门合作的新方式"。各级部门通过与企业的密切合作和协作，将城市的产业转型与空间重构紧密联系起来，及早做出科学的规划与决策。

城市大规模工业遗产园区的产业转型与空间重构在此社会发展基础上，已经成为一个重要问题。克劳斯·施瓦布教授在《第四次工业革命》一书里指出未来的智慧城市里，"许多城市会将服务、公共设施及道路接入互联网。这些智慧城市将能够对能源、物料流、物流运输及交通领域进行管控"[①]。

10.1.3　城市设计教学研究的课题设置与问题导向

正如文章前面指出的首钢工业遗产园区正在面临积极转型，以及 2022 年冬季奥运会给北京市社会、经济文化事业的综合发展带来的发展契机，在北方工业大学建筑系的四年级城市设计课程里，结合工业遗产建筑、历史环境保护与更新利用的综合问题分析研究过程中，不断探索，进行课题的综合修正与设置，引导学生尊重一个城市近现代历史发展的文化轨迹，如何通过工业建筑空间包括已经衰败但承载着城市工人群体劳动重要的工业建筑，来活化利用，植入符合当代和城市未来产业发展的新业态，顺应社会历史发展的进程。

高校四年级联合设计的策划与规划的课程训练。在我们第一次四校联合城市设计课程设计中，以北方工业大学为出题人，选择首钢工业园区的核心地段做城市设计概念任务之时，原本只是预设我们带领北方工业大学的建筑系专业的同学们，做一些学术研究层面的可行性方案。由此，笔者也开始从学术的角度，考虑首钢工业园区的一些改造或者新建的创意产业园区建筑，如何同拥有 50～80 年历史的构筑物紧密联系起来，同时探讨如何发现首钢工业园区"新特色塑造"这个问题的答案。

就四校联合设计而言，我们对一个特定地段在特定时间至少能提供（4×2）8 个较优秀方案的可行性研究，也是很有意义的事情。通过这些方案比较，我们四所学校的教师可以就"工业遗产地段的城市设计方法"进行充分沟通与评价。同时，不同学校的教学成果以及学生的方案设计成果也可以给这些学校的广大同学们观摩学习，增加同学们的学习观摩机会。而对我们四校的教师而言，尤其是北方工大的建筑系教师而言，应该更多地对这些后期成果进行综合评价。

---

① ［德］克劳斯·施瓦布.第四次工业革命 [M].李菁，译.北京：中信出版社，2016：152.

10.1.4　分阶段、分场地的细化城市设计

由于北京首钢工业园区用地规模非常广大，工业遗产建筑分布不均衡，场地西侧的永定河自北向南斜向流过，工业园区中部未来将被长安街西沿线穿越，北部地块的群民湖的景观占地规模也很大，以上这些都是现实存在的问题。而四年级学生要在八周以内的时间，完成从调研、资料查阅、案例学习分析、个体创意设计、小组讨论筛选、方案过程深化修改，以及正式方案制作，包括计算机模拟三维模型制作和方案图纸的表现设计等，需要课程设计教师将首钢工业园区划分成几个片区，在不同的年度分阶段地布置课题，让学生做细化的城市设计。针对不同的地段，列出重点问题，调研首钢工业遗产园区的空间环境、工业设施、厂房建筑的特殊分布，结合整个城市与石景山区的区位环境、社会经济文化事业的发展，从宏观到中观然后到微观及具体的专业技术层面，深入细致地做城市设计研究，综合提升自己的专业设计能力。

10.1.5　工业遗产保护地段的单体建筑设计研究

对于建筑学专业的学生而言，他们未来的主要职业工作是设计单体建筑，通过在四年级阶段系统的城市设计课程研究，培养他们宏观区域层面的城市群体设计意识，使其了解与掌握上位的城市发展规划、控制性详细规划如何影响城市空间结构、道路骨架系统、景观广场环境、开发空间系统、地下空间利用等问题，如何在综合处理好上述问题的基础上，完成城市街区包括工业遗产园区的建筑群体建筑形态和单体建筑形态及外部空间环境、室外小品建筑的配套设计等，都是很重要的训练内容和技术路径。

10.1.6　结论

（1）建筑学的高年级教学应该立足于学校的资源条件、师资条件展开各自的探索，鼓励创新，立足于国家卓越工程师计划的思想理念，从实际出发，带领学生参与很多阶段的工作，而参与国际竞赛的磨炼（正好是深圳城市设计协会不需要资质方面的要求）是参加实战的竞赛，对学生在专业能力上的培养与提升很重要。

（2）实战竞赛与教学的主题内容非常匹配，时间段也很吻合，找对方向，设计编排新的教学计划，案例有的放矢，具有建设性建议（建模渲染，降低投标成本）。指导教师在这方面要主动积极，增加教学的工作量，也是为教与学水平的提高。

（3）对设计过程的掌控，对优秀构思方案的引导、提炼、互动与积极反馈是指导教师的主要教学方法和途径，按照方案不断深化的阶段，结合学生们的构思，深入分析，并在关键阶段，提供有操作性的指导与修改意见。

（4）深圳方案的设计说明。方案总结对教与学双向的反思和积极推动，对学生进入设计院成为"卓越工程师"计划指导下优秀的建筑设计师是有极大帮助的。不断结合当前中国城市设计与高层建筑群及单体高层建筑的设计，精心思考，不断进行理论与实战方案竞赛的训练也是非常必要的。与此同时，有利于促进教学成绩的提高。

①城市设计在高校的课程里更多地是训练建筑学与规划同学对群体空间形态、设计、掌控与经营

布局的设计能力的教学。

②城市设计在营建层面，是能更多地为注意城市旧城肌理与旧城有机结合的设计，规划小而精致与传统文脉相适应的"新而中"与"中而新"的创作问题更深刻地认识到这点。

③城市设计的学术研究在课程设计里更偏重研究性设计。要注重社会经济发展中资本的力量（包括市场经济的回报率）等在城市形态设计中的主导力量。未来的互联网经济，高密度的高层建筑，非人性化的空间的批判性设计创作有可能逐步地确立起来。

10.2 指导学生参加北京市 2018 城市公共空间竞赛获奖作品

10.2.1 北京市 2018 城市公共空间竞赛优秀奖作品分析

作品名称：SkatingPark——石景山区八角街道腾退空间再利用计划

周畅、李颖、于天禾等同学组，建学 15-2 班，指导教师：王小斌、于金鹭等

设计说明：本次的设计理念是滑板碗池、织补绿化景观带和下沉空间。这三个设计理念来源于希望重新焕发场地活力，创造出独特并且生机勃勃的空间感觉。不同大小、形态的滑板碗池是从石景山没有滑板场地以及附近有很多的学生，学生又很喜欢玩滑板中吸取灵感。虽然场地内有高压线塔的不利因素，但是，我们注意到结合下沉的碗池会自然形成的半地下的灰空间，而下沉场地带来的各种好处有效减少了不利因素的影响。而从石景山整个绿化带上观察，明显场地绿化带断裂，这也是我们设计利用曲线组合场地的原因。

本次设计敏锐地捕捉到空间的组合，从而形成了强烈的形式美感，使人们感觉自己被广场、碗池、活动空间、绿化空间包裹着，并可以自由探索空间使用，而这些丰富的空间形式为人们提供了高利用率、高组合性、高复合的使用方向。

本设计方案不仅满足运动、休闲、游憩等常规公园功能，也可以巧妙容纳原有菜市场功能。除此之外，场地平时满足轮滑、滑板、极限自行车等常规和难度练习需要，冬季可以开展滑冰、滑雪特色冰雪项目练习。春夏季节可以提供周边居民休闲、聚会、广场舞以及晨练等活动，结合未来冬奥运动会开展运动项目，有发展成冬季项目练习场地的潜在能力。

设计理念：

优秀奖作品"SkatingPark"的设计成员，是来自北方工业大学建筑与艺术学院建筑系四年级学生的作品。由于该方案用地与该学校距离很近的优势，该组学生方便调研和开展问卷调查及场地周边环境居民生活需求的分析工作，对环境的熟识和对改造身边空间的渴望，也让他们的设计很能切中要害，抓住规划与城市设计的重要出发点和立足点。

SkatingPark 设计团队把自己的设计理念总结为三点：滑板碗池、织补绿化景观带和下沉空间，希望通过它们重新激发场地活力（图 10-1）。

虽然参赛获奖的三个女生都不玩滑板，但平时在学校她们就常常见到在局促的小空间苦练滑板的同学，不同大小、形态的滑板碗池就是她们从中吸取的灵感。下沉的碗池还能自然形成半地下的灰空间，加大与高压线塔的距离（图 10-2、图 10-3）。

图 10-1　设计方案整体鸟瞰图

图 10-2　年轻人的滑板梦想和目前已被关闭的老山滑板场图景

　　空间的组合变化，使人们感觉自己被广场、碗池、活动空间、绿化空间包裹着，并可以自由探索空间使用，而这些丰富的空间形式为人们提供了高利用率、高组合性、高复合的使用方向（图 10-4）。

　　设计有三个主要出入口、两个地下停车场出入口，交通便利。首层设有入口广场、休闲广场、混凝土景观场地和儿童乐园。地下层则通过北侧碗池场地通过滑道下沉 3m，本身最低达到 -9m，西侧由三个坡度不同的滑道组成，包围一个下沉 3m 的运动广场，南侧紧邻入口的滑道达到 -4.5m。整体同时通过拥有 1m 缓坡的东西向长条广场连接。在长条广场中部，设置两个局部灰空间满足菜市场功能（图 10-5）。

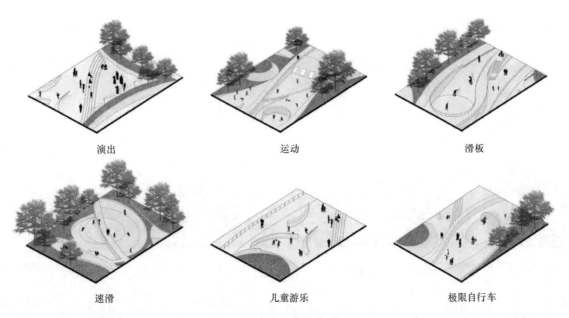

演出　　　　　　运动　　　　　　滑板

速滑　　　　　儿童游乐　　　　极限自行车

图 10-3　多样化的户外活动场地分析图

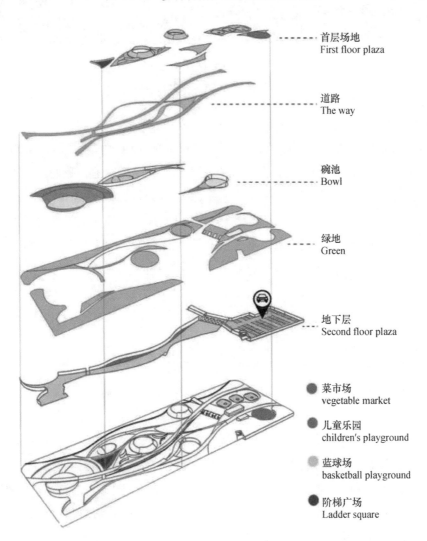

首层场地
First floor plaza

道路
The way

碗池
Bowl

绿地
Green

地下层
Second floor plaza

● 菜市场
　vegetable market

● 儿童乐园
　children's playground

● 蓝球场
　basketball playground

● 阶梯广场
　Ladder square

图 10-4　设计方案的立体空间要素的分析

图 10-5　设计方案的主要空间节点的序列分析

设计除满足运动、休闲、游憩等常规公园功能，仍希望提供一定小型的菜市场功能。平时满足轮滑、滑板、极限自行车等常规和难度练习需要，冬季可以开展滑冰、滑雪特色冰雪项目练习。

获奖学生们在媒体采访时总结设计经验："我们学校离项目地块很近，从教室的窗户就能看见场地，于是构思的时候就常常趴在窗户上，久久地凝视着它。在踏勘之前，我们想过不少主题，但真正进入现场，场地给我们的第一印象真是太平整了，是那种让设计师绝望的空旷、什么也没有的水泥地。但经过了启动会，听到市民的意见，我们明白，解决居民的现实问题别的都更重要。作为建筑专业的学生，我们在设计中进行了大量的分析，也专门做了设计模型，因为我们希望自己的思路和逻辑是站得住脚的，分析和模型能够让我们对设计有更全面和更深入的了解。"希望她们毕业以后，也有机会参加竞赛，并设计出更多更好的城市设计作品。

10.2.2　北京市 2018 城市公共空间竞赛入围奖

方案主题：圈儿里——广泛适用于腾退绿地的方案设计

孔祥慧、王柄棋、司文等同学，建学 15-2 班，指导教师：王小斌、于金鹭

设计灵感：

在城市中生活的设计师及市民都置身于一个又一个的圈子里，但这些圈子往往是职业圈、老友圈。城市最吸引人的地方在于人们可以自由地融入城市公共空间去，去使用空间，去感受空间，最重要的是，去与同在这个空间的其他人建立良好的联系和交往。这是一个打破固有圈子，多去融入其他圈子、扩大圈子的过程，是帮助人们与城市公共空间建立联系、与社区的其他居民建立联系的过程。

那么，在科技日新月异发展的今天，我们如何从建筑的视角，用建筑师的方法去帮助人们获得一

个更好的公共空间体验，拥有一个更大更多彩的生活圈子呢？能否利用参数化评价 +APP 监控和管理环境 + 文化特色融入？这是提出以问题为导向的设计的开始。

具体设计思路：

（1）总体的出发点。由于北京腾退绿地众多，而且分散在城市各处，面积、周边业态和所临近的社区条件都不同，我们试图探讨一个广泛适用于腾退绿地的方案。设计从激活街区活力的角度出发，用参数化城市环境的方法，以"曲水流觞"以及西山永定河为设计形态语言，试图提出一个对城市中的腾退绿地进行公共空间化改造的通用策略。

本方案在设计上，一方面在通用设计策略的框架下通过参数化进行空间序列安排、植物布局设计、地形生成以适应不同的基地条件。另一方面结合场地历史、街区业态、人口构成等因素，结合基地生态环境特色，将独特的文化因素融入设计方案中，以期达到激发街区活力目的。同时，利用 APP 对环境进行实时的监控和管理，让人们与环境和空间的关系更为密切。

（2）具体基地概况和场地分析。本竞赛方案用地位于北京市石景山区八角街道。用地环境是典型的城市高压输电走廊下地段。用地南邻沃尔玛山姆会员店，西侧为高层住宅区，北侧为城市快速路阜石路，隔道路和北方工业大学及首钢工学院相望。用地主要不利条件是高压走廊的干扰，以及快速路的噪声干扰。

（3）基地周边现有环境条件及城市设计分析。

停车用地：目标地块的周围有着大面积的停车场地。停车位较为宽松。其中最大的是南部沃尔玛山姆会员店停车场，可布局放置近 500 辆各型汽车。

体育设施：目标地块的西北方向是首钢体育大厦以及首钢体育馆，是石景山区标志建筑物以及吸引外来人流的重要目的地。体量较周围建筑体量突出。

商业用地：基地南侧有一体量较大的沃尔玛山姆会员店商业建筑，也有同样体量较大的居然之家商业建筑。

教育用地：目标地块北面是大面积的教育用地，有北方工业大学及首钢工学院两所高等院校，有着大量的青年人，这也就意味着目标地块周边人群活力程度很高。

绿化用地：目标地块原本为 G2 防护用地，地块东西向同样是长条状延伸的绿地，形成一条绵延的绿化走廊。

住宅用地：地块的南侧有着大量的住宅区域，本区域带来了很大的固定人员基数。

道路分析：该地块周围交通十分方便。北面是城市快速路阜石路，人流车流量很大。东西向分别是时代花园东街和时代花园西街。道路快捷便利。

人流分析：结合地块周围的各区位功能以及交通状况，目标地块的主要人流来向为南向和西向。

交通设施：目标地块周围的公共交通站点密集，各大停车场位置也是十分宽裕。

主要城市设计应用方法：

（1）参数化评价系统：在设计前，该设计小组往往会去实地探勘，收集、整理、评价现场状况。由此，该设计小组成员想到建立一套参数化评价系统，并可以以此系统，评价不同条件的不同基地。他们结合图表通过对噪声、气候人口等数据进行参数化建模，在网格坐标点上得到最优的模块布置方案的最优解，包括位置与规模，以及道路的划分。网格对场地进行网格化坐标处理，得到可以一个均布的网格系统，用以进行参数化评估。

居住功能分析是拾取场地周边的居住区的人口参数，包括居住区的人口规模、房价、人口年龄成分，对整个场地形成"居住区与人口指数"。该指数反映了场地任意内一个网格点，对周围居住人口的反应。场地功能模块的功能和规模大小对该指数敏感。

教育功能分析是拾取场地周围教育设施的分布组成以及规模的数据，并进行参数化处理，从而形成场地内"教育敏感指数"。该指数反映了场地内任意一个网格点，对不同受教育人口的适应性程度。场地内功能模块的功能和规模大小以及分布状况对该指数有敏感的影响。

商业功能分析是拾取场地周围商业的分布组成，以及随时间的活力变化，形成场地内网格点对街区内商业的"商业敏感指数"。该指数反映了场地内任意一个网格点，受到周围商业的影响状况。场地内功能模块的分布状况对该指数有敏感的影响。

空气质量分析是拾取场地气候大数据，得到空气质量对场地内网格点的影响指数。该指数反映了场地任意一点的风、空气质量在以年为单位的时间长度上的综合状况。场地内绿植分布状况、地形、功能模块分布状况对该指数有敏感的影响。

噪声分析是拾取场地内噪声大数据，得到噪声对场地内网格点的影响指数。该指数反映了场地内任意一点在以星期为单位的时间长度上的综合状况。场地内绿植分布状况、地形、功能模块分布状况对该指数有敏感的影响。

人口热力图分析是拾取人口分布热数据，得到场地周边的人口在以星期为单位的时间长度上的综合活动与分布状况，从而形成街区的人口活力数据。场地道路分布以及功能模块的规模与分布状况对该指数有敏感的影响。

（2）根据参数化评价系统得到的评价结果，进行空间单元的序列布置和植物布置。

该设计小组成员设计了不同功能、不同尺度、不同私密程度的圆形活动单元，以满足不同社区居民的活动需求。得到评价结果后，他们根据算法将不同单元置入场地中，以求得到单元布置的最优解。单元位置确定后，他们根据其环境氛围的需要，进行植物布置，从而在整个场地内形成一个合理连续的活动空间序列。

（3）APP 检测、管理、预约影响。场地内置入环境检测智能仪，使用场地的社区居民可以通过下载 APP 来随时了解到这片绿地的环境状况，例如空气质量、噪声指数、人员活动密度等。同时，APP 提供预约功能，人们可以用 APP 进行活动场地的线上预约。这样可以避免冲突，也方便卫生环境管理。

下篇

第11章 案例作业分析

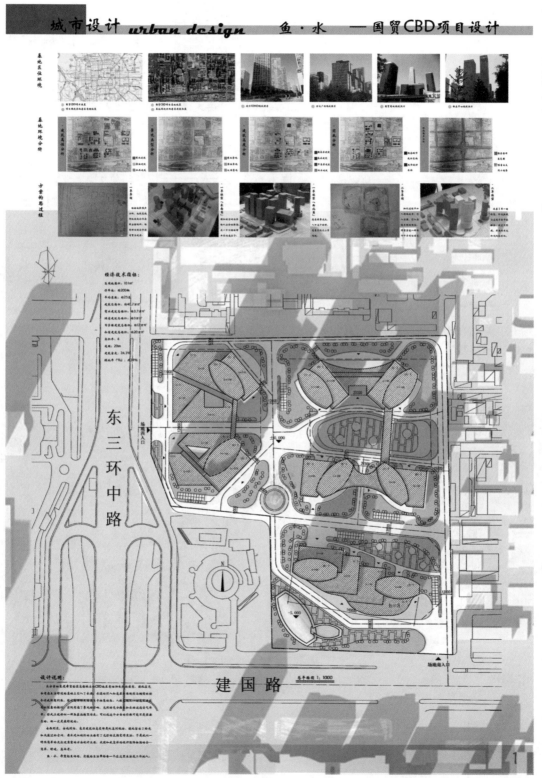

该小组以"鱼·水"为题目对国贸CBD项目进行设计，该部分图纸为场地的前期分析和相关的定稿总平面图，前期调研分析整体完善。设计总平面图对场地的设计整体上分为三部分，各个部分提供不同的功能分区，且各个分区之间相互连接，整体性较高。

该部分图纸为城市设计地段内的设计分析图纸，包括各种功能的分析图、建筑立面图和鸟瞰效果图。在场地设计的分析图中包含功能分区分析、流线分析、景观分析等。该部分图纸选取两个角度为主要透视，并选取节点做节点透视，但是未在图纸上标记。

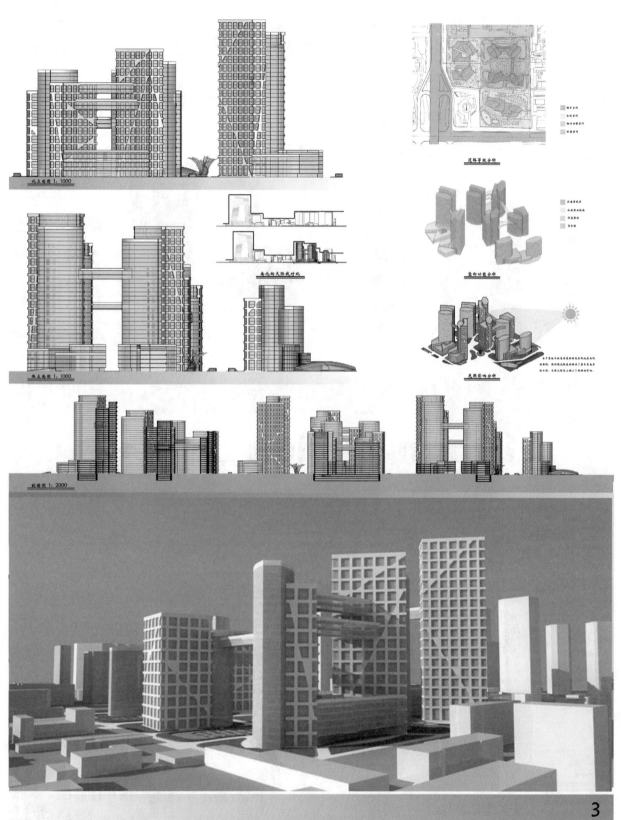

　　该部分图纸为场地的三个角度的立面图和部分场地设计的分析图，包含功能分区、建筑高度、建筑日照分析图，整体图面效果较好，但是缺乏相关的说明性文字。图纸下半部分为场地节点效果图，图面效果较好。

区位介绍
北京CBD核心区，西起东大桥路，东至西大望路，南起通惠河，北至朝阳路之间区域。这里也是世界五百强企业中国总部的所在地

商圈介绍
商业区包括前门商业区，阜成门商业区，朝阳门商业区

商业分布
商业范围主要包括朝阳区三环路与建国门外大街交汇的地区。规划面积约4万平方公里

基地概况
地段位于北京CBD核心商业区域，紧邻建国门外大街。西邻国贸大厦，东临万达广场的位置

基地周边情况
区域原先以绿地为主，周边除了商业区，还有基地北侧以及东侧的拆迁区域

基地原有景观
绿化景观
居住景观
商业景观
拆迁建筑

噪声分布
红色部分分为城市主要干道上产生的噪声，相对蓝色部分的城市次级干道更加嘈杂

次入口

主入口

Urban Design —— 城市丘陵

原始需求是分散的，商业服务是集中的，建筑是静止的，人是运动的

交通以及时间成本上的消耗，人围绕建筑运动

商业服务针对需求同样是分散的，人是运动的，建筑同样是运动的

利用新型商业系统减少消耗人与建筑相互运动

　　该小组对国贸CBD场地设计以"城市丘陵"为题目进行切入，该部分图纸为场地的前期分析和整体总平面图。该小组对场地的前期分析相对完善，图面效果较好。该小组的场地设计可视为一个整体，各个功能分区相互联系，但是相关绿化设计较差。

建筑剪影
国贸主要建筑的前
铺，CCTV，国贸大
厦，银泰中心等著
名超高层建筑环绕
周围

图底网格
基地周边的反图底关
系，以规矩的横竖网
格为主

建筑功能分布
蓝色为办公建筑；紫色
为综合类建筑；黄色为
为服务性建筑

建筑高度分布
基地周边以高层商业
区为主，绿色为超高层
建筑，黑色为低层多
层建筑

商业区包括前门商业区，
阜成门商业区，朝阳门
商业区

建国门外大街的立交系统
与地面的交通系统和停车
系统接轨，为商业振兴提供
动力

将基地旁立交下的空间充分
利用，可以增加周边商业区
的停车位，解决停车难问题

与周边其他商业区相呼应，
利用其现有商业模式为基地
提供人气

城市用地紧张，中心区商业建筑的开发使建筑密度趋向饱和。
Urban central nervous, commercial building of development make building density is becoming saturated.

商业中心区的高密度建筑导致了交通量的膨胀，人流与车流交汇在一起，经常引发交通堵塞。
People flow and traffic intersection together, often cause traffic jams.

Urban Design —— 城市丘陵

该部分图纸为场地的前期周边重要节点的分析阐述和场地设计的鸟瞰效果图。小组成员对场地设计的建筑形态摆脱了普通的矩形建筑，运用不同的立体曲面形态的建筑进行设计，同时配套相对绿植空间，整体设计相对完善。但是缺乏建筑周边的场地设计。

城 基地内部绿化概况
场地绿化主要集中在商业区外围，与周边绿化稀少的超高层建筑形成对比，给来往的人群绿化森林的感觉

城 基地内部道路概况
场地靠外侧主要为环场地的消防车道，内部主要为步行商业街，在消防疏散时可兼作消防车道环绕建筑一周

城 城市位置分布
基地在两侧道路都设有出入口，内部中心设有中心广场，商业建筑围绕广场布置，依照金角银边的规则靠近外侧

Urban Design —— 城市巨陵

城 城市绿化改善
周边大部分商业区基本绿化都很少，所以我打算在区域外围设计让整个建筑群包围在绿色的海洋里

城 城市阻隔
周边外围设计绿化凸显建筑特色，与其他缺少绿化的商业区形成对比人醒目.

城 融入城市
整个绿化系统不只在基地外围，内部的绿化与外围相呼应，使内部建筑仿佛融入森林

城 城市生态
城市生态的宗旨就是争节能力量造福人类的概念，为人们提供绿色的人文休闲

Nation $ → ☺ 🚗 💡 🔄
Citizens ? In our country

城 生态目标
结合节能减排的概念，在城市中推广生态城市的的益处全民参与

城 组织推广
结合现有商业载体网络，使生态城市设计与其相得益彰

　　该部分城市设计图纸为场地设计分析图和节点效果图。小组首先对规划场地设计的整体思路进行分析阐述，并对场地的各个功能分区进行分析阐述。其次阐述场地周边的绿植配置设计和其余配套设施的设计思路，并结合场地重要节点效果图进行阐述。

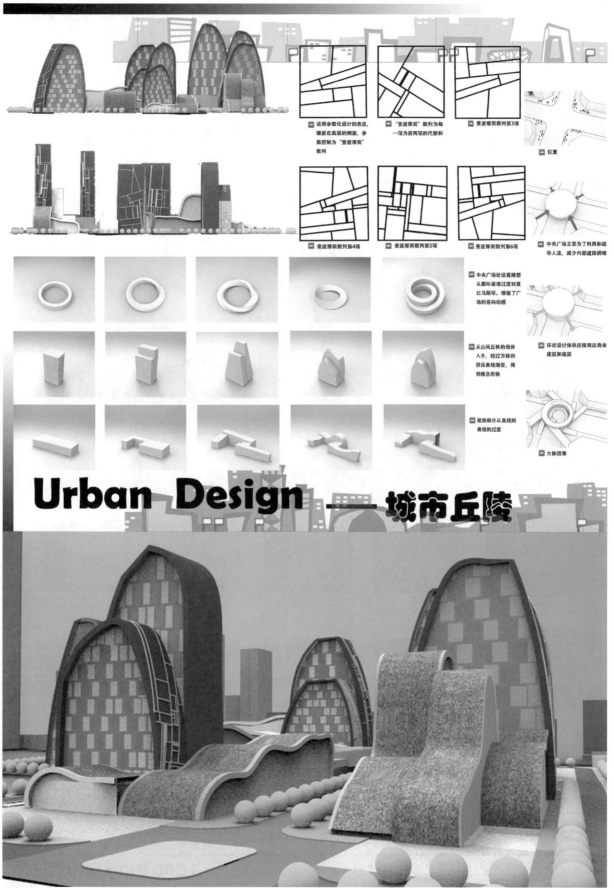

该部分城市设计图纸为与场地的两个角度的立面图相关的设计思路分析图和场地节点效果图。在立面图部分，小组设计了不同的立体曲面形态的建筑群体。在分析图部分，小组通过简单的体块模型进行相对阐述。整体效果较为简洁。随后的场地节点效果图整体图面效果较好。

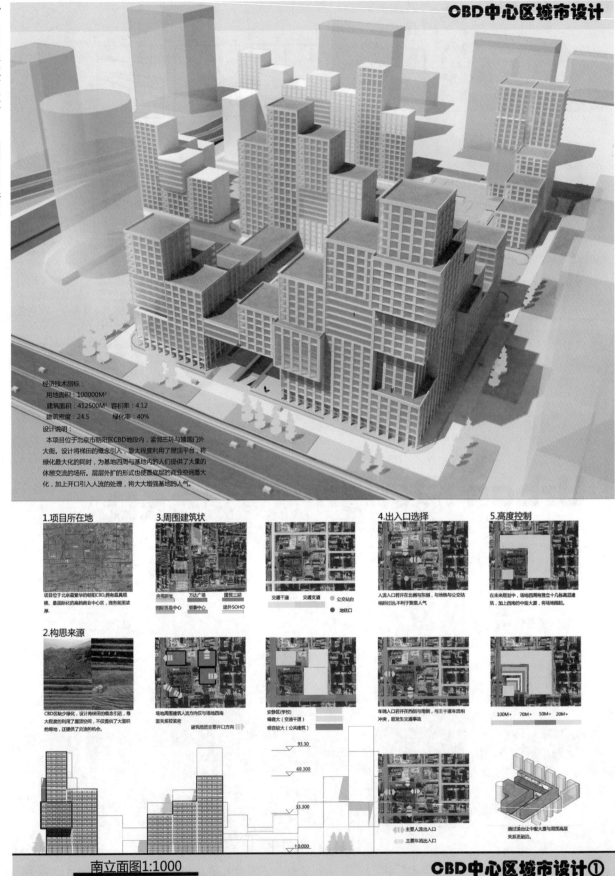

CBD中心区城市设计

经济技术指标：
用地面积：100000M²
建筑面积：412500M² 容积率：4.12
建筑密度：24.5   绿化率：40%

设计说明：
本项目位于北京市朝阳区CBD地段内，紧邻三环与建国门外大街。设计将梯田的概念引入，最大程度利用了屋顶平台，将绿化最大化的同时，为基地四周与基地内的人们提供了大量的休憩交流的场所。层层外扩的形式也使最底层的商业空间最大化，加上开口引入人流的处理，将大大增强基地的人气。

1.项目所在地   3.周围建筑状   4.出入口选择   5.高度控制

项目位于北京最繁华的朝阳CBD，拥有最具规模、最国际化的高档商业中心区，商务氛围浓厚。

央视新址   万达广场   国贸三期   交通干道   交通支道   ● 公交站台
国际贸易中心   银泰中心   建外SOHO   ● 地铁口

人流入口若开在北侧与东侧，与地铁与公交站相对过远不利于聚集人气。

在未来规划中，场地西南将竖立几栋高层建筑，加上西南的中服大厦，将场地围起。

2.构思来源

CBD区缺少绿化，设计将梯田的概念引进，最大程度的利用了屋顶空间，不仅提供了大面积的绿地，还提供了交流的机会。

场地周围建筑人流方向仅与场地西南面关系较紧密

安静区（学校）   年辆入口若开在西侧与南侧，与主干道车流相冲突，易发生交通事故。   100M+   70M+   50M+   20M+
噪音大（交通干道）
嘈杂较大（公共建筑）

建筑组团主要开口方向

93.30
69.300
33.300
+0.000

主要人流出入口
主要车流出入口

通过退台让中服大厦与周围高层关系更契合。

南立面图1:1000   CBD中心区城市设计①

该部分城市设计图纸为小组对CBD设计的整体鸟瞰图和相关的场地前期分析图，但小组为设立图纸题目，显得切入思路不够明确。制作的鸟瞰图效果较好。随后的场地前期分析内容相对完善，但缺乏效果图纸表现。并结合场地立面图和简单地块模型进行阐述分析。

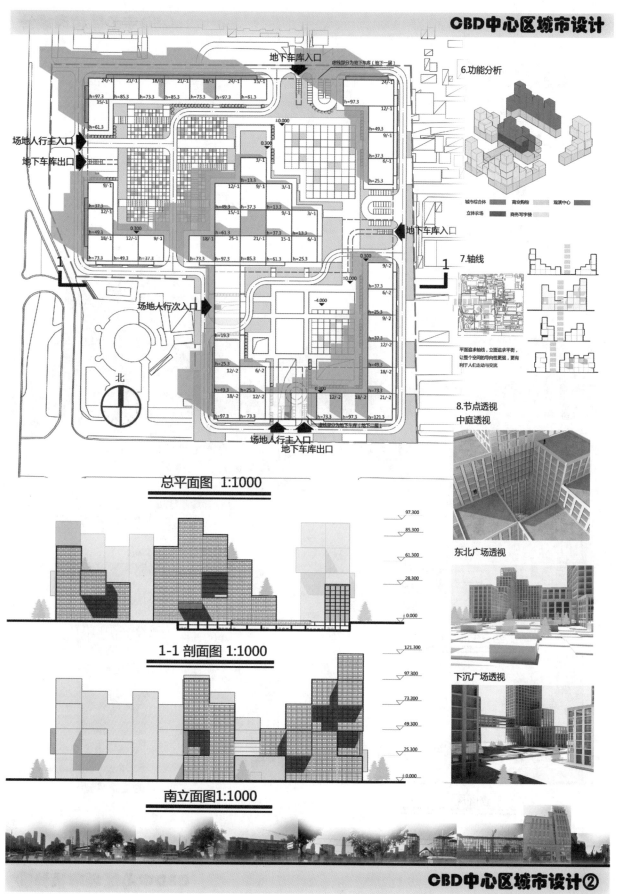

总平面图 1:1000

1-1 剖面图 1:1000

南立面图 1:1000

6.功能分析

城市综合体　商业购物　观演中心
立体农场　商务写字楼

7.轴线

平面追求轴线，立置追求平衡，让整个空间的导向性更强，更有利于人们流动与交流。

8.节点透视
中庭透视

东北广场透视

下沉广场透视

CBD中心区城市设计②

　　该部分城市设计图纸为场地总平面图、场地剖面图和相关场地设计分析图。小组的总平面图整体内容完善，但是缺乏比例尺的标记。场地剖面图也同时在总平面标记。场地设计分析图相对内容完善，图面效果较好，不过缺乏相关文字说明。

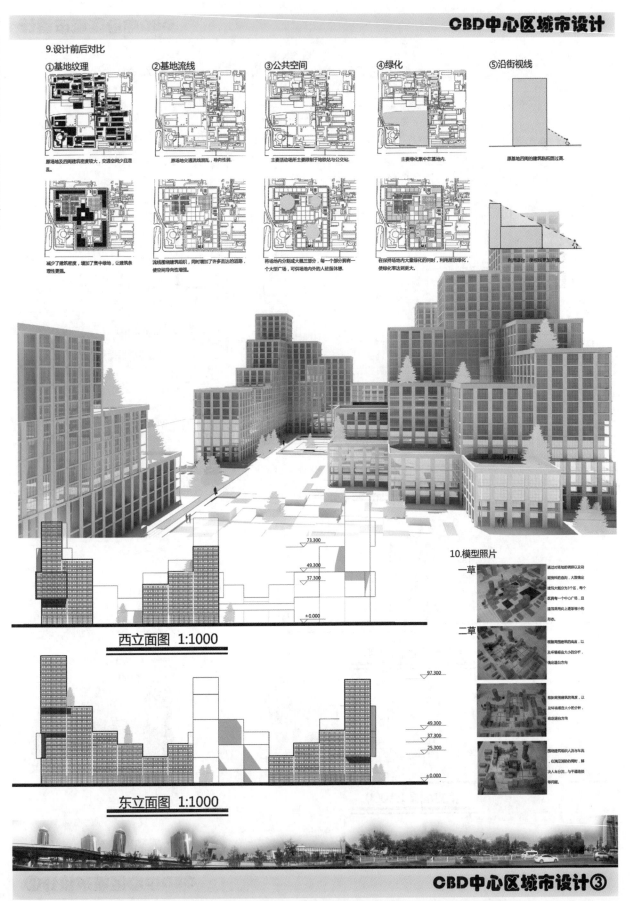

9.设计前后对比

①基地纹理

原基地及四周建筑密度较大，交通空间少且混乱。

减少了建筑密度，增加了集中绿地，让建筑条理性更强。

②基地流线

原场地交通流线混乱，导向性弱。

流线围绕建筑组织，同时增加了许多直达的道路，使空间导向性增强。

③公共空间

主要活动场所主要限制于地铁站与公交站。

将场地内分割成大概三部分，每一个部分都有一个大型广场，可供场地内外的人驻留休息。

④绿化

主要绿化集中在基地内。

在保持场地内大量绿化的同时，利用屋顶绿化，使绿化率达到到更大。

⑤沿街视线

原基地四周的建筑临街面过高。

利用退台，使视线更加开阔。

西立面图 1:1000

73.300
49.300
37.300
±0.000

东立面图 1:1000

97.300
49.300
37.300
25.300
±0.000

10.模型照片

一草

通过对场地的调研以及场地周边环境的研究，大致将建筑大概分为3个区，每个区都有一个中心广场，且建筑采用向上递增缩小的形状。

二草

根据周围建筑的高度，以及环境高差大小的分析，确定退台方向。

根据周围建筑的高度，以及环境高差大小的分析，确定退台方向。

国内的建筑组织人流与车流，在满足消防的同时，解决人车分流，与干道连接等问题。

CBD中心区城市设计③

　　该部分城市设计图纸为场地的设计前后对比图、沿街视线分析图，还有场地节点效果图、两个场地立面图和相关手工模型的节点照片。整体分析图内容丰富，但是图面效果缺乏相关设计。

256

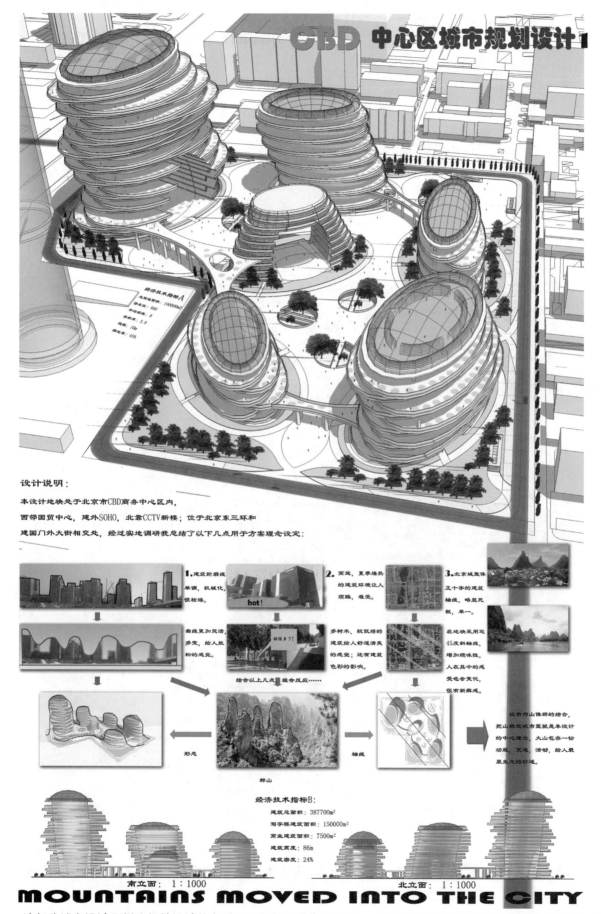

设计说明：

本设计地块处于北京市CBD商务中心区内，

西邻国贸中心，建外SOHO，北靠CCTV新楼；位于北京东三环和

建国门外大街相交处，经过实地调研我总结了以下几点用于方案理念设定：

1. 建筑轮廓线单调，机械化，很枯燥。

曲线更加灵活，多变，给人放松的感觉。

2. 高楼，夏季燥热的建筑环境让人烦躁，难受。

多树木，较葱绿的建筑给人舒适清真的感觉；还有建筑色彩的影响。

3. 北京城整体正十字的建筑轴线，略显死板，单一。

在地块采用近45度斜轴线，增加趣味性，人在其中的感受也会变化，很有新鲜感。

结合以上几点，组合反应……

城市与山体群的结合，把山搬进城市里就是本设计的中心理念，大山包容一切功能，交通，活动，给人最原生态的街道。

形态

群山

轴线

经济技术指标B:

建筑总面积: 387700m²

写字楼建筑面积: 150000m²

商业建筑面积: 7500m²

建筑高度: 86m

建筑密度: 24%

南立面: 1:1000

北立面: 1:1000

MOUNTAINS MOVED INTO THE CITY

该部分城市设计图纸为场地设计的鸟瞰图和相关的前期分析图。小组对场地内的建筑设计水平相对较高，且不同建筑通过空中步廊进行串联连接，但是小组对场地建筑周边的场地设计相对缺乏，只用部分圆形节点进行设计。小组对场地的前期分析内容相对完善。

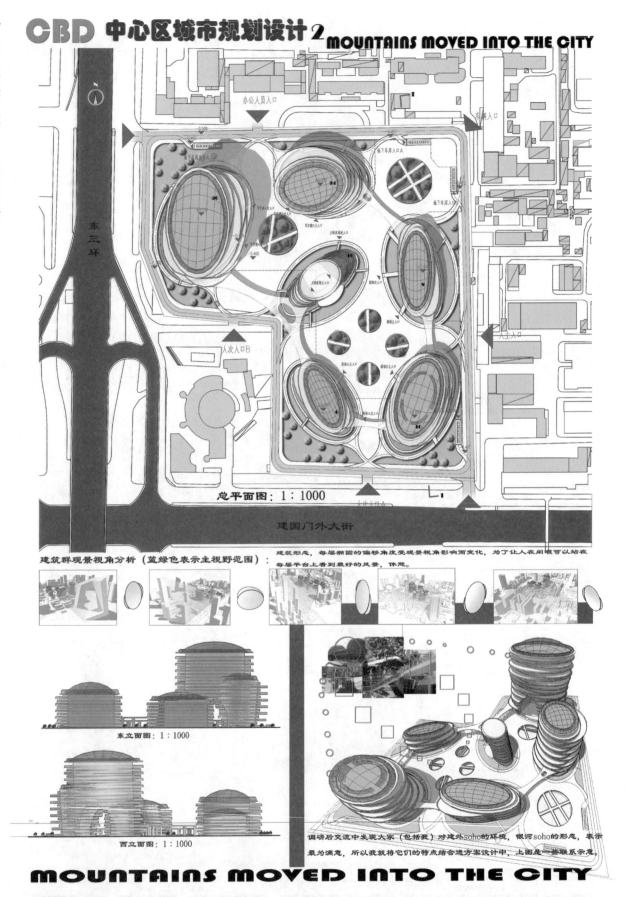

总平面图：1：1000

建筑群观景视角分析（蓝绿色表示主视野范围）

东立面图：1：1000

西立面图：1：1000

MOUNTAINS MOVED INTO THE CITY

　　该部分城市设计图纸为场地的总平图、相关的鸟瞰图、场地两个角度的立面图和部分场地设计分析图。小组在对场地进行规划设计时效果相对完善，整体建筑分为五部分，且通过空中步道进行连接，但是建筑周边的场地及建筑缺乏设计，使得场地总平多为白色区域。

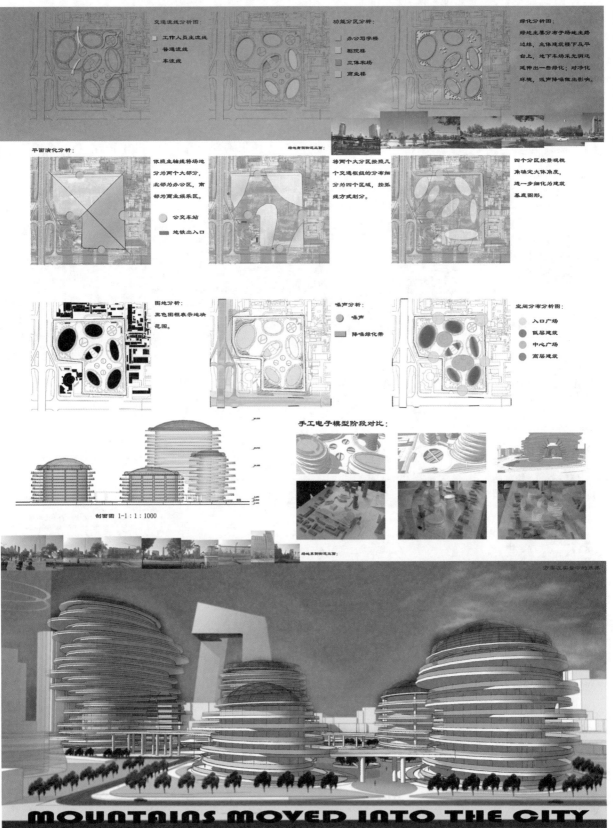

　　该部分城市设计图纸为场地设计的相关分析图和场地节点效果图。通过简单的底图绘制，小组对规划场地设计的相关分析图，整体表明功能分区、流线关系、景观分析等。但是整体图面设计相对欠缺绘制内容。

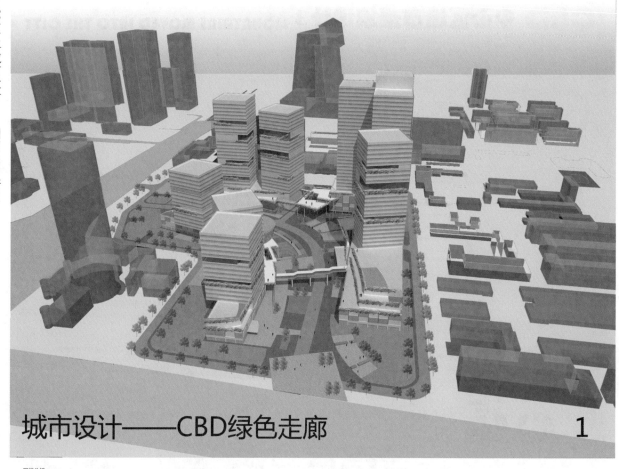

城市设计——CBD绿色走廊

1

区位分析

肌理分析　　　　　绿化分析　　　　　交通分析

● 公交站
● 地铁站
● 人流密度
● 车流密度

建筑高度分析　　　　建筑功能分析　　　噪音分析

50-100m
100-200m
200-300m
>300m

■ 商业
■ 办公
■ 居住

● 噪音源

设计说明

北京朝阳区CBD聚集着众多高档酒店、办公楼，吸引着来着各地的精英与商机。然而走在其间仔细观察，便不难发现人们皆形色匆匆且没有对此地的亲近意和归属感。这一方面来源于建筑的大尺度和单一功能，人们在高压工作时无暇休闲；另一方面则是因为此区缺乏供人停留的绿化景观，自然与人的连接被打断。

鉴于本地块处于CBD的核心路段，把它打造成城市中心的公园便成了最初的想法。由于建筑密度等条件的限制，大面积的绿化转化为绿色走廊，连接两个主要车行方向，面向最繁华的街区，在对外辐射绿意的同时试图将匆忙的行人吸引至此休息。

技术指标

总用地面积：100000m²
总建筑面积：387000m²

商业面积：105600m²　　　办公面积：276400m²

农场面积：5150m²

容积率：3.87

绿化率：37%

建筑密度：24.2%
平均层数：23层
停车位：200辆

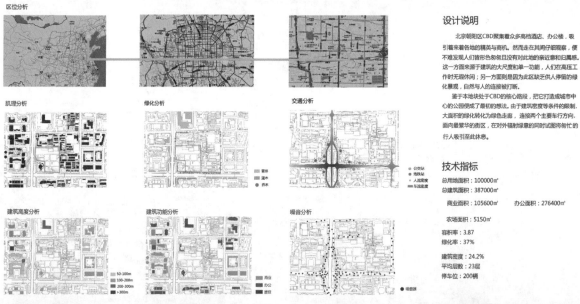

　　该小组城市设计方案以"CBD绿色走廊"为题目对国贸CBD场地进行设计。该部分图纸为小组场地设计鸟瞰图和相关的场地前期分析图。前期分析图整体图面效果较好，内容完善，同时结合部分调研照片进行阐述说明。小组场地设计鸟瞰图图面效果较好。

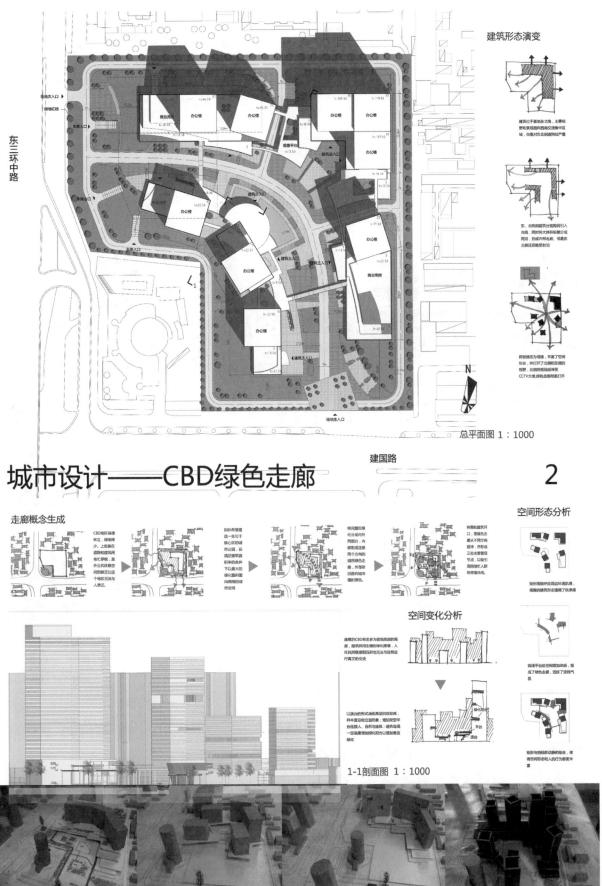

建筑形态演变

空间形态分析

走廊概念生成

空间变化分析

总平面图 1:1000

城市设计——CBD绿色走廊

建国路

2

1-1剖面图 1:1000

东三环中路

　　该部分城市设计图纸为场地设计的总平面图和相关的场地设计思路、分析图以及剖面图和部分手工模型的节点照片。总平面缺少比例的标记，场地设计理念生成分析图整体内容完善，图面效果较好。但是小组剖面图选位未做标记。

城市设计——CBD绿色走廊

3

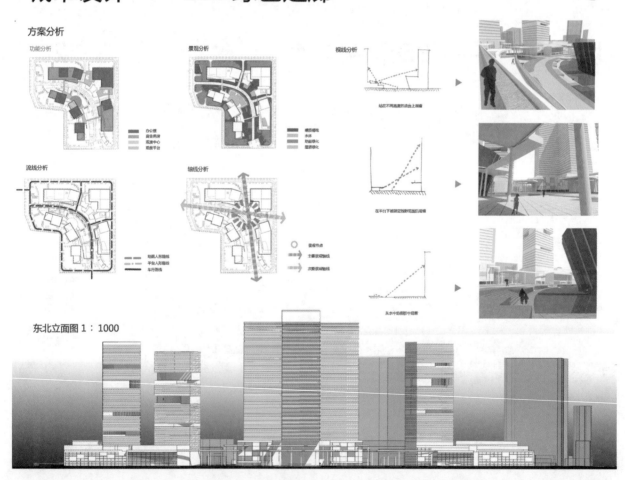

该部分城市设计图纸为场地设计的节点效果图和部分方案设计分析图以及东北立面图，并结合其余节点的节点效果图进行阐述。小组城市设计方案分析从功能分区、流线分析、景观分析等内容进行阐述，图面效果较好。同时配合相关视野分析进行详细阐述。

公共空间　城市公共空间是城市的血脉它的脉动、流淌,涵构了城市生活的节奏与活力。城市公共空间也是城市居民生活得以实现的纽带,而由城市各功能要素组成的行政文化、商业金融、教育科研、医疗卫生等公共设施,以及它们之间的街道广场、绿化等,是城市公共空间的核I合。北京的城市性质决定了城市公共空间战略规划的内容、规模、时序、方向。

建筑高度　建筑高度的分布可以在一定程度上反映北京城市的土地垂直利用效率的格局,功能分布格局以及政策限制等。在商业发达、人口膨胀、交通拥挤的现代城市,土地与人口的矛盾日益突出,为缓解该矛盾,建筑物呈现向上、向下扩展的趋势,以期在单位面积上占有更多的空间各类高层、超高层建筑在建筑群中所占比例增长迅速,各种新型建筑结构、建筑材料也使"高耸入云"的摩天大楼由理想逐渐变为现实。

用地属性

City Planning & Design

Architecture is frozen music The city is a joy carols

城市景观分析

透视图

经济技术指标:

用地面积: 100000㎡

建筑面积: 410000㎡

建筑密度: 24%　　容积率: 4.2　　绿化率: 40%

　　该部分图纸为场地的前期分析图,主要从周边建筑功能分区、建筑质量相关内容进行分析。同时结合场地节点效果图和相关透视图进行分析阐述。分析图部分整体内容完善,图面效果较好。节点透视效果图图面效果较好,但是缺乏绿植的设计内容。

城市大型公园绿地的地理位置不能满足居民室外活动的日常要求，而居住区内都需要安静的环境，多以静态设施和植物为主，其空间交往的单一性和乏味感必使得居民愿意外出接触人群和新奇的环境内容。街旁绿地所体现的小尺度、多元性、亲和性，使其成为衔接两者之间的过渡空间。

城市交通与城市道路在城市中的地位和作用 城市交通是城市的重要组成部分。它把城市的生产和生活等各项功能有机地联系在一起。是城市生存和发展的重要条件，是保证人和货物的流通，维持城市生机的关键。 城市道路设施水平的高低，对一个城市的兴衰起着举足轻重的作用。

City Planning & Design

Architecture is frozen music The city is a joy carols

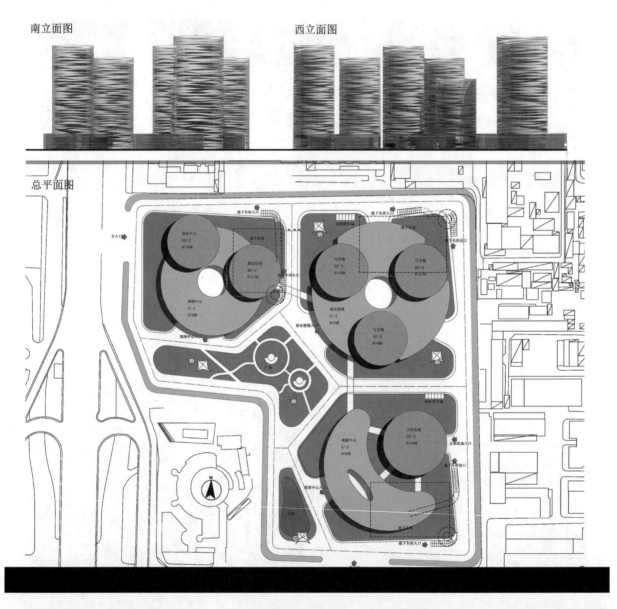

该部分图纸为场地的前期分析图，主要从场地周边绿化景观和重要节点进行分析阐述。随后结合场地两个角度的立面图和场地设计总平面图进行阐述。总平面图未标记出入口、比例尺、指北针等内容，内容相对欠缺且图面效果较差。

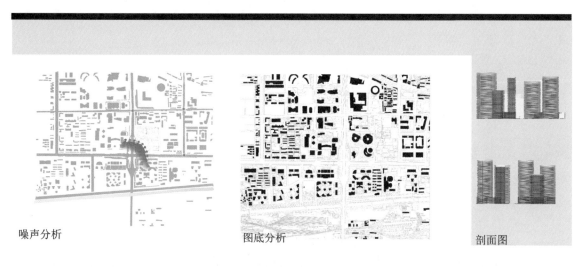

噪声分析　　　　　　　　　　图底分析　　　　　　　　　　剖面图

City Planning & Design

Architecture is frozen music The city is a joy carols

人的视角

北京城市CBD设计说明

北京是一座历史悠久的文化古都，北京城市布局的一大特色是南北中轴线的规划设计。

北京国贸汇集了各个历史时期城市建设的重大成就，是对历史的辉煌、今天的奋发和

未来美好前景的见证和礼赞，是一曲欢乐颂歌，展现北京欣欣向荣不断前进的景象。

在规划概念上：以欢乐的精神内涵，并分别赋予各段城市功能区以形象化的主题。

在功能布局上提出：商业区、工作区、娱乐区作为CBD的重要功能组成。

在空间格局上提出：通过开放空间的规划设计重新整理城市空间的节奏和韵律。

　　该部分图纸为场地的前期分析图，主要从噪声分析、地图分析等内容进行阐述，但是缺少相关的说明文字，可视作凑图的部分，效果较差。随后结合场地设计的鸟瞰图和节点效果图进行阐述。整体场地设计缺乏建筑周边空间的绿化设计。

城市脉动

VENATION FROM PLANET EARTH
北京CBD核心区城市设计

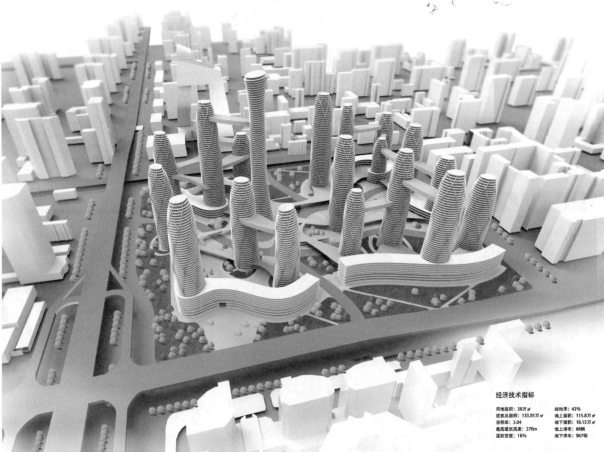

经济技术指标

用地面积：38万 m²　　　　绿地率：43%
建筑总面积：133.95万 m²　　地上面积：115.8万 m²
容积率：3.04　　　　　　　　地下面积：18.15万 m²
最高建筑高度：270m　　　　　地上停车：68辆
建筑密度：18%　　　　　　　　地下停车：967辆

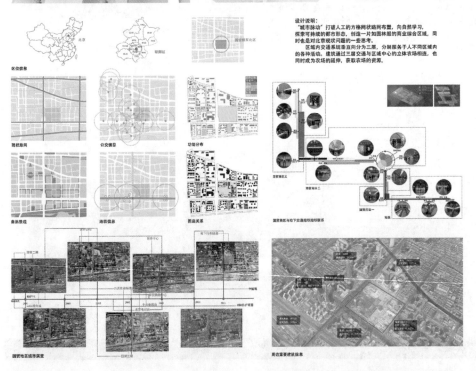

　　该小组以"城市脉动"为题目进行切入，对北京CBD核心区进行场地规划设计。整体建筑形态设计感较好，且建筑之间通过空中步行廊道连接，同时对建筑周边的场地也进行了相关设计。随后结合相关的前期分析进行阐述，内容完善，图面效果较好。

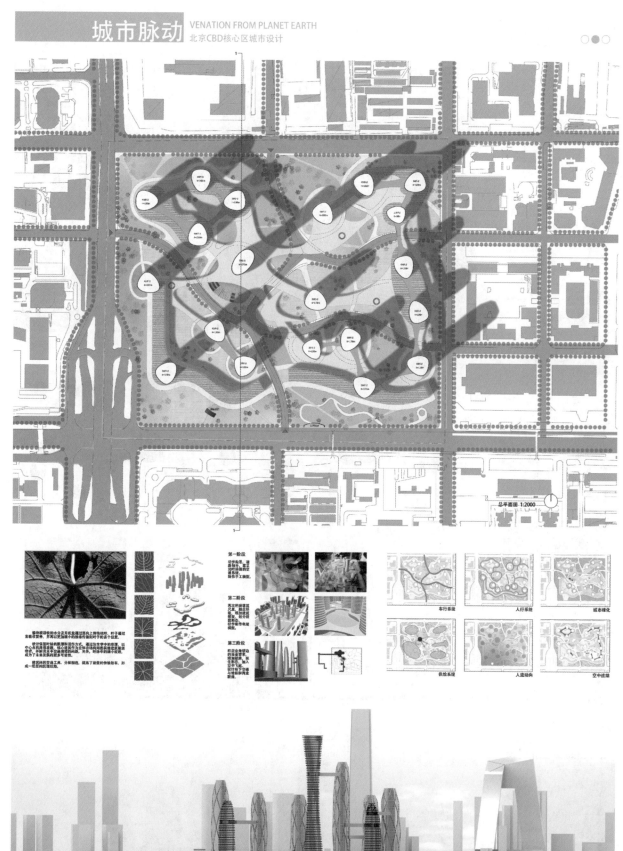

　　该部分图纸为场地的总平面图和相关的绿化景观分析图以及场地立面图。整体图面效果较好，但是总平面图的指北针和比例尺标记不明显。但是场地设计相对丰富，不同形态的建筑通过多样的控制廊道连接，将场地整体联系起来。

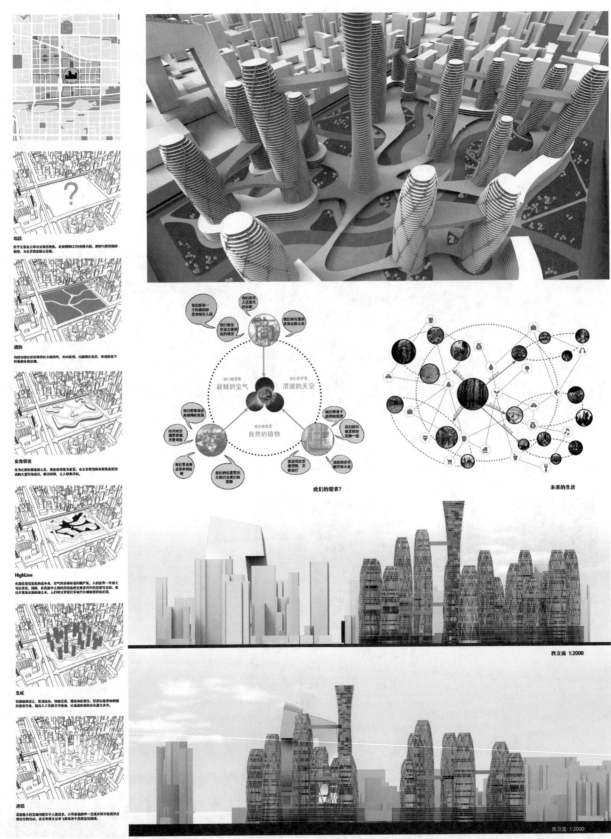

该部分图纸为场地的设计思路分析图、鸟瞰图和场地两个角度的立面图。整体图面效果较好，场地设计感较强，分析图内容丰富。

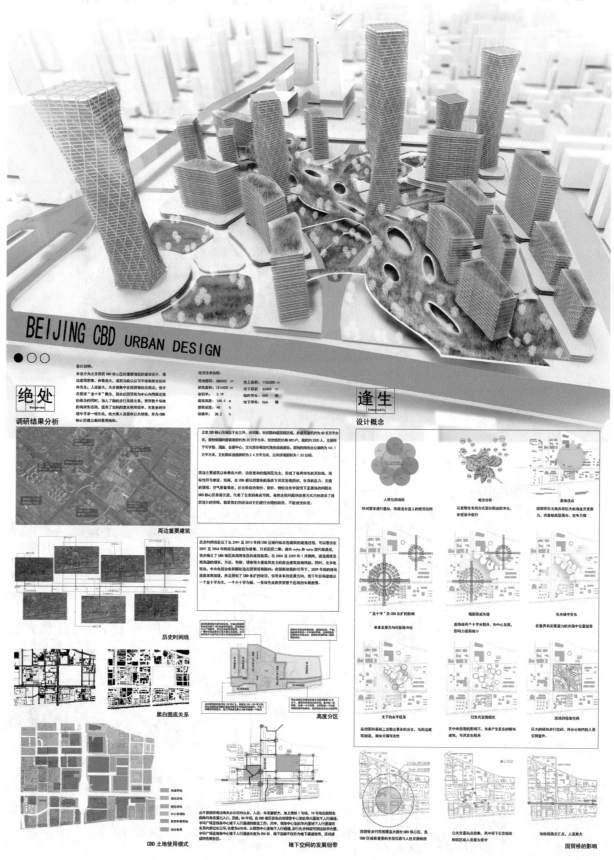

该小组以"绝处逢生"为题目对北京 CBD 核心区场地设计规划进行切入。场地整体设计完善，在核心区设立重要的建筑节点，并通过空中廊道对其余部分建筑进行连接，同时对场地周边进行设计规划。随后的场地前期分析图部分整体效果较好，内容丰富。

INDOMITABLE 绝处逢生

该部分图纸为场地的总平面图、节点效果图、立面图和场地各个功能的轴侧分析图。整体图面效果较好，但是总平面图缺乏指北针和比例尺的标记，其余分析图缺乏相关的文字说明内容。

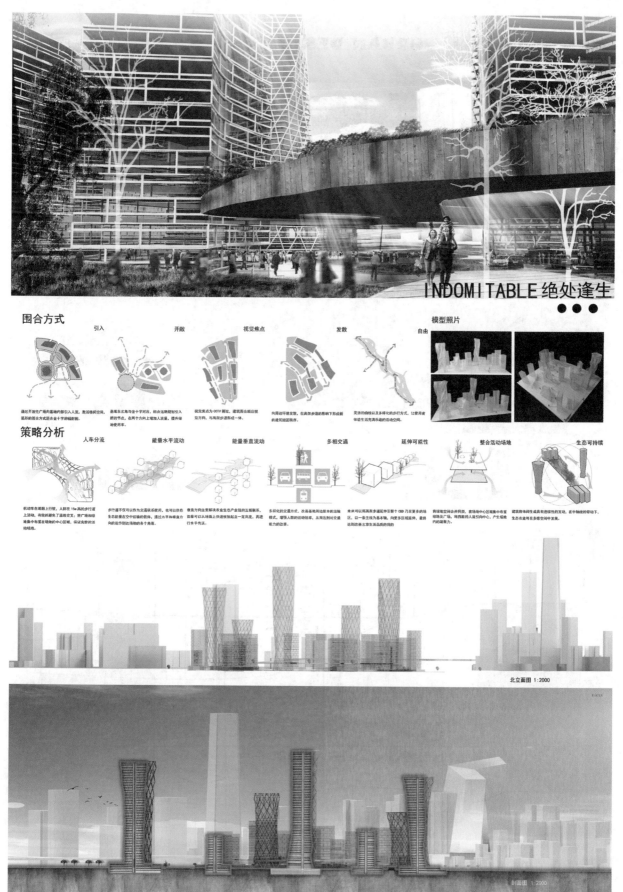

INDOMITABLE 绝处逢生

围合方式

引入　开敞　视觉焦点　发散　自由

模型照片

策略分析

人车分流　能量水平流动　能量垂直流动　多相交通　延伸可能性　整合活动场地　生态可持续

北立面图 1:2000

剖面图 1:2000

　　该部分图纸为场地的节点效果和场地设计的相关分析图以及场地立面图和剖面图。但是剖面图未标记选择面为何处，但整体分析图内容相对完善，图面效果较好。

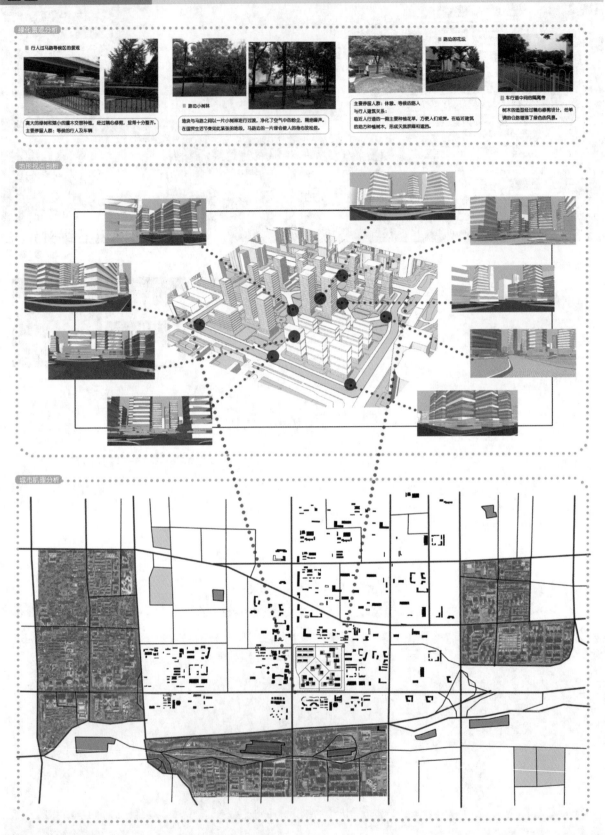

该部分图纸为场地的设计分析图部分。小组通过建筑计算机辅助模型的鸟瞰图结合节点的效果图将场地内的各个重要节点进行阐述说明，同时标记在场地立面图上，并配合调研照片进行阐述说明。整体内容相对完善，图面效果较好。

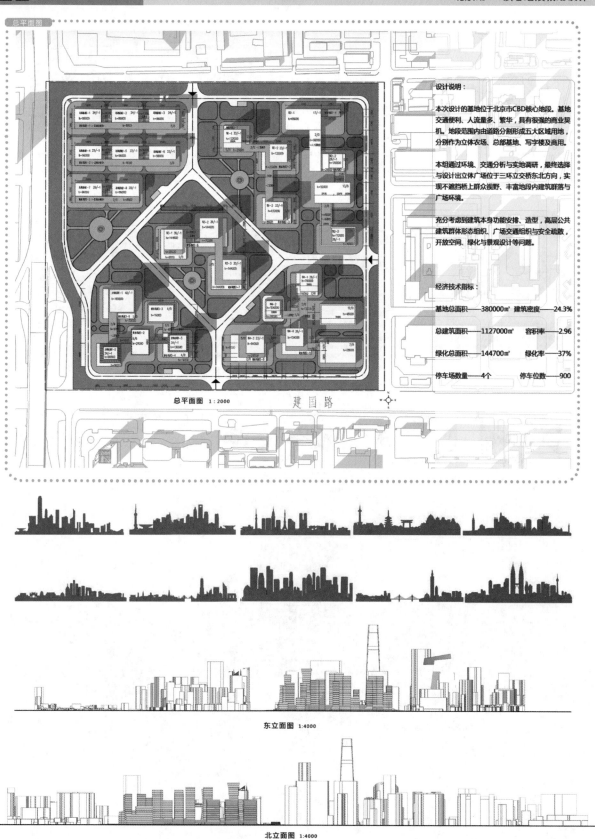

总平面图 1:2000　　建国路

东立面图 1:4000

北立面图 1:4000

设计说明：

本次设计的基地位于北京市CBD核心地段。基地交通便利、人流量多、繁华，具有很强的商业契机。地段范围内由道路分割形成五大区域用地，分别作为立体农场、总部基地、写字楼及商用。

本组通过环境、交通分析与实地调研，最终选择与设计出立体广场位于三环立交桥东北方向，实现不遮挡桥上群众视野、丰富地段内建筑群落与广场环境。

充分考虑到建筑本身功能安排、造型，高层公共建筑群体形态组织、广场交通组织与安全疏散，开放空间、绿化与景观设计等问题。

经济技术指标：

基地总面积——380000㎡		建筑密度——24.3%	
总建筑面积——1127000㎡		容积率——2.96	
绿化总面积——144700㎡		绿化率——37%	
停车场数量——4个		停车位数——900	

首先该小组为确立相对的图纸题目，仅以"城市设计"为题目。该图纸首先是场地总平面图，但是未标记比例尺和指北针。随后的场地立面图也未配置相关的说明文字。整体内容相对欠缺说明性文字，但是图面效果较好。

273

设计构思分析

  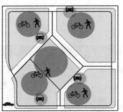 

阶段一：规划立体农场区域，靠近三环相互呼应。
阶段二：大面积分布商业，办公等写字楼区域使用。
阶段三：设置其他杂项公区域，如总部基地等。

场地基地内外交通流线与人流走向分布示意，设置出三大主要塔地入口，人流主要由西北、西南方向流入，部分分散于东南、东北，方便各方向引导。

选定车辆地下车库出入口，位置由车流方向、道路流向以及人群密度等因素决定而成。停车场分为四个供使用，但各场地区域内仅供自行车与人群行走走。

由建筑体型、消防通道出发，设置多区块活动场所与绿化相交错对应，更添趣味性与流动性。在地块中心形成三角聚集区域，引导人群走向。

形式概念生成

  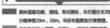  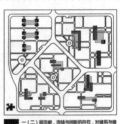

公共绿化区域，引导通路走向、观赏、区域划分。
摩质度渐弱化，增大绿化面积，体现绿色生态圈。
退后红线-随商带绿化，与内外地块区分与分隔。

具体道路功能、流线、形式细化，车行道分主次级分解道宽20m、10m，环形车道更加分受管理。
自行车与行人道路，净宽4m，可作为消防通道。

建筑基底面底关系与裙房，用于商业-低商，对外开放，与园圃辅地形形成综合空间。
属于基地裙房，建筑形式叠加多变，与架空层相接。

一(二)层建筑，连续与间断的存在，对建筑与建筑之间的关系影起拼接交错的效果。
架空连接，与其他形式巧妙形成综合空间。

场地人群分析

   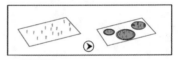

三环立交桥部位聚集与走向，考虑到人流的密度，分别设置了立体农场的位置、建筑间隔空隙，与场地总入口的延伸。

人的聚集空间、活动与行为给予周围道路环境的以及空间的城市属性。

景观与广场道路的设计与策略：交叉与围合结合的思想，创造出景观更多空间的趣味性和可赏性。人群在曲折的路线中又能最终交汇在一起。

空间的规划与设计：由于场地尺度过大，大面积和广场让人产生消极情绪。设计将广场均匀分划成小面积与人相适尺度的空间，增加聚集感与场所感。

　　该部分图纸为场地的整体设计思路分析图和场地的计算机辅助模型的鸟瞰图，但都缺少相关的说明文字。小组对场地的建筑设计整体形态分为两种，但都为简单的矩形建筑。同时对场地的设计也相对丰富，但是缺乏相关的植被设计。

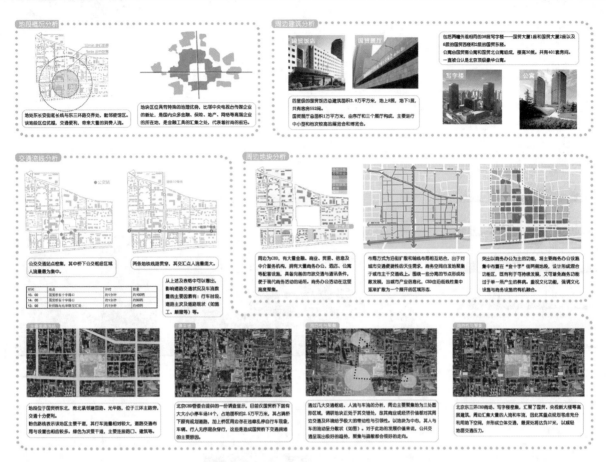

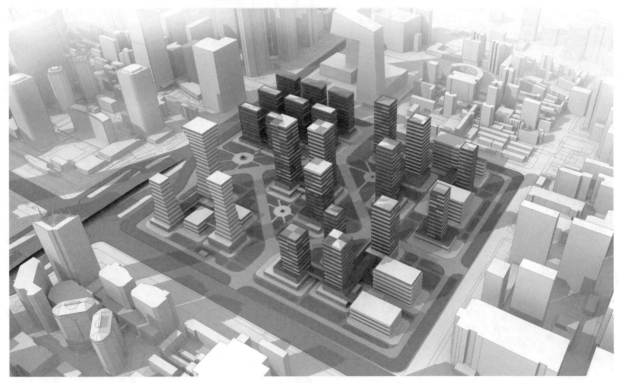

　　该部分图纸为场地的前期分析图，主要从周边建筑功能分区、场地周边流线、场地区位分析等内容进行阐述分析，内容丰富，图面效果较好。随后的场地鸟瞰图效果较好，但是缺乏植被的种植设计。

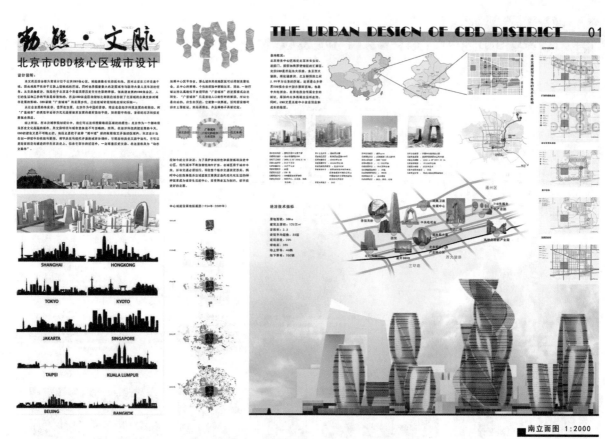

　　该部分图纸为场地的前期场地分析图和场地设计鸟瞰图。结合区位图、场地周边节点分析、场地周边流线分析等内容进行阐述，但是其中夹杂场地设计后的建筑立面图，这不应该属于前期分析图内容。小组的场地鸟瞰图整体图面效果较好。

物竞·文脉
北京市CBD核心区城市设计

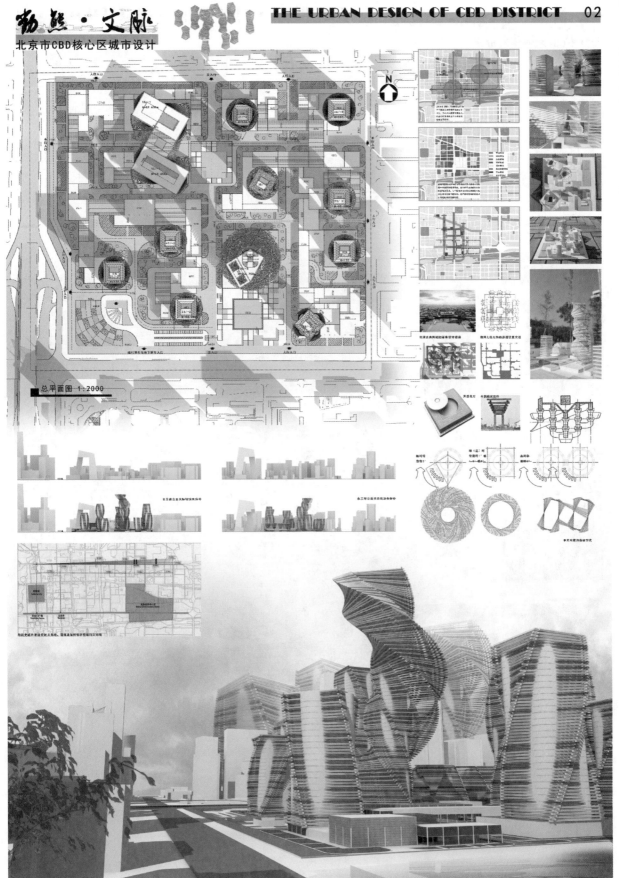

总平面图 1:2000

　　该部分图纸为场地的设计分析图、整体总平面和节点效果图。小组的总平面图内容相对完善，但是缺乏比例尺。小组对场地的分析图绘制部分不仅包含场地的前期分析还包含相关的设计分析，整体内容分区较差，前期内容和设计内容放在一个区域，效果较差。

该部分图纸为场地的设计分析图和相关的鸟瞰图。小组对场地设计分析图绘制的整体内容相对完善，但是缺乏说明性文字，同时再次出现了场地平面图和鸟瞰效果图，整体内容出现重复。

CBD HOPSCA DESIGN 城市综合体設計

设计说明茁长

"向上生长,茁壮成长!"正如它的口号一样。北京CBD城市综合体如雨后春笋一般破土而出。"世界要向前!人们要沟通!环境要和谐!"这是该城市综合体所要解决国贸地区"停滞,严肃,污染"问题的三大解决方法。

"成长,互联,绿色"三大理念贯穿建筑设计始终。我们相信:建成以后的"茁长"城市综合体不仅仅将把国贸提升到新的高度,而且将成为首都北京面向世界的一张现代化名片。

↑可达性辐射 　↑公交辐射

↑地铁辐射 　↑商业辐射

↑标志物辐射 　↑文化辐射

停滞 城市

污染 环境

疏远 人员

78.6% CBD人群亚健康率

100指数 北京年平均PM2.5

成长 城市

绿色 环境

沟通 人员

17% CBD绿化率不足

68指数 CBD人群压力指数

1 萌芽　2 扎根　3 生长　4 成群　5 绽放

西立面图 1:8000

　　该小组以"茁长"为题目切入场地设计,但是题目位置位于设计说明后,位置设计较差。随后该部分图纸为场地前期分析和场地鸟瞰效果图。整体图纸内容相对完善,图面效果较好。

该部分图纸为场地的整体设计思路分析图和场地鸟瞰效果图。首先小组对场地的多种功能进行分析阐述，但是如果采用轴测的形式可能会有更好的体现效果。随后结合场地总平面图进行部分重要节点的设计分析。小组的鸟瞰图整体缺乏植被设计。

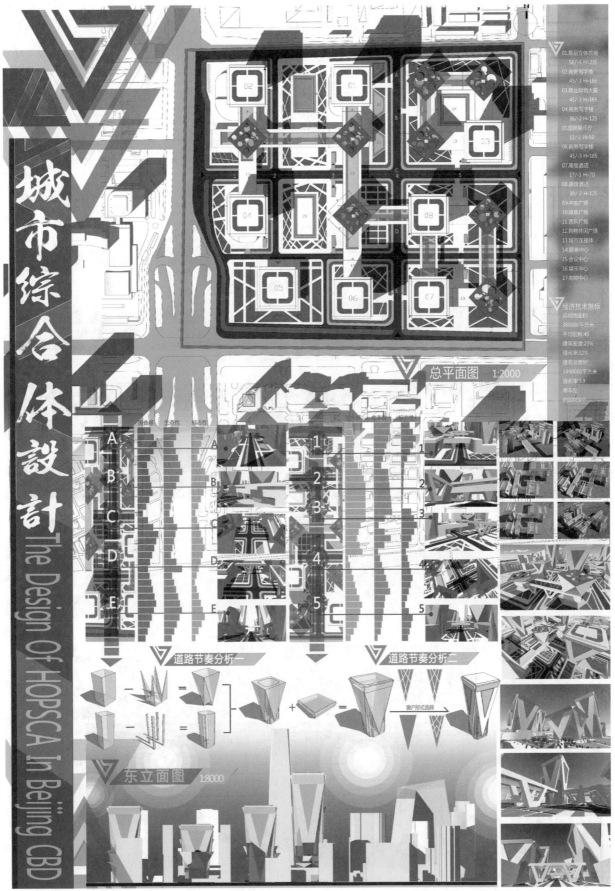

01.高层立体农场
56/-4 H=235
02.商务写字楼
45/-3 H=165
03.商业购物大厦
45/-3 H=165
04.商务写字楼
36/-2 H=125
05.图展展示厅
12/-1 H=50
06.商务写字楼
45/-3 H=165
07.高级酒店
17/-1 H=70
08.高级酒店
30/-2 H=125
09.中央广场
10.娱乐广场
11.音乐广场
12.购物休闲广场
13.城市连接体
14.贸务中心
15.会议中心
16.娱乐中心
17.购物中心

经济技术指标
占用地面积
380000平方米
平均层数:45
建筑密度:23%
绿化率:32%
建筑总面积:
1490000平方米
容积率:3.9
停车位:
约11000个

总平面图 1:2000

道路节奏分析一

道路节奏分析二

窗户形式选择

东立面图 1:8000

　　该部分图纸以场地的总平面为主，但是缺乏比例尺的标记和各个出入口的标记。通过对场地街道的各个节点进行配置，并结合计算机辅助模型效果图分析阐述和简单的体块的建筑模型进行建筑设计演变分析。随后结合计算机辅助模型和手工模型进行说明。

城市设计

Regional Planning

北京有别于其他的国家的首都，是中国不可替代的政治、文化、决策、信息与国际交往中心。

商务中心向一国贸中心的十字路口转移，第二使馆区和燕莎等商务设施的出现使商务中心有想东三环一线集中地趋向。

CBD选址于中国北京市朝阳区东三环路与建国门外大街交汇的地区，规划用地总面积月4平方公里。

地块周边建筑肌理清晰，多为方形，极富规律。

规划背景：
CBD，本应是一个城市区域形象的完美展现，但由于原有CBD地区过于关注城市的"经济效益"，而忽略了城市的"生态效益"与"生活效益"，使得使用人群单一、活动时间固定，导致了CBD地区俨然成为了城市的"一座孤岛"，丧失了根本活力。该设计模式与设计理念的提出，正是基于原有CBD功能单一、过于纯化，以及区域内、外使用对象联系失衡等问题，通过"立体农场"带来的生态效应激发区域活力，创建新型生态社区，使城市重新焕发新生。

调查问卷意见反馈

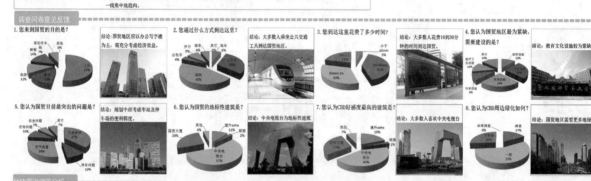

地块周边建筑分析

SWOT分析

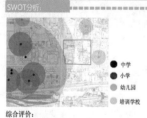
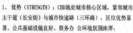
中学
小学
幼儿园
培训学校

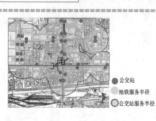
公交站
地铁站服务半径
公交站服务半径

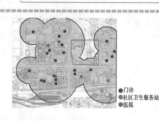
门诊
社区卫生服务站
医院

城市主干道
城市次干道
支路

综合评价：

1、优势（STRENGTH）：CBD地处城市核心区域，紧邻城市主干道（长安街）与城市快速路（三环路），区位优势显著，公共基础设施良好、商务办 公环境氛围浓厚；

2、劣势（WEAKNESS）：产业布局单一、功能布局混乱，地处核心交通枢纽、交通流线混杂，公共开放空间和绿地设施不能满足人们的基本使用需求；

4、挑战（THREAT）：城市内其他商务区功能雷同、容易产生负面竞争效应，原有CBD功能区域分割，协调、统筹、整合空间难度较大。

3、机会（OPPORTUNITY）：CBD东扩，原有CBD西区与新建东区资源整合，产业、交通、功能发展协调布局，区域内典型建筑地标与原有建筑形体共同构建未来城市商务与生活的示范样本；

该部分图纸为场地的前期分析图，主要从周边建筑功能分区、建筑质量相关内容进行分析，并结合场地节点效果图阐述说明设计效果。前期分析图内容整体完善，图面效果较好。

2 城市设计

设计说明：

本设计位于城市CBD核心区域，以"立体广场"建筑单体为核心，各功能体块呈发散式布局模式，土地利用混合而又高效；建筑空间模式以立体、集约、高效生长的城市综合体为地标，其他功能空间同布局模式以此为中心环形分散，创造新型城市天际线；功能产业模式以原有金融、办公、居住、休闲等单一功能为基础，增加服务性、外向性的功能与产业规模，使区域内人员活动覆盖全天候"24小时"；公共空间模式以步行轴线为中心，以不同的景观设计尺度构建公园、广场、林荫道与屋顶绿化的混合生态绿化体系，为城市立体农场搭接空间载体；服务人群模式以多元化消费者和使用人群为主要对象，激发不同偏好与层面的活动类型，使中央商务区保持持续的经济活力和城市生活的吸引力，加强和城市其他地区联系，鼓励在"立体农场"的模式下城市自发性和可持续性的有效更新与生长。

经济技术指标：	
总用地面积（公顷）：38hm	文化类建筑总面积（平方米）：424,000m²
停车位（辆）：2300	城市立体场建筑总面积（平方米）：103,000m²
平均层数（层）：27层	建筑总面积（平方米）：910,000m²
公寓建筑面积（平方米）：140,000m²	容积率：3.0
商业类建筑总面积（平方米）：218,000m²	建筑密度（%）：18.9%
商务办公类建筑总面积（平方米）：352,000m²	绿地率（%）：36%
	建筑占地面积：71689.9329

道路骨架分析

地块利用分析

建设开发强度　　　　承载能力　　　　绿化分布

竖向功能分析

底层商业　　商务办公　　文化　　商务　　高级公寓　　立体农场

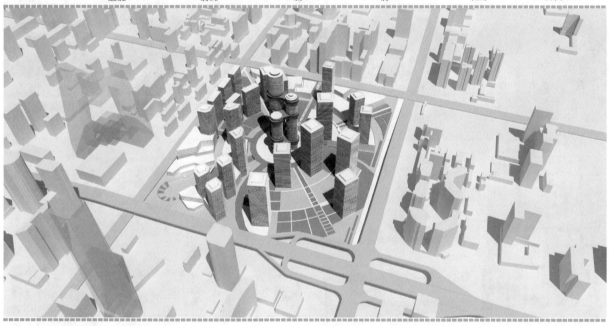

南立面图 1:2000

该部分图纸为场地的设计分析图和场地鸟瞰图以及立面图。整体场地的设计思路分析相对简单，同时缺少相关的说明文字。图纸文字部分为设计说明和经济技术，但随后的场地鸟瞰图选取角度较高，使得场地模型相对较小，周边场地过多。

3 城市设计

Regional Planning

场地设计分析：

人行路
车型路及公交车站
地铁线路及车站

公共开放空间
步行硬质铺地

公共绿地
半开放绿地
绿化隔离带

居住用地
居住商业混合用地
商业用地
商业公务混合用地
居住商务混合用地
立体农场
城市公共开放空间

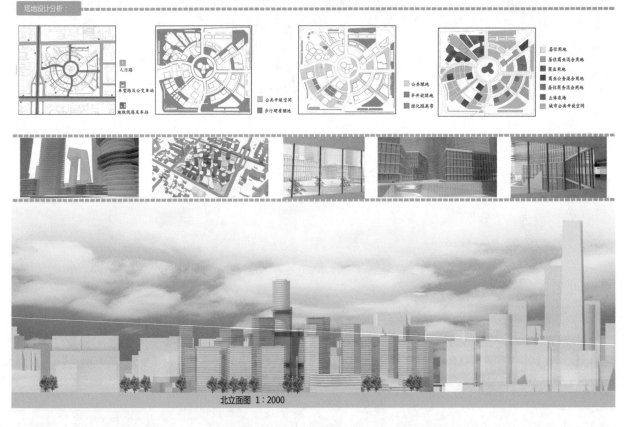

北立面图 1：2000

　　该部分图纸为场地的节点人视图、立面图和相关的场地设计分析图。整体图纸内容较少，分析图部分缺少文字说明，使得图纸内容相对较差。

4 城市设计

Regional Planning

总平面图　1：2000

天际线

东立面图　1：2000

　　该部分图纸为场地的总平面图和场地的立面图。小组的场地平面图缺乏指北针、比例尺等重要的标记。但小组对场地的设计整体较好，通过路网分割将场地整体分为四个区块，同时中心为核心区，并在各个建筑周边的场地进行规划设计，图面效果较好。

URBAN DESIGN

SITE PLAN 1:2000

LANDSCAPE AXIS

PERSPECTIVE A

PARKING SYSTEM

PERSPECTIVE B

RESIDENCE
COMMERCIAL
PARKS & GREEN SPACE
OFFICE OR COMMERCIAL
CULTURE AND RECREATION

FUNCTIONAL PARTITION

THIRD RING ROAD
JIANGUOMENWAI ROAD
PRIMARY ADDRESSING
SECONDERY ADDRESSING
EAST-WEST COLLECTOR
NORTH-SOUTH COLLECTOR

PATH SYSTEM

ZONE BIT

PARKING LOT

BUILDING TEXTURE

BUILDING HEIGHT

SOUTH ELEVATIONS 1:2000

WEST ELEVATIONS 1:2000

　　该小组缺乏图纸题目。同时对场地的设计中主要通过车行路网将场地分割成不同的功能分区，但是切割出了锐角的场地，这是应当避免的。随后的场地前期分析内容相对完善。小组对场地设计的一些理念分析结合节点效果图阐述效果良好。

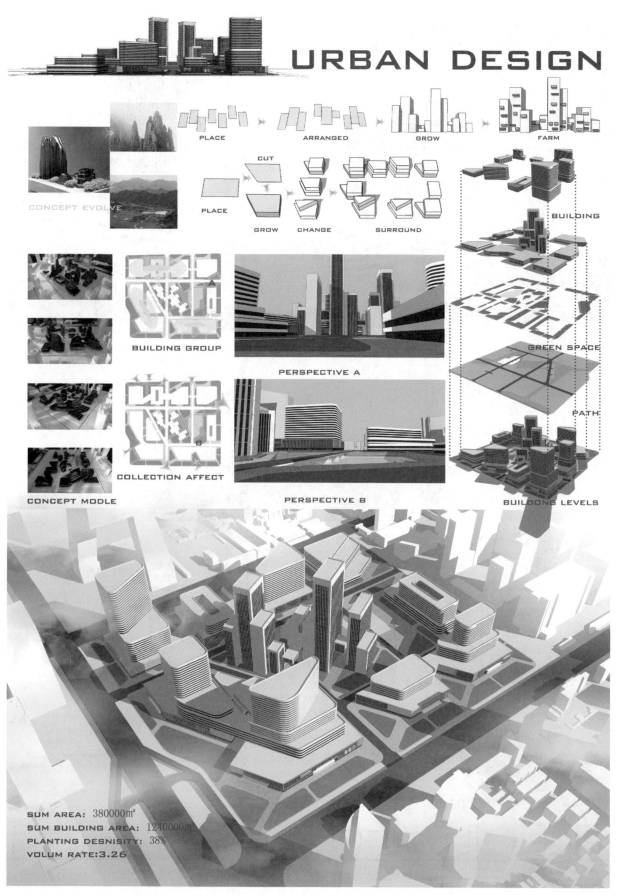

URBAN DESIGN

CONCEPT EVOLVE

PLACE ARRANGED GROW FARM

CUT

PLACE GROW CHANGE SURROUND

BUILDING

BUILDING GROUP

PERSPECTIVE A

GREEN SPACE

COLLECTION AFFECT

PATH

CONCEPT MODLE

PERSPECTIVE B

BUILDONG LEVELS

SUM AREA: 380000㎡
SUM BUILDING AREA: 1240000㎡
PLANTING DESNISITY: 38%
VOLUM RATE:3.26

　　该部分图纸为场地的设计思路分析图和场地鸟瞰图。该部分图纸整体由分析图构成，缺乏相应的说明文字，使得图纸缺乏说服力。同时由于不规则的分析图大小和排布，整体排版显得紊乱。随后的场地鸟瞰图整体效果良好。

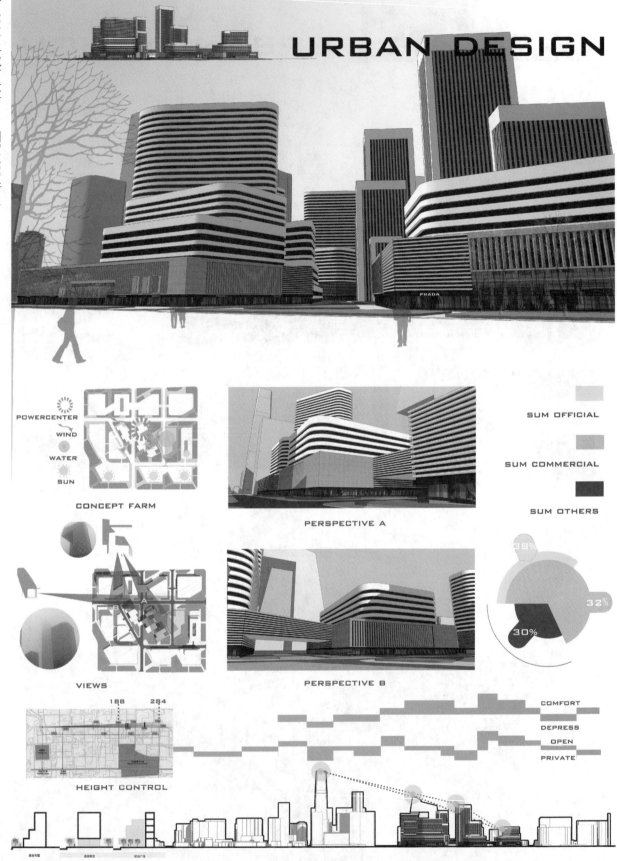

URBAN DESIGN

POWERCENTER

WIND

WATER

SUN

CONCEPT FARM

VIEWS

PERSPECTIVE A

PERSPECTIVE B

SUM OFFICIAL

SUM COMMERCIAL

SUM OTHERS

HEIGHT CONTROL

COMFORT

DEPRESS

OPEN

PRIVATE

该部分图纸为场地的节点效果图和场地设计的相关分析图。分析图部分主要以人的视角进行分析阐述，同时结合节点效果图进行说明，但是缺乏相关的说明文字。

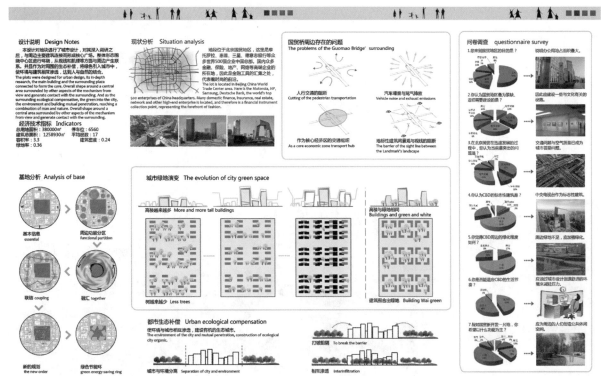

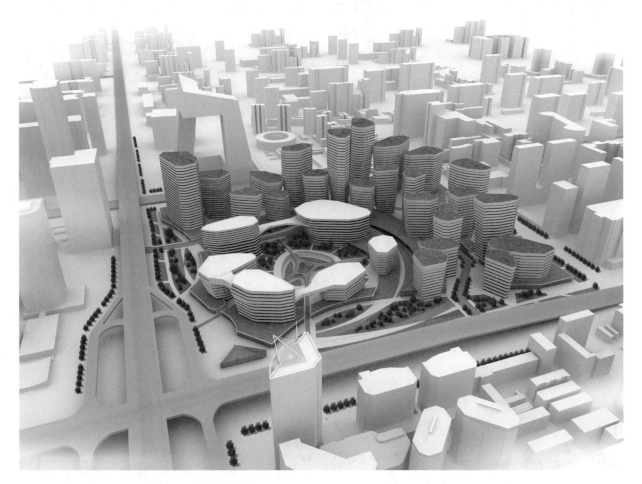

　　该部分图纸为场地的前期分析图和场地的鸟瞰效果图。小组对场地的前期分析图纸部分绘制整体较好，内容完善，图面效果良好。小组对场地的设计整体通过不同形态高度的建筑进行填充，场地丰富多样，建筑周边的公共空间设计较为良好。

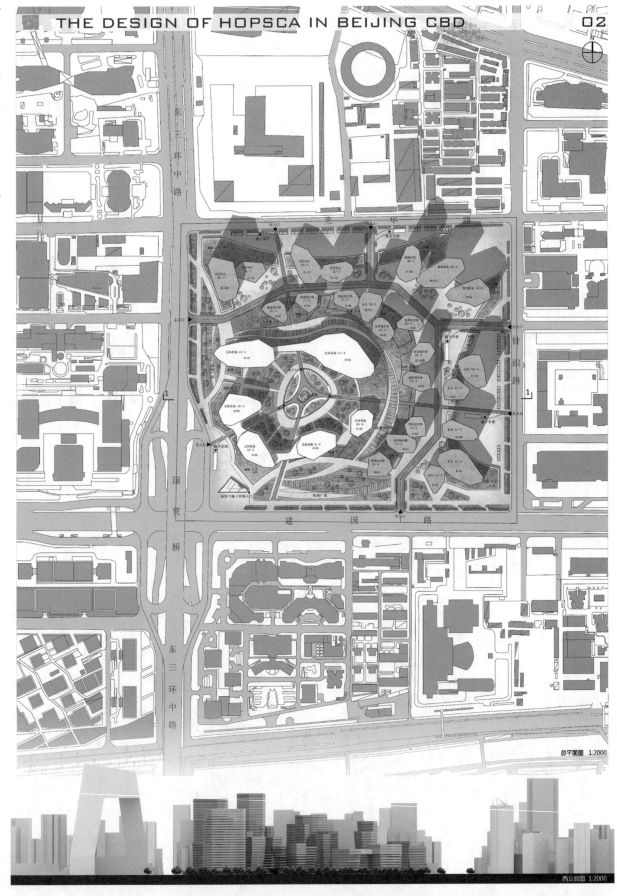

总平面图 1:2000

西立面图 1:2000

　　该部分图纸为场地的总平面图和场地的立面图。该部分图纸整体大部分由总平面图构成，使得图纸内容显得较为欠缺，同时总平面图缺乏说明文字和比例尺。小组对场地的设计整体较好，建筑形态丰富，植被配置完善。

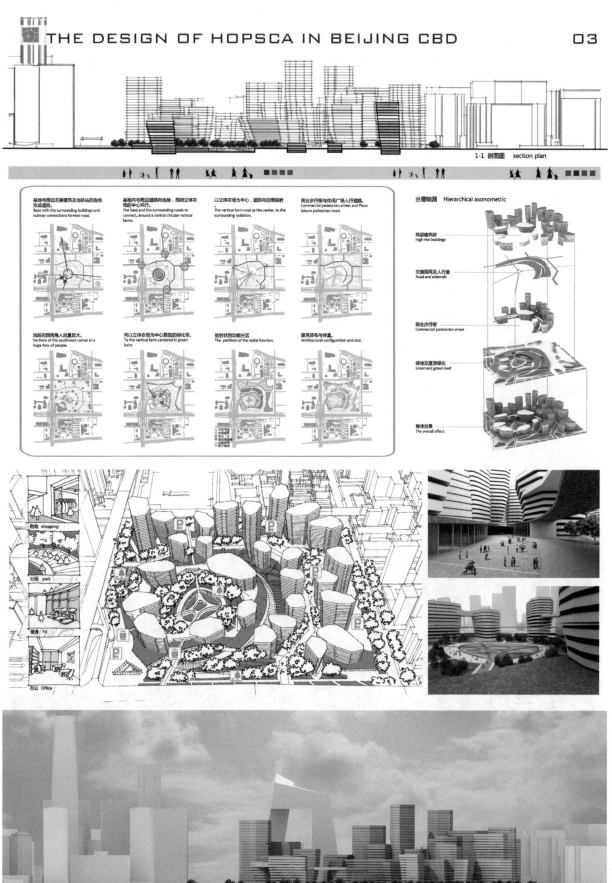

该部分图纸为场地的设计分析图部分结合场地立面图和相关的节点效果图。分析图部分小组整体绘制较为完善，对不同的功能分区、流线分析和景观分析进行阐述。图面效果较好，但是缺乏说明文字，整体图面效果较好。

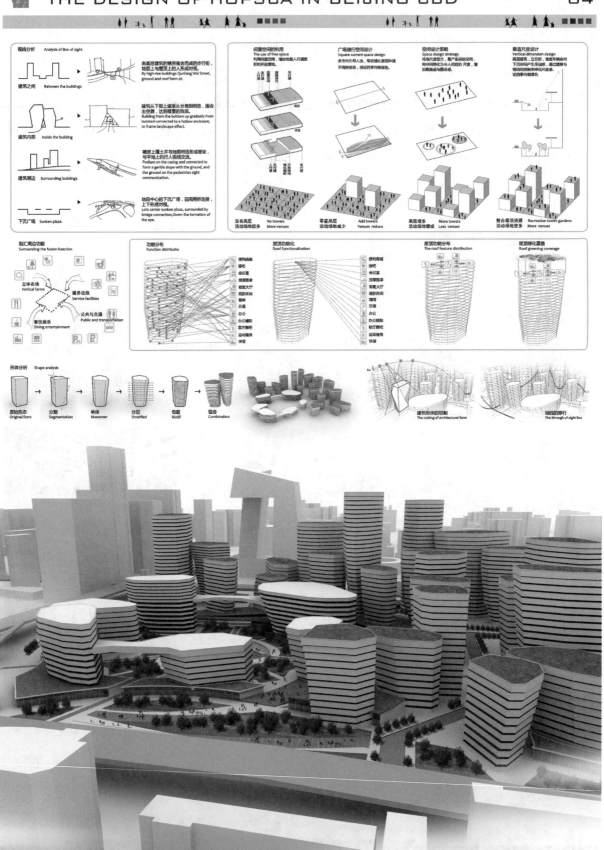

该部分图纸为场地的鸟瞰图和场地建筑设计的相关分析图。小组对规划场地内部的建筑形态的生成、景观的配置、功能的分区和建筑场地周边的设计进行各种分析，整体图面效果较好。随后的场地鸟瞰图整体图面效果较好。

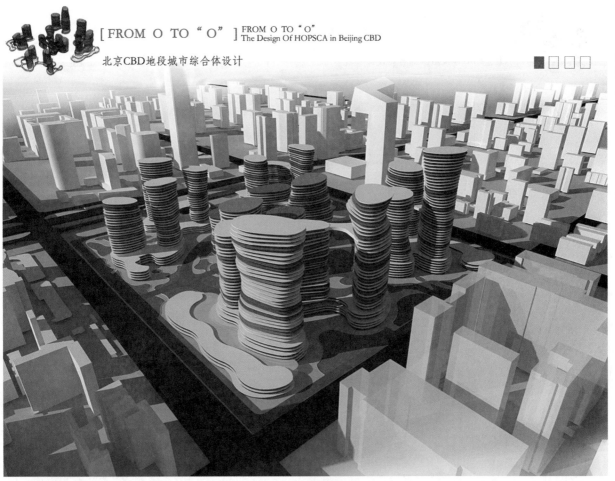

[FROM O TO "O"] FROM O TO "O"
The Design Of HOPSCA in Beijing CBD

北京CBD地段城市综合体设计

区位信息 Site location

人群结构及其意向 Population Structure&Intention

城市结构分析 Analysis Of Urban Structure

基地周边分析 Analysis Around Target Land

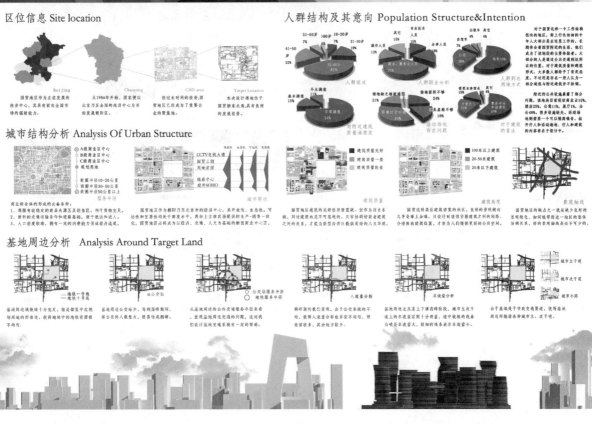

　　该部分图纸为场地的前期分析图和场地设计的鸟瞰图。小组的前期分析图内容包含场地区位分析、场地使用人群分析、城市结构分析、基地用地状况分析等内容，整体图面效果较好，内容丰富。小组的设计鸟瞰图缺乏绿植的设计。

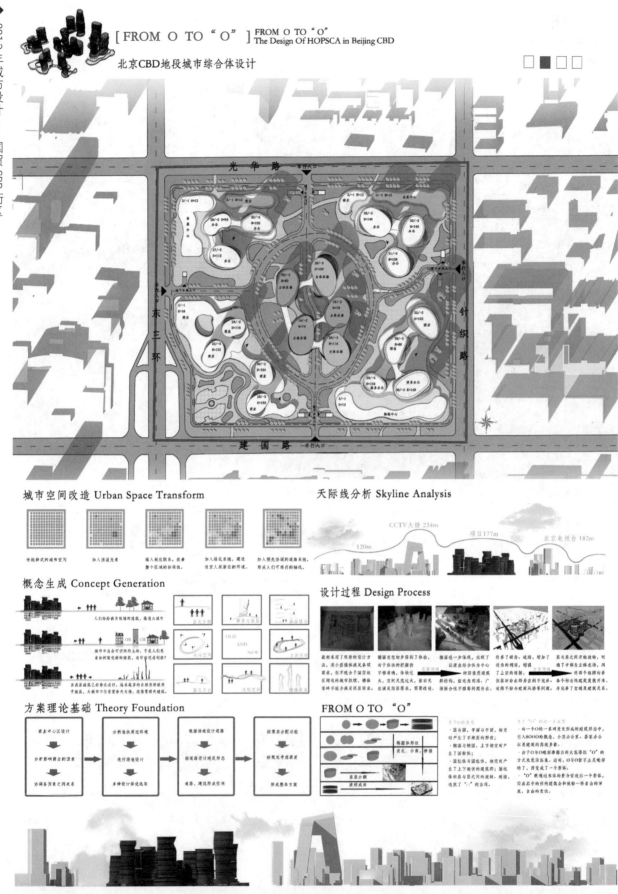

[FROM O TO "O"] FROM O TO "O"
The Design Of HOPSCA in Beijing CBD

北京CBD地段城市综合体设计

城市空间改造 Urban Space Transform

天际线分析 Skyline Analysis

概念生成 Concept Generation

设计过程 Design Process

方案理论基础 Theory Foundation

FROM O TO "O"

该部分图纸为场地的总平面图和相关的设计思路分析图。场地总平面图缺乏相关的说明标记和比例尺以及指北针。小组在对场地进行设计的整体思路表达在分析图上，结合相关理论基础和空间改造概念等多方面进行阐述说明，内容丰富。

[FROM O TO "O"] FROM O TO "O"
The Design Of HOPSCA in Beijing CBD

北京CBD地段城市综合体设计

互动空间连接 Link Of Mutual Space

自然因素分析 Natural Analysis

各项指标 Quotas

功能分区	分区名称	占用面积	所占比例
商业	超市	124000㎡	10%
	综合商场	161200㎡	13%
	便民商店	12400㎡	1%
酒店及餐饮	普通酒店	37200㎡	3%
	高级酒店	161200㎡	13%
	酒吧	62000㎡	5%
	会所	37200㎡	3%
办公	写字楼	248000㎡	20%
	办事处	37200㎡	3%
立体农场	立体农场	310000㎡	25%
其它	其它	49600㎡	4%

剖面图 Sectional

功能分区 Function Area

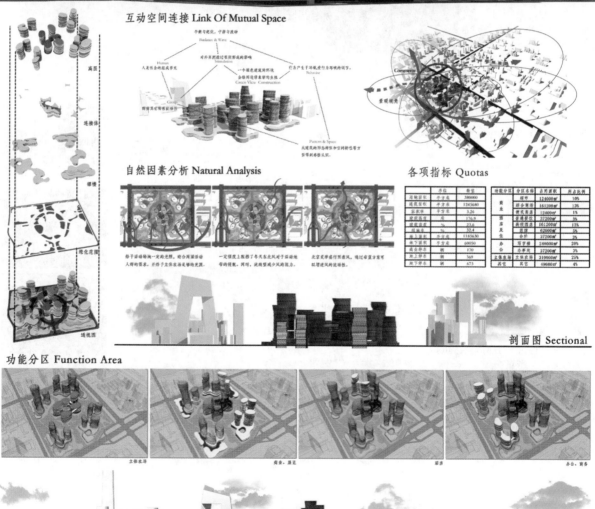

　　该部分图纸为场地的立面效果图和场地内部的相关构成规划分析图。从场地内各个结构的轴测分析图、场地的各种流线分析、场地的绿化景观布置分析等多角度对场地设计思路进行阐述说明，整体内容相对完善，图面效果较好。

[FROM O TO "O"] FROM O TO "O"
The Design Of HOPSCA in Beijing CBD

北京CBD地段城市综合体设计

设计说明 Construction

本次设计基于商业中心区的基本要求和实际地块的周边环境，运用城市设计中央联耦合的结构的设计手法，将任务规定的所有功能场所集合于一个商业综合体中。再考虑到立体农场的要求和当地的人文环境，赋予建筑以特点，与道路网、景观轴线相互配合，形成了这个兼顾经济、环保、人文的综合商业中心区。其中，将建筑从一个圈中通过翻转、扭曲、分割和连接呈现出来，并赋予了建筑自然的律动感，用独特的空间和形体给CBD地区带来了新的活力。

节点分析 Detail

入口分析 Entrance

用地西边和南边分别是两条城市主干道，车流量和人流量都比较多，故各设置一个车行入口分散车流，解决高峰期间两条道路的拥堵问题。

国贸桥附近是行人最为拥堵的地方，尤其是上下班高峰的人群和去建外SOHO的人群相互交叉。位于地块西南角的广场能有效缓解人群拥挤问题。

地块的东、南两侧均为居民区，虽然车流量不如西南面多，但每日也有不少人经过，在这四边加设该车行入口可以方便人们出入，节省时间。

交通分析 Transportation Analysis

公共交通系统　　出租车及泊桥车系统　　慢行交通系统　　招脚交通系统

　　该部分图纸为场地的鸟瞰图和相关的入口分析和交通分析以及节点分析。但是设计说明放在最后一张图纸上相对效果较差。随后的分析内容部分缺乏相关的文字说明，整体图面效果较好。

01 首钢工业区城市设计　URBAN DESIGN　INDUSTRIAL ZONE

　　该设计方案大胆地采用空中连廊将场地内的大多数建筑连成一个整体，构成本方案的强烈的空间形态特色。该方案充分利用场地内外绿地与水景等景观环境，促进人的行为交往的发生，外部空间环境吸引市民和办公人员活动。通过对街道尺度、人的行为活动等的研究，形成了布局合理、环境宜人的城市群体空间。该方案总图表达完整，各种节点表现图较全面，功能和交通布局合理，表现也很有特色。其中空间连廊的现实操作性有待论证。

02 首钢工业区城市设计　URBAN DESIGN　INDUSTRIAL ZONE

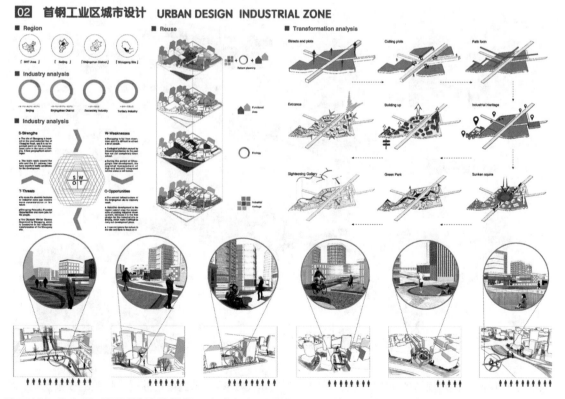

　　该图纸部分主要对规划地块的前期研究进行相关分析，从区位、历史沿革视角以及 SWOT 分析等方法对该小组的前期研究进行阐述。随后对该地块的规划再利用、交通流线和部分景观节点进行阐述。整体分析较为全面，图面效果较好。

03　首钢工业区城市设计　URBAN DESIGN INDUSTRIAL ZONE

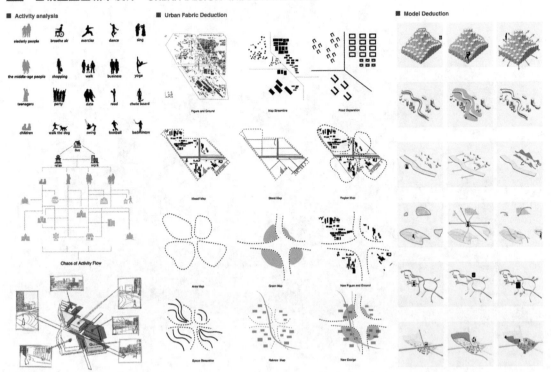

　　该图纸部分对地块使用不同的人群进行分类，并在不同的功能分区赋予不同的适用人群的工作与休闲活动。随后该小组对地块规划的组织结构推演进行阐述，从原始的空间肌理提取较好部分并进行优化总结，完善路网后确定分区，随后进行进一步的规划设计。接下来便是对模型的推导进行相关阐述，阐述地块规划模型和模型周边的关系。

04　首钢工业区城市设计　URBAN DESIGN INDUSTRIAL ZONE

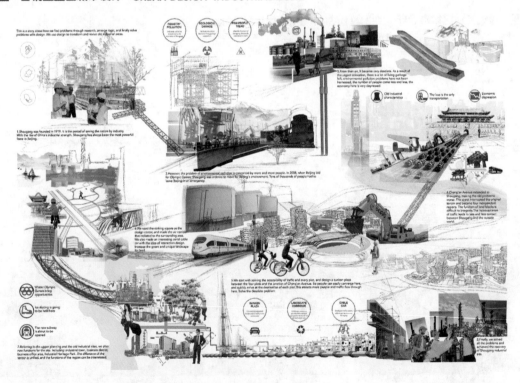

　　该部分是小组成员们对规划地块内部的各个部分存在的问题进行一系列阐述并提出相关的改善意见，将之前的工业区规划成可供不同人群的多功能活动区域，同时各个部分的规划设计也和整体的规划设计相互结合，使该小组成员们对于地块内不同区域的规划和整体规划之间存在相对关系的评析，从而使设计方案的功能业态更加充实与丰满。

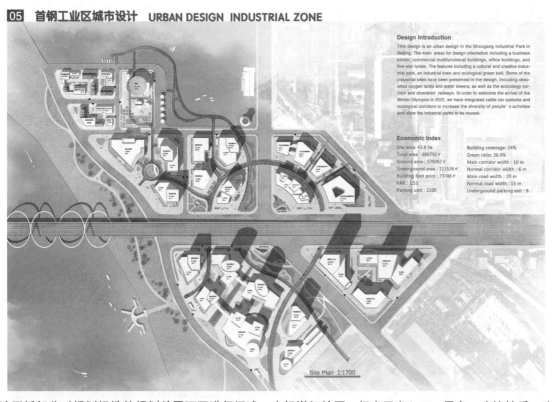

05 首钢工业区城市设计 URBAN DESIGN INDUSTRIAL ZONE

Design Introduction

This design is an urban design in the Shougang Industrial Park in Beijing. The main areas for design orientation including a business center, commercial multifunctional buildings, office buildings, and five-star hotels. The features including a cultural and creative industrial park, an industrial town and ecological green belt. Some of the industrial sites have been preserved in the design, including obsoleted oxygen tanks and water towers, as well as the ecology corridor and obsoleted railways. In order to welcome the arrival of the Winter Olympics in 2022, we have integrated cable car systems and ecological corridors to increase the diversity of people's activities and allow the industrial parks to be reused.

Economic Index

Site area: 43.8 ha　　　　　　Building coverage: 24%
Total area: 690792 ㎡　　　　Green ratio: 36.4%
Ground area: 579267 ㎡　　　Main corridor width: 10 m
Underground area: 111526 ㎡　Normal corridor width: 6 m
Building foot print: 73746 ㎡　Main road width: 20 m
FAR: 1.53　　　　　　　　　Normal road width: 15 m
Parking unit: 2100　　　　　Underground parking exit: 8

Site Plan 1:1700

该图纸部分对规划场地的规划总平面图进行阐述，小组详细绘图，标出了出入口、层高、建筑性质、比例尺等详细信息，同时阐述了小组对于该地块的设计说明以及相关经济技术指标。唯一美中不足的就是缺少指北针。整体图面效果较好，总平面图的内容也很完善。

06 首钢工业区城市设计 URBAN DESIGN INDUSTRIAL ZONE

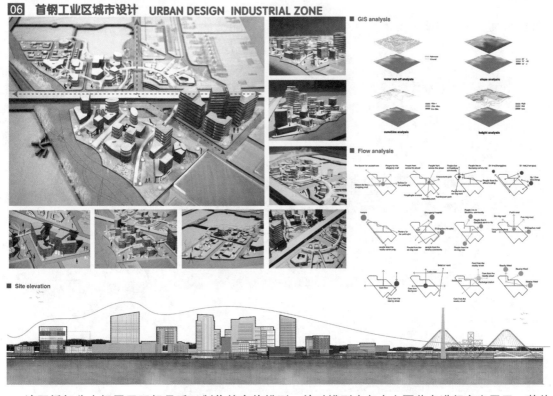

该图纸部分小组展示了组员手工制作的实体模型，并对模型内各个主要节点进行突出展示，整体做工较好，场地环境信息丰富。随后该小组对规划地块的立面进行阐述，描绘出地块的天际线的相对坡度。小组通过 GIS 对场地的高度、坡度、水系等一系列数据进行分析，最终对场地内的各个组团功能之间的联系进行分析阐述，将地块的城市设计与规划提升到整体系统设计高度，避免了只顾单体建筑设计而忽略了整体城市设计问题的产生。

向宾
刘玥 刘恒瑞
赵冰 周子琴

小组对场地规划的鸟瞰图的图面表达形式和选取角度都相对较好。该小组对规划场地的道路进行分析，并在道路中选取不同尺度的区域进行立面分析，阐述道路规划的详情、周边建筑和道路的尺度关系；确定道路植被设立的位置，并明确标记尺度。随后该小组对规划场地的剖面分析进行阐述，阐述建筑和场地的尺度关系，并在不同功能区进行标记，但是缺少了竖向的尺度标记。

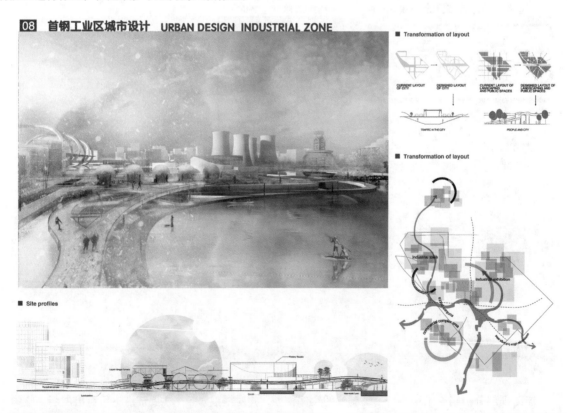

该图纸部分阐述了不同季节、不同角度的规划场地的鸟瞰图，多方位地阐述该小组对地块的规划设计效果。随后对场地城市设计与规划的布局转换进行阐述，对不同功能分区和道路的关系进行演化推进，阐明不同功能分区的联系。然后小组成员们以立面的形式对场地内的不同节点进行阐述，摆脱了传统的平面布局形式，将节点设计得更加立体化、可视化，使得尺度关系更加完善。

向宾　刘恒瑞　周子琴
刘玥　赵冰

09　首钢工业区城市设计　URBAN DESIGN　INDUSTRIAL ZONE

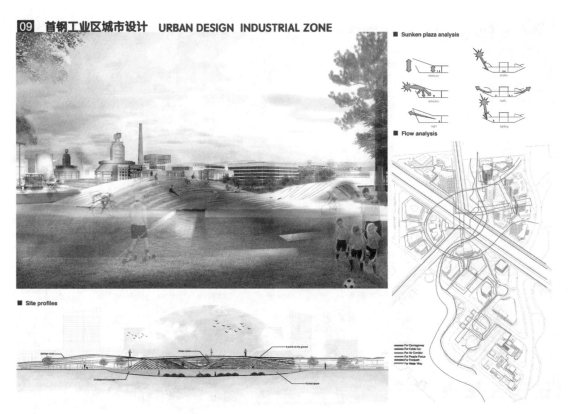

　　该部分图纸是小组在另一个同角度的鸟瞰图，主要展示了绿地公共空间及其与周边的关系。同时以立面的形式对该地区的不同节点功能进行相关标注，并阐述该地区的场地构成。随后对该场地的下沉式广场进行高度、视线、光照等较全面的分析。对规划场地内的不同种类的穿行流线进行分类阐述，主要整体流线在中心部分汇聚，同时覆盖到不同的区域之中。

10　首钢工业区城市设计　URBAN DESIGN　INDUSTRIAL ZONE

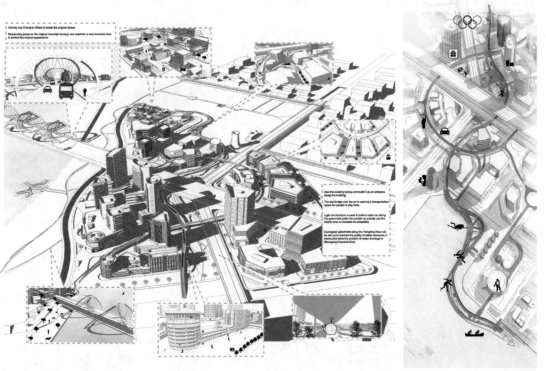

　　该图纸部分是小组对场地的高空廊道的设立进行相关分析阐述，首先以鸟瞰图的形态将建筑以线条着单色的形式表示，将高空廊道以不同的颜色标记，从三维的角度阐述高空廊道与地块内部的联系，并对部分重要节点进行相关解析阐述。随后以顶视图形式从相对二维的空间阐述高空廊道的构成，并对不同的使用人群的相应分区进行阐述说明。

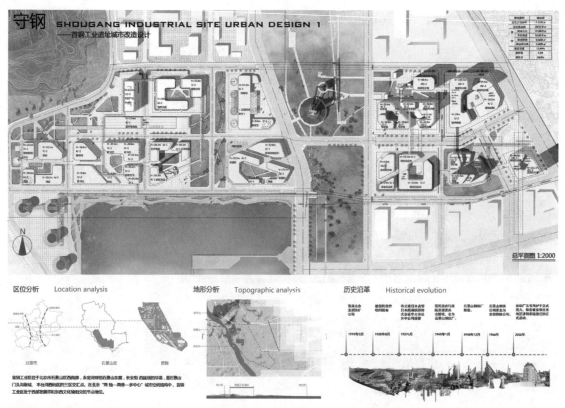

该设计方案以"守钢"为主题，保留场地内的工业代表建筑，建筑与周边环境呼应，通过空中连廊将主要建筑连接与联系起来。建筑造型丰富，设计手法富有现代感，又符合工业遗产环境城市设计主题。设计中考虑石景山永定河和群民湖的景观方面的一些突出问题。总平面表达欠完整，立面设计较为整体，主要街道的建筑界面有待深化，交通系统业态功能布局合理，但后期分析图表现不够深入。

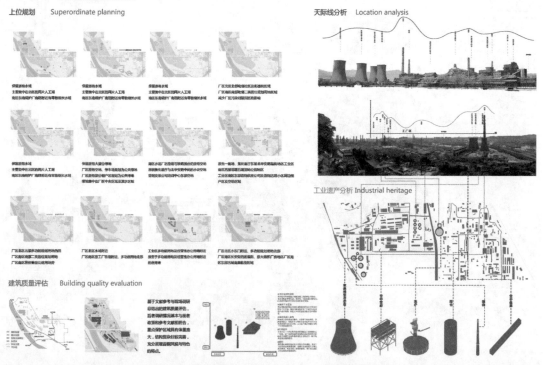

该部分图纸首先从上位规划的角度通过多种分析对规划场地的现状进行分析，随后对场地现有的建筑质量进行评价分析，结合场地内的工业遗产和场地内部的现状天际线进行分析阐述。美中不足的是该小组对于上位规划的理解存在一些误会，误将上位规划层面看得太过微观具体。但是对场地现状的分析相对客观清楚。

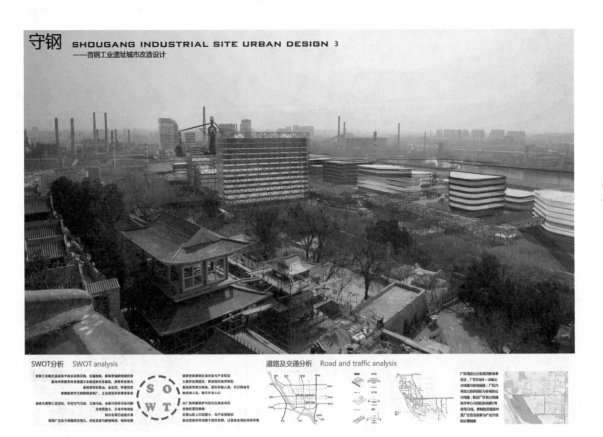

守钢 SHOUGANG INDUSTRIAL SITE URBAN DESIGN 3
——首钢工业遗址城市改造设计

SWOT分析　SWOT analysis

道路及交通分析　Road and traffic analysis

　　该小组图纸的鸟瞰图整体较为完善，简单阐述了规划场地和周边的联系。随后对规划地区以 SWOT 的形式进行分析，明确对该场地进行设计时需要注意的事项，并对场地及其周边的路网进行分析，对场地内外不同等级的路网进行标记，同时以剖面的形式对部分道路的构成进行三维层面的阐述。

守钢 SHOUGANG INDUSTRIAL SITE URBAN DESIGN 4
——首钢工业遗址城市改造设计

　　该部分图纸主要涉及该小组手工制作的实体模型部分，在模型制作过程中将原始保留的工业遗产以不同的颜色进行制作使得保留遗产更明确地展示出来。随后便是对规划模型中的部分重要节点进行排列组合展示，较好地表现了规划实体模型设计。

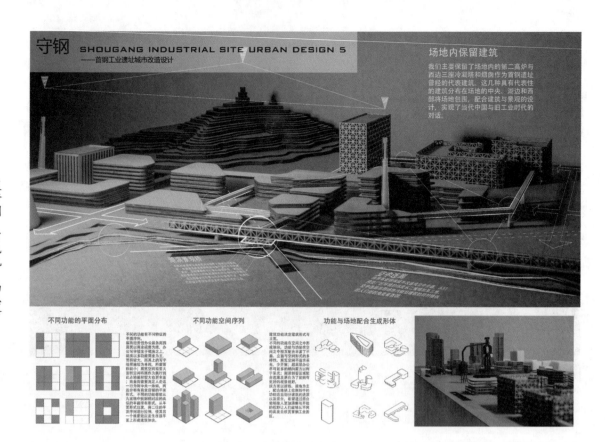

该部分图纸首先是在实体模型的鸟瞰图基础上用简单的线条阐述原始形态保留的工业遗产，随后对规划场地的不同功能空间和场地的布局演变进行相关阐述，简单明了地分析表达了小组成员对于场地的城市设计的认知进程。

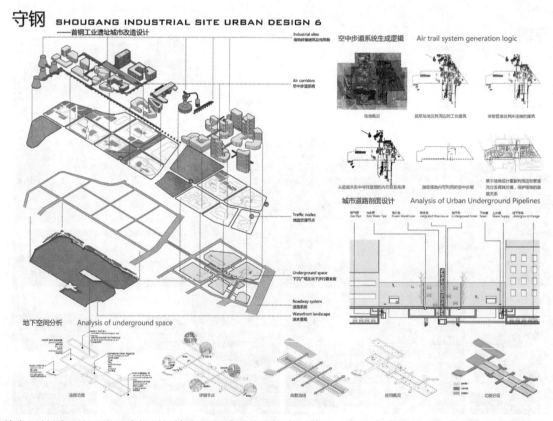

首先以轴测图的形式阐述规划场地内不同性质的空间布局情况，同时在建筑层面将工业遗产进行标记。其次该小组对场地内的空中步道的生成逻辑进行相关阐述，阐述了小组对于空中步道的规划理解。随后便是城市道路的剖面设计，但是只分析了一条道路，略显单一。之后便是对场地的地下空间进行分析，由节点分析、功能分区分析、使用分析图等构成。

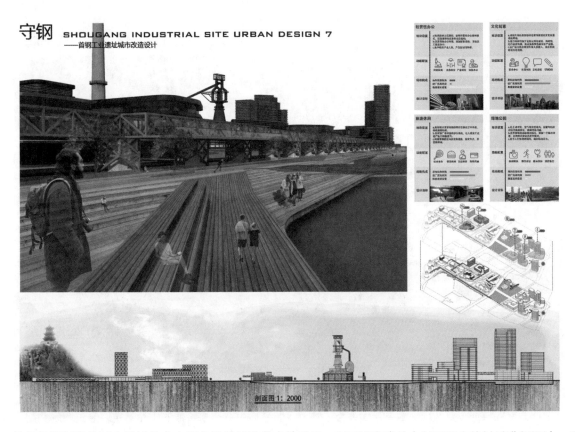

2018 年春季城市设计

李磊　星梦钊

贾兆元

尚志峰

首先是规划场地城市设计的亲水平台及其周边节点效果图，以不同高度的木制可坐靠的材质进行设计，为行人提供较好的休憩空间，随后对不同功能分区进行详细阐述，并以线条形鸟瞰结合分区上色的形式展现，并标记人行流线。随后便是 1∶2000 的剖面图，结合周边环境阐述与规划设计的天际线关系。

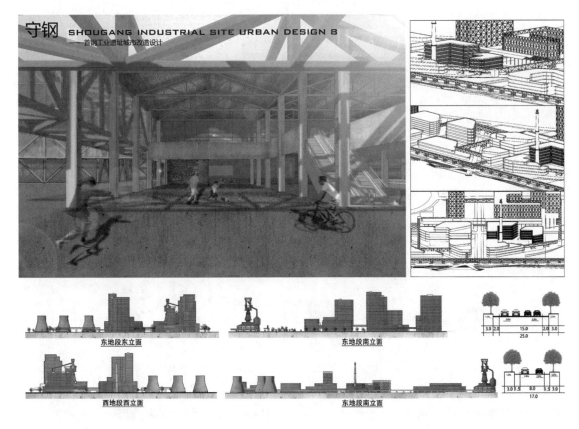

该小组节点效果图纸的设计在建筑附近设立矩形的互动绿地，同时结合顶棚的设计提供较好的行人娱乐场地空间。随后以单色的场地鸟瞰图形式表现场地内各个建筑和场地其余设施之间的关系。之后选取东西立面阐述其建筑高度的关系，并辅以车行道的尺寸分析，但是没在图中标记选取的截面所在位置。

2018 年春季城市设计

陈子逸 谢静萍

孟令帅

曾兰杰

　　该设计方案以首钢工业区地块的更新发展为主题，保留基地中有遗产价值的工业建筑，通过金属构架形成的空中玻璃连廊将部分建筑与工业构筑物连在一起，形成独特的工业创意园区的氛围。该方案充分利用周边山水地景、水景等环境景观，形成了功能流线合理的空间。总平面表达完整，建筑体块和立面造型需深化，图纸表现水平有待进一步提高。

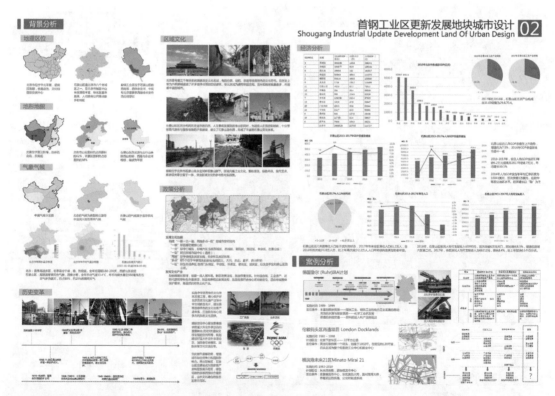

　　该图纸部分主要由背景分析和案例分析构成，该小组在项目背景分析时考虑到地理区位、历史沿革、社会经济构成等多种分析，城市设计分析思考角度较为完善，但是如果能考虑图纸排布先后顺序会更好，例如政策分析应当相对靠前。在案例分析层面，该小组通过对不同案例的多方面分析来提取其中设计精华部分，并加以总结分析利用。

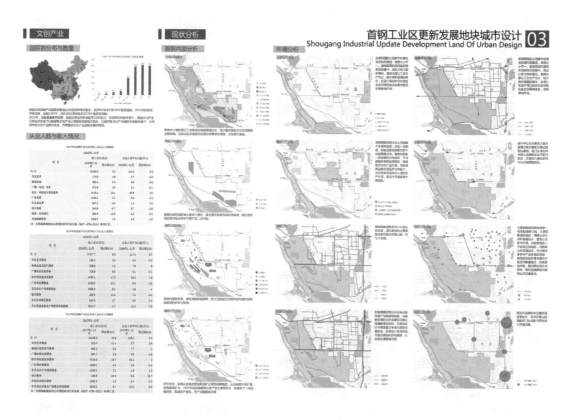

2018 年春季城市设计　谢静萍　陈子逸　孟令帅　曾兰杰

首先以文化创意产业为切入点对场地内不同分区与数量进行分析，结合从业人数和收入情况进行阐述，但缺少总结性结论语言。其次，对场地的现状也从不同的角度进行分析阐述。整体来说，该小组的方案前期分析相对是全面完善的。

该图纸部分为场地规划设计的总平面图，图纸标记较为详细，但缺少比例标记和设计说明的阐述。方案选址在南面有大面积的群民湖，北边有凉水池，西边有永定河，西北侧有石景山，周边的山水环境俱佳。图面表达效果较好，但总平面图设计里缺少植被的布局设置。

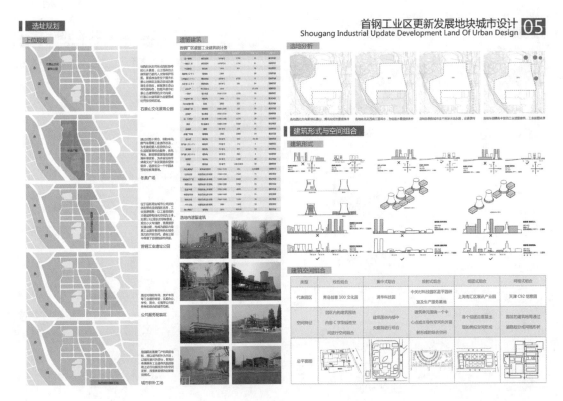

该部分图纸主要由规划选址和建筑形式与空间组合构成。该小组在选址时对不同地段进行分析总结，最终选取了该小组的规划设计地段，并对地段内的工业遗留建筑进行分析，在选取场地上进行标记。在对遗产地区进行设计时，该小组对如何与遗产建筑结合的建筑形式进行演变推导，并结合规划场地的建筑空间进行分析阐述，整体分析较为详细。

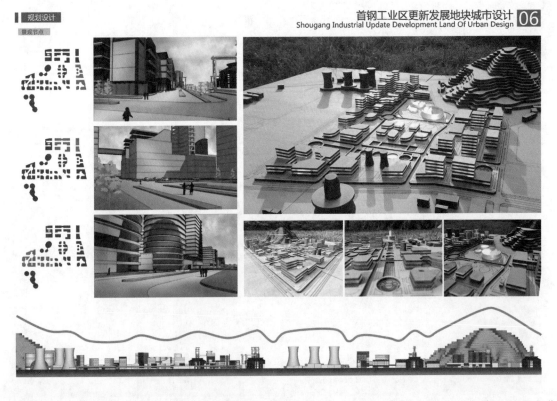

该部分图纸主要是对场地规划设计的分析图展示，通过不同分区的区块图结合模型节点效果图形式进行阐述。随后是小组手工制作的实体模型展示，他们选取重要地点的模型照片组合表达城市设计效果，同时截取模型中的不同重要节点进行展示。最好是以计算机辅助模型结合场地周边环境所构成的立面图来展示场地规划的天际线关系。

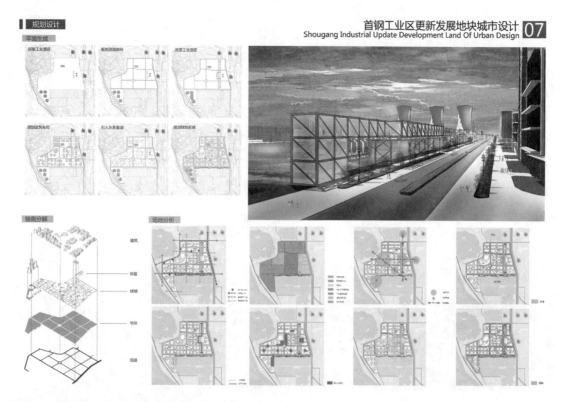

2018 年春季城市设计

陈子逸　孟令帅　谢静萍　曾兰杰

　　该图纸部分主要由场地城市设计构成，首先阐述了场地总平面的生成，结合工业遗产建筑保留规划确立路网和功能分区，随后完善建筑和场地环境等因素。之后通过轴测图的形式从三维层面进行更详细的分析阐述。随后对场地设计进行的详细分析，从流线分析、功能分区分析、绿化分析等多角度进行城市设计分析阐述。

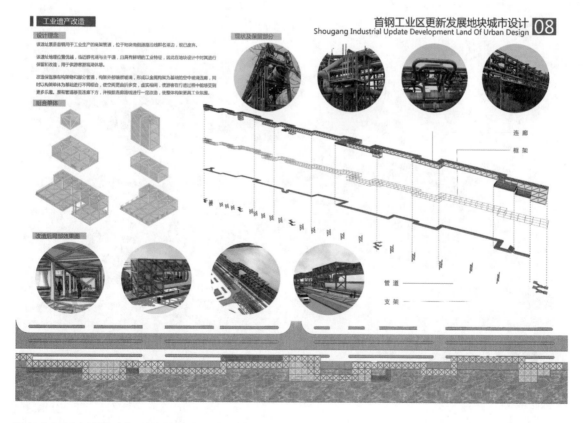

　　该部分图纸主要阐述规划地块的工业遗产改造设计分析。首先阐述了城市设计理念，其次对工业遗产的单体建筑及其组合形式进行分析阐述，结合城市设计改造和局部效果图进行阐述。再次对现状保留的管线和规划后的管线构成进行分析，最后以顶视图形式将在规划设计场地中的设计体现出来。

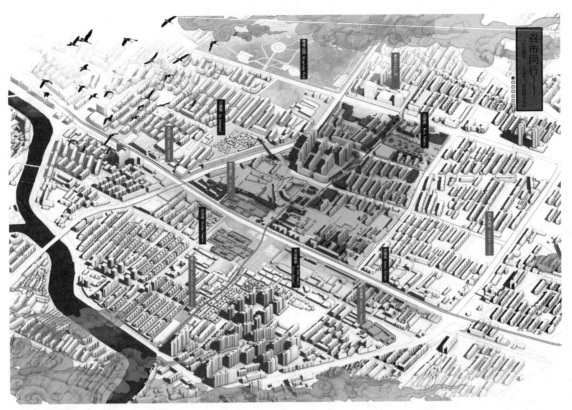

　　该小组成员参加北方四校联合城市设计课题，该届城市设计题目是内蒙古呼和浩特市的席力图召地段的城市设计。小组以"召市同行"为题目进行切入，将规划地区改造的旧遗址建筑与小组设计的古风建筑规划相互结合，在遗产建筑保留的同时，结合古风建筑为规划地块提供多种元素的组合效果。整体古街以线性走廊为主，其余地块提供配套互补功能，整体元素多样，视觉效果较好。

　　该部分图纸以整体总平面图为核心，结合周边一些地块空间环境进行分析。在该小组的总平面图绘制中整体图面效果较好，但是缺少了很多必要的标记，例如建筑性质、出入口的标记、图面比例、比例尺等必要因素。在对地块进行分析时采用轴测的形式对不同性质的要素进行分析，相对来说是比较全面的分析研究。

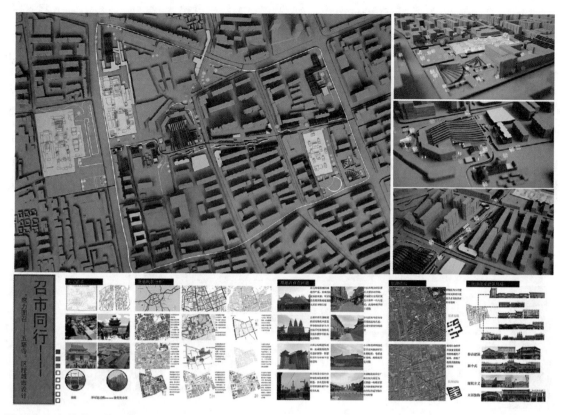

该部分为实体模型部分集合一些前期调研分析。该小组在实体模型鸟瞰图的基础上加入白色线形流线来指示地块内部交通流线的关系，但是只采用一种颜色，不能明确人行和车行交通流线的关系。该小组成员在前期分析的图纸绘制内容丰富，这样图面效果较好。

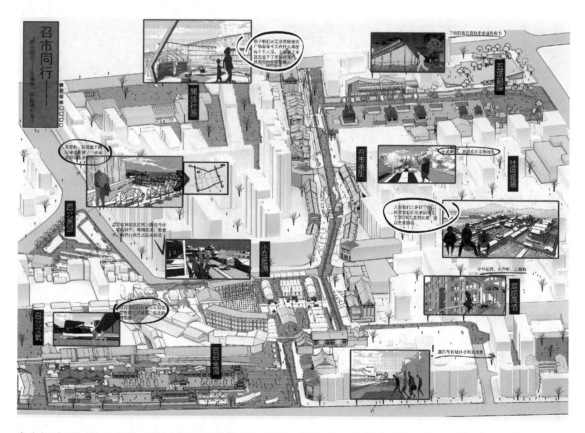

该小组成员以单着色形式的计算机辅助模型为底图，通过对不同的重要街区分区进行填色，来体现不同功能街区分区在规划场地中的位置和功能，结合部分节点效果图和文字充分介绍宣传小组设计的规划思路。并将几个不同的街区分区通过古镇步行街进行连接，使得规划设计的整体性得以展现。

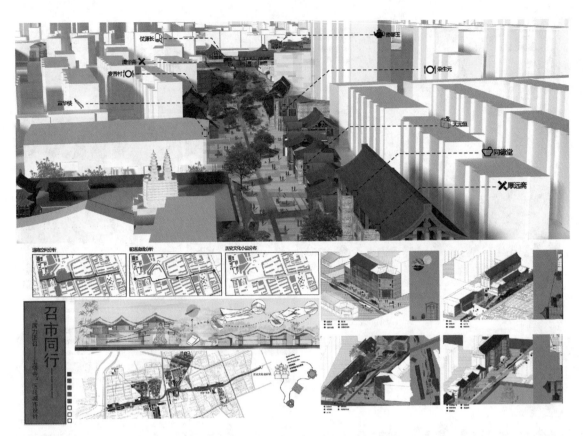

首先该小组对规划地块内的呼和浩特市历史街区步行街地区以鸟瞰图的形式进行展现，并对呼和浩特市历史街区步行街中的多种不同功能业态的建筑进行标记，使得历史街区步行街业态越显丰富。随后是对其道路空间分析、文化小品分析和部分节点的效果图进行分析，整体分析全面，思路清晰。

该部分是小组成员选取的场地节点的效果图，是历史街区地块的中心广场效果图，整体图面小而较好，但是缺乏绿植的配置。随后结合其余地点的效果图将小组整体设计的重要节点逐一展示。然后以人的需求为切入点，对不同的人的行为、人的流线和功能区的设立进行分析讲解。

该部分图纸同上图一样，以节点局部效果图配合其周边的节点效果图进行展示，整体图面较好，但是能在广场设立一些高低层次错落或者一些小品建筑会使场地设计更加丰富多彩。而后便是对该场地的建筑关系进行分析阐述，结合该地区的剖面透视图进行详细解释。

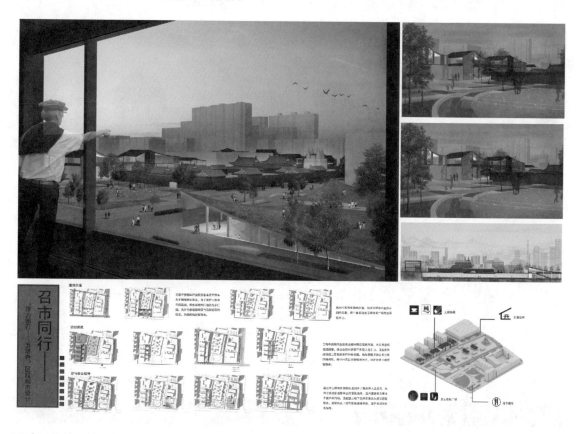

通过以场地周边建筑内部的人的视角来表达小组规划实际地块的效果图，结合场地周边节点效果图将小组设计进行展示，整体图面效果较好，内容也很丰富。随后是对城市设计规划地块功能的多方位分析，内容相对丰富。

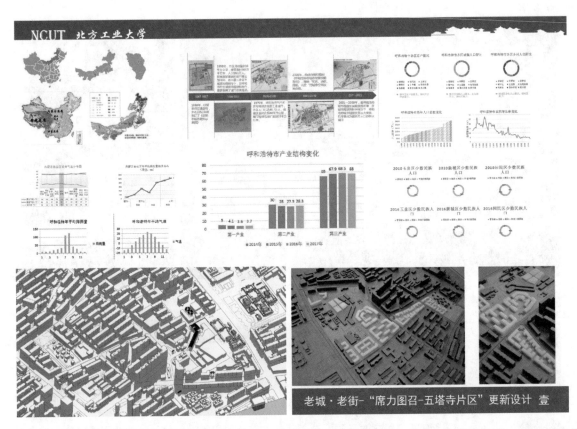

老城·老街-"席力图召-五塔寺片区"更新设计 壹

　　该小组成员对五塔寺片区进行规划的第一张图纸以前期分析为主，结合上位规划、历史沿革、相关经济指标等数据进行阐述，内容丰富，图面采用多种暖色调颜色勾勒，整体显得更加充满生机和活力。随后加入计算机辅助设计模型和手工制作模型的鸟瞰图来阐述小组的规划设计，整体效果较好。

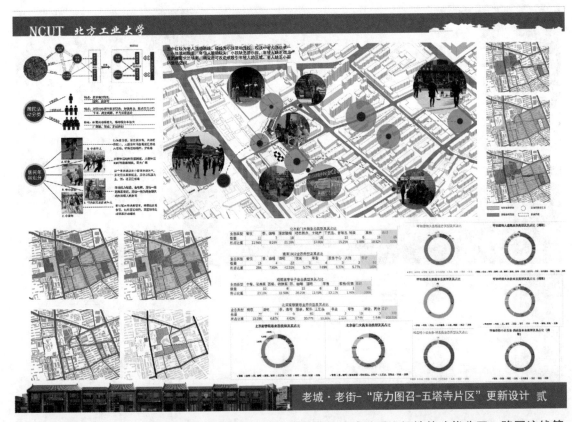

老城·老街-"席力图召-五塔寺片区"更新设计 贰

　　该部分图纸是对场地的前期分析，主要分析了场地使用者的构成关系、场地的功能分区、路网流线等，图纸整体内容丰富。该小组以鸟瞰图结合主要节点标记配合小组调研图片对场地的前期现状进行更丰富的展示。将分析图与数据图结合，使得前期分析内容更加充实。

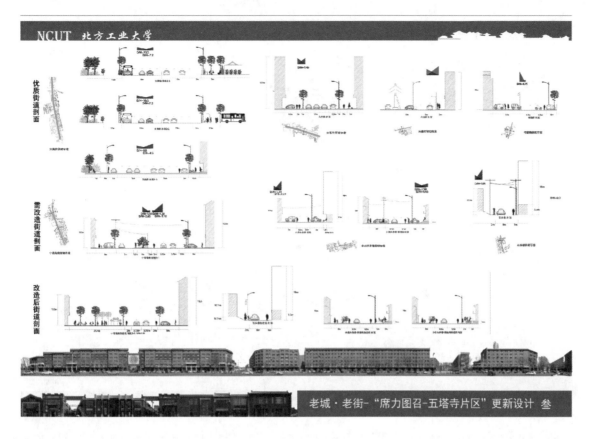

该部分图纸为小组对规划场地各种街道的不同尺度的立面分析，通过立面图纸的形式将地块内不同空间尺度的街道展示出来，并在原图的总平面缩略图上进行标记，内容较全面。最好结合场地的立面图纸来进行表达，但立面图纸未标记选取方向。

该部分图纸通过对场地内四个分区的几个重要建筑，基于计算机辅助模型的鸟瞰图提取出其单体模型的元素，并进行一些演变设计的分析。同时，该小组对部分空间的优化设计也进行分析图纸绘制。

该部分图纸以总平面图为地图加入几个重要节点的标记，鲜明地表达这些节点对整个用地城市设计的重要作用，同时利用计算机软件建构辅助模型的效果图来对规划设计场地内的几个重要功能节点进行现状分析。随后通过对其中一部分的建筑群体的设计演变进行分析图纸的绘制，充分展现小组的规划设计思路。

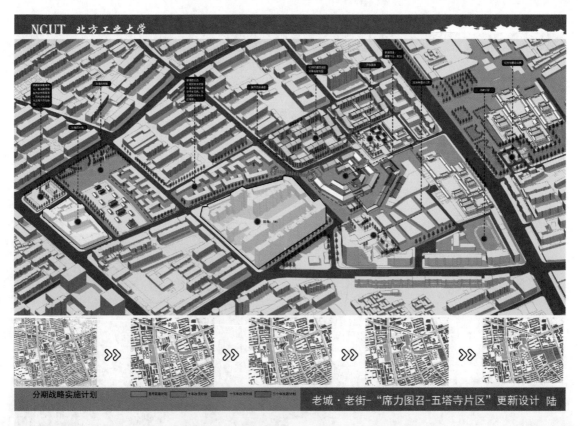

该部分图纸为小组的规划设计的鸟瞰图，整体图面效果较好，城市设计场地以蓝色为底，人行空间以暗红色为带，分别明确标示。但是缺少绿色植被和绿地景观系统的覆盖表达，缺少公共空间的标记以及建筑周边场地的完整设计。由于视角较高，所以影响相对较小，但是图面功能略显单一。

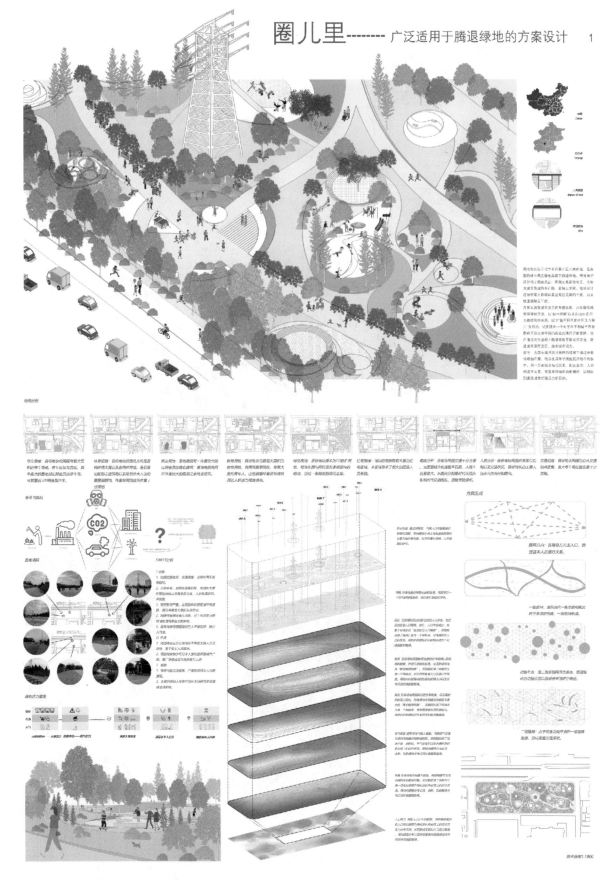

圈儿里------- 广泛适用于腾退绿地的方案设计 1

该小组对于腾退空间改造以"圈儿里"为题，整体以简单的穿行流线配合各个功能节点来设计，在提供人与人交往的空间的同时配以不同的配套服务设施，整体设计完善，该小组对场地地形进行认真细致的分析，但是在图纸设计表达上没有给予明确的体现。图纸前期分析内容丰富，图面效果良好。该组方案参加了2018年北京市公共空间城市设计竞赛，并获得入围奖（三等奖）。

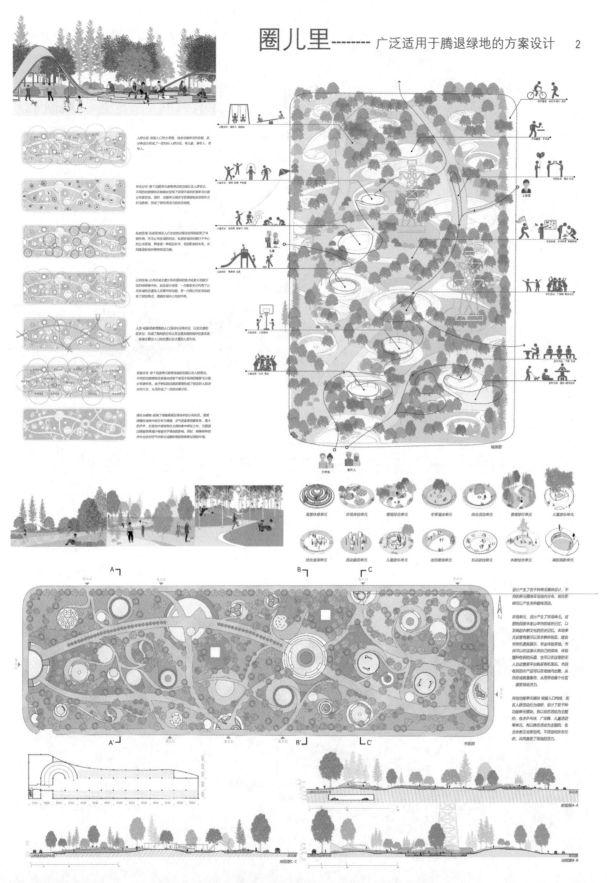

2018 年北京市公共空间设计竞赛获奖　王柄棋　孔祥慧　司文

该部分图纸主要对场地设计的各个节点功能进行阐述，在上半部分的分析图纸中阐述小组对于不同使用人员的不同功能分区的布置，并以分析图的形式对场地内不同功能分区及其流线关系进行分析研究。下半部分则是结合总平面图城市设计说明，并在总平面图的基础上表示 3 个剖面图选地，在图纸上表达，整体图面效果良好，但是缺乏部分规范化的制图图例表示，例如指北针、比例尺、出入库、建筑功能与层高数值方面等一系列标记。

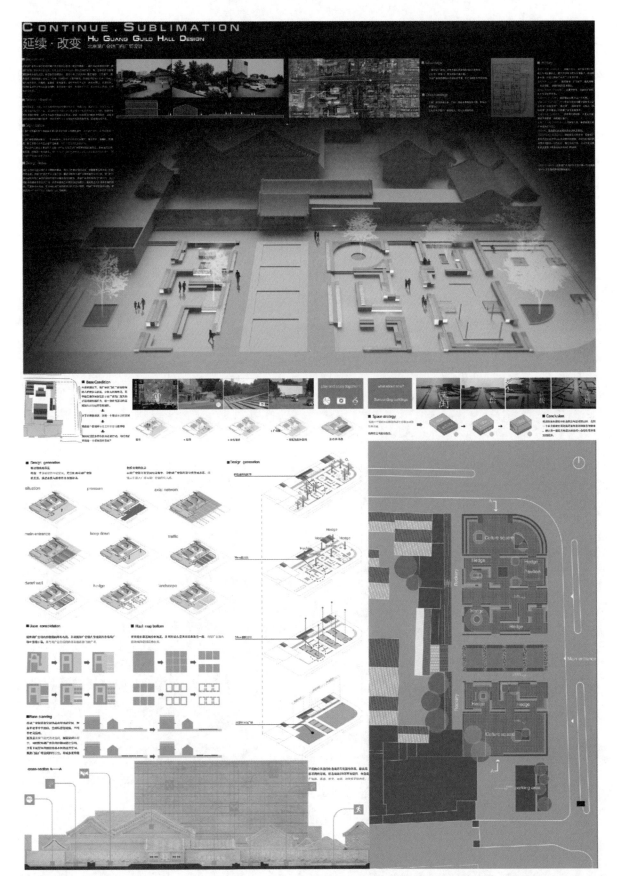

　　该小组以"延续·改变"为题目进行场地设计，上半部分的鸟瞰图整体图面效果较好，前期分析内容丰富，图纸布置良好。图纸下半部分则是场地的多种分析，首先阐述了小组对于场地各个功能分区的演变设计思路，并结合相对简明的总平面图和立面图进行阐述，在立面图中表示各个建筑的功能。但是绿植的体现较少，随后的总平面图图纸表达比较简单，一些需要的标记并不完整，且图面的表现效果一般。

　　该组方案参加了2018年9月的北京市规划和国土资源管理委员会、北京市发展和改革委员会等举办的城市设计竞赛"北京市公共空间城市"设计竞赛，并获得优秀奖（二等奖）。

CONTINUE . SUBLIMATION

延续·改变 HU GUANG GUILD HALL DESIGN
北京湖广会馆门前广场设计

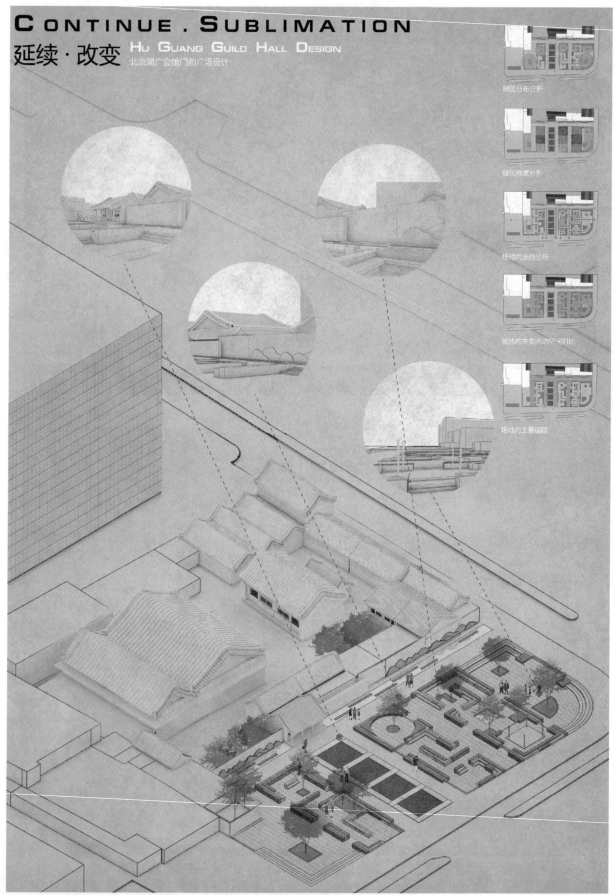

树园分布分析

绿化程度分析

场地内流线分析

场地内主要活动空间对比

场地内主要道路

　　该部分图纸以计算机辅助设计模型鸟瞰图为主要核心内容，并在鸟瞰图的基础上标记各个主要节点的效果图，表达了"湖广会馆"要尽量在外部建筑立面上再现较多的湖南和广州的地域文化景观，包括立体围墙上的景观山水石雕的表现。充分利用高低不同标高与尺度围合的广场空间进行市民各种活动空间的联系与分隔。整体缺少相对较详细的解释说明文字内容。随后对场地的各个功能分区和流线进行分析阐述，但是也缺少相关的解释说明文字内容。

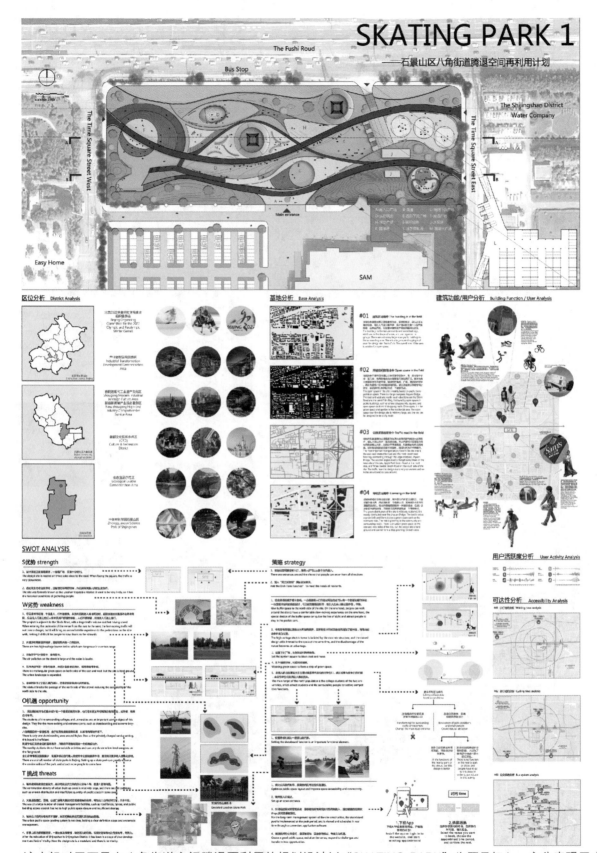

　　该小组对于石景山八角街道空间腾退再利用的规划设计以"SKATING PARK"为题目切入。充分表现了在石景山区市民公园要尽可能和首钢工业园区 2022 年冬季奥运会的主题相匹配，所以，该城市设计方案选题为"SKATING PARK"即滑冰主题公园。总平面图相对表达较好，需要的标记基本都含在其中。随后的一系列前期分析内容丰富，包括区位分析、基地分析、用户分析等内容，相对全面。而后对场地的各个功能进行分析阐述，内容以文字为主，相对丰富，图面效果较好。

　　该组方案参加了 2018 年北京市规划和国土资源管理委员会、北京市发展和改革委员会等举办的城市设计竞赛"北京市公共空间城市"设计竞赛，并获得优秀奖（二等奖）。

　　该方案中不同大小、形态的滑板碗池是从石景山没有滑板场地以及附近有很多的学生，学生又很喜欢玩滑板中汲取灵感。本次的设计方法是将滑板碗池、织补绿化景观带和下沉空间有机结合并通过场地空间的排布自然组合起来。这三个设计理念来源于希望重新焕发场地活力，创造出独特并且生机勃勃的空间感觉。该方案上半部分为场地鸟瞰图结合相关的设计说明，但是缺少经济技术指标的说明。随后是场地的剖面图，虽然未标记剖面图选取的场地所在，但是图面效果较好，明确场地内的高低差关系，并结合各种场地节点效果图进行阐述。同时该小组方案对于场地的分析内容，整体内容丰富，图面效果良好。

　　该部分以小组的场地鸟瞰图为主要部分，设计场地鸟瞰图，场地选址在北京城市街区，图面效果十分丰满，同时结合相关分析，内容也比较充实。

　　该部分为小组方案的节点效果图和相关场地前期分析，内容丰富，图面效果良好。

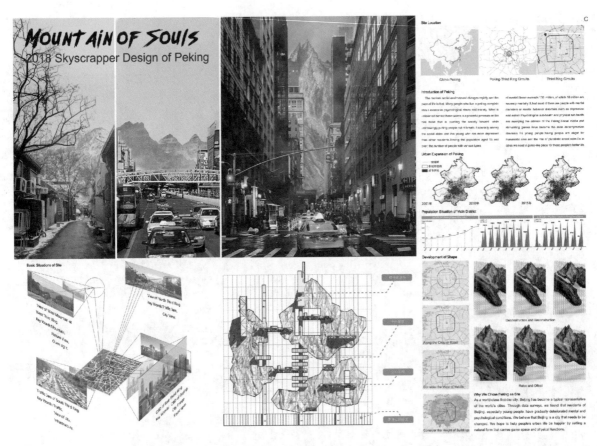

　　该部分主要对设计场地的前期分析和部分节点的效果图，效果图整体图面效果较好，分析内容相对翔实丰富。

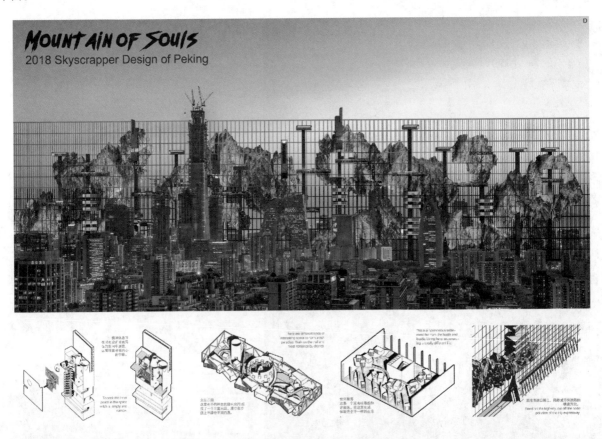

　　该小组对场地总平面图的表现相对较弱，内容过于丰富，导致阅读者对相关信息获取能力较差，随后结合场地部分节点的分析阐述小组对场地设计的整体思路。整体图面效果较好，但是内容有欠缺。

该小组对首钢工业区场地设计以"对城市环境和生态空间的重塑"为副标题切入。城市设计的场地设计各个功能分区明确,沿河设立滨河景观带同时规划有较好的步行带,但是各个建筑的周边场地设计较差。随后的前期分析多以图片和分析图为主,内容相对充实。

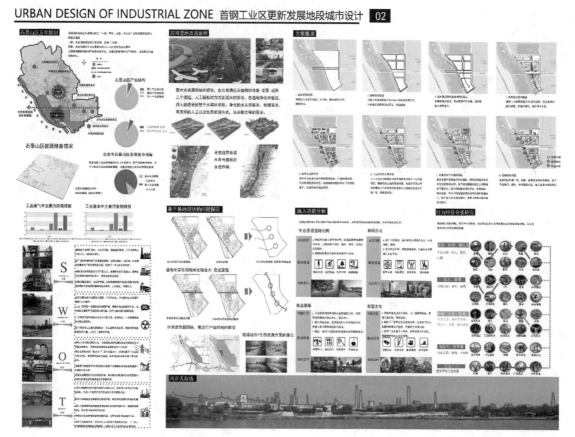

该部分为场地的前期分析内容,包含区位分析、功能分区分析、流线分析、使用人员分析等一系列的分析内容,相对完善,图面效果良好。

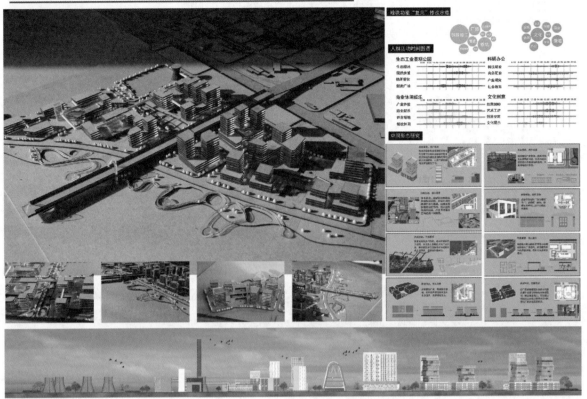

该部分为小组的手工模型并结合部分节点绘制的鸟瞰图。同时以结合对场地使用者的分析和场地空间的研究为主要分析图。在图纸下半部分为立面图。整体图面效果良好，但是缺乏部分解释说明文字和立面图的部分标记。

URBAN DESIGN INDUSTRIAL ZONE 首钢工业区更新发展地段城市设计 04

该部分为小组对城市设计的场地设计的总平面图，基本的标记都包含在其中，但是缺乏总平面图出入口标记，整体图面效果良好。

2017 年春季城市设计

程一 刘静 肖姗 杜素仙

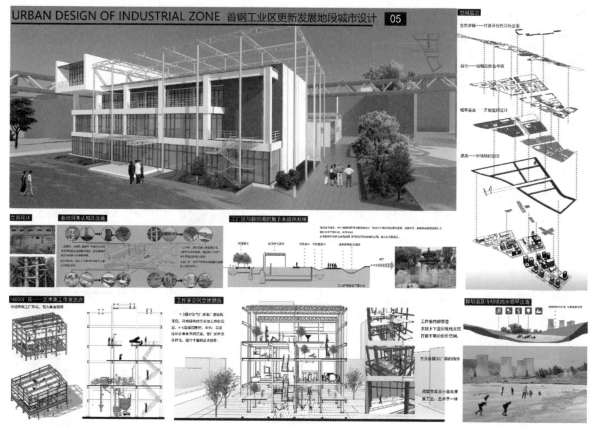

　　该部分为小组成员绘制的节点效果图和相关的场地设计分析，包含交通流线分析、水塔改造空间分析等。该小组考虑到场地内需要保留的工业遗产并将其更新改造加入小组的场地规划设计之中，内容相对丰富。

　　该部分为场地的人视效果图、结合部分节点的节点效果图。在图纸下半部分的分析图缺少标记，难以分清其分析图绘制的目的。随后的立面图也未标记选取区域，难以立即分清是哪部分的立面图。

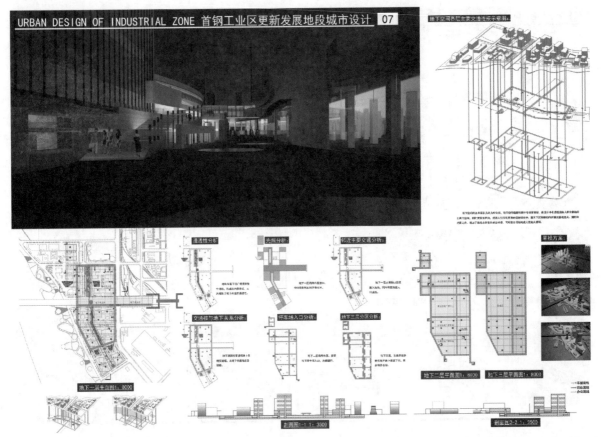

该部分图纸上半部分为节点效果图和场地规划设计的地下空间分析，整体分为三层平面图空间，但是缺少相关解释说明的分析和文字。随后是场地的功能分区分析、绿化分析、流线分区分析等图纸，内容相对丰富。

该部分图纸上半部分为设计场地鸟瞰图和节点效果图。下半部分以场地景观种植植被分析为主要分析图，信息内容较为丰富，图面效果较好。

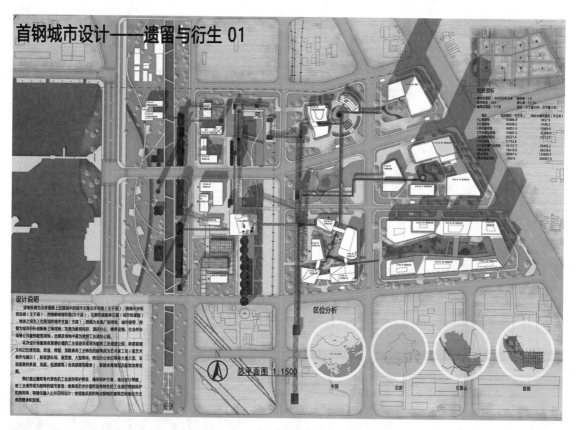

该小组成员对首钢场地设计以"遗留与衍生"为题目切入，整体设计相对丰富，并采用空中步道来串联起各个功能分区，使场地联系更加密切，但是滨水地带以绿化植被为主，缺乏具体的亲水平台景观设计，虽为之提供步行道，但缺少人与亲水空间的互动景观设施。

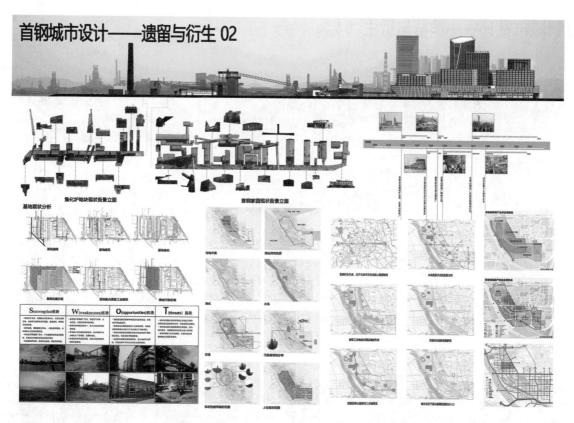

该图纸首先是整个城市设计场地的立面图，但是缺少标题，不清楚是哪个方向的立面图。只能表达场地天际线，未能表达场地高低关系。随后主要以前期分析为主，包含用地性质、历史沿革、SWOT 分析等，内容丰富，图面效果良好。

2017 年春季城市设计

邱天　吴思蓉　贺岁

魏晓峰

首钢城市设计——遗留与衍生 03

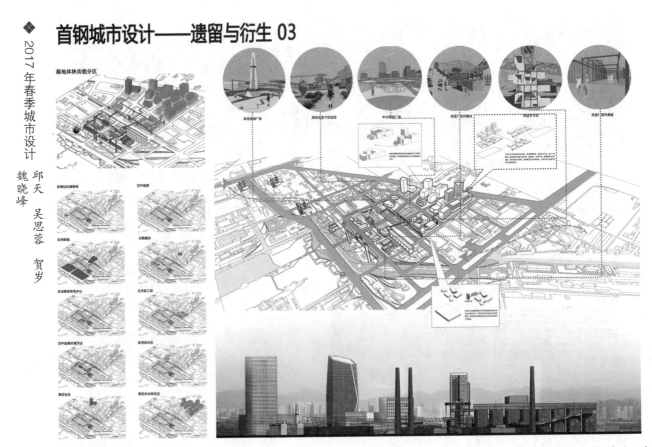

该部分图纸左侧为城市设计规划场地的地块分析，阐述了不同功能分区的位置和其周边功能分区的联系。右侧为场地鸟瞰图，结合部分节点效果图和景观流线图，内容丰富，图面效果较好。

首钢城市设计——遗留与衍生 04

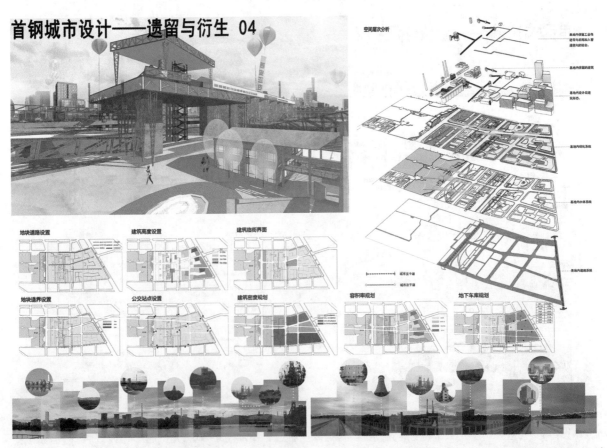

该部分为城市设计场地节点效果图和规划设计场地的各种分析，例如空间分析、景观环境的规划分析、地下空间分析，内容较丰富，图面效果较好。

首钢城市设计——遗留与衍生 05

2017 年春季城市设计

魏晓峰　吴思蓉　贺岁　邱天

该部分为城市设计场地规划设计的鸟瞰图和相关的结构分析，图面效果较好。可以明确表现出空中廊道和各个建筑之间的关系，以及部分工业遗产遗留和场地内部的空间结构关系。

首钢城市设计——遗留与衍生 06

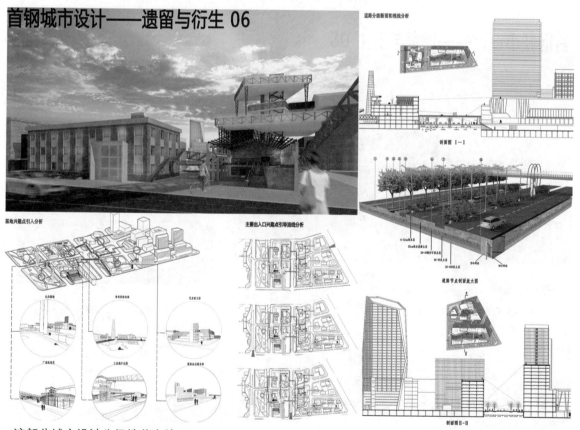

该部分城市设计为场地节点效果图，同时配合立面图和相关通道分析构成本页图纸，该小组对交通道路构成阐述较完善。然后将场地内部的各个功能分区在鸟瞰图里用缩影图进行标记，并配合图片进行阐述，但是还是缺乏一些说明性文字。

2017 年春季城市设计

邱天　吴思蓉　贺岁

魏晓峰

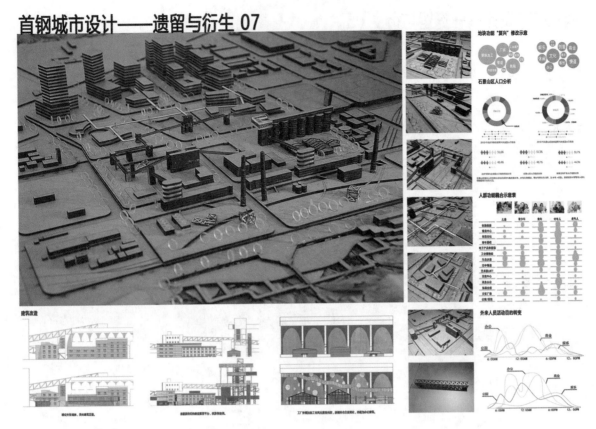

该部分为小组的场地设计的手工制作模型，并配合模型内的部分节点照片进行阐述说明，然后对场地使用者的相关内容进行分析。随后结合城市设计中场地不同角度的立面图进行阐述，但是缺少相关分析图纸的标记。

首钢城市设计——遗留与衍生 08

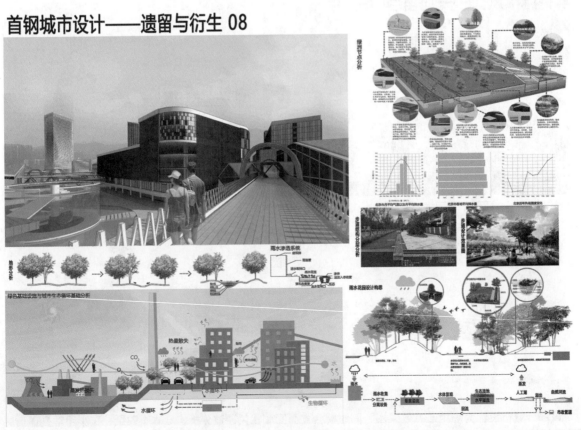

该部分为城市设计中设计场地的规划节点效果图，结合人视效果图及剖面图进行阐述，同时对场地使用绿化植被效果进行分析，整体分析内容较为丰富。

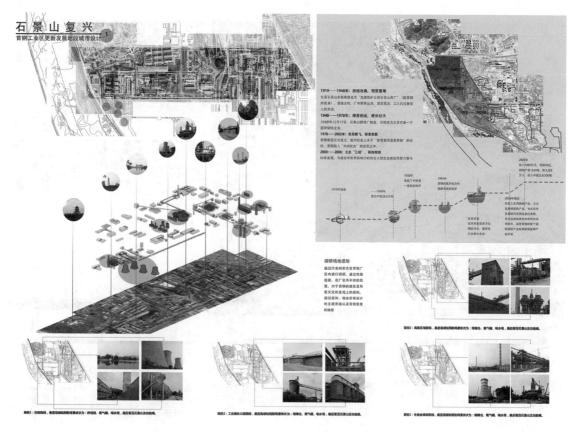

该小组以"石景山复兴"为题目切入。这张图纸主要对场地的前期现状进行分析，首先采用总平面图结合轴测标记出场地内原有的工业遗产所在位置，其次结合分析图阐述遗产周边的用地现状，并阐述场地的历史沿革。整体内容完善。

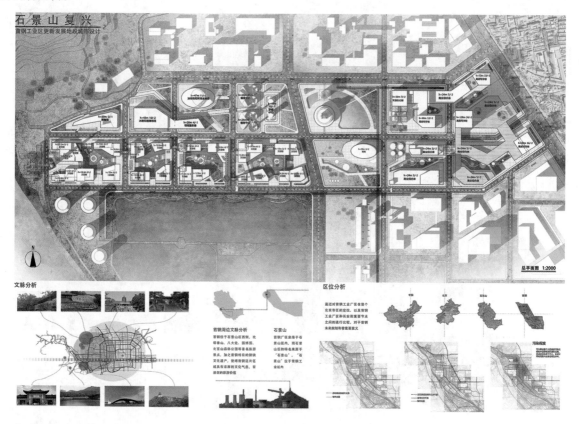

该城市设计图纸上半部分由小组的总平面图构成，基本标记都十分清楚，但缺少比例尺的标记，图面效果良好。场地基本功能布局完善，并且对场地周边的空间进行仔细的设计，但是缺少对亲水平台的设计表现。下半部分是对场地的历史文化分析和区位分析。整体分析内容相对完善，图面效果较好。

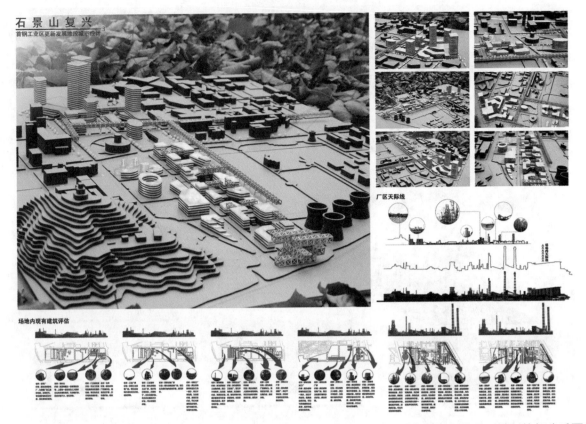

该部分图纸以场地的手工模型为主，左半部分为场地手工模型的鸟瞰图，右侧为场地手工模型的部分重要节点的鸟瞰图。随后结合场地的天际线分析阐述小组对场地的设计效果。并对场地内部的各个功能分区之间的关系进行阐述。

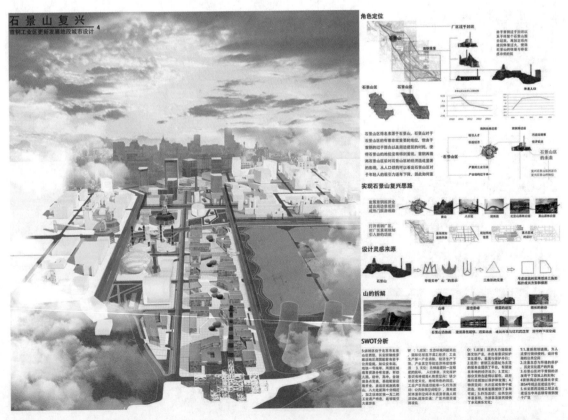

该部分图纸左半部分为场地的鸟瞰效果图，整体相对完善，但是缺少场地周边绿化植被的布置展示，同时沿河场地只设立人行步道，缺少供行人使用的亲水平台。在图纸右侧绘制场地区位分析和设计思路展示的分析图，内容相对完善。

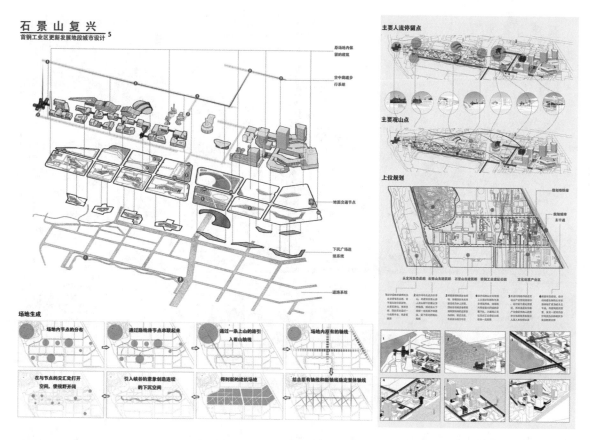

　　该部分图纸首先是场地的各个功能的轴测图，主要由场地车行路线、功能分区、建筑体块、人行流向等分析构成，整体阐述相对明确。其次对场地的各个功能分区进行更详细的分析阐述，整体内容相对完善。

　　该部分为设计小组成员对场地设计的鸟瞰图和节点效果图表达，整体图面效果较好，在建筑周围设计下沉工厂空间，结合绿植的设计可以为当地使用者提供较好的交互空间，增加建筑的活跃性。然后对主要建筑的功能进行相关分析，整体内容相对完善。

2017年春季城市设计

李倩云 戴菁 琚京蒙 范艺 郭孟铭

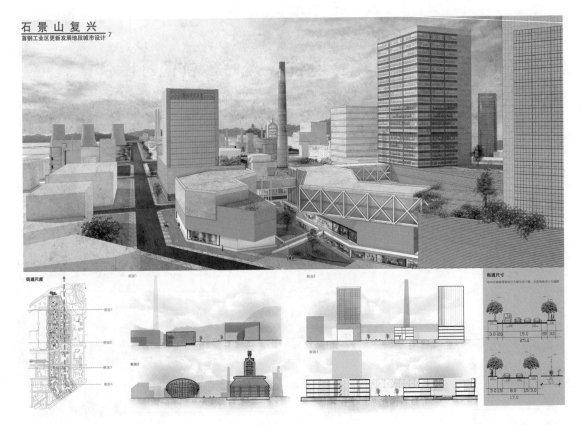

该部分为设计小组成员对场地进行的计算机辅助模型设计的鸟瞰效果图，整体内容完善，图面效果较好。然后结合场地四个角度的立面图对场地设计进行分析阐述。并结合场地道路的剖面图对场地路网状况进行分析，各部分图纸表达相对明确。

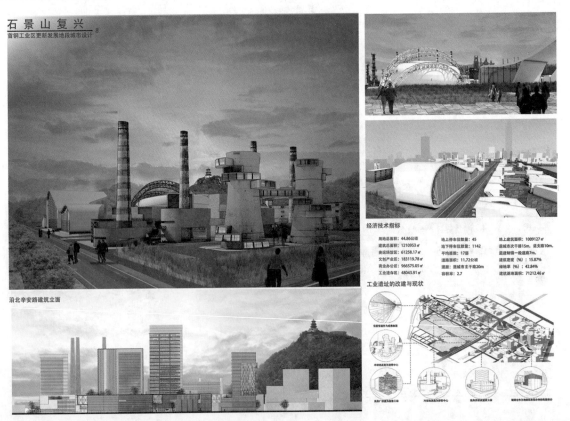

该部分为设计小组成员对场地节点的效果图表现，对场地的设计结合周边的工业遗产进行分析总结，对场地工业遗产的链接相对完善，同时周边设立绿植为行人提供休憩场所，空间整体性相对较好。结合场地的节点效果图和沿街立面图进行表现。

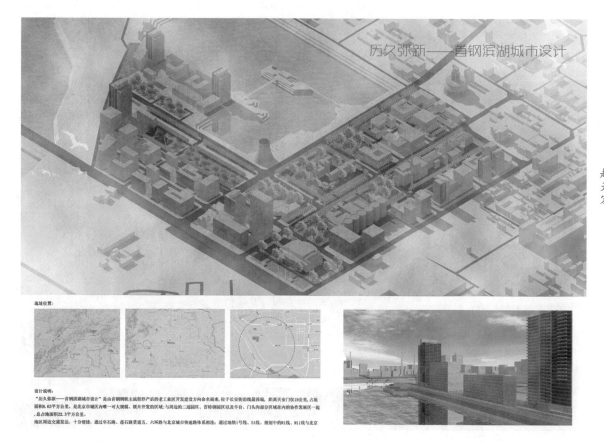

2017 年春季城市设计

王彦鑫　邵佳铭
赵天宏　刘志远

选址位置：

设计说明：
"历久弥新——首钢滨湖城市设计"是由首钢钢铁主流程停产后的老工业区开发建设方向命名而来，位于长安街沿线最西端，距离天安门约18公里，占地面积8.63平方公里，是北京市城区内唯一可大规模、联片开发的区域；与周边的二通园区、首特钢园区以及丰台、门头沟部分区域在内的协作发展区一起，总占地面积22.3平方公里。
地区周边交通发达，十分便捷，通过阜石路、莲石路贯通五、六环路与北京城市快速路体系相连；通过地铁1号线、S1线、规划中的R1线、M11线与北京

该小组成员对首钢场地设计以"历久弥新"为题目切入，整体城市设计手法较为简明，规划场地内建筑形体相对简洁，缺少建筑细节处理，同时对场地周边的开放空间场地也缺少相应的设计，在滨水区缺少人行步道和亲水平台的设计。图面效果较好，但是内容相对简单。

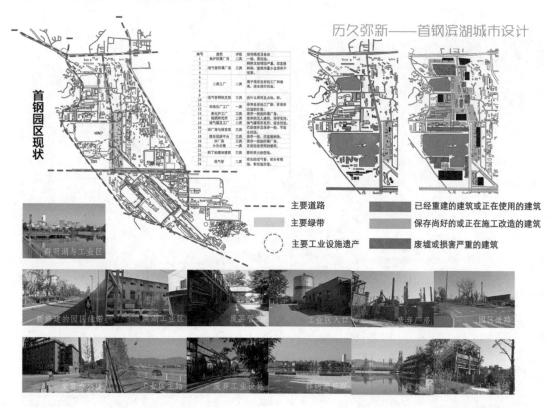

历久弥新——首钢滨湖城市设计

首钢园区现状

- - - 主要道路
主要绿带
主要工业设施遗产

已经重建的建筑或正在使用的建筑
保存尚好的或正在施工改造的建筑
废墟或损害严重的建筑

该部分图纸为小组成员对首钢场地的前期现状调查的分析，主要阐述了场地内的流线和各个功能分区里的建设状况，并结合小组的实地调研图片进行阐述。但场地调研图片未标记在场地上，一般同行们不清楚具体调研照片的具体位置。

2017年春季城市设计

王彦鑫

赵天宏

邵佳铭

刘志远

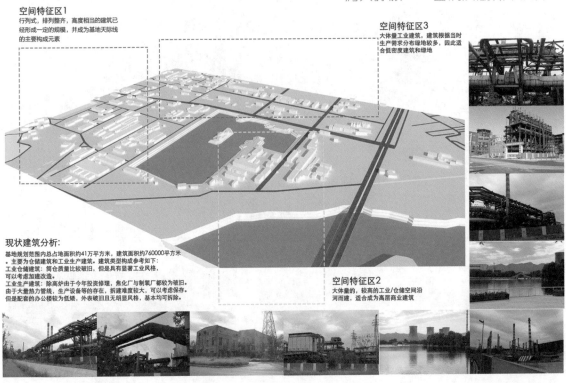

空间特征区1
行列式，排列整齐，高度相当的建筑已
经形成一定的规模，并成为基地天际线
的主要构成元素

空间特征区3
大体量工业建筑，建筑根据当时
生产需求分布绿地较多，因此适
合低密度建筑和绿地

现状建筑分析：
基地规划范围内总占地面积约41万平方米，建筑面积约760000平方米
。主要为仓储建筑和工业生产建筑。建筑类型构成参考如下：
工业仓储建筑：筒仓质量比较破旧，但是具有显著工业风格，
可以考虑加建改造。
工业生产建筑：除高炉由于今年投资修理，焦化厂与制氧厂都较为破旧。
由于大量热力管线，生产设备等的存在，拆建难度较大，可以考虑保存。
但是配套的办公楼较为低矮，外表破旧且无明显风格，基本均可拆除。

空间特征区2
大体量的，较高的工业/仓储空间沿
河而建，适合成为高层商业建筑

该部分城市设计图纸为场地的现状环境的计算机辅助设计模型，结合不同颜色的车行流线标记来表达场地的现有路网，并在模型中以矩形方块来标记场地的不同空间特征，并结合场地调研照片进行阐述，整体相对简单。

历久弥新——首钢滨湖城市设计

总平面图 1:1500

该部分城市设计图纸为小组对场地的规划设计总平面图，整体相对完善，但是部分区域缺少对人行路网的设计以及建筑周边场地的空间设计，缺少出入口的标记，缺少比例尺以及图纸说明标记，内容相对欠缺。

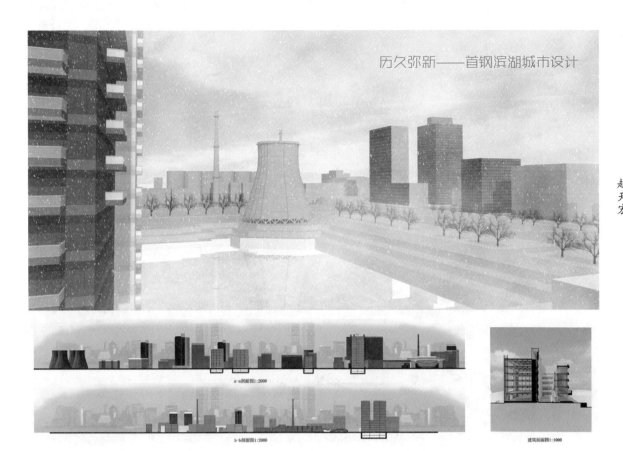
该部分城市设计图纸为小组对场地设计的计算机辅助设计模型节点及效果图和场地三个角度的立面图，小组对场地亲水空间的场地设计比较简单，对人行路网设计也相对简单。

历久弥新——首钢滨湖城市设计

该部分为城市设计场地内的四个角度的立面图，主要表现结合场地的城市街道天际线，但是整体内容和上一张图纸相对重复，并结合场地内的几个重要建筑的节点效果图和手工制作模型的节点照片，进行综合分析与表达。

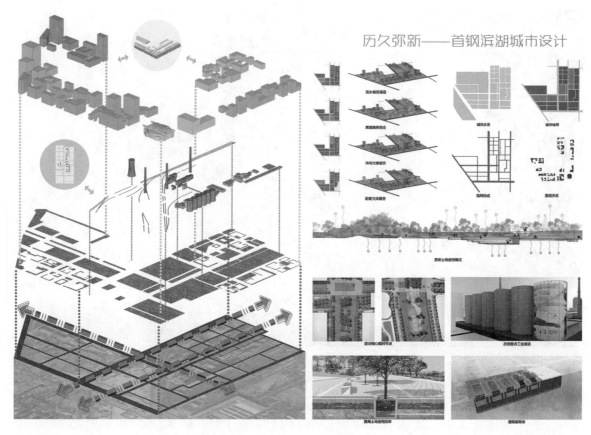

2017 年春季城市设计
赵天宏
王彦鑫 邵佳铭
刘志远

该部分为小组成员对场地设计的整体功能分析图，首先以轴测图的形式对场地的交通流线、绿地布局、功能分区和建筑形态进行分析阐述。并结合之后的分析图进行详细阐述与表达。但是缺少对绿地的人行道路的设计，整体相对简单。

模型照片

该部分为小组成员对场地设计的手工制作模型的照片，从多个角度模型照片表现来描述整体设计，效果相对较好。但是场地设计的建筑周边空间和绿植摆设缺乏整体设计。

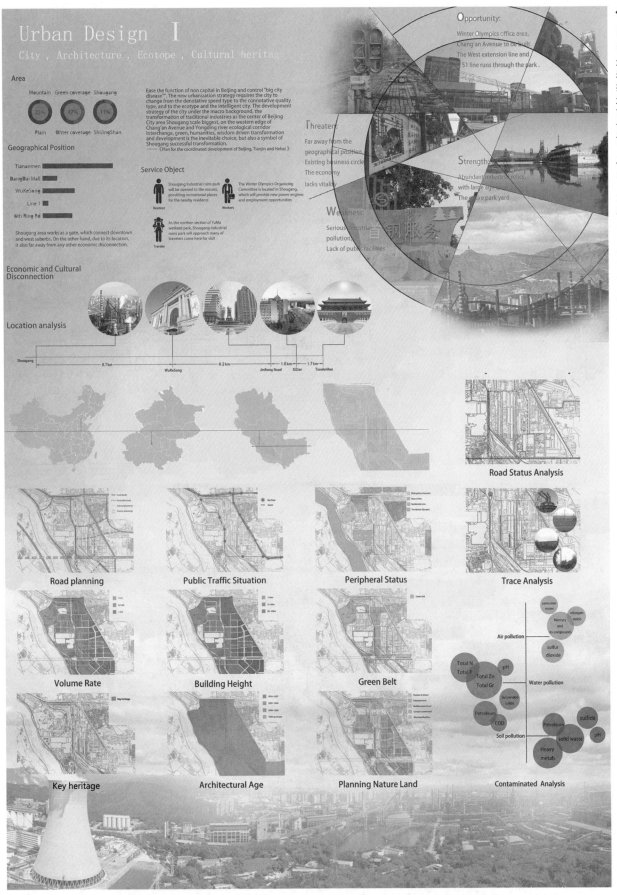

该部分城市设计图纸内容为小组的首钢地段的场地设计的前期分析内容，包含历史沿革、道路交通系统、建筑高度、容积率、主要工业遗产分析，以及场地功能分区、流线分区等分析内容。整体内容相对完善，图面效果较好。

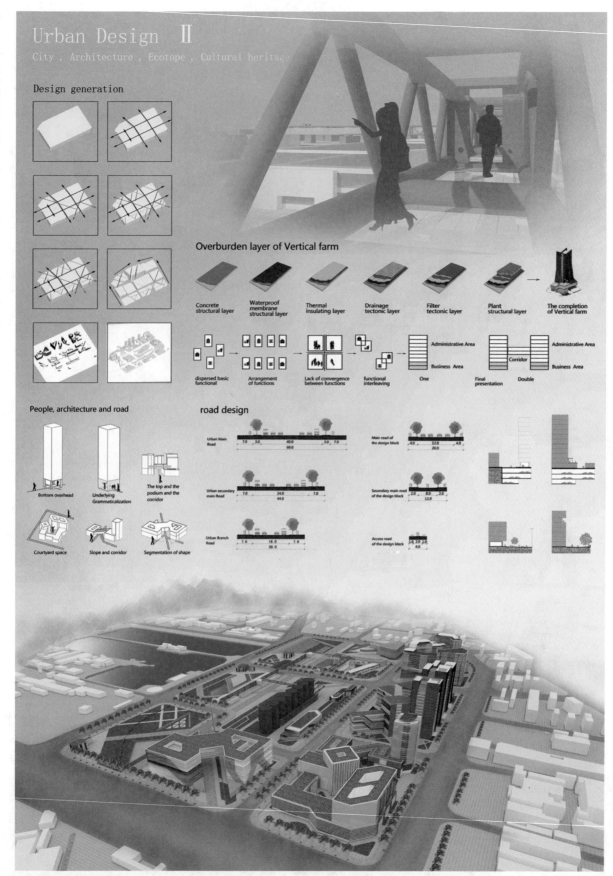

Urban Design Ⅱ
City , Architecture , Ecotope , Cultural heritage

Design generation

Overburden layer of Vertical farm

Concrete structural layer　Waterproof membrane structural layer　Thermal insulating layer　Drainage tectonic layer　Filter tectonic layer　Plant structural layer　The completion of Vertical farm

dispersed basic functional　Arrangement of functions　Lack of convergence between functions　functional interleaving　One　Final presentation　Double

Administrative Area　Business Area　Corridor　Administrative Area　Business Area

People, architecture and road

Bottom overhead　Underlying Grammaticalization　The top and the podium and the corridor

Courtyard space　Slope and corridor　Segmentation of shape

road design

Urban Main Road　7.0　3.0　40.0　3.0　7.0　60.0
Urban secondary main Road　7.0　24.0　7.0　44.0
Urban Branch Road　7.0　16.0　7.0　30.0

Main road of the design block　4.0　12.0　4.0　20.0
Secondary main road of the design block　2.0　8.0　2.0　12.0
Access road of the design block　4.0

该部分城市设计图纸为小组对场地设计的相关分析图说明，首先小组对场地进行简单的分割以确立场地的路网流线，其次结合详细的流线确立场地内的不同功能分区的所在位置。并在选取地块内对设计内容的逐步演变进行分析阐述。同时结合道路设计的剖面图以及人与建筑的关系的分析图进行分析阐述。其余部分为场地的模型鸟瞰图，整体图面效果较好，并在场地内的各个建筑的周边空间场地进行人行流线设计，使得场地各个街区的联系相对完善，各个街区建筑有较好的联系。

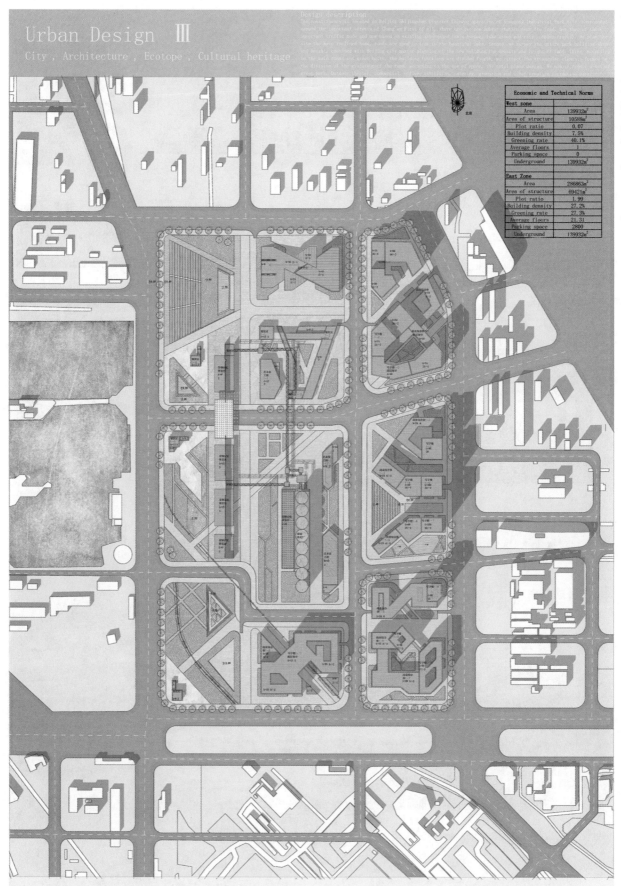

Urban Design Ⅲ
City , Architecture , Ecotope , Cultural heritage

Design description

Economic and Technical Norms	
West zone	
Area	139932m²
Area of structure	10588m²
Plot ratio	0.07
Building density	7.5%
Greening rate	40.1%
Average floors	1
Parking space	0
Underground	139932m²
East Zone	
Area	286863m²
Area of structure	69421m²
Plot ratio	1.99
Building density	27.2%
Greening rate	27.3%
Average floors	21.31
Parking space	2800
Underground	139932m²

　　该部分城市设计图纸为场地的规划设计的总平面图，图面效果较好，但是缺乏出入口和比例尺的标记。场地设计相对完善，同时在场地中心部位设立空中步行廊道，为行人提供较好的步行空间系统，并将各个街区场地进行联系。整体设计较为完善，图面效果也较好。

Urban Design VI

City , Architecture , Ecotope , Cultural heritage

2017 年春季城市设计 段涵 邓雅文 崔兆琦 何昊

该城市设计图纸部分首先为场地的四个角度沿街展开的立面图，但是缺少对立面图的具体表示，缺少相应的文字说明。设计图纸结合手工模型的节点照片和计算机辅助设计模型的节点照片进行表现。该场地设计的整体场地相对丰富，在对工业遗产保留的同时设计较好的空中廊道和配套绿地系统，但是公共空间的设计相对简单，设计缺乏系统性。

344

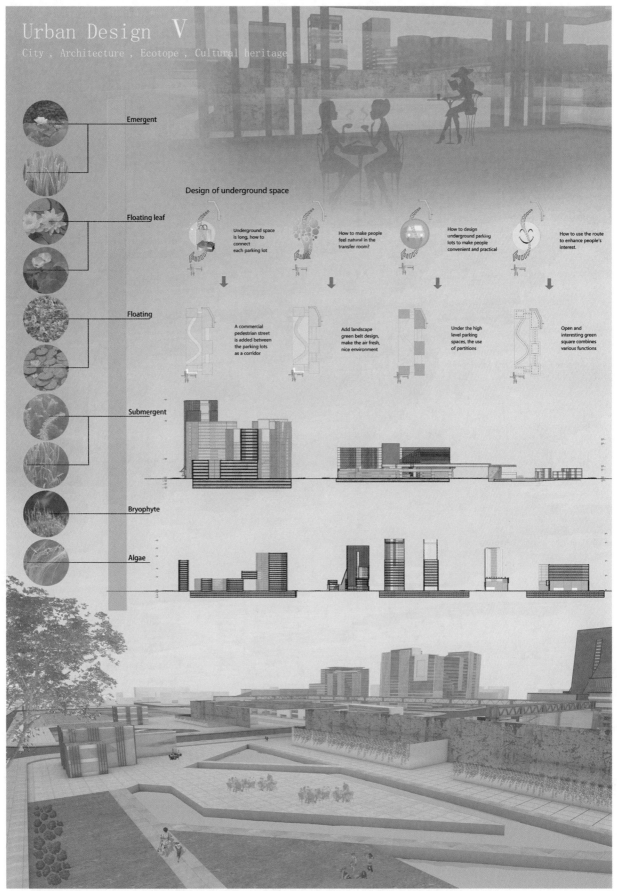

Urban Design V
City , Architecture , Ecotope , Cultural heritage

Emergent

Floating leaf

Floating

Submergent

Bryophyte

Algae

Design of underground space

Underground space is long, how to connect each parking lot

How to make people feel natural in the transfer room?

How to design underground parking lots to make people convenient and practical

How to use the route to enhance people's interest.

A commercial pedestrian street is added between the parking lots as a corridor

Add landscape green belt design, make the air fresh, nice environment

Under the high level parking spaces, the use of partitions

Open and interesting green square combines various functions

　　该部分城市设计图纸为场地的各种设计分析图绘制表达，首先是对场地内的绿化植被设计的分析图，但是缺少相对应的文字说明，使得内容相对简单。其次是对场地的空间设计进行分析，阐述了该小组对场地设计的思路，整体内容较完善，并结合场地的立面图进行阐述。最后为场地的节点效果图，该部分公共空间的设计结合水体景观和绿植的搭配使得场地内容相对丰富完善。

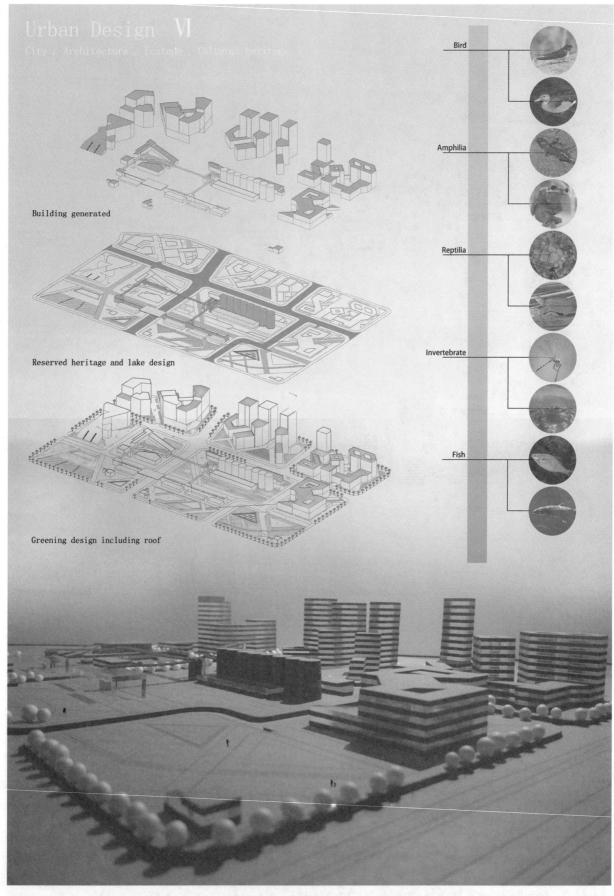

Urban Design Ⅵ

City . Architecture . Ecotoje . Cultural heritage

Building generated

Reserved heritage and lake design

Greening design including roof

Bird

Amphilia

Reptilia

Invertebrate

Fish

　　该部分城市设计图纸为场地的手工制作模型的鸟瞰图结合部分绿化植被设立的分析图。场地的模型设置相对完善，但是缺少绿化植被的模型设立和场地中不同材质材料的布置。随后小组以轴测图的形式对场地内的技术设计、工业遗产设计和绿化植被设计进行阐述。整体设计内容相对完善，图面效果良好。

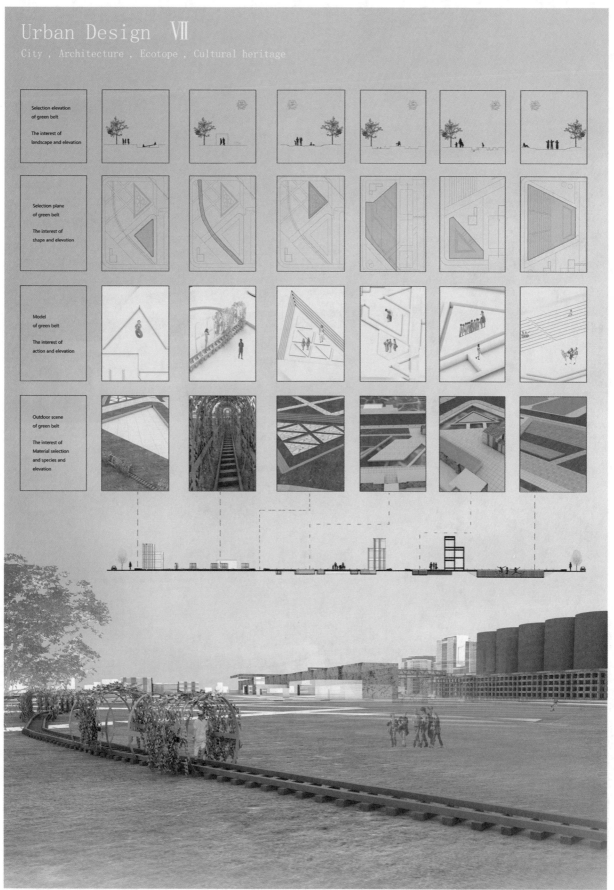

该部分城市设计图纸上半部分为场地的部分节点设计的分析图，该部分分析图为小组对场地设计的具体思路阐述，并表示在场地剖面图上，场地剖面图明确阐述表达场地空间设计的高低关系。随后是场地的公共空间的节点效果图。该部分场地的设置相对简单，缺少相关的配套设施和场地设计。

2017 年春季城市设计　段涵　邓雅文　崔兆琦　何昊

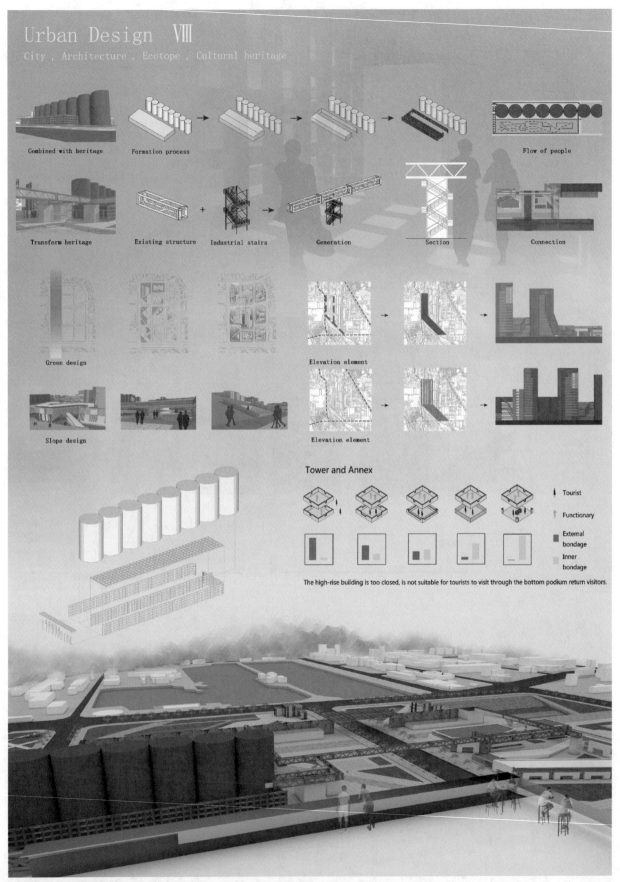

Urban Design VIII

City , Architecture , Ecotope , Cultural heritage

Combined with heritage

Formation process

Flow of people

Transform heritage

Existing structure + Industrial stairs

Generation

Section

Connection

Green design

Elevation element

Slope design

Elevation element

Tower and Annex

Tourist

Functionary

External bondage

Inner bondage

The high-rise building is too closed, is not suitable for tourists to visit through the bottom podium return visitors.

　　该部分城市设计图纸为小组对场地工业建筑的设计演变的过程分析图。小组成员首先提取出场地中需要保留的工业遗产的相关要素，并结合小组的设计思路进行设计分析图绘制，其次对场地相关的绿地系统进行分析，并对场地的相关功能分区之间的联系进行分析阐述，整体内容相对完善。最后是场地的节点效果图，小组设立可驻足的高台为行人提供较好的高空观赏空间，为行人提供较有价值的空间，整体设计图纸相对完善。

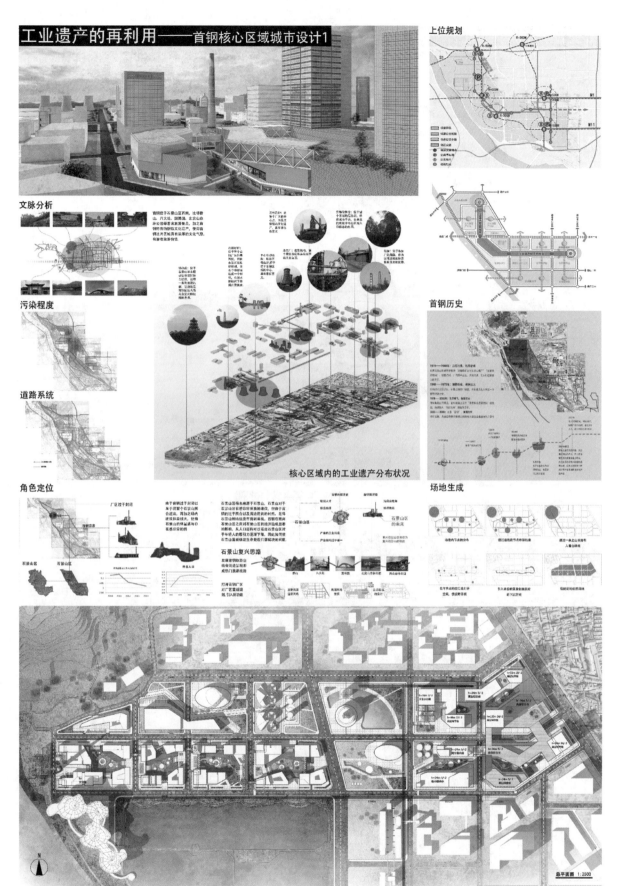

该城市设计方案选址在群民湖北侧，东接北定安路，尊重山水环境，整治了湖水边界、东西长的用地形态。方案合理组织交通系统，结合冬奥会主题设计冰球、花样滑冰、冰壶速滑等场馆。符合首钢工业产业园区未来发展方向，街区内自然围合形态，景观环境设计形成自己的特点。方案制图上有一些不足之处，很多方面有待深化。

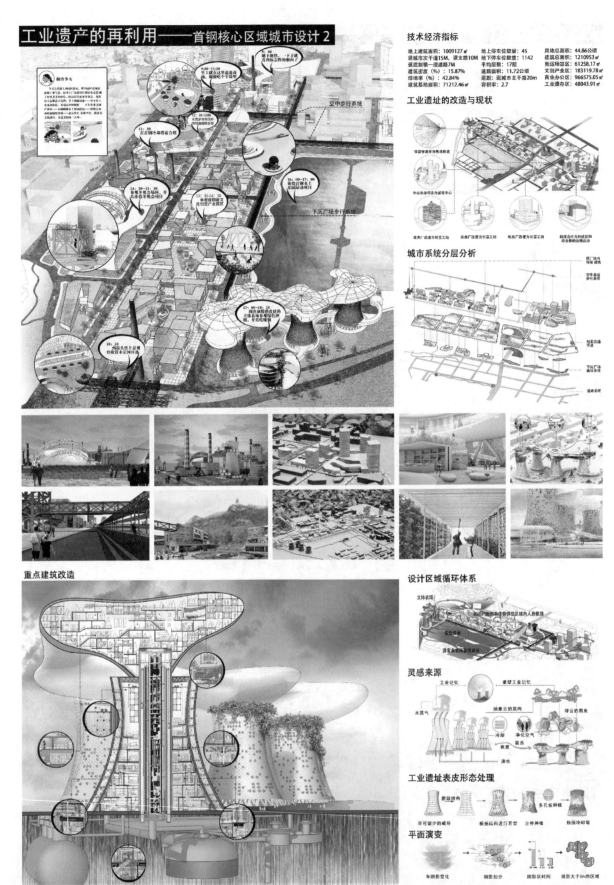

工业遗产的再利用——首钢核心区域城市设计 2

该小组城市设计方案对场地内遗留的工业遗产进行再利用，在烟筒的基础上进行立面设计，对原有烟筒的地上和地下空间进行再利用设计，在原有烟筒的外表皮铺装垂直绿植，并在地上空间为行人提供较好的观赏空间，通过在烟筒中设立直升梯使行人可以行进到底下空间。该小组对工业遗产的再利用设计相当完善且有创新想法，相对较好。

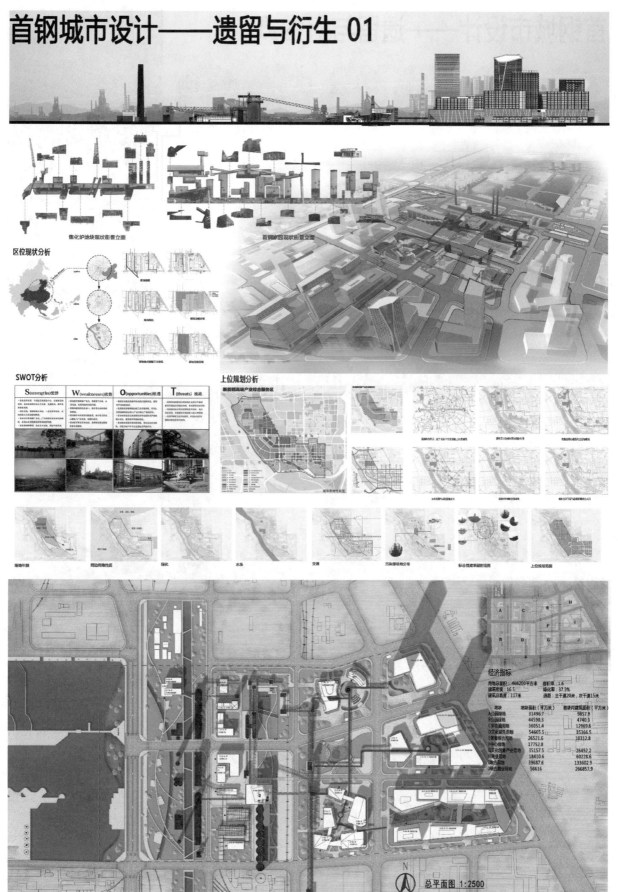

首钢城市设计——遗留与衍生 01

该城市设计方案以"遗留与衍生"为主题，选址在首钢工业厂区群民湖的东侧，结合上位规划南北向绿带，保留高炉管道，在绿带东边布局有机更新建筑，保留工业烟囱建筑遗产，平衡新开发建筑与设计主题一致。道路系统合理，增加高架连廊步道系统。但该方案缺少文脉要素的分析，没有形成标志性景观，新旧形态设计手法比较生硬。

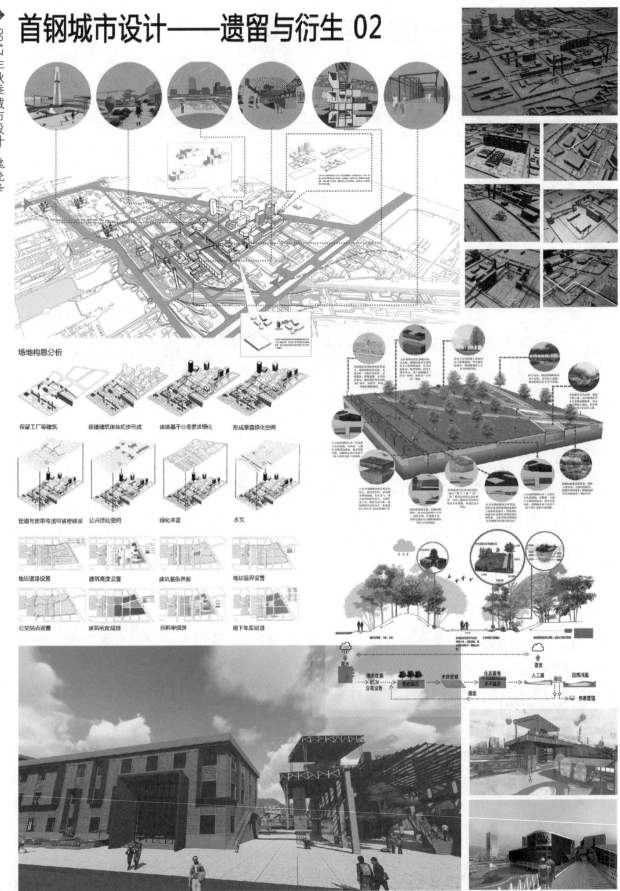

首钢城市设计——遗留与衍生 02

场地构思分析

保留工厂等建筑　　新建建筑体块初步形成　　体块基于业态要求细化　　形成垂直绿化空间

管道与皮带传送带紧密联系　　公共活动空间　　绿化丰富　　水文

地块道路设置　　建筑高度设置　　建筑临街界面　　地块退界设置

公交站点设置　　建筑密度规划　　容积率规划　　地下车库规划

　　该城市设计方案部分图纸为场地的设计思路演变分析图绘制，整体功能以一条绿色步行带为核心来串联标志性节点，其余建筑通过工业遗产的空中廊道设计进行连接，使得各个建筑之间充满联系，并结合小组的手工制作模型的节点照片进行阐述。随后对场地的各个功能进行分析，整体内容相对完善，图面效果也较好。

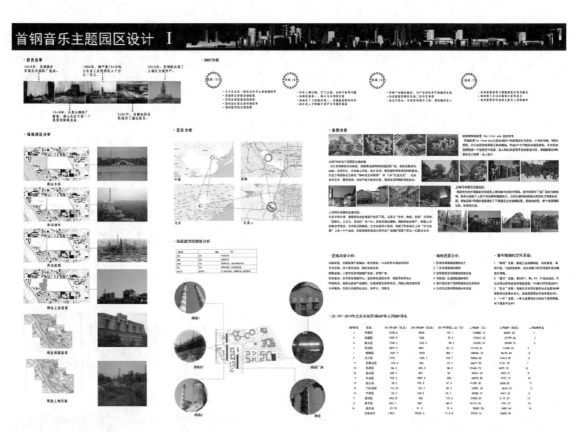

该设计方案以首钢音乐主题园为主题,将北部地块完整而连续的建筑体量以折线的形式穿插于场地之间,并用廊道相连,南部地块也用空中连体楼相连,以实现大小空间的分割和庭院的围合。总平面建筑形态缺乏有机的关联耦合,但功能布局和交通组织较为合理,有明显建筑形态特色与景观中心,两侧绿地景观引入音乐主题园,立面设计显得较为整体,但很多方面还有待深化。

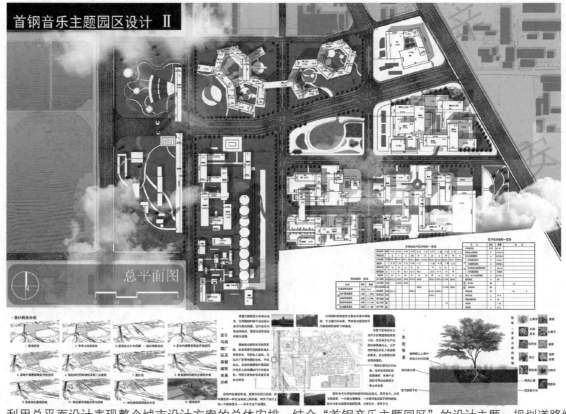

利用总平面设计表现整个城市设计方案的总体安排,结合"首钢音乐主题园区"的设计主题,规划道路结构和绿地系统,开放空间和景观广场,表现部分街区的工业建筑遗产的保存利用,同时,也设计出园林道路和广场的形态。

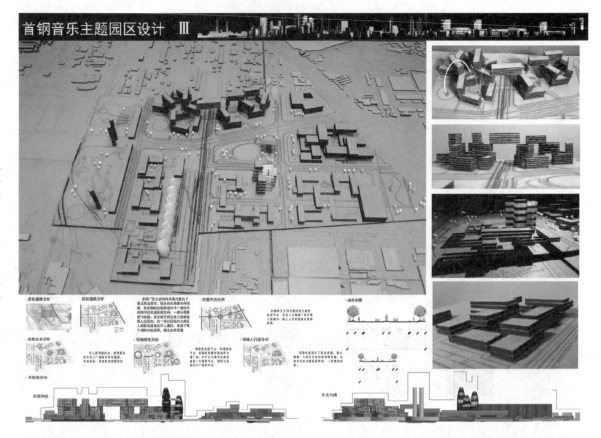

该小组设计方案对首钢的场地设计以"首钢音乐主题园区"为题目切入，首先是小组通过对场地的手工制作模型的鸟瞰图照片和节点照片进行阐述表达，小组设计方案对场地内的建筑形态设计相对丰富。通过立面分析来强化城市街区空间界面的丰富变化。

该部分设计方案为小组对场地设计的计算机辅助设计模型的鸟瞰图，该小组的场地内建筑形态相对丰富。西北街区地块的建筑形态利用条状形态穿插变化，形成方案自身的特点。

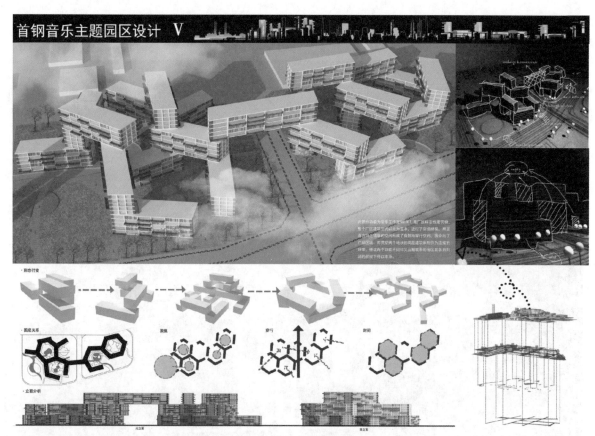

该部分设计方案为小组内节点建筑的形态设计演变的分析图，阐述小组的建筑形态的设计思路演变。并结合该节点的效果图、手工制作模型、手绘图纸和立面图进行更详细的阐述。

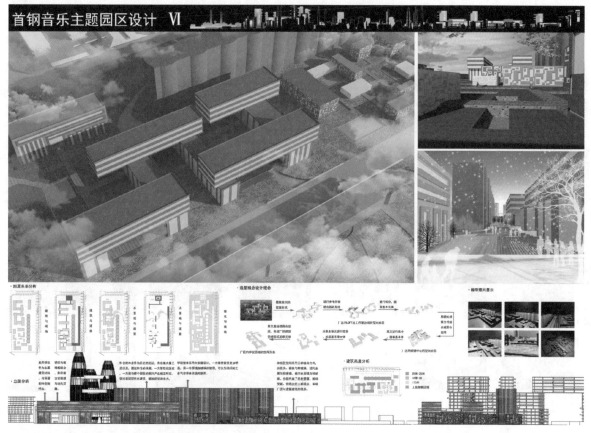

该部分设计方案图纸为场地内的另一个节点，即焦化炉原有建筑的活化利用的效果图，并结合部分节点的效果图、手工制作模型和立面图进行阐述表现。在随后的分析图中分析建筑形态的设计演变思路，整体内容相对完善，图面效果良好。

该设计方案图纸保证了场地内各个地块的完整性，形成分散式绿化。厂区引入社区，创新了活力，保留的工业遗产构筑物和新建筑，拟结合进行功能布局上的自我更新，图纸总平面表达完整，功能分区较为合理，对地下空间进行合理优化设计。交通为外部环形主路连接内部支路的形式，满足消防要求。

356

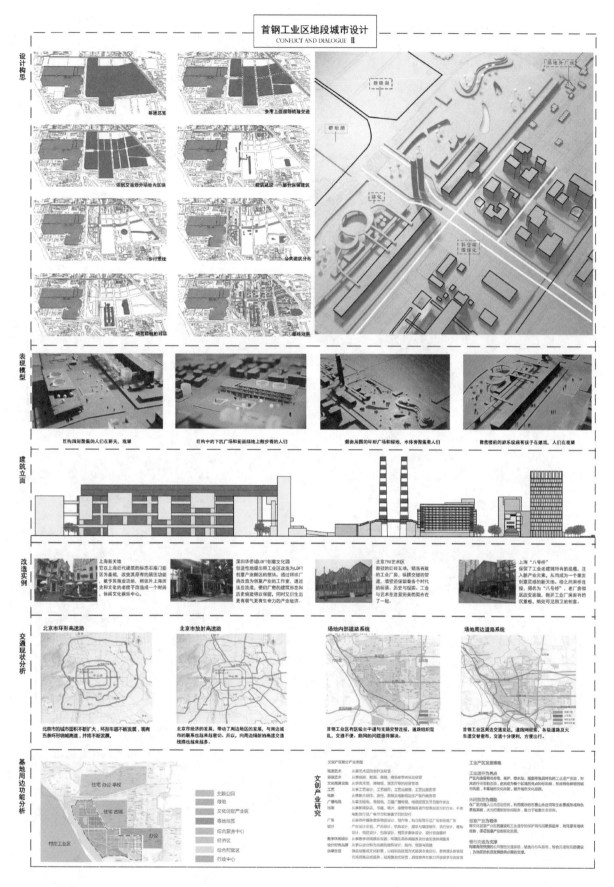

2016年秋季城市设计 赵英楠 窦博煜 张祁琦 杨泽

　　该部分设计方案图纸为小组的场地设计的前期分析，整体包含设计构思、小组手工制作模型的照片展示、建筑立面图等内容。整体前期分析内容相对完善，图面效果较好。

经济技术指标
总用地面积：45.9公顷
建筑总占地面积：84383平方米
建筑密度：0.25
容积率：1.2
建筑平均层数：10层
建筑平均高度：25.6米
绿地率：0.37

设计说明
北京首钢工业区的更新发展区域是
西起永定河、东至长安街西延长线
的工业遗产保护区之间3.99平方公
里的区域。首钢厂区的重新规划将
会对他们产生全新的定义与对话，
人们对钢铁的记忆将被以新的方式
保留与开发，使封闭的旧厂区解放，
新旧的建筑正在产生着新的对话。

总平面图1：1500

该部分设计方案图纸为场地设计的总平面图，整体图面效果较好，较完整地表达了新建筑与保留更新的工业建筑的形态关系，但是缺少比例尺和出入口的标记。同时该小组对场地内建筑的周边场地缺乏较好的设计，绿化植被的排布较为缺少。

2016年秋季城市设计
赵英楠　窦博煜　张祁琦　杨泽

2016 年秋季城市设计 赵英楠 窦博煜 张祁琦 杨泽

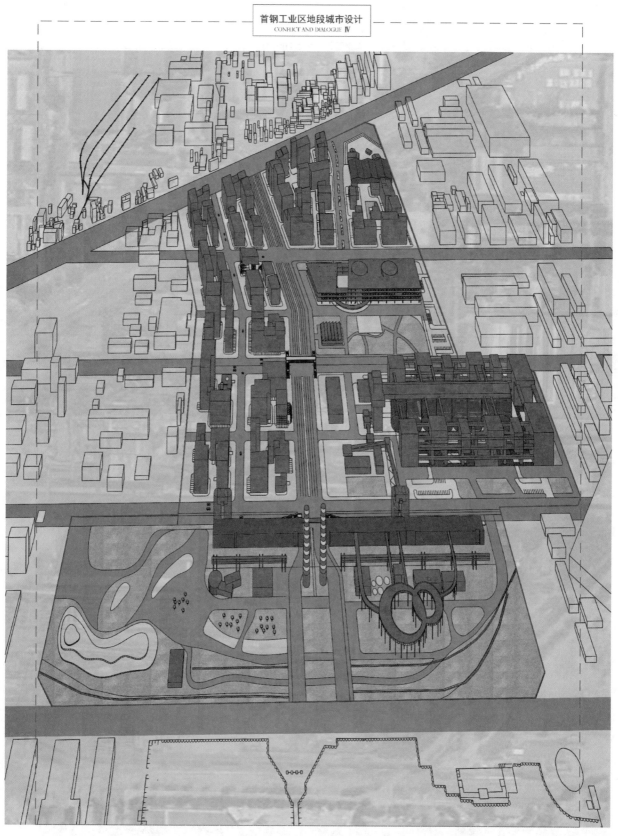

　　该部分设计方案图纸为小组的场地设计的鸟瞰图,整体建筑构成结合工业遗产的保留和再利用。以一条出行路为主要流线,在其两侧设立相关的建筑,并在临近群民湖的东侧绿地里设立大范围的游客公园形态的开放空间,整体内容相对丰富。

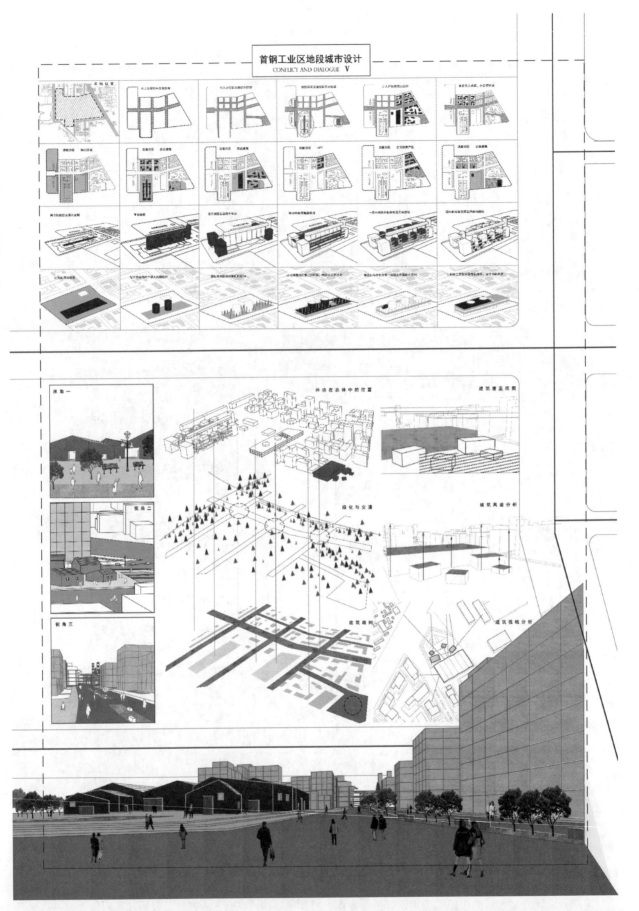

2016 年秋季城市设计　赵英楠　窦博煜　张祁琦　杨泽

　　该部分设计方案图纸为场地的规划设计的整体分析图部分，首先对场地的路网流线和功能分区进行分析阐述，并结合需要保留的工业遗产建筑结合设计进行阐述。其次在规划场地内进行标记并配合重要节点进行效果图绘制说明，但是缺少相关的说明文字。

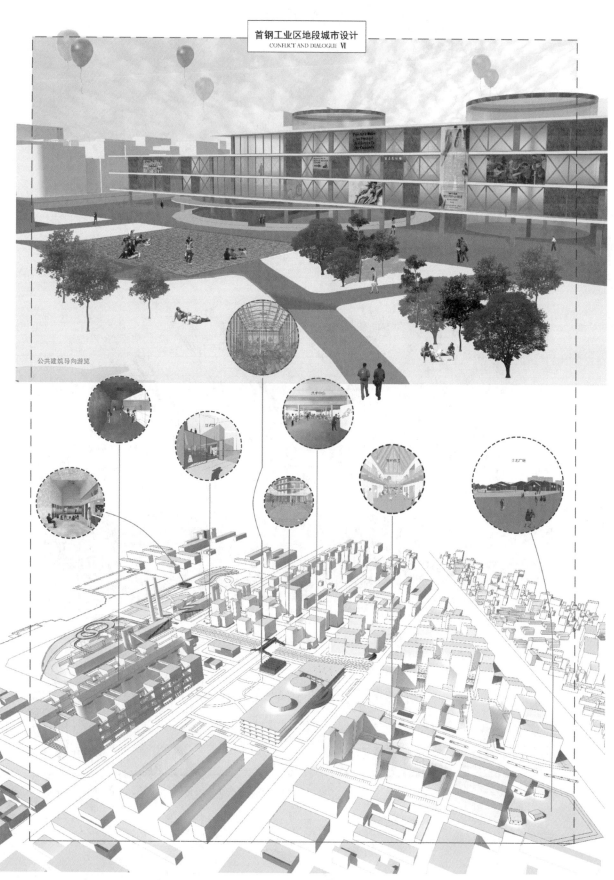

2016 年秋季城市设计　赵英楠　宾博煜　张祁琦　杨泽

公共建筑导向游览

　　该部分设计方案图纸为场地的节点效果图，该部分场地建筑形态整体设计较好，并在一层场地空间为行人提供较好的休憩交往空间，但是周边绿地的绘制图纸部分相对较差。随后在场地的鸟瞰图中对主要节点的效果图进行标记与阐述，但是缺乏相应的说明性文字。

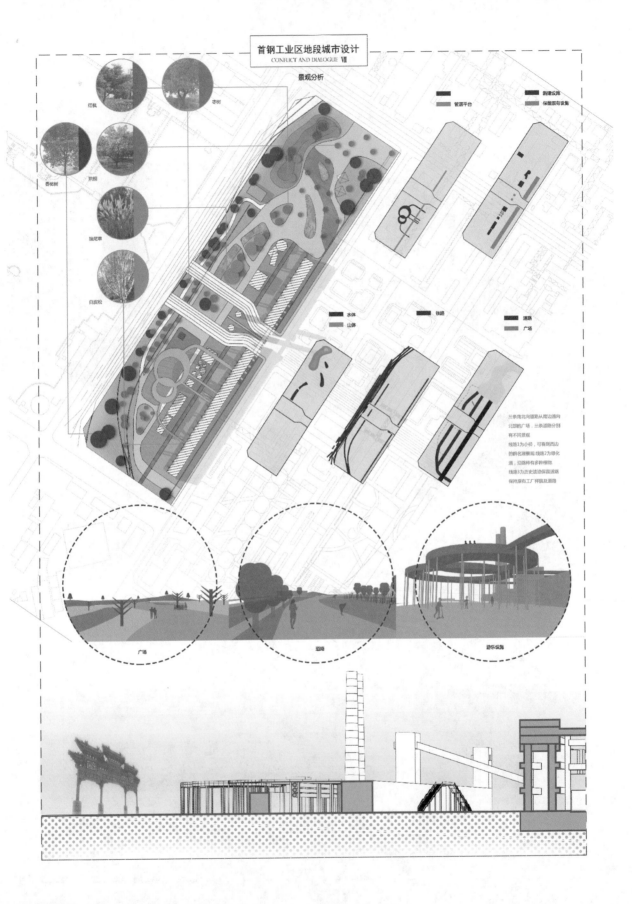

该部分设计方案图纸为场地节点的规划设计的相关分析图和相关的剖面图。该小组对场地的规划流线设计相对完善，并在场地中设立多种绿化植被，且对其进行标记分析。内容整体相对完善，图面效果也较好。

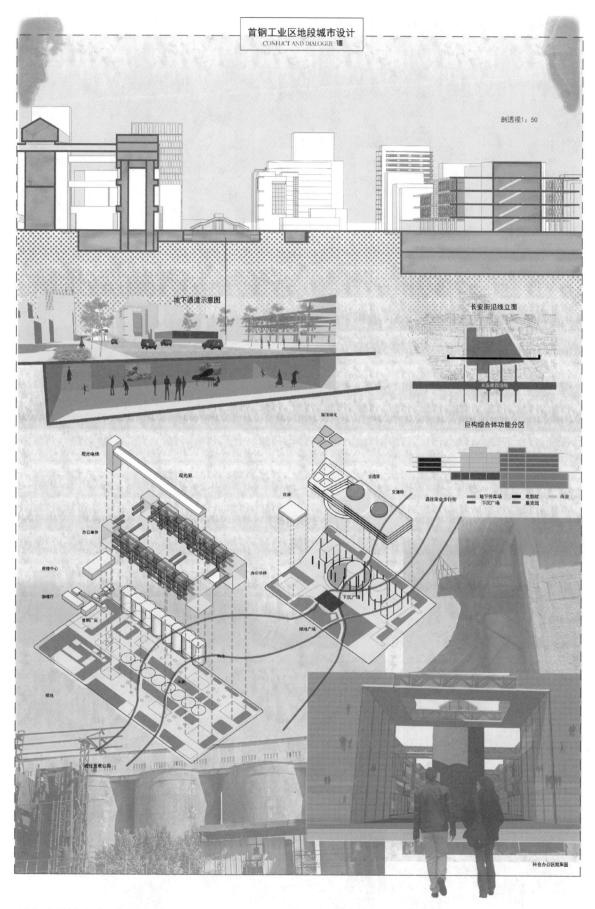

2016年秋季城市设计　赵英楠　窦博煜　张祁琦　杨泽

剖透视1：50

地下通道示意图

长安街沿线立面

长安街西沿线

巨构综合体功能分区

观光电梯

观光廊

屋顶绿化

花街

交通枢

交通枢

通往商业步行街

地下停车场　电影院　商业
下沉广场　展览馆

办公单体

办公单体

裙楼中心

咖啡厅

首钢广场

下沉广场

绿地广场

水体

绿地

通往景观公园

通往景观公园

科创办公区效果图

　　该部分设计方案图纸为场地的剖面图，并结合场地的地下空间示意图进行详细的分析阐述。该小组在道路两侧的通行空间设立地下通行空间，避免了各个功能分区之间的人行流线和车行流线之间的交叉干扰。随后对场地的建筑形态的构成进行分析，整体构想相对完善。

该设计方案图纸以"更新循环"为主题，以弧形景观道路系统串联整个厂区，厂区在保留原有标志性工业遗迹尤其是高架管廊的基础上，对建筑主体形式进行延展，设计手法既富有现代感，又切合现代工业园区主题。设计中形成多条景观通廊，对厂区进行生态修复，突出生态主题。总平面图表达完整，功能和交通布局合理，但后期分析与表现不够深入。

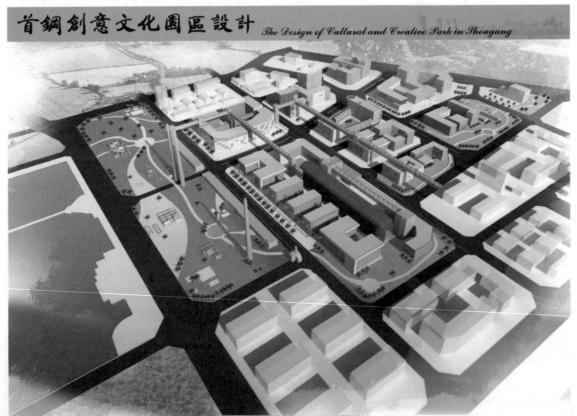

该小组设计方案图纸的创意文化园区整体设计较好，并在滨水地区设立滨水公园，同时各个建筑的外侧设立供行人通行的外环步行道，可以给行人提供较好的穿行空间。

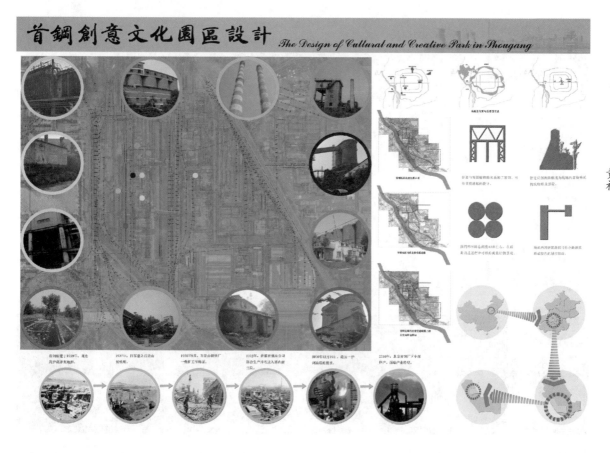

　　该部分设计方案图纸为小组对场地的前期分析，结合实地调研照片并在图片上进行标记。随后对场地和区位进行分析，但是绘图展现图面效果相对较差。

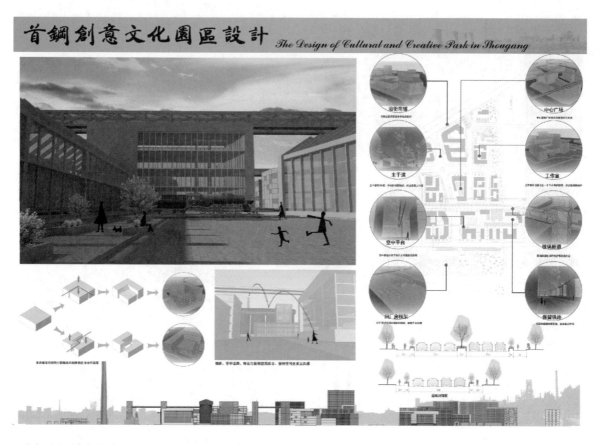

　　该部分设计方案图纸为小组的各个节点效果图，并结合总平面图进行标记。然后结合场地立面图和车行路的立面图进行阐述说明。

该部分设计方案图纸为场地的手工模型的鸟瞰图结合部分节点的照片，该小组对之进行说明，并用文字进行阐述说明。整体内容相对完善，但是图面效果不太清晰。

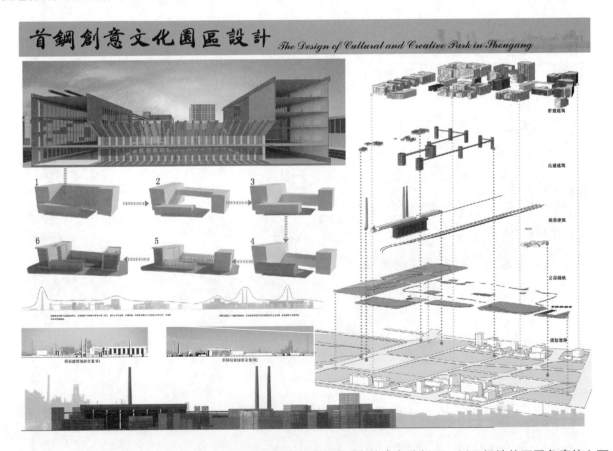

该部分设计方案图纸为各个功能分区的轴测分析图和建筑形态的演变分析图，以及场地的不同角度的立面图，较全面地反映了该小组设计成员的分析及表达内容，但图面效果相对较差。

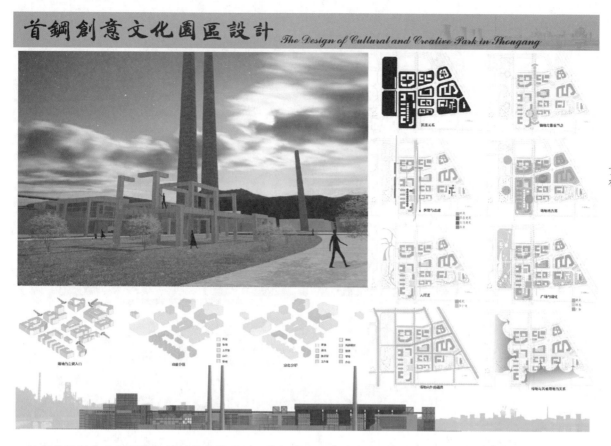

　　该部分设计方案图纸为场地的节点效果图。该场地为工业遗产周边的绿化空间，同时在场地设立艺术雕塑，但是缺乏其余配套设施。其余分析图为场地内的各个功能分区和流线的分析，整体场地设计相对完善。

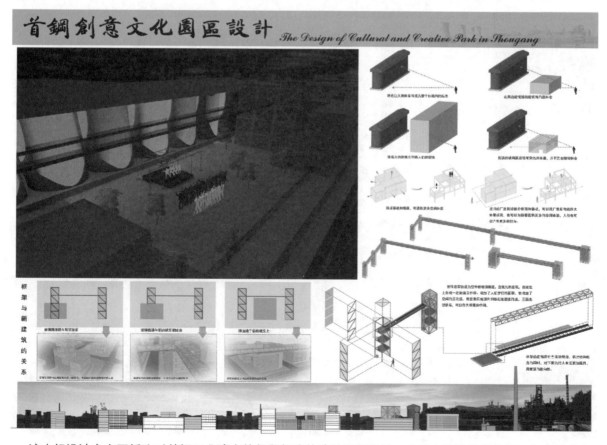

　　该小组设计方案图纸为对首钢工业遗产的保留部分的改造更新设计。小组在场地的前排设立标志性节点公共舞台表演空间，可为行人提供聚集空间。但是场地其余空间设计较差。

该小组设计方案图纸对首钢工业园区的设计以"愈合工业之殇"为主题切入，在工业遗产的旧址上引入绿色空间，使得原始的棕灰色工业遗产空间蜕变成崭新的愈合的绿色空间，同时建筑形态多采用原型来拓展形态，并在各个建筑之间设立联系的步行廊道。

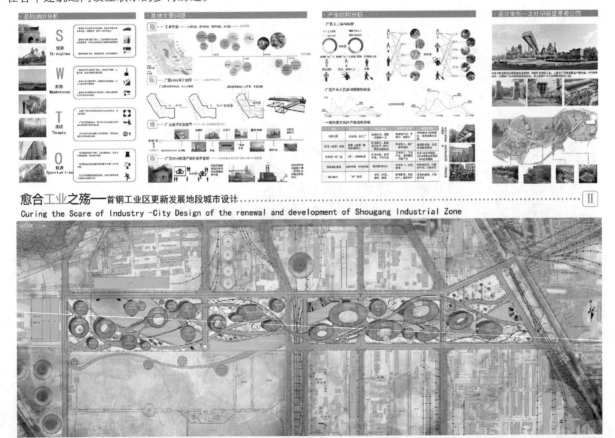

该部分设计方案图纸为小组对场地的前期分析图和规划设计的鸟瞰图。小组在前期调查分析图的绘制上整体内容完善，总平面图较好地表现了各街区空间形态的组合，图面效果较好，缺乏相关的设计说明。

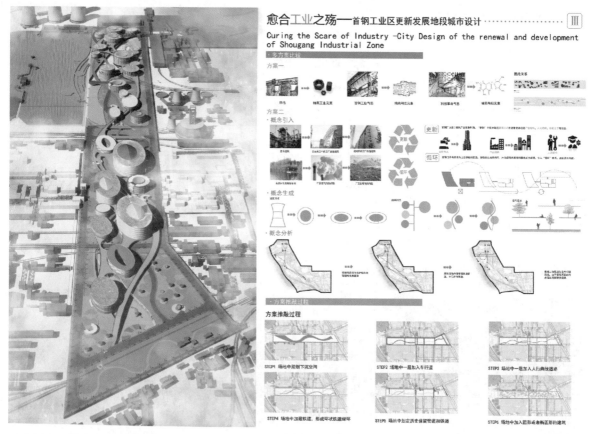

该部分设计方案图纸为小组的鸟瞰效果图。该小组采用不同形态的圆形及椭圆形的形态母体，结合空中穿行步行廊道将各个场地进行联系，同时对场地外的空间进行较好的设计，为行人提供较好的交通与步行系统的空间。

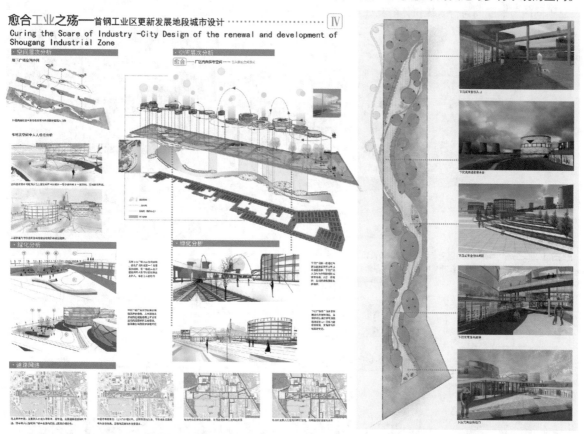

该部分为小组规划设计部分节点的分析图。小组结合总平面图的规划设计内容进行标记，对场地内的各个节点如何承担必要的功能和业态以及其间的相互联系，各个重要节点效果图进行较好的阐述。整体图面效果较好，内容丰富。

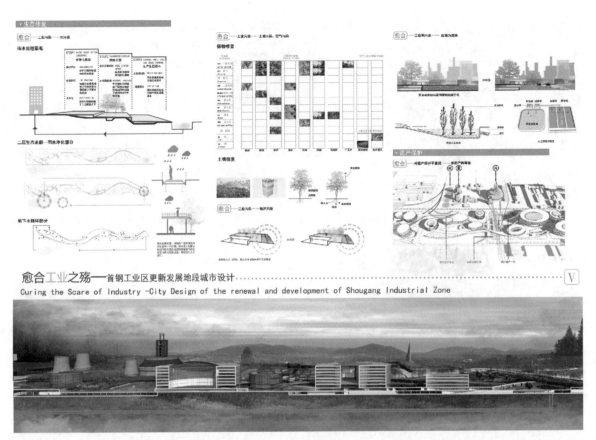

该部分设计方案图纸根据小组的场地设计的绿植部分分析图绘制。小组在场地的绿化植被中整体设计一个核心的高架步行系统，以及地面下沉购物休闲空间，为东西向较长的街区地块增加了两层步行休闲系统，并在其周边设立不同的节点空间为行人提供休憩交往与办公及购物等功能的空间。

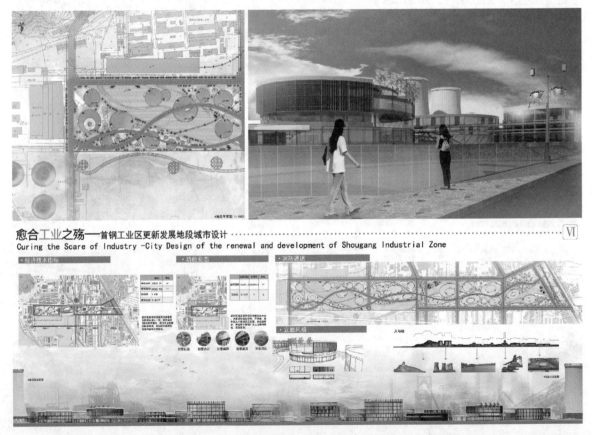

该小组设计方案图纸为下沉式广场。一个核心的高架步行系统的道路设计和总平面的建筑形态有机联系。也利用大曲线形态获得较好的设计效果，给行人提供较为丰富的空间，但是没有绘制相关详细尺寸的剖面分析图。

该小组的设计方案图纸对场地设计而言整体较为丰富，不同的高度变化配合不同功能的建筑装饰设计，空间内容相对丰富，但是缺乏空间高低变化的剖面分析图。小组成员绘制了立面图，但是没有清晰地画出场地的变化关系。

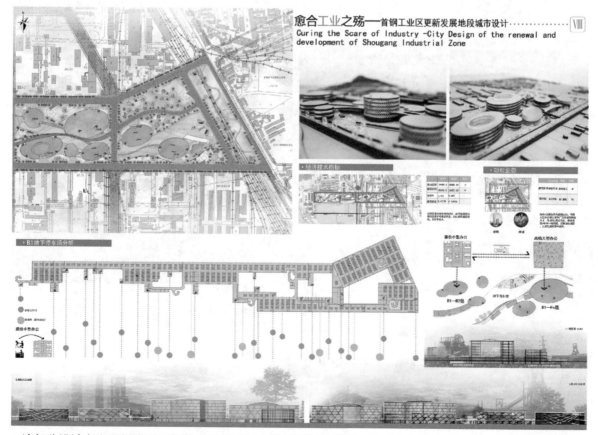

该部分设计方案图纸为对小组的手工模型结合总平面图的说明，同时也将用地内的地下车库的概念方案做了说明。但是总平面图缺乏比例尺、出入口的标记，绘制图面效果较好。

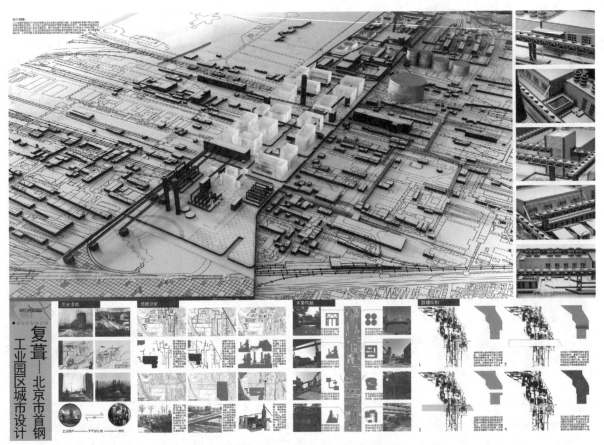

该小组设计方案图纸的整体手工模型的鸟瞰图效果较好，对工业遗产进行不同材质利用的标记，随后采用节点的照片进行详细说明，但是设计说明字体较小。随后的前期分析内容相对丰富。

该设计方案图纸是小组的鸟瞰效果图，针对整体场地而言选取长条形场地使得鸟瞰图角度较远，应当采取横排版，竖排版的场地模型由于视角太远会不清晰。整体图面效果较好，内容丰富。

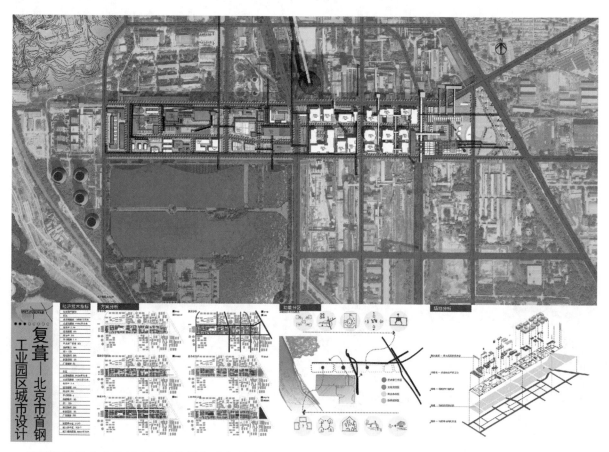

该部分设计方案图纸为场地的前期分析结合场地总平面图，同时也用小的分析图分析场地的肌理和结构、形态关系。场地的总平面图整体比例较小，缺乏比例尺和出入口标记。整体内容丰富，图面效果较好。

该小组的设计方案图纸以轴测图的形式阐释表现了设计场地的空中步行道形态，整体规划设计场地由空中廊道进行联系。然后进行场地及绿化植被及生态技术相关的一系列分析，整体内容丰富。

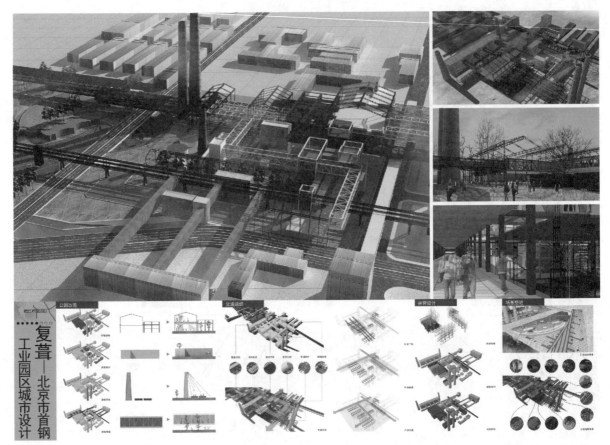

该小组设计方案图纸对原始工业遗产进行保留再更新，将原始的工业遗产予以保留，同时在其周围设立绿植公共空间给行人提供交往场所，随后通过旧廊道进行更新改造提供空中步道。

该部分设计方案图纸在场地里原有工业遗产的基础上进行整修，虽然未阐述建筑原始形态，但是对场地的更新设计思路进行了详细阐述，整体内容完善。

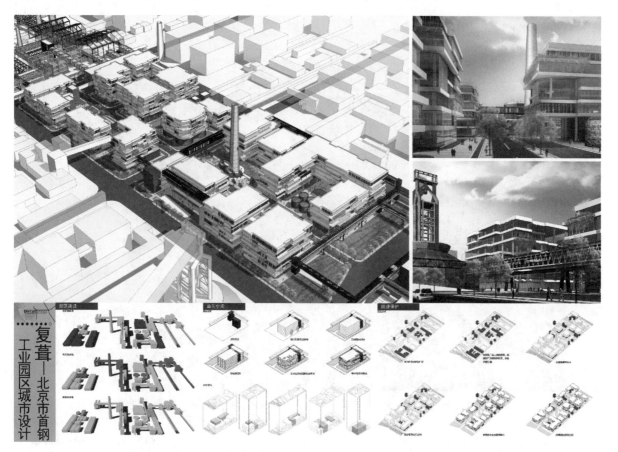

该部分设计方案图纸为小组的部分分区鸟瞰图，并结合该部分内部节点的效果图进行阐述说明。然后对场地的各个功能空间进行阐述表现。整体图面效果较好，内容丰富。

该部分设计方案图纸为场地的鸟瞰图。该小组在对工业遗产进行改造的同时，设计较好的行人交往空间，并通过空中步行廊道将整个规划场地进行较完好的串联。

该部分设计方案图纸为对已经沙漠化的城市郊区的农业生态环境进行改善。结合"立体农场"竞赛，本教学组指导的学生（李雪、吴加愈、马赛、夏颖）的获奖作品 The Green Wall，给予了一个有意义的解读与方案设计，在"食物、绿色环境、城市脉络、景观节点"组合形态中都渗入了"以人为本""可持续发展"的城市及未来建筑的发展理念与策略，关于该作品的反思也值得关注。如何更好地同当地生态环境共生发展，如何最大化为生态环境提供必要的改善机制与创造建筑空间的综合价值，都需要辩证思考。

The Green Wall 如整个城市系统的一座高架桥，在城市的边缘形成生态织网，让绿色植物流入已经沙漠化的城市框架之中，整个城市的空间形态与景观也因此发生改变。从城市的可持续发展角度看，The Green Wall 方案创造了新的经济增长模式，经济廊道与绿色景观廊道对接；从城市的发展维度看，The Green Wall 创造了新的生态与建筑空间模式，摆脱了传统的建筑与景观空间构成模式。从早期西方的"田园城市"到现在的"智慧城市"，城市发展的核心离不开人类的需求，这些概念都可以在立体农场空间里围绕着"食、住、行、游、购、娱"等人类需求而不断地展开。

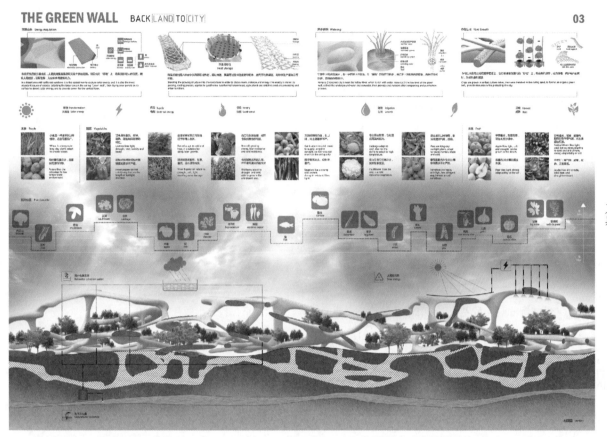

王老师点评：该图纸部分结合立体农场的基本功能需求，对场地的不同蔬菜种植进行分析，建筑不同区域种植不同类型的蔬菜瓜果，并对不同蔬菜瓜果的需求和种植空间进行分析阐述。

王老师点评：该图纸将沙漠之绿色长城用立体的效果图恰当地表现出来，小组成员非常熟悉 Grasshopper 及 Revit 建模软件，在设计的初始阶段就能很好地将要表达的形态构成建模，从而能很好地推敲该方案的艺术效果。

参 考 文 献

[1] 王建国. 城市设计 [M]. 南京：东南大学出版社，1999.

[2] 徐小东，王建国. 绿色城市设计 [M]. 南京：东南大学出版社，2018.

[3] [意] 贝纳沃罗·L. 世界城市史 [M]. 薛钟玲，葛明义，等，译. 北京：科学出版社，2000.

[4] [美] 埃德蒙·N. 培根. 城市设计 [M]. 黄富厢，等，译. 北京：中国建筑工业出版社，2003.

[5] [德] 普林茨. 城市设计 [M]. 吴志强，译. 北京：中国建筑工业出版社，1990.

[6] [意] 阿尔多·罗西. 城市建筑学 [M]. 黄士钧，等，译. 北京：中国建筑工业出版社，2006.

[7] 吴恩融. 高密度城市设计——实现社会与环境的可持续发展 [M]. 叶齐茂，等，译. 北京：中国建筑工业出版社，
     2014.

[8] [加] 吉尔·格兰特. 良好社区规划——新城市主义的理论与实践 [M]. 刘海龙，等，译. 北京：中国建筑工业出版社，
     2009.

[9] [美] 道格拉斯·凯尔博. 共享空间——关于邻里与区域设计 [M]. 吕斌，等，译. 北京：中国建筑工业出版社，
     2006.

[10] [日] 小林正美. 再造历史街区——日本传统街区重生实例 [M]. 张光伟，译. 北京：清华大学出版社，2015：60.

[11] 王朝晖，李秋实. 现代国外城市中心商务区研究与规划 [M]. 北京：中国建筑工业出版社，2002.

[12] [英] 爱德华·罗宾斯，鲁道夫·埃尔 – 库利. 塑造城市——历史·理论·城市设计 [M]. 熊国平，等，译. 北京：中
     国建筑工业出版社，2010.

[13] [英] 尼克·盖伦特，史蒂夫·罗宾逊. 邻里规划——社区，网络与管理 [M]. 董亚娟，译. 北京：中国建筑工业出版
     社，2015.

[14] [美] 柯林·罗，弗瑞德·科特. 拼贴城市 [M]. 童明，译. 北京：中国建筑工业出版社，2003.

[15] [德] 克劳斯·施瓦布. 第四次工业革命 [M]. 李菁，译. 北京：中信出版社，2016：70.

[16] 吴良镛. 广义建筑学 [M]. 北京：清华大学出版社，1989.

[17] 夏祖华，黄伟康. 城市空间设计 [M]. 南京：东南大学出版社，2002.

[18] [美] 路易斯·芒福德. 城市发展史——起源、演变和前景 [M]. 倪文彦，宋俊岭，译. 北京：中国建筑工业出版社，
     1989.

[19] [美] 凯文·林奇. 城市的印象 [M]. 项秉仁，译. 北京：中国建筑工业出版社，1990.

[20] [美] 阿摩斯·拉普卜特. 建成环境的意义——非言语表达方式 [M]. 黄兰谷，等，译. 张良皋，校. 北京：中国建筑
     工业出版社，1992.

[21] [日] 芦原义信. 街道的美学 [M]. 尹培桐，译. 武汉：华中理工大学出版社，1989.

[22] 金广君. 图解城市设计 [M]. 哈尔滨：黑龙江科学技术出版社，1999.

[23] 徐思淑，等 . 城市设计导论 [M]. 北京：中国建筑工业出版社，1991.

[24] R.Trancik. Finding Lost Space[M]. New York: Van Nostrand Reinhold Company Limited，1986.

[25] Kevin Lynch. A Theory Of Good City Form [M]. Cambridge: MIS Press, 1981.

[26] 李德华 . 城市规划原理 [M]. 北京：中国建筑工业出版社，2001.

[27] 不列颠百科全书"城市设计" // 国外城市科学文选 [M]. 宋俊岭，陈占祥，译 . 贵阳：贵州人民出版社，1984.

[28] [加] 迈克尔·哈夫 . 城市与自然过程——迈向可持续的基础 [M]. 刘海龙，等，译 . 北京：中国建筑工业出版社，2011.

后 记

　　北方工业大学位于北京市石景山区西五环晋元桥西北侧，笔者在建筑与艺术学院建筑系任四年级责任教师，从事"城市设计与高层综合楼"设计课题近十年。本教材偏重学生案例介绍分析，总结实践案例，也介绍了笔者在清华安地建筑设计院工作期间主持的校园规划等城市设计方案。

　　此次教材编写，一方面有专业教学的教材需要，同时经过若干年的教学实践发现学生的"城市设计"作业有很多可取的价值，另外有些方案思考并不成熟，制图方面也有些缺陷，但结合北京市国贸商圈和首钢工业园区的调查分析，还有深圳湾超级城市竞赛、北京四校联合城市设计教学，以及城市立体农场与 2018 年北京市规划和国土资源管理委员会"人人营城"城市设计竞赛的参与和获奖，笔者认为城市设计的理论和实践训练对建筑学高年级学生的系统思维与整体思维素质的培养非常有促进作用。在学生提交设计的过程中，本校建筑学四年级教师贾东、卜德清、李海英及胡燕、杨绪波、王振昌等老师都曾经参加公开点评并给予相关建议，对学生终期方案都有帮助，本书的写作也得到上述教师的帮助。另外，笔者指导的研究生也参与了教材资料的收集整理，在此深表诚挚的谢意。

　　"书山有路勤为径，学海无涯苦作舟"，建筑师的专业知识和素质的提升除了有很好的教材参考，同时也需要实际作业和竞赛的参与，只有在不断求索中刻苦学习，才会不断进步，专业技能也才会不断提高，与读者们共勉。

编　者

2020 年 4 月